普通高等教育机械类应用型人才及卓越工程师培养规划教材

# 机 械 制 图

刘　军　王桂录　主　编

朱永刚　郑喜贵　蒋玲玲　副主编

電子工業出版社

Publishing House of Electronics Industry

北京 · BEIJING

## 内 容 简 介

本书根据教育部工程图学指导委员会制定的《普通高等院校工程图学课程教学基本要求》，采用最新颁布的《技术制图》和《机械制图》国家标准编写而成。针对普通高等教育（应用型）本科教育的特点，在理论教学的基础上，特别强化应用性、实用性技能的训练。

本书除绪论外，包括制图基本知识与技能、投影的基本原理、基本几何体、组合体、轴测图、图样的基本表示法、图样的特殊表示法、零件图、装配图、展开图和焊接图、计算机绘图基础，以及附录和参考文献。与本书配套使用的《机械制图习题集》同时出版。

本书可作为普通高等院校机械类、近机械类等专业的制图课程教材，也可作为国家中、高级制图员资格认证实训的教材，还可供成人教育和其他有关专业师生及工程技术人员使用或参考。



**图书在版编目（CIP）数据**

机械制图/刘军，王桂录主编．—北京：电子工业出版社，2016.8
普通高等教育机械类应用型人才及卓越工程师培养规划教材
ISBN 978-7-121-28855-5

Ⅰ. ①机…　Ⅱ. ①刘…　②王…　Ⅲ. ①机械制图—高等学校—教材　Ⅳ. ①TH126

中国版本图书馆 CIP 数据核字（2016）第 109743 号

责任编辑：郭穗娟
印　　刷：北京七彩京通数码快印有限公司
装　　订：北京七彩京通数码快印有限公司
出版发行：电子工业出版社
　　　　　北京市海淀区万寿路 173 信箱　邮编　100036
开　　本：787×1 092　1/16　印张：17　字数：435 千字
版　　次：2016 年 8 月第 1 版
印　　次：2021 年 7 月第 5 次印刷
定　　价：40.00 元

凡所购买电子工业出版社图书有缺损问题，请向购买书店调换。若书店售缺，请与本社发行部联系，联系及邮购电话：(010)88254888，88258888。

质量投诉请发邮件至 zlts@phei.com.cn，盗版侵权举报请发邮件至 dbqq@phei.com.cn。

本书咨询联系方式：(010)88254502，guosj@phei.com.cn

# 前　言

本书根据教育部工程图学指导委员会制定的《普通高等院校工程图学课程教学基本要求》，采用最新颁布的《技术制图》和《机械制图》国家标准编写而成。计算机绘图部分介绍了AutoCAD常用的绘图、编辑、文本和尺寸标注等基础知识，以及采用AutoCAD绘制零件图和装配图的基本方法。为适应不同专业、学时的教学需要，教材中标有*的章节可作为选学内容。

本书具有如下特点：

（1）针对普通高等教育（应用型）本科教育的特点，在理论教学的基础上，特别强化应用性、实用性技能的训练。

（2）优化了画法几何部分的内容，深入浅出、循序渐进、化解难点，有利于提高学生的学习效率，增进学生的学习兴趣。

（3）注重学生工程素质和工程意识的培养，强调对学生仪器绘图能力、徒手绘图能力和动手能力的培养。

（4）力求体系完整、概念清楚、重点突出、图文并茂、通俗易懂，便于组织教学，也便于学生自学。

（5）采用最新颁布的《技术制图》、《机械制图》国家标准及与制图有关的其他标准，培养学生贯彻执行国家标准的意识和能力。

（6）为适应先进的教学手段，本书配备了多媒体教学课件。其中，吸收了国内外同行的先进经验并结合编者多年的教学体会，是一款图文并茂的集动画、视频于一体的多媒体课件。

（7）为使理论与实际紧密结合，本书还配有《机械制图习题集》，让学生在学习理论知识的同时又能进行实际的绘图练习，以便更好地掌握所学的内容。

本书由郑州科技学院刘军、王桂录、朱永刚、郑喜贵、蒋玲玲、曹晓彦、曹义、韩彦勇、王基月、周凯凯编写，其中，刘军、王桂录任主编，朱永刚、郑喜贵、蒋玲玲任副主编。具体编写分工如下：刘军（绪论）、曹义（第1章1.1～1.2节、第4章、附表20～21）、蒋玲玲（第1章1.3～1.5节、第10章）、朱永刚（第2章2.1～2.5节、第6章6.3～6.5节）、郑喜贵（第3章3.1～3.3节、第5章、附表19）、韩彦勇（第6章6.1～6.2节、第7章7.1～7.2节、附表1～3）、曹晓彦（第7章7.5～7.6节、第8章8.1～8.3节、第11章11.1节）、王桂录（第7章7.3、7.4节、第9章9.6～9.8节、第11章11.2～11.6节、附表4～8）、王基月（第8章8.4～8.7节）、周凯凯（第9章9.1～9.5节、附表9～18）。

本书在编写过程中，得到了郑州科技学院教务处有关领导的大力支持和帮助，对此，我们表示衷心的感谢。郑州科技学院周文玉教授审阅了全书，并提出了许多宝贵的意见和建议，在此谨致谢忱。本书在编写中参考了国内外一些优秀教材，在此也向这些教材的编著者一并致谢。

尽管我们在探索《机械制图》教材特色建设的突破方面做了很多努力，但是由于编者的水平有限，书中内容难免有疏漏之处，恳请广大读者在使用本书时多提宝贵意见。

编　者

2016年4月

# 目　　录

# 绪　论

## 一、图样及其在生产中的作用

根据投影原理并遵照国家标准的有关规定绘制的能准确地表达物体形状、大小、材料及技术要求等方面内容的图，称为工程图样。

工程图样是工程与产品信息的载体，它能准确地表达出机械、土建、水利、园林等工程对象的形状、尺寸、材料和技术要求，是工程界交流、表达的语言，工程图学是研究工程与产品信息表达、交流与传递的学科。

机械图样是工程图样中的一种，机械制图是工程图学的一个分支。在现代机械生产和科学研究活动中，设计者通过图样来表达设计对象，制造者通过图样来了解设计要求从而组织制造和施工，使用者通过图样来了解使用对象的结构和性能，进行保养和维修。因此，每个与机械有关的工程技术人员都必须能够绘制和阅读机械图样。

## 二、本课程的主要任务

本课程学习绘制和阅读工程图样的原理和方法，培养学生的形象思维能力，是一门既有系统理论又有较强实践性的技术基础课。主要任务如下。

（1）学习正投影法的基本理论及其应用。

（2）学习、贯彻制图国家标准及其有关规定。

（3）培养学生用仪器、计算机、徒手三种方法绘制机械图样的基本能力。

（4）培养学生阅读机械图样的基本能力。

（5）培养学生的空间想象和思维能力，以及构型设计的基本能力。

（6）培养认真负责的工作态度和一丝不苟的工作作风。

## 三、本课程的内容和要求

本课程主要包括画法几何、制图基础、机械图和计算机绘图四个部分。

画法几何主要学习投影法的基本知识，研究三维空间的点、线、面、立体在二维平面上的投影及其相互位置关系。

制图基础主要介绍绘制图样的基本方法和基本技能。让学生能运用形体分析和线面分析的方法，进行组合体的画图、读图和尺寸标注，掌握各种视图、剖视图、断面图的画法及常用的简化画法和其他规定画法，做到视图选择和配置得当、投影正确、尺寸齐全和清晰，通过学习和实践，培养空间逻辑思维和形象思维能力。

机械图包括零件图、标准件和常用件以及装配图等内容。了解零件图、装配图的作用、内容，掌握视图选择的方法、规定画法，学习极限与配合及有关零件结构设计和加工工艺的知识和合理标注尺寸的方法。培养学生绘制和阅读零件图、装配图的基本能力，达到正确绘制和阅读中等复杂程度的零件图和装配图的目的。

计算机绘图基础主要介绍通用绘图软件中文版 AutoCAD 2010。内容包括 AutoCAD 的基本知识及绘图、编辑、文本标注等基本命令，使学生在了解 AutoCAD 2010 基本知识的基础上，掌握 AutoCAD 二维图形的绘制和编辑，并掌握辅助作图功能、文本标注等基本内容，在最短的时间内学会利用 AutoCAD 绘制二维图形。

## 四、本课程的学习方法

本课程是一门既有系统理论，又有很强实践性的技术基础课。学习过程中，应注意做到：

（1）弄清原理。只有掌握正投影法的基本原理，才能弄懂机械图样。

（2）遵守国标。作为工程界的共同语言，机械制图从头到尾都离不开国家标准。因此，必须认真学习并严格遵守有关技术制图和机械制图等方面的国家标准，否则是无法学好这门课的。

（3）重视实践。本课程最大的特点就是实践性很强。只有通过大量的画图、读图实践，才能不断地提高画图与读图的能力，提高手工绘图和计算机绘图的技巧。因此，在认真听课的基础上，及时完成课上练习及课后作业，多画、多读、多想、由浅入深、反复实践显得尤为重要。

（4）严谨细致。图样是制造、检验零件及装配、验收机械设备的依据，来不得半点马虎。从学校学习阶段开始，就应该培养一丝不苟、严谨细致的工作作风，为将来踏上工作岗位养成养好的职业习惯奠定坚实基础。

## 五、工程图学发展简史

任何一门学科的产生和发展，都是和生产的发展密切相关的。工程图学同其他学科一样，也是劳动人民长期生产经验积累、总结和提高的结果。

### 1. 工程图学的发展史

自从劳动开创人类文明史以来，图形一直是人们认识自然，表达、交流思想的主要形式之一。从象形文字的产生到埃及人丈量尼罗河两岸的土地，从航天飞机的问世到火星探测器对火星形貌的探测，图形的重要性可以说是别的任何表达方式所不能替代的。

欧几里得几何学的成功，揭开了人类认识自然的序幕；柏拉图的行星图，是人类通过图形进行思维、表达的典范；在人类文明史上占有重要地位的牛顿力学，其本质是几何力学；正是借助几何表达和分析的方法，牛顿创立了完美的经典力学宏伟大厦，为近代科学的发展奠定了坚实的基础。蒸汽机的发明及其应用，开始了近代工业革命，而蒸汽机制造的关键技术是汽缸的加工，加工汽缸需要车床，无论是汽缸的加工还是机床的制造，都需要工程图纸作为产品信息的载体。到 20 世纪初，美国由于采用互换性和公差配合技术，使得汽车制造中心由欧洲转移到本国——由于成批量生产，汽车工业的生产效率大大提高，汽车的价格大大下降，汽车进入到每一个家庭，使整个美国社会成为“轮子社会”，而“轮子”是依靠图纸生产出来的。

在近代工业革命的进程中，随着生产的社会化，1795 年法国科学家蒙日系统地提出了以投影几何为主线的画法几何，把工程图的表达与绘制高度规范化、唯一化，从而使得画法几何成为工程图的语法，工程图成为工程界的语言。

图 1　欧几里得

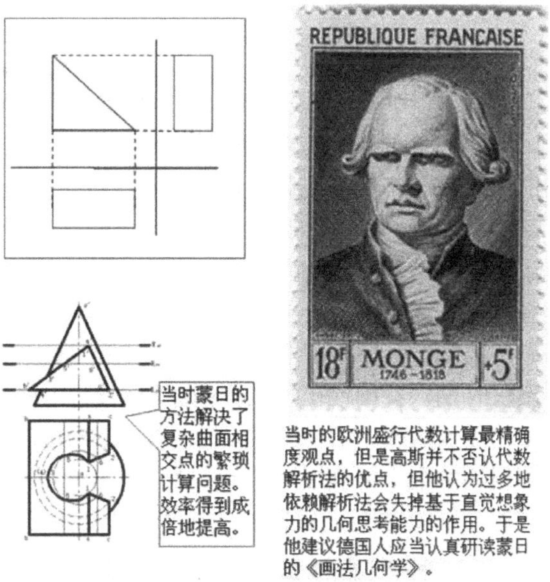


图 2　蒙日与《画法几何学》

在画法几何的普及过程中，前苏联学者切特维鲁新和弗罗洛夫等人的工作产生了很大的影响，对于加强学生的逻辑思维训练，培养学生的空间想象能力，起了很好的作用。我国工程图学学者、原华中理工大学赵学田教授简洁通俗地总结了三视图的投影规律为“长对正、高平齐、宽相等”，从而使得画法几何和工程制图知识易学、易懂。

计算机的广泛应用大大促进了图形学的发展，计算机图形学的兴起开创了图形学应用和发展的新纪元。以计算机图形学为基础的计算机辅助设计技术，推动了几乎所有领域的设计革命，CAD 技术的发展和应用水平已成为衡量一个国家科技现代化和工业现代化水平的重要标志之一。CAD 技术从根本上改变了过去的手工绘图、发图、凭图样组织整个生产过程的技术管理方式，将它变为在图形工作站上进行交互设计、用数据文件发送产品定义、在统一的数字化产品模型下进行产品的设计打样、分析计算、工艺计划、工艺装备设计、数控加工、质量控制、编印产品维护手册、组织备件订货供应等。其标志性的进展就是波音 777 飞机的设计和制造，在设计和制造领域里产生了一场革命。这场革命有三个特征产生了深远的影响，第一个特征是数字化（Digital Definition），全部数字化定义实现了 CAD/CAE/CAPP/CAM 等一系列过程的集成、无纸生产、数字化预装配（Digital Pre-assembly）；第二个特征是标准化，波音公司与其合作生产发动机等公司的信息交换是在产品交换标准（STEP）下实现的；第三个特征是网络化，通过网络交换信息。

值得一提的有两点：一是计算机的广泛应用，并不意味着可取代人的作用；二是 CAD/CAE/CAPP/CAM 的一体化，实现了无纸生产（或无图纸生产），但并不等于无图生产。计算机的广泛应用，CAD/CAE/CAPP/CAM 的一体化，使得技术人员可以用更多的时间进行创造性的设计，而创造性的设计离不开运用图形工具的表达、构思。因此，随着 CAD 和无纸生产的发展，图形的作用不仅不会削弱，反而会更加显得重要。

图 3　彩陶上的图案

2. 我国工程图学的发展概况

在图形学的发展长河中，具有五千年文明史的中国也有辉煌的一页。“没有规矩，不成方圆”，反映了古代中国人民已对尺规作图的规律具有深刻的理解和认识。我国是世界文明古国之一，也是工程图历史最悠久的国家之一。在天文图、地理图、建筑图、机械图等方面都有过杰出的成就，既有文字记载，也有实物考证，受到举世公认。

新石器时代，我们的祖先已能绘制一些几何图形和动物图案，具有简单的图示能力，如在西安半坡出土的仰韶彩陶图形中的鱼形图案。

春秋时期，在我国最早的一部技术著作《周礼•考工记》中，就有关于绘图工具和几何作图问题的记载。其中，记载了规矩、绳墨、悬垂等绘图工具的运用。

秦汉时期，我国已出现图样的史料记载，并能根据图样建筑宫室。如 1997 年在河北平山县发掘的战国时代中山王墓中，有一个长 96cm、宽 48cm、厚 0.8cm、重 32.1kg 的铜版，版上用不同粗细的金、银线嵌制了 439 个字和一幅 1∶500 的陵墓建筑平面图，该图是采用正投影法绘制的，制图方位上南下北，是我国已发现资料中最古老的一幅完整建筑平面图。

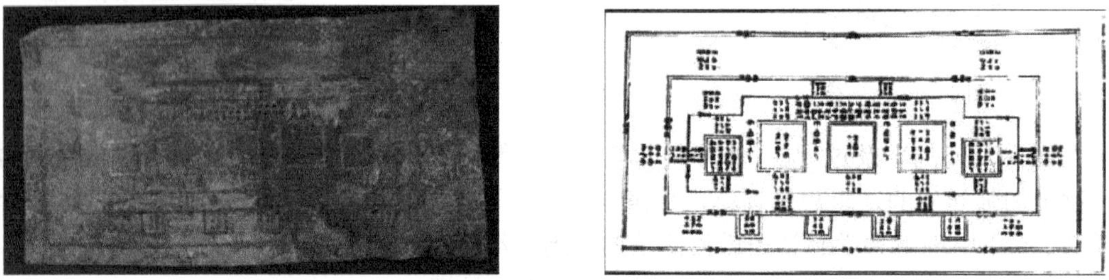

(a) 铜版原形　　(b) 整理后的平面图

图 4　中山王墓建筑平面图

宋代李诫（明仲）于公元 1100 年所著的《营造法式》一书，是我国建筑技术方面的一部经典著作，也是一部闻名世界的建筑图样的巨著。书中记载的各种图样与现代的正投影图、轴测图、透视图的画法已非常接近。全书共 36 卷，所附的图样就有 6 卷。书中采用中心投影法、平行投影法、轴测投影法清晰地表明了较为复杂的建筑结构和有关部分的形状。

图 5　《营造法式》图样

随着生产技术的不断发展，农业、交通、军事等器械的日趋复杂和完善，图样的形式和内容也日益接近现代工程图样。例如，在清代程大位所著的《算法统筹》一书的插图中，有丈量步车的装配图和零件图。

制图技术在我国虽有光辉的成就，但因长期受封建制度的统治，在理论上缺乏完整的、系统的总结。新中国成立前的近百年，我国又遭受帝国主义的侵略，处于半封建半殖民地的状态，致使工程图学停滞不前。新中国成立后，在中国共产党领导下，国家沿着建设有中国特色的社会主义道路前进，工业生产得到很快的恢复和发展，建立了自己的工业体系，结束了旧中国遗留下来的混乱局面，为我国的科学技术和文化教育事业开辟了广阔的前景，工程图学得到前所未有的发展。1956 年原第一机械工业部颁布了第一个部颁标准《机械制图》，1959 年国家科学技术委员会颁布了第一个国家标准《机械制图》，随后又颁布了国家标准《建筑制图》，使全国工程图样标准得到统一，标志着我国工程图学进入了一个崭新的阶段。随着科学技术的发展和工业水平的提高，技术规定不断修改和完善，先后于 1970 年、1974 年、1984 年、1993 年修订了国家标准《机械制图》，并颁布了一系列《技术制图》与《机械制图》新标准。截至 2003 年年底，1985 年实施的四类 17 项《机械制图》国家标准中已有 14 项被修改替代。此外，在改进制图工具和图样复制方法、研究图学理论和编写出版图学教材等方面都取得了可喜的成绩。

20 世纪 40 年代，世界上第一台计算机问世后，计算机技术以惊人的速度发展。20 世纪 50 年代初期，世界上第一台平板式数控绘图机问世，给古老的工程图学增添了新的篇章。1967 年我国开始计算机绘图的研制工作，1968 年制成 LZ-5 数控绘图仪，1977 年制成具有先进水平的 HTJ-1855 大型精密绘图机和 752 型彩色显示器。1987 年起，中国工程图学学会每两年主办一次国际计算机辅助绘图、设计、制造学术会议，增强了国际间的学术交流。目前，计算机绘图技术已在很多部门用于生产、设计、科研和管理工作。近年来，一系列绘图软件的研制成功，给计算机绘图提供了极大的方便，设计制图的现代化手段日益普及。

深信，随着我国改革开放的不断推进，工程图学定能不断地适应社会主义建设的需要，在图学理论、应用图学、计算机图学、制图技术、制图标准、图学教育等诸方面，定能得到更加广泛的应用和迅速的发展。

# 第1章

# 制图基本知识与技能

机械图样是现代机械工业生产中必不可少的技术资料，每位工程技术人员均应熟悉和掌握有关制图的基本知识和技能。本章将着重介绍国家标准《技术制图》和《机械制图》中的一些基本规定，并简略介绍平面图形的基本作图法、尺寸标注及徒手绘图的有关内容。

## 1.1　常用绘图工具及其使用

“工欲善其事，必先利其器。”图样的绘制有两种方法：手工绘图和计算机绘图，手工绘图又包括尺规绘图和徒手绘图。尺规绘图是绘制各类工程的基础，具备了良好的尺规绘图能力，就为借助其他绘图手段和工具绘制高质量的工程图奠定了基础。尺规绘图是借助于丁字尺、图板、三角板、圆规、分规、铅笔等主要绘图工具进行绘图的方法。正确使用各种尺规工具和仪器既能保证绘图质量，加快绘图速度，又能为计算机绘图奠定基础。因此，必须养成正确使用、维护绘图工具与仪器的良好习惯。常用的绘图工具有图板、丁字尺、三角板、圆规、分规、绘图铅笔、比例尺、曲线板、擦图片、绘图橡皮、胶带纸、削笔刀等。

### 1.1.1　图板、丁字尺和三角板

1. 图板

图板是用来铺放和固定图纸的矩形木板。绘图工作就是在图板上进行的，因此要求图板的板面平整光滑、木质细软。图板一般由胶合板制成，四边镶以平直的硬木边框，其左边是工作导向边，要求光滑平直，如图 1.1（a）所示。

2. 丁字尺

丁字尺用来绘制水平直线。它由相互垂直的尺头和尺身组成，尺身的上边有刻度，是工作边，如图 1.1（a）所示。使用时，必须将尺头紧靠图板导边作上下移动，右手执笔，沿尺身工作边自左向右画线，画线时，笔杆应稍向外倾斜，尽量使笔尖贴靠尺边，如图 1.1（b）所示。禁止直接使用丁字尺画水平线的垂直线，也不能用尺身下缘画水平线。

3. 三角板

一副三角板有两块，一块是 45° 等腰直角三角板，另一块是 30°、60° 的直角三角板。它们常与丁字尺配合使用，可画垂线（自下而上画出）和与水平成 15° 倍数角的斜线，如图 1.2 所示。两块三角板配合还可以画已知直线的平行线和垂直线，如图 1.3 所示。

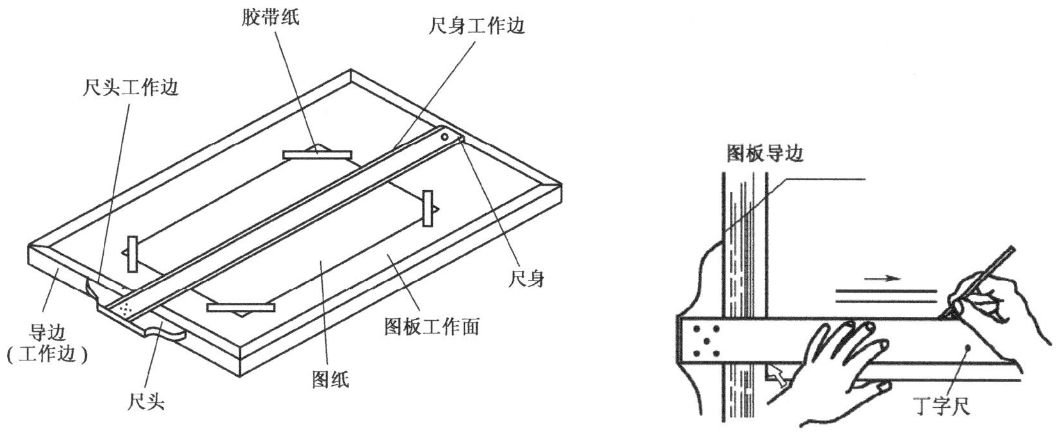


（a）　　（b）

图 1.1　图板和丁字尺

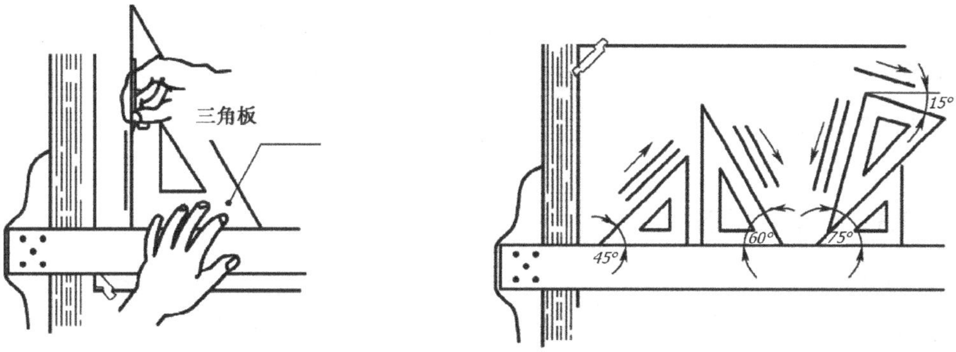


（a）　　（b）

图 1.2　三角板与丁字尺配合使用

图 1.3　两块三角板配合使用

## 1.1.2　圆规和分规

1. 圆规

圆规是画圆和圆弧的工具。使用前，应先调整针脚，使钢针尖略长于铅芯，如图 1.4（a）所示。画图时，将针尖轻轻插入纸面，铅芯与纸接触，并将圆规向前进方向稍微倾斜，作顺时针方向旋转，即画成一圆，如图 1.4（b）所示。画较大的圆时，要使用加长杆，并使圆规的钢针和铅芯尽可能垂直于纸面，如图 1.4（c）所示。画小圆时，圆规两脚应向里弯曲，如图 1.4（d）所示。

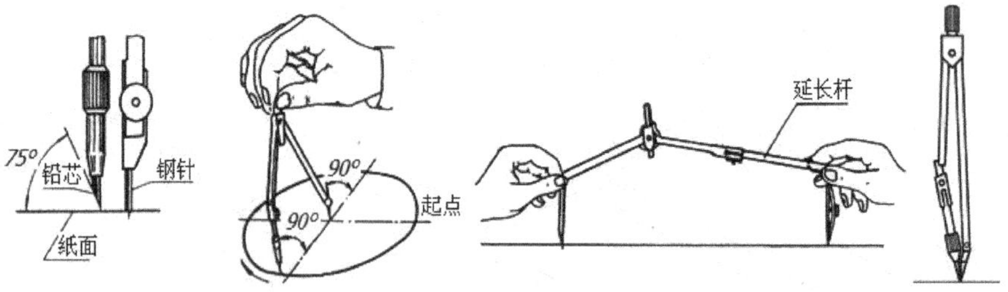


（a）　（b）　（c）　（d）

图 1.4　圆规的使用方法

2. 分规

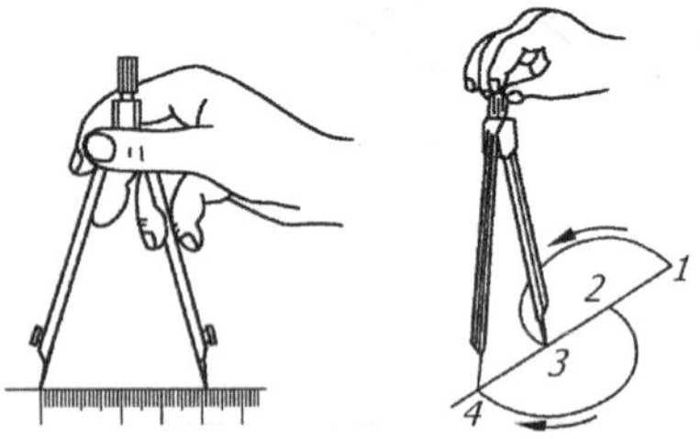


（a）量取长度　（b）等分线段

图 1.5　分规的使用方法

分规是用来量取长度和等分线段的工具，其两脚均装有钢针，两脚并拢时将两针尖调整对齐。从比例尺上量取长度时，针尖不要正对尺面，应使针尖与尺面保持倾斜，如图 1.5（a）所示。用分规等分线段时，通常要用试分法，将分规两针尖调整到所需的距离，然后用右手拇指和食指捏住分规手柄，使分规两针尖沿线段交替旋转前进，如图 1.5（b）所示。

### 1.1.3　铅笔和铅芯

在绘制工程图样时要选择专用的“绘图铅笔”。一般需要准备以下几种型号的绘图铅笔来绘制不同的线型：H 铅笔常用来画底稿或细线；HB 铅笔常用来写字或画箭头；B 铅笔常用来画粗线；2B 铅笔常用来加深粗线。

在铅笔标号中，字母 H 之前的数字越大，表示铅芯越硬，画出来的图线就越淡；字母 B 之前的数字越大，铅芯越软，画出来的图线就越黑。由于圆规画圆时不便用力，因此圆规上使用的铅芯一般要比绘图铅笔软一号。用于画粗实线的铅笔和铅芯应磨（或削）成矩形断面，其余的磨成圆锥形，如图 1.6 所示。铅笔应从没有标号的一端削起，以便保留铅芯硬度的标号。

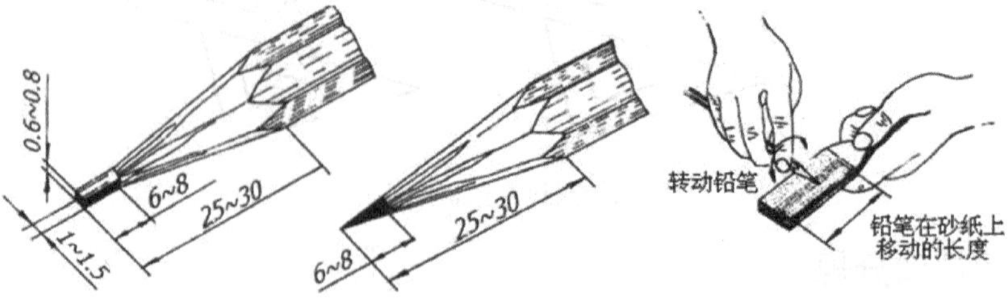


（a）磨成矩形　（b）磨成锥形　（c）铅笔的磨法

图 1.6　铅笔的修磨方法和形状

### 1.1.4　其他绘图工具

除了上述绘图工具，常用的手工绘图工具和用品还有比例尺、曲线板、橡皮、胶带纸、擦线板、小刀、墨线笔、软毛刷、绘图纸等。

1. 比例尺

比例尺有三棱式和板式两种，如图 1.7（a）所示，尺面上有各种不同比例的刻度。

在用不同比例绘制图样时，只要在比例尺上的相应比例刻度上直接量取，省去了麻烦的计算从而加快了绘图速度，如图 1.7（b）所示。

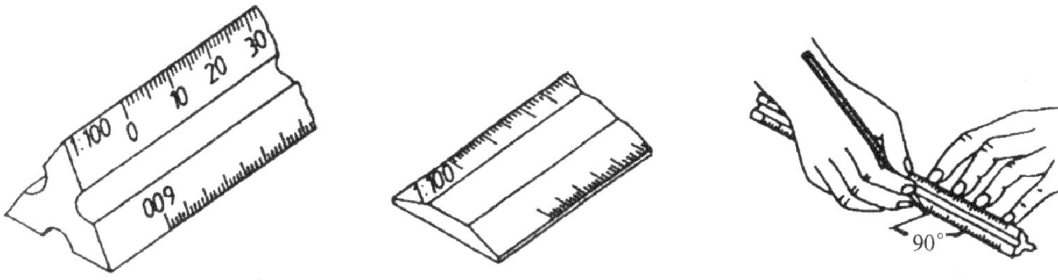


(a)　　(b)

图 1.7　比例尺及其使用方法

2. 曲线板

曲线板是一种具有不同曲率半径的模板，用来绘制各种非圆曲线。使用曲线板时，应先画出曲线上若干点，徒手用铅笔把各点轻轻地连接起来，再选择曲线板上曲率合适的部分逐段描绘，如图 1.8 所示。在每一段中，至少有四个点与曲线板吻合。每描一段线，所描线段要比曲线板吻合的部分稍短，留一部分在下一段中与曲线板再次吻合后描绘（即“找四连三，首尾相叠”），这样才能使所画的曲线连接光滑。

(a)　　(b)

图 1.8　曲线板及其使用

3. 其他绘图用品

绘图模板是一种快速绘图工具，上面有多种镂空的常用图形、符号或字体等。能够方便地绘制针对不同专业的图案，如图 1.9（a）所示。使用时笔尖应紧靠模板，才能使画出的图形整齐、光滑。

量角器用来测量角度，如图 1.9（b）所示。简易的擦图片是用来防止擦去多余线条时把有用的线条也擦去的一种工具，如图 1.9（c）所示。

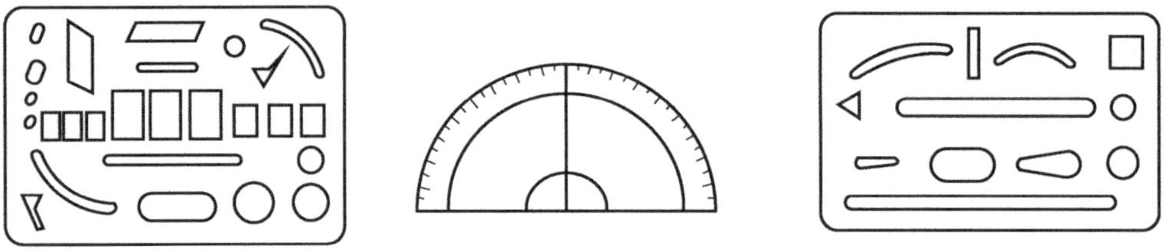

（a）　　（b）　　（c）

图 1.9　其他绘图工具

另外，在绘图时，还需要准备削铅笔刀、橡皮、固定图纸用的塑料透明胶纸、磨铅笔用的砂纸，以及清除图画上橡皮屑的小刷等。

## 1.2　机械制图国家标准的基本规定

为了便于图样的管理和交流，国家质量技术监督局发布了《技术制图》和《机械制图》国家标准，对制图做出了一系列统一的规定。我国国家标准的代号是 GB，如 GB/T 14689—2008。其中，“T”表示该标准为推荐性国家标准，“14689”是该标准的顺序编号，“2008”为该标准发布的年号。

### 1.2.1　图纸幅面与格式（GB/T 14689—2008）

1. 图纸幅面

图纸幅面是指由图纸宽度 $B$ 和长度 $L$ 组成的图面。标准图幅有 5 种规格，代号分别为 A0、A1、A2、A3 和 A4。绘图时应选用表 1-1 中规定的图纸幅面尺寸。必要时，可按标准幅面的短边乘以整数倍来加长幅面。

**表 1-1　图纸幅面及图框尺寸**　　单位：mm

| 幅面代号 | | A0 | A1 | A2 | A3 | A4 |
|---|---|---|---|---|---|---|
| 尺寸 $B\times L$ | | 841×1189 | 594×841 | 420×594 | 297×420 | 210×297 |
| 周边尺寸 | $e$ | 20 | | 10 | | |
| | $c$ | 10 | | | 5 | |
| | $a$ | 25 | | | | |

2. 图框格式

无论图纸是否装订，都必须用粗实线画出图框，其格式分为不留装订边和留装订边，如图 1.10 和图 1.11 所示，其尺寸均按表 1-1 中的规定。但应注意，同一产品的图样只能采用一种格式。

有时为了复制或缩微摄影的方便，还采用对中符号。对中符号是从周边画入图框内的长约 5 mm 的一段粗实线，如图 1.10（b）所示。

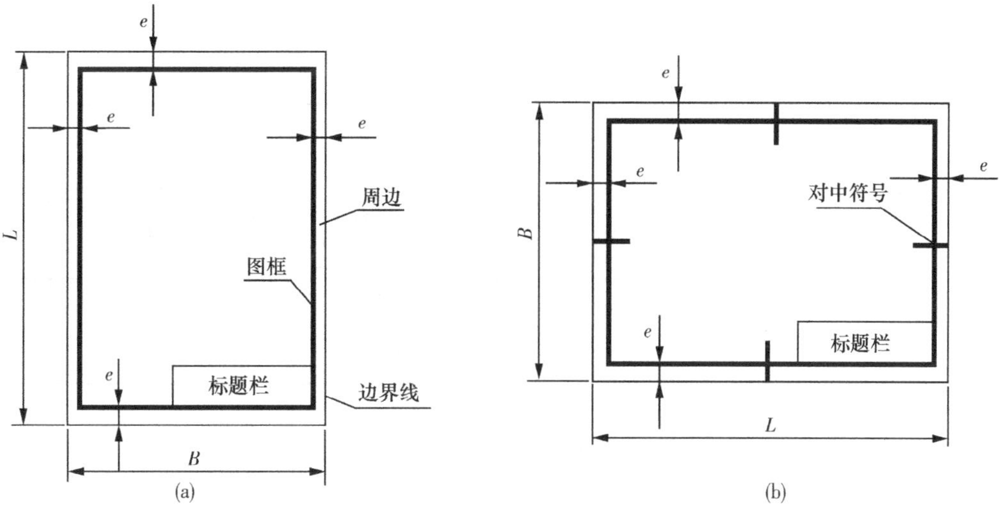


图 1.10　无装订边的图纸格式

3. 标题栏及明细表

每张图纸的右下角都必须画出标题栏，用来填写图样上的综合信息，如图 1.12 和图 1.13 所示。标题栏的长边置于水平方向并与图纸的长边平行，构成 X 型图纸，如图 1-10（b）和图 1.11（b）所示。若标题栏的长边与图纸的长边垂直时，则构成 Y 型图纸，如图 1.10（a）和图 1.11（a）所示。看图的方向应与标题栏的文字方向一致。

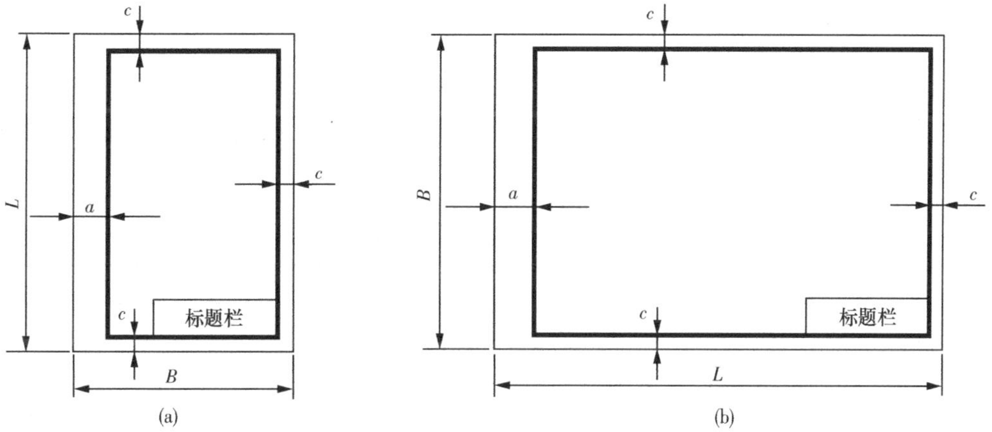


图 1.11　有装订边的图纸格式

标准 GB/T 10609.1—2008 规定的标题栏格式和尺寸如图 1.12 所示，标题栏一般均印刷在图纸上，不必自己绘制。学生作业中的标题栏可以自定，建议采用如图 1.13 所示的简化标题栏。

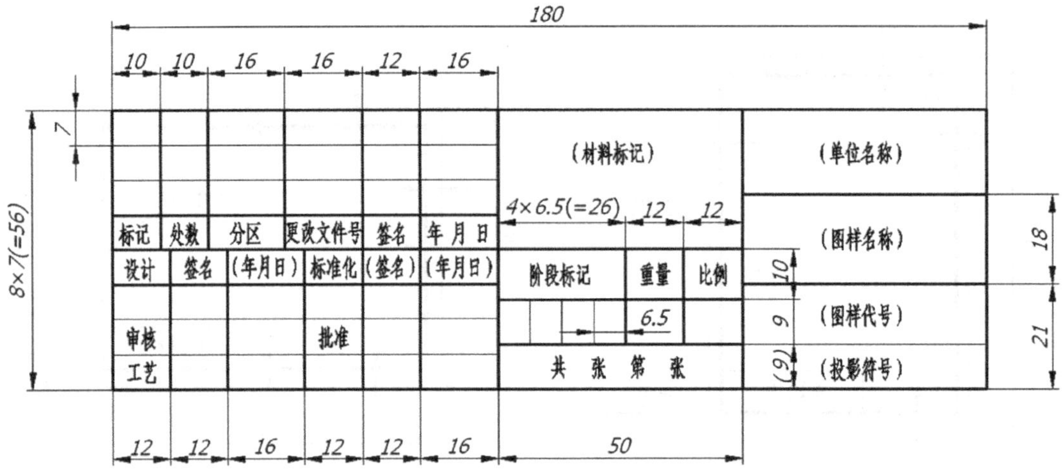


图 1.12　国标规定的标题栏格式

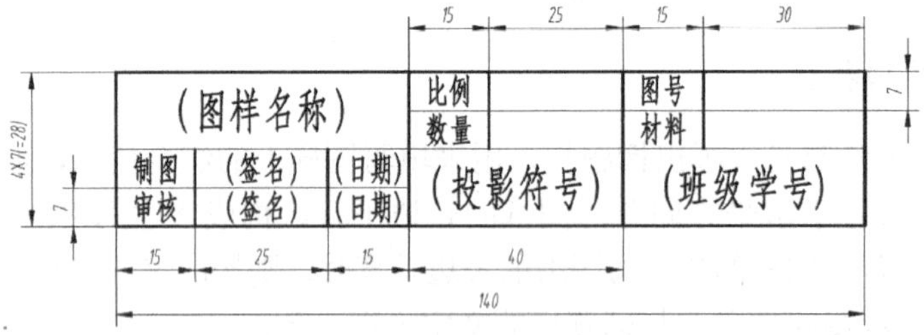


图 1.13　制图作业中的标题栏格式

## 1.2.2　比例（GB/T 14690—1993）

比例是指图中图形与其实际物体相应要素的线性尺寸之比。绘制图样时一般应采用表 1-2 规定的绘图比例。

**表 1-2　绘图比例**

| 种类 | 比例 | |
|---|---|---|
| | 第一系列 | 第二系列 |
| 原值比例 | 1∶1 | 1∶1.5　1∶2.5　1∶3　1∶4　1∶6<br>1∶1.5×$10^n$　1∶2.5×$10^n$　1∶3×$10^n$　1∶4×$10^n$　1∶6×$10^n$ |
| 缩小比例 | 1∶2　1∶5　1∶10　1∶2×$10^n$<br>1∶5×$10^n$　1∶1×$10^n$ | |
| 放大比例 | 2∶1　5∶1<br>1×$10^n$∶1　2×$10^n$∶1　5×$10^n$∶1 | 2.5∶1　4∶1<br>2.5×$10^n$∶1　4×$10^n$∶1 |

注：（1）$n$ 为正整数。

（2）第一系列比例为优先选用的比例，第二系列的比例为必要时选用的比例。

画图时应尽量采用 1∶1 的比例（即原值比例）画图，以便能直接从图样中看出机件的真实大小。绘制同一机件的各个视图应采用相同的比例，并在标题栏的比例栏中标明。当某个视图需要采用不同比例时，必须另行标注。绘图时，不论采用何种比例，图样上标注的尺寸均按机件的实际尺寸大小注出，与采用的比例无关，如图 1.14 所示。

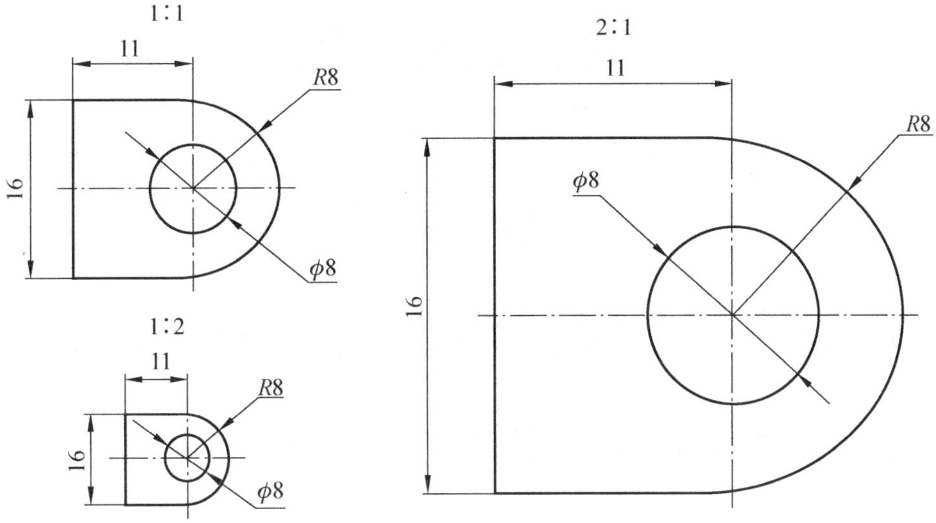


图 1.14　以不同比例所画的同一零件的图形

### 1.2.3　字体（GB/T14691—1993）

图样中除图形外，还需要汉字、数字和字母进行标注或说明，它是图样的重要组成部分，书写时必须做到“字体工整、笔画清楚、间隔均匀、排列整齐”。字体号数即字体的高度（用 $h$ 表示，单位为 mm），大小分为 1.8，2.5，3.5，5，7，10，14，20 八种号数。如果需要书写更大的字，那么字高应按 $\sqrt{2}$ 的比率递增。

图样中的汉字应写成长仿宋体，并应采用国家正式公布推行的简化字。汉字的高度 $h$ 不应小于 3.5mm，字宽约等于 $h/\sqrt{2}$ 。

字母和数字可写成斜体或直体。当使用斜体时，字头向右倾斜，与水平基准线的夹角约为 75°。

字体书写示例如图 1.15、图 1.16 和图 1.17 所示。

10 号字

字体端正　　笔画清楚

排列整齐　　间隔均匀

7 号字

结构匀称　　填满方格　　横平竖直　　注意起落

5 号字

国家标准机械制图技术要求公差配合表面粗糙度倒角其余

图 1.15　长仿宋字体示例

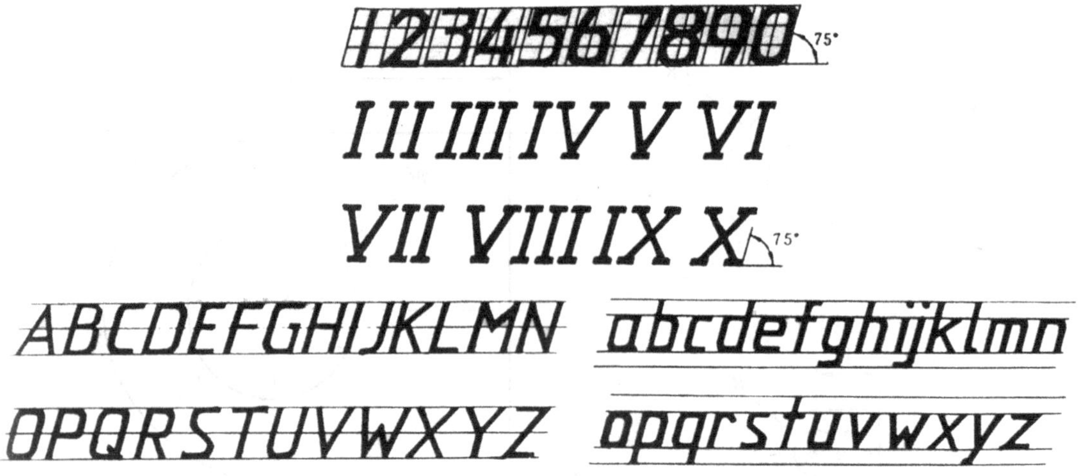


图 1.16　数字和字母示例

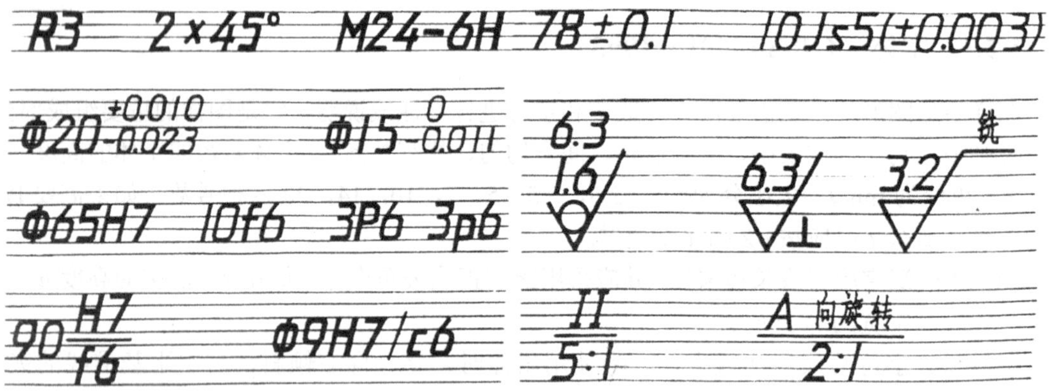


图 1.17　字体组合应用示例

### 1.2.4　图线（GB/T 17450—1998，GB/T 4457.4—2002）

1. 线型及图线尺寸

在国家标准《技术制图》中，规定了九种常用的基本线型。所有线型的图线宽度 $d$ 应按图样的类型和尺寸大小在下列公比为 1∶$\sqrt{2}$ 的数系中选择：0.13，0.18，0.25，0.35，0.5，0.7，1，1.4，2（mm）。

机械图样中的图线分粗、细两种，粗线与细线的宽度比为 2∶1。绘图时，粗线宽度 $d$ 一般选取 0.7mm 或 0.5mm。为了保证图样的清晰易读和便于缩微复制，应尽量避免采用小于 0.18mm 的图线。

2. 图线的应用

绘制图样时，所采用的各种线型及其应用场合应符合国家标准的规定。在机械制图中常用的线型、名称、线宽和主要用途见表 1-3。

**表 1-3　图线的线型、名称、线宽和主要用途**

| 线型 | 名称 | 线宽 | 主要用途 |
|---|---|---|---|
| | 细实线 | d/2 | 尺寸线、尺寸界线、指引线、剖面线、重合断面的轮廓线等 |
| d | 粗实线 | d | 可见轮廓线、剖切符号用线等 |
| 12d　3d | 细虚线 | d/2 | 不可见轮廓线、不可见棱边线 |
| | 粗虚线 | d | 允许表面处理的表示线 |
| 8d　24d | 细点画线 | d/2 | 轴线、中心线、对称线、分度圆（线）、孔系分布的中心线、轨迹线 |
| | 粗点画线 | d | 限定范围表示线 |
| 9d　24d | 细双点画线 | d/2 | 相邻辅助零件的轮廓线、可动零件的极限位置轮廓线、假想投影的轮廓线 |
| | 波浪线 | d/2 | 断裂处的边界线、视图与剖视分界线 |
| 4d　24d　6d　30° | 双折线 | d/2 | |

以下将细虚线、细点画线、细双点画线分别简称为虚线、点画线和双点画线。图线的具体应用示例如图 1.18 所示。

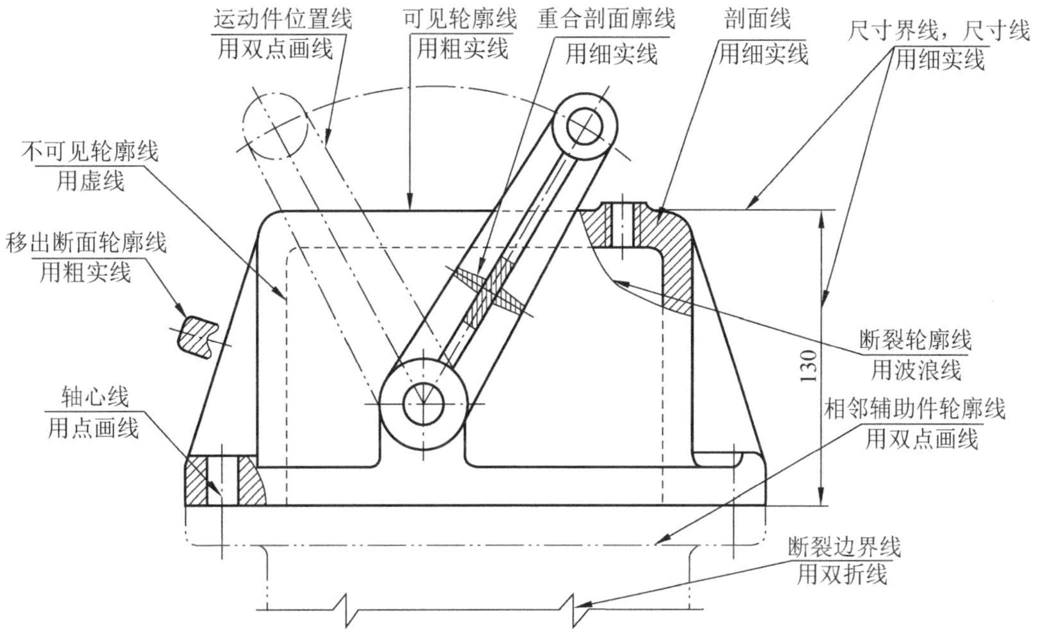


图 1.18　图线应用示例

3. 图线的画法

（1）同一图样中，同类图线的宽度应基本一致。虚线、点画线及双点画线的短画、长画的长度和间隔应各自大小相等。

（2）两条平行线（包括剖面线）之间的距离应不小于粗实线的两倍宽度，其最小距离不得小于 0.7 mm。

（3）绘制圆的对称中心线（简称中心线）时，圆心应为画的交点。细点画线的两端应超出轮廓线 2～5mm，如图 1.19（a）所示。当圆的直径较小（≤10mm）时，允许用细实线代替细点画线。

（4）点画线、虚线及其他图线相交时，都应在线段处相交，不应穿空而过。当虚线成为实线的延长线时，实线应画到分界点，而虚线应留有空隙，如图 1.19（b）所示。

（5）点画线和双点画线中的"点"应画成约 1mm 的短画，点画线和双点画线的首尾两端应是线段而不是短画。

（6）当有两种或更多种图线重合时，通常应按照图线所表达对象的重要程度优先选择绘制顺序：可见轮廓线→不可见轮廓线→尺寸线→各种用途的细实线→轴线和对称中心线。

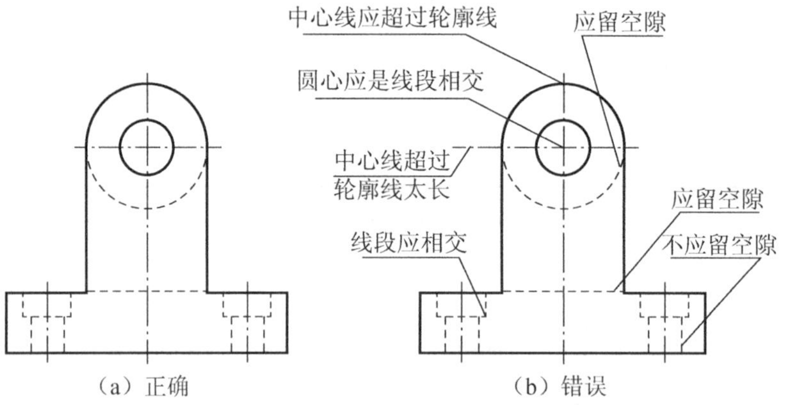


图 1.19　图线的画法

### 1.2.5　尺寸注法（GB/T 1675.2—1996、GB/T 4458.4—2003）

图形中的尺寸是确定物体大小的依据，尺寸的标注要严格遵守国家标准有关尺寸标注的规定。

1. 尺寸标注的基本规则

（1）机件的真实大小应以图样上所注的尺寸数值为依据，与图形的比例大小及绘图的准确度无关。

（2）图样中的尺寸以毫米为单位时，无须标注计量单位的代号或名称。若采用其他单位，则必须注明相应的单位符号。

（3）图样中所标注的尺寸，为该图样所表示机件的最后完工尺寸。否则，应另加说明。

（4）对于机件的每一个尺寸，一般只标注一次，并应标注在反映该结构最清晰的图形上。

（5）标注尺寸时，应尽可能使用符号或缩写词。常用的符号和缩写词如表 1-4 所示。

表 1-4　常用的符号和缩写词（GB/T 4458.4—2003）

| 序号 | 含义 | 符号或缩写词 | 序号 | 含义 | 符号或缩写词 |
|---|---|---|---|---|---|
| 1 | 直径 | $\phi$ | 8 | 正方形 | □ |
| 2 | 半径 | $R$ | 9 | 深度 | ↧ |
| 3 | 球直径 | S$\phi$ | 10 | 沉孔或锪平 | ⌴ |
| 4 | 球半径 | S$R$ | 11 | 埋头孔 | ⌵ |
| 5 | 厚度 | $t$ | 12 | 弧长 | ⌒ |
| 6 | 均布 | EQS | 13 | 斜度 | ∠ |
| 7 | 45° 倒角 | C | 14 | 锥度 | ◁ |

2. 尺寸的组成

一个完整的尺寸包含尺寸界线、尺寸线、尺寸线终端和尺寸数字四个要素，如图 1.20 所示。

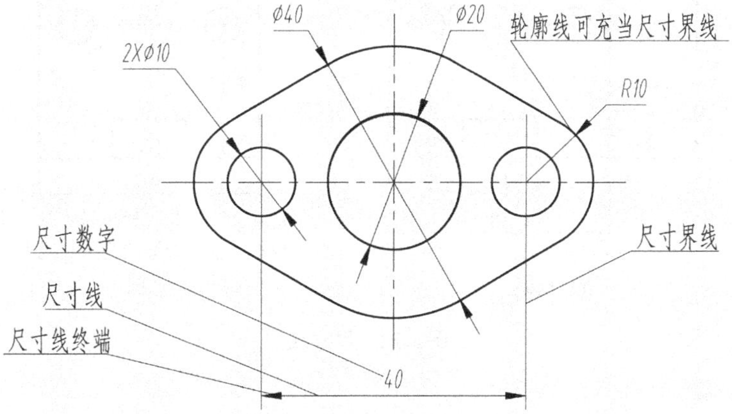


图 1.20　尺寸要素

1）尺寸界线

尺寸界线表示所注尺寸的起始和终止位置，用细实线绘制，并应由图形的轮廓线、轴线或对称中心线处引出。也可利用轮廓线、轴线或对称中心线本身作为尺寸界线，如图 1.21（a）所示。尺寸界线一般应与尺寸线垂直，并超出尺寸线 2～3mm 左右。特别需要时，尺寸界线可画成与尺寸线成适当的角度。此时，尺寸界线尽可能画成与尺寸线成 60°，如图 1.21（b）所示。

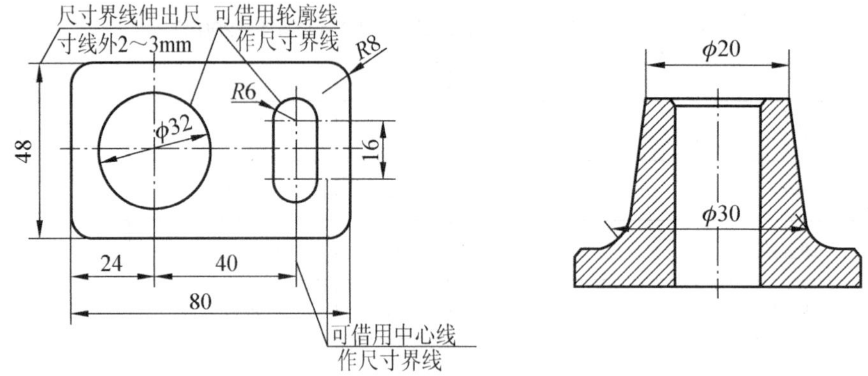


（a）　　（b）

图 1.21　尺寸界线

2）尺寸线

尺寸线表示所注尺寸的范围，用细实线绘制。尺寸线不能用其他图线代替，不得与其他图线重合或画在其延长线上，并应尽量避免尺寸线之间及尺寸线与尺寸界线相交。如图 1.22（b）所示。标注线性尺寸时，尺寸线必须与所标注的线段平行，相同方向的各尺寸线的间距要均匀，间隔应大于 7mm，以便注写尺寸数字和有关符号，如图 1.22（a）所示。

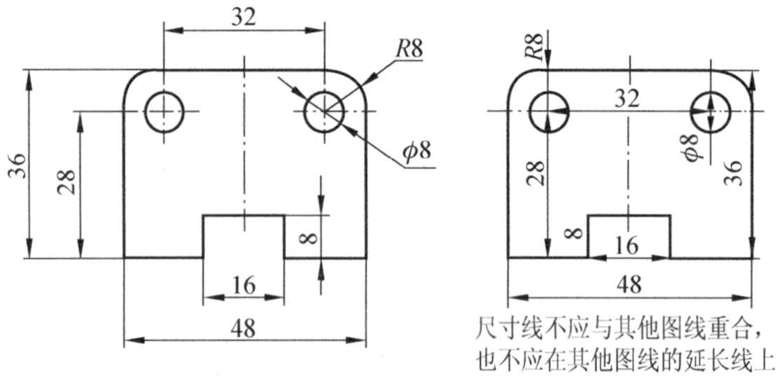


（a）正确　　（b）错误

图 1.22　尺寸线

3）尺寸线终端

尺寸线的终端用于表示尺寸的起止，有三种形式：箭头、斜线和圆点，在同一张图纸中箭头和斜线只能采用一种，机械制图多采用箭头。同一张图纸上的箭头（或斜线）大小要一致。箭头尖端应与尺寸界线接触，斜线用细实线绘制，如图 1.23 所示。

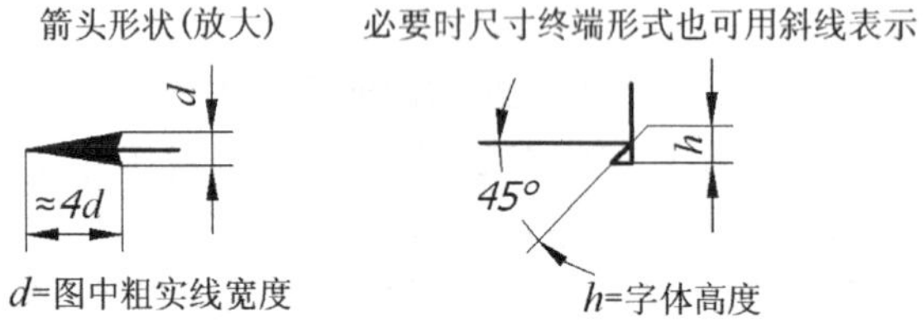


（a）箭头　　（b）斜线

图 1.23　尺寸线终端

当使用箭头时，在地方不够的情况下，允许用圆点代替箭头。斜线作为尺寸线终端的情况主要适用于建筑图样。

4）尺寸数字

尺寸数字表示所注尺寸的数值。尺寸数字一般注写在尺寸线的上方，也可以注写在尺寸线的中断处。尺寸数字在同一张图纸上应采用相同的字号。

尺寸数字按国家标准要求写，即水平方向字头向上，铅垂方向字头向左，倾斜方向字头保持朝上的趋势，如图 1.24（a）所示。应尽量避免在图示 30° 范围内标注倾斜尺寸，当无法避免时，可引出标注，如图 1.24（b）所示。在不致引起误解时，非水平方向的尺寸数字可水平地注写在尺寸线的中断处，如图 1.24（c）所示。尺寸数字不可被任何图线通过，当无法避免时，必须将图线断开，如图 1.24（d）所示。

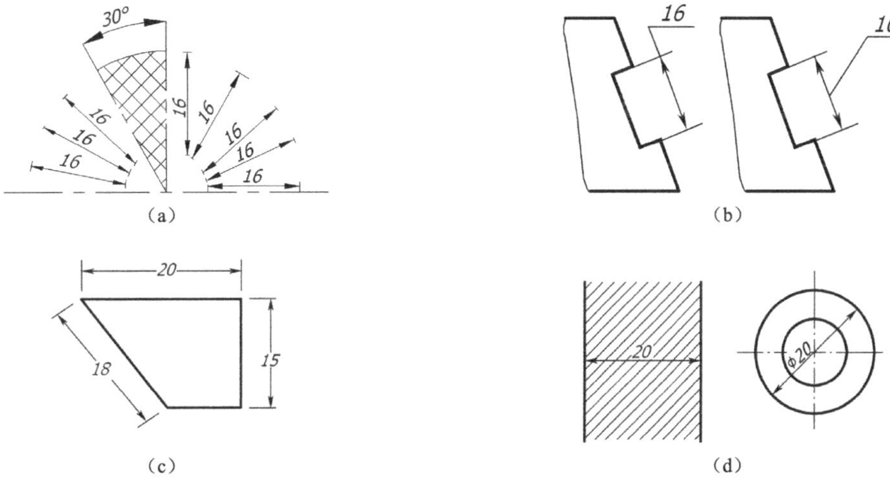


图 1.24　尺寸数字

3. 常见尺寸的基本标注法

1）线性尺寸的标注法

同一方向上首尾相接的尺寸应尽量排在同一直线上；同一视图上平行排列的尺寸，为避免尺寸线和尺寸界线互相交错，应使小尺寸在内，较大尺寸依次向外分布，尺寸线间距不得小于 7mm，保持间隔基本一致，如图 1.25 所示。

2）圆尺寸的标注法

标注直径时，应在数字前加直径符号“$\phi$”，以圆周为尺寸界线，尺寸线应通过圆心，尺寸线终端用箭头；多个相同规格的圆，用“数量×直径”在一个圆上标注，如图 1.26 所示。

3）圆弧尺寸的标注法

标注半径时，应在数字前加半径符号“$R$”，尺寸线从圆心引出指向圆弧，尺寸线终端用箭头，如图 1.27（a）所示。当圆弧的半径过大或在图纸范围内无法标出圆心位置时，可用折线作尺寸线，如图 1.27（b）所示。不需标出其圆心位置时，按图 1.27（c）所示的形式标注。

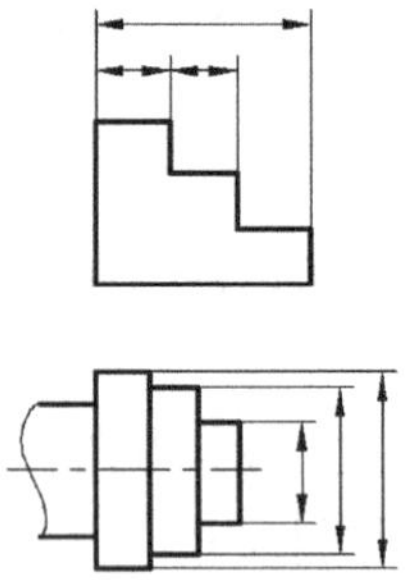

合理　　　　不合理

图 1.25　线性尺寸标注

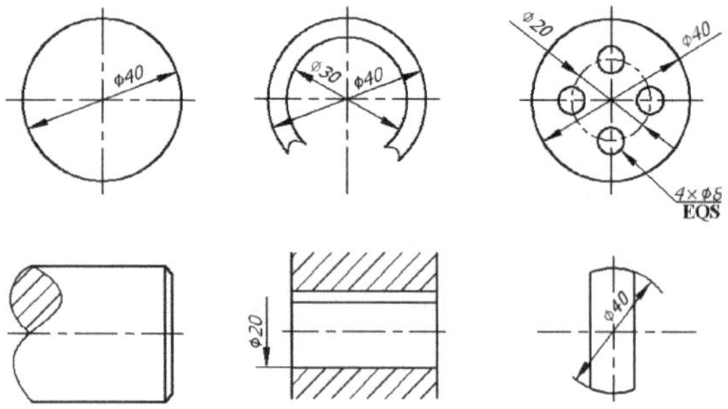


图 1.26　圆尺寸标注

4）球面尺寸的标注法

标注球直径或半径尺寸时，应在符号“ *ϕ*”或“*R*”前再加注球面符号“*S*”，如图 1.28（a）所示，对于螺钉、铆钉的头部、轴端部，以及手柄的端部等，在不致引起误解时，可省略符号“*S*”，如图 1.28（b）所示。

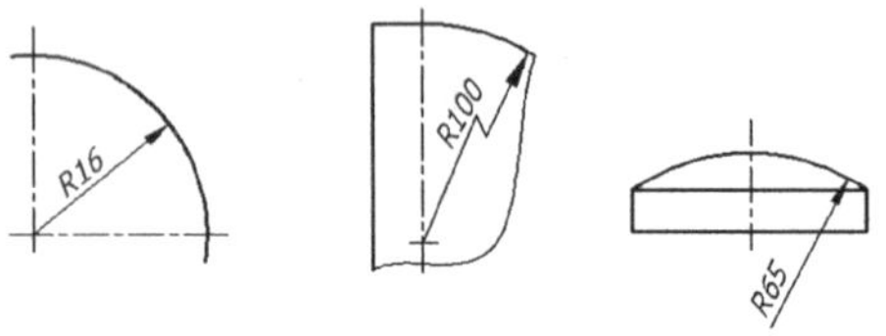


（a）　（b）　（c）

图 1.27　圆弧尺寸标注

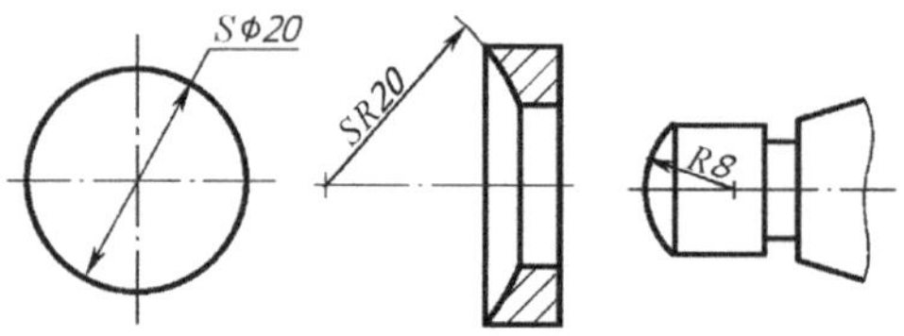


（a）　（b）

图 1.28　球面尺寸标注

5）弦长及弧长尺寸的标注法

标注弦长及弧长尺寸时，它们的尺寸界线应平行于该弦的垂直平分线，如图 1.29（a）和图 1.29（b）所示。弦长的尺寸线应与该弦平行；弧长的尺寸线用圆弧，尺寸数字上方或前面应加注符号“⌒”。当弧度较大时，尺寸界线可沿径向引出，如图 1.29（c）所示。

6）角度尺寸的标注法

标注角度尺寸时必须注出单位。尺寸界线应沿径向引出或以轮廓线代替；尺寸线应画成圆弧，其圆心是该角的顶点；尺寸线终端画箭头；角度的数字一律写成水平方向，一般应注写在尺寸线的中断处，必要时可写在尺寸的上方、外侧或引出标注，如图 1.30 所示。

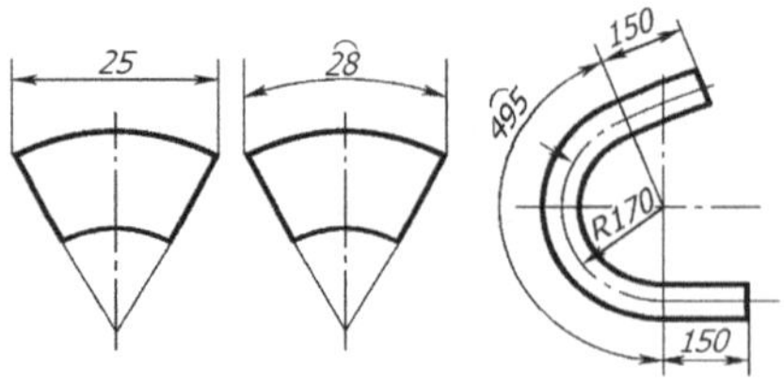


（a）　（b）　（c）

图 1.29　弦长及弧长尺寸标注

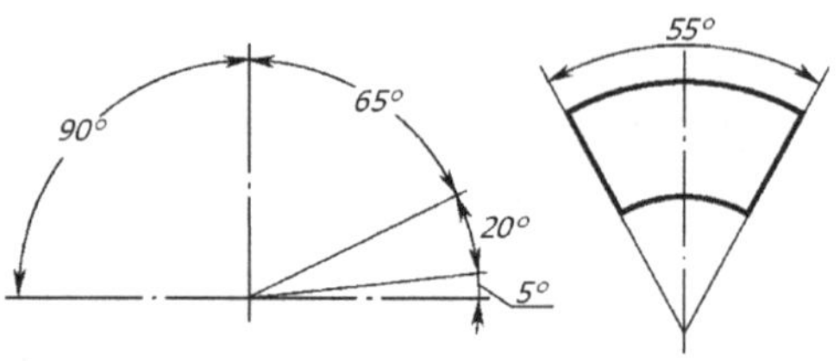


图 1.30　角度尺寸标注

7）板厚度尺寸的注法

标注薄板零件的厚度尺寸时，可在尺寸数字前加注符号“*t*”，如图 1.31 所示，不必另画视图表示厚度。

8）狭小尺寸的注法

在没有足够的位置标注尺寸时，箭头可外移或用小圆点代替两个箭头；尺寸数字也可写在尺寸界线外或引出标注，如图 1.32 所示。标注小直径或小半径时，箭头和数字都可布置在尺寸界线外面，但尺寸线一定要通过圆或圆弧的中心，或箭头指向圆心。

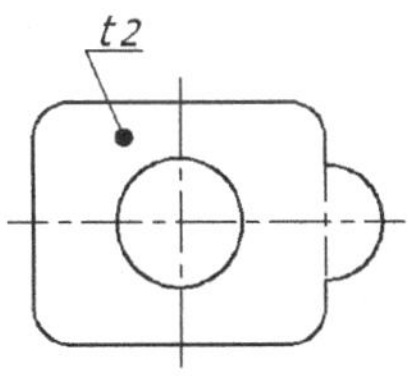


图 1.31　薄板尺寸标注

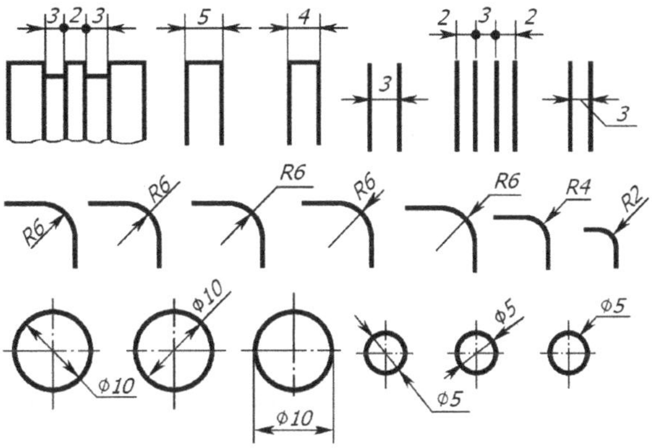


图 1.32　狭小尺寸标注

9）对称尺寸的注法

当图形具有对称中心线时，分布在对称中心线两边的相同结构，可仅标注其中一边的尺寸，图 1.33（a）所示。当对称图形只画出一半或略大于一半时，尺寸线应略超过对称中心线或断裂处的边界线，并且要在有尺寸界线的一端画出箭头，如图 1.33（b）所示。

图 1.34 所示为初学者标注尺寸的一些常见问题示例。

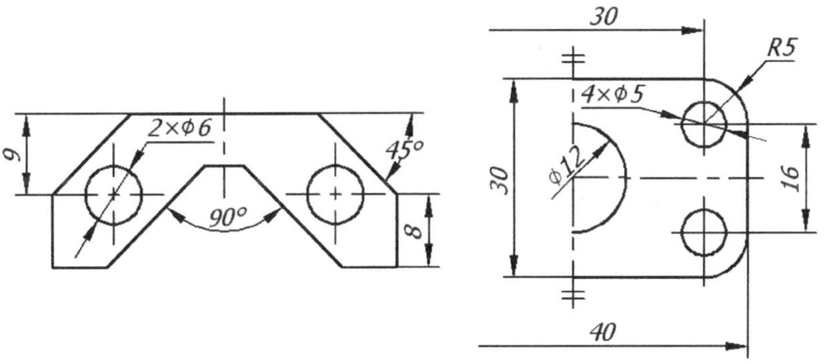


（a）　（b）

图 1.33　对称图形尺寸标注

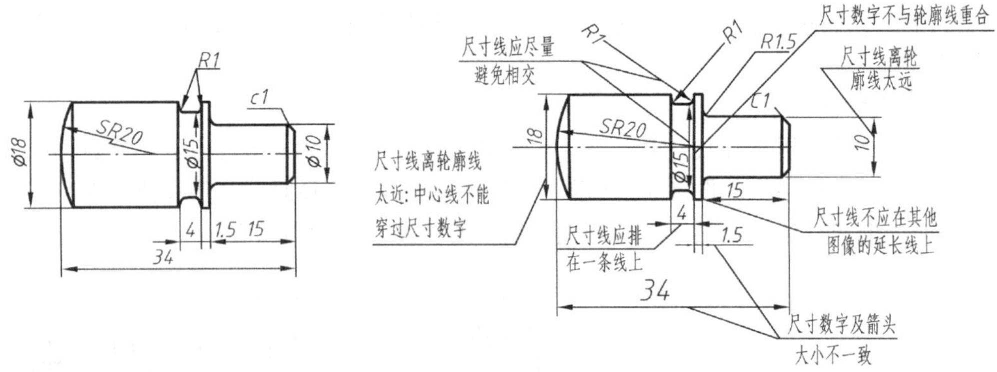


（a）正确　　　　（b）错误

图 1.34　标注尺寸的常见问题示例

## 1.3　几 何 作 图

任何平面图形都可以看成由直线、圆弧、多边形或其他曲线等简单几何图形所组成的。因此，绘制机械图样时，应当掌握常见几何图形的作图原理和作图方法。

### 1.3.1　等分线段

将线段分割为 *N* 等分的方法如图 1.35 所示。步骤如下：

（1）过已知直线段的一个端点任作一射线，由此端点起在射线上以任意长度截取 *N* 等分。

（2）将射线上的等分终点与已知直线段的另一端点连线，并过射线上各等分点作此连线的平行线与已知直线段相交，交点即为所求。

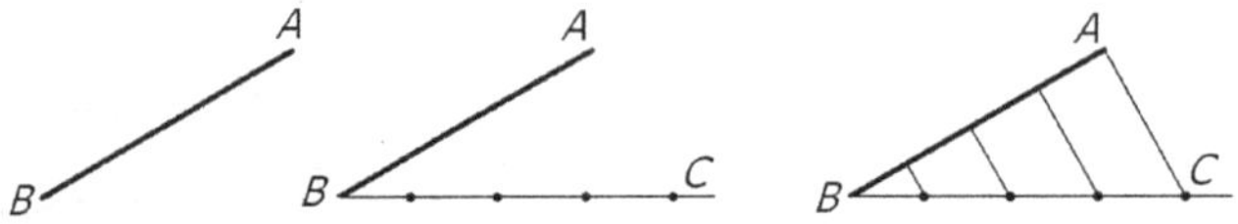


图 1.35　四等分线段 *AB*

### 1.3.2　等分圆周及作正多边形

下面介绍圆内接正五边形、正六边形的作图法，并以正七边形为例，介绍圆内接正 *n* 边形的近似作法。

1）正五边形

（1）作 *OA* 的中点 *M*，如图 1.36（a）所示。

（2）以 *M* 点为圆心，*M*1 为半径作弧，交水平直径于 *K* 点，如图 1.36（b）所示。

（3）以 1*K* 为边长，将圆周五等分，即可作出圆内接正五边形，如图 1.36（c）所示。

2）正六边形

画法分为圆规作图和三角板作图两种。

（1）用圆规作图。分别以已知圆在水平直径上的两处交点 *A*、*D* 为圆心，以已知圆的半径

$R$ 为半径作圆弧，与圆交于 $F$、$B$、$E$、$C$ 点，依次连接 $A$、$B$、$C$、$D$、$E$、$F$ 点即得圆内接正六边形，如图 1.37（a）所示。

（2）用三角板作图。以 60° 三角板配合丁字尺作平行线，画出四条斜边，再以丁字尺作上、下水平边，即得圆内接正六边形，如图 1.37（b）所示。

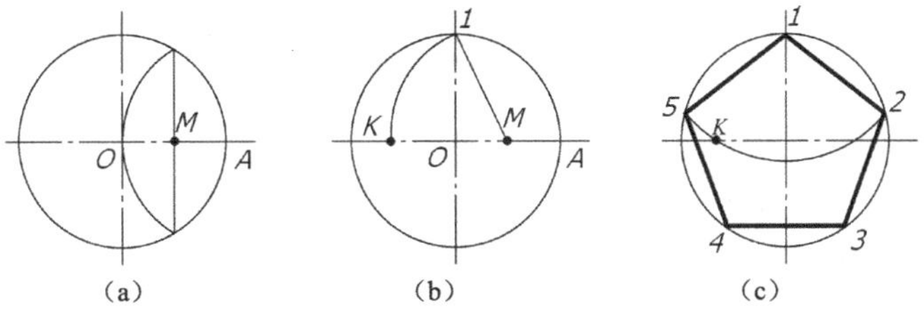


图 1.36　圆内接正五边形画法

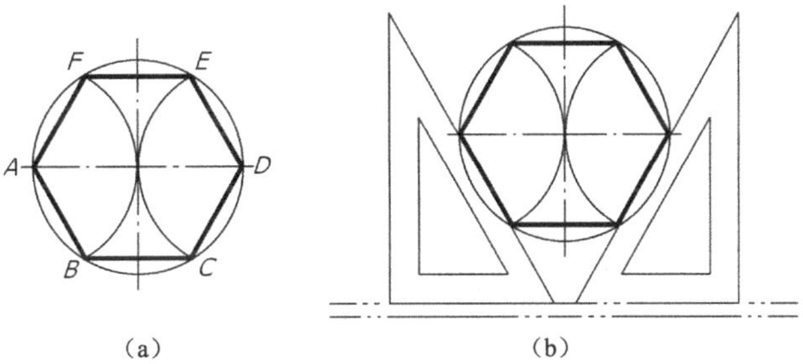


图 1.37　圆内接正六边形画法

3）正 $n$ 边形

以 $n=7$ 为例，示意圆内接正 $n$ 边形的作图方法，如图 1.38 所示。步骤如下：

（1）七等分铅垂直线 $AK$。

（2）以 $A$ 点为圆心，$AK$ 为半径作弧，交水平中心线于点 $S$。

（3）延长连线 $S2$、$S4$、$S6$（也可连接奇数点），与圆周相交得到点 $G$、$F$、$E$。

（4）再作出它们的对称点，即可作出圆内接正七边形。

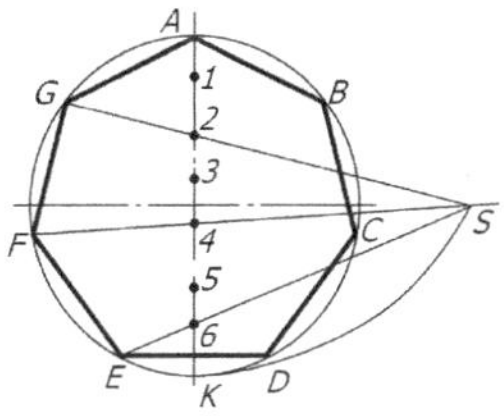


图 1.38　圆内接正七边形画法

## 1.3.3　斜度与锥度

1. 斜度

斜度是指一条直线（或一个平面）对另一条直线（或平面）的倾斜程度，其大小用两直线（或两平面）夹角的正切值来表示，如图 1.39（a）所示，即

在机械图样中，斜度常以 1∶$n$ 的形式标注，符号如图 1.39（b）所示。斜度符号标注在斜度轮廓线的引线上，其倾斜方向应与斜度的方向一致，如图 1.39（c）所示。

$$斜度=\tan\alpha=\frac{CB}{AB}$$

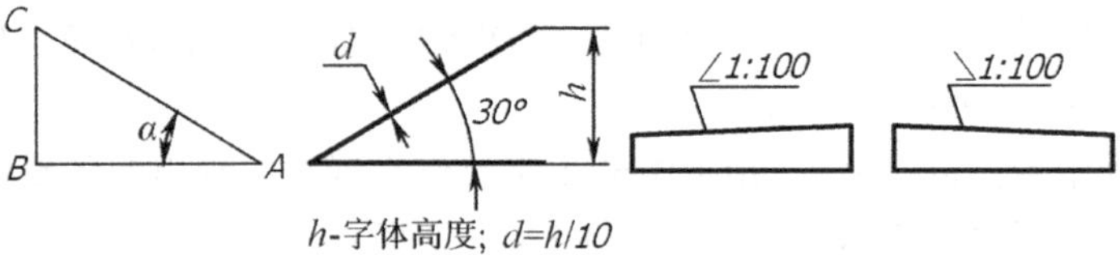


图 1.39　斜度及其标注

斜度的作图步骤如图 1.40 所示。

（1）作 $BC$ 垂直于 $AB$，以任意长度为一个单位，在 $BA$ 上取五等分得 $D$，在 $BC$ 上取一等分得 $E$，连 $DE$，直线 $DE$ 即为 1∶5 斜度辅助线，如图 1.40（b）所示。

（2）按尺寸定出 $F$ 点，过 $F$ 作 $DE$ 平行线，即为所求的斜度线，如图 1.40（c）所示。

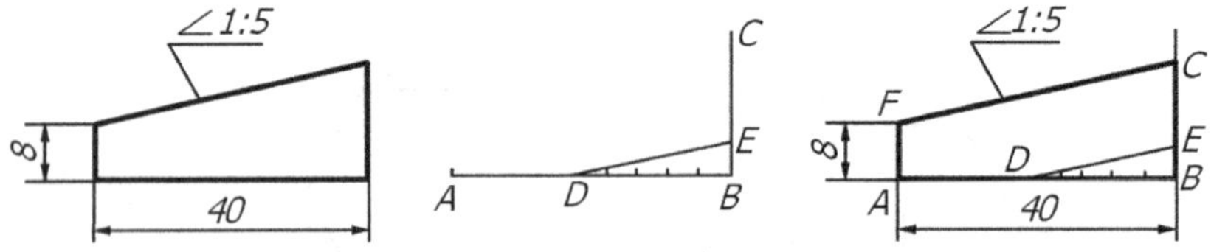


图 1.40　斜度的画法

## 2. 锥度

锥度是指正圆锥底圆直径与圆锥高度之比或正圆锥台上下底圆直径之差与圆锥台高度之比，如图 1.41（a）所示，即

$$锥度= 2\tan\frac{\alpha}{2}=\frac{D}{L}=\frac{D-d}{l}$$

在机械图样中，锥度常以 1∶$n$ 的形式标注，锥度符号如图 1.41（b）所示。锥度符号标注在与引出线相连的基准线上，基准线应与圆锥轴线平行，锥度图形符号的方向应与锥度的方向一致（锥度符号的尖点应与圆锥的锥顶方向一致），如图 1.41（c）所示。

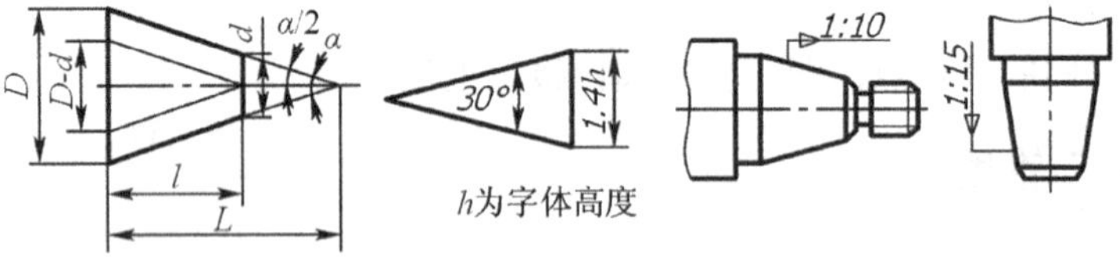


图 1.41　锥度及其标注

锥度的作图步骤如图 1.42 所示。

（1）在圆锥轴线上按 1∶5 锥度作等腰三角形辅助线，如图 1.42（a）所示。

（2）按给定的端面直径求已知点，并过已知点作锥度辅助线的平行线，即是要求的锥度，如图 1.42（b）所示。

（3）完成图形其余部分，并标注锥度和所有尺寸，如图 1.42（c）所示。

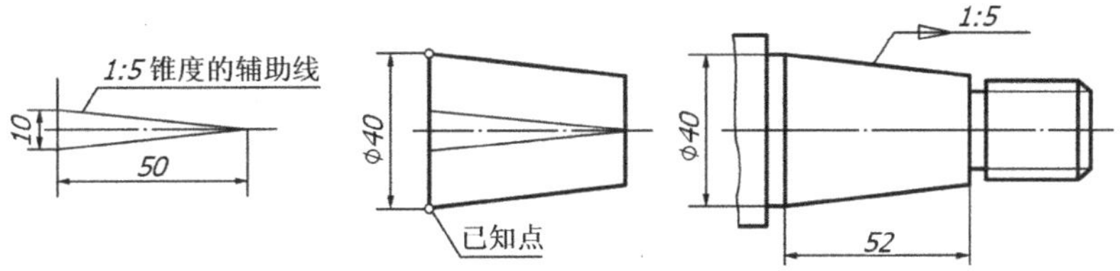


（a） （b） （c）

图 1.42 锥度的画法

## 1.3.4 椭圆的画法

椭圆是常见非圆曲线。已知椭圆长、短轴，常采用“四心法”和“同心圆法”画椭圆，如图 1.43 所示。

1. “四心法”

已知椭圆的长轴 $AB$ 与短轴 $CD$，如图 1.43（a）所示。

（1）连 $AC$，以 $O$ 为圆心，$OA$ 为半径画圆弧，交 $CD$ 延长线于 $E$。

（2）以 $C$ 为圆心，$CE$ 为半径画圆弧，交 $AC$ 于 $E_1$。

（3）作 $AE_1$ 的中垂线，交长轴于 $O_1$，交短轴于 $O_2$，并找出 $O_1$ 和 $O_2$ 的对称点 $O_3$ 和 $O_4$。

（4）把 $O_1$ 与 $O_2$、$O_2$ 与 $O_3$、$O_3$ 与 $O_4$、$O_4$ 与 $O_1$ 分别连直线。

（5）以 $O_1$、$O_3$ 为圆心，$O_1A$ 为半径；$O_2$、$O_4$ 为圆心，$O_2C$ 为半径，分别画圆弧，即得近似椭圆，$K$、$K_1$、$N_1$、$N$ 为四段圆弧的切点。

2. “同心圆法”

（1）如图 1.43（b）所示，以 $O$ 为圆心，以 $OA$ 和 $OC$ 为半径作两个同心圆。

（2）由 $O$ 作一系列射线与两同心圆相交。

（3）由大圆和小圆上的各交点分别作与短轴和长轴的平行线，每两对应平行线的交点即为椭圆上的一系列点。

（4）依次光滑连接各点，即得椭圆。

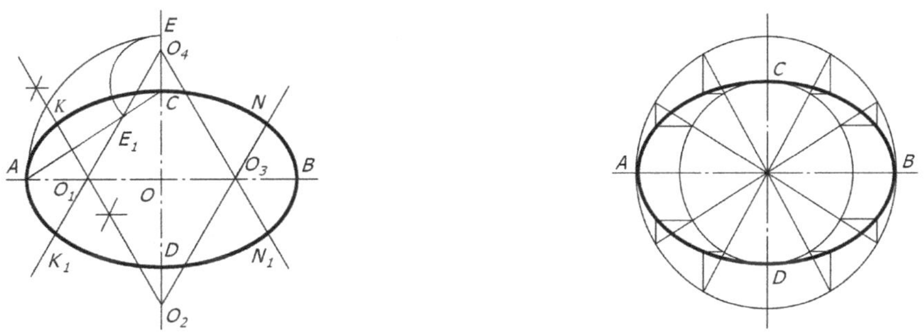


（a）椭圆的四心圆弧画法 （b）椭圆的同心圆画法

图 1.43 椭圆的常用画法

## 1.3.5 圆弧连接

用一段圆弧光滑地连接相邻两线段（直线或圆弧）的作图方法，称为圆弧连接。起连接作用的圆弧称为连接弧，两个切点称为连接点。圆弧连接在机件平面轮廓图中比较常见，如图 1.44 所示为连杆的平面轮廓图。

（a）立体图　　（b）平面图

图 1.44　连杆及连杆平面轮廓图

为保证连接光滑，必须使连接弧与已知线段（直线或圆弧）相切。因此，作图时应准确地求出连接弧的圆心及切点。

1）作图原理

（1）与已知直线相切且半径为 $r$ 的圆弧，其圆心轨迹为与已知直线平行且距离为 $r$ 的两条直线。连接点为圆心向已知直线所作垂线的垂足，如图 1.45（a）所示。

（2）与已知圆弧（半径为 $R$）外切且半径为 $r$ 的圆弧，其圆心轨迹为已知圆弧的同心圆，半径为 $R_1 = R+r$。连接点为连心线 $OO_1$ 与已知圆弧的交点，如图 1.45（b）所示。

（3）与已知圆弧（半径为 $R$）内切且半径为 $r$ 的圆弧，其圆心轨迹为已知圆弧的同心圆，半径为 $R_2 =|R-r|$。连接点为连心线 $OO_2$ 延长线与已知圆弧的交点，如图 1.45（b）所示。

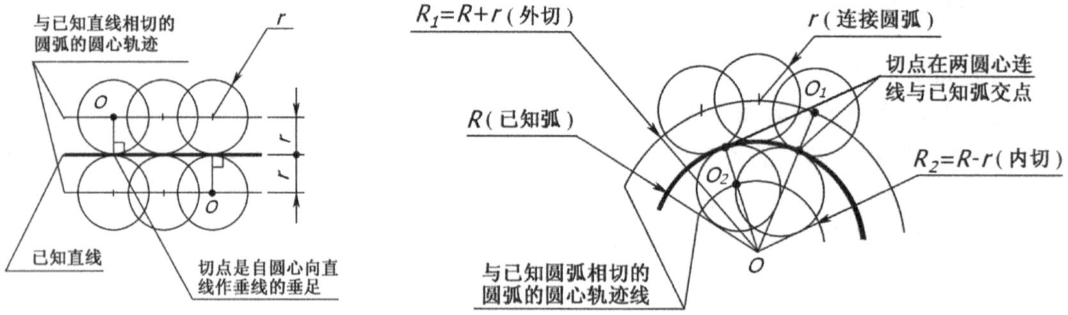


（a）圆弧与直线连接　　（b）圆弧与圆弧连接

图 1.45　圆弧连接的作图原理

2）作图步骤

（1）求作连接弧圆心（它应满足到两被连接线段的距离均为连接弧半径的条件）。

（2）找出连接点（切点）。

（3）在两连接点之间画出连接圆弧。

**【例 1-1】**用半径为 $R$ 的圆弧连接两直线 $AB$ 和 $BC$，如图 1.46 所示。

作图步骤如下：

（1）求圆心。分别作已知直线 $AB$、$BC$ 相距为 $R$ 的平行线，其交点 $O$ 即为连接弧（半径 $R$）的圆心。

（2）求切点。自点 $O$ 分别向直线 $AB$ 及 $BC$ 作垂线，得到的垂足 $K_1$ 和 $K_2$ 即为切点。

（3）画连接弧。以 $O$ 为圆心，$R$ 半径，自点 $K_1$ 至 $K_2$ 画圆弧，即完成作图。

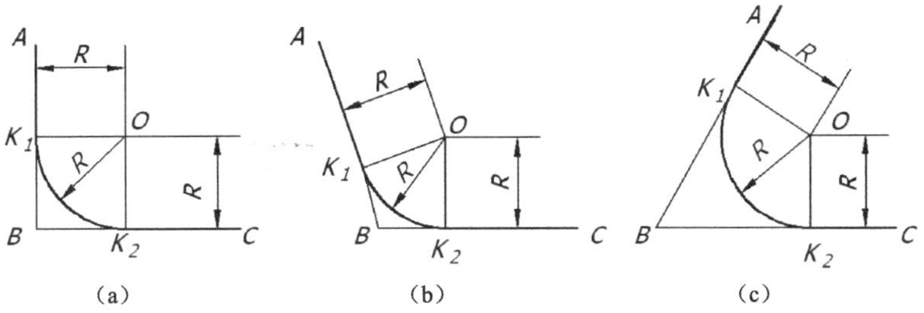


图 1.46　用圆弧连接两直线

**【例 1-2】**用半径为 $R$ 的圆弧连接已知直线 $AB$ 和圆弧（半径 $R_1$），如图 1.47 所示。

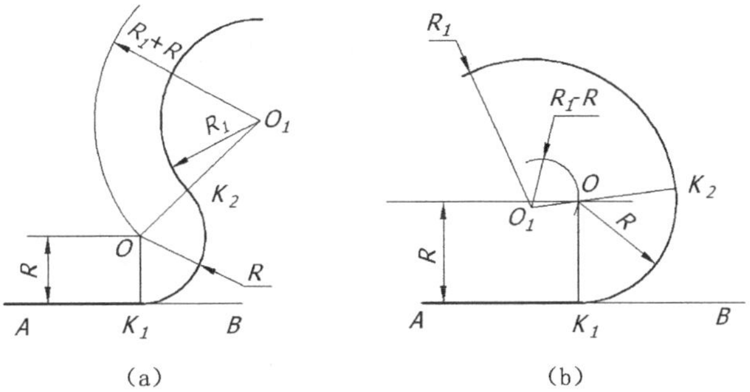


图 1.47　用圆弧连接直线和圆弧

作图步骤如下：

（1）求圆心：作与已知直线 $AB$ 相距为 $R$ 的平行线；再以已知圆弧（半径 $R_1$）的圆心 $O_1$ 为圆心，$R_1$+$R$［外切时，如图 1.47（a）所示］或 $R_1$−$R$［内切时，如图 1.47（b）所示］为半径画弧，此弧与所作平行线的交点 $O$ 即为连接弧（半径 $R$）的圆心；

（2）求切点：自点 $O$ 向直线 $AB$ 作垂线，得垂足 $K_1$；再作两圆心连线 $O_1O$（外切时）或两圆心连线 $O_1O$ 的延长线（内切时），与已知圆弧（半径 $R_1$）相交于点 $K_2$，则 $K_1$、$K_2$ 即为切点。

（3）画连接弧：以 $O$ 为圆心、$R$ 为半径，自点 $K_1$ 至 $K_2$ 画圆弧，即完成作图。

**【例 1-3】**用半径为 $R$ 的圆弧连接两已知圆弧（$R_1$、$R_2$），如图 1.48 所示。

作图步骤如下：

（1）求圆心：分别以 $O_1$、$O_2$为圆心，$R_1$+$R$ 和 $R_2$+$R$（外切时，如图 1.48（a）所示）、或 $R$−$R_1$ 和 $R$−$R_2$（内切时，如图 1.48（b）所示）、或 $R_1$-$R$ 和 $R_2$+$R$（内、外切时，如图 1.48（c）所示）为半径画弧，得交点 $O$，即为连接弧（半径 $R$）的圆心；

（2）求切点：作两圆心连线 $O_1O$、$O_2O$ 或 $O_1O$、$O_2O$ 的延长线，与两已知圆弧（半径 $R_1$、$R_2$）相交于点 $K_1$、$K_2$，则 $K_1$、$K_2$ 即为切点。

（3）画连接弧：以 $O$ 为圆心、$R$ 为半径，自点 $K_1$ 至 $K_2$ 画圆弧，即完成作图。

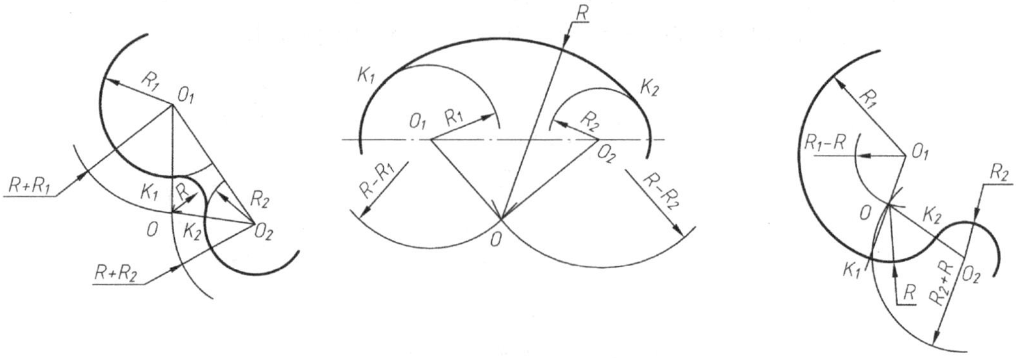


（a）　　　　（b）　　　　（c）

图 1.48　用圆弧连接两已知圆弧

## 1.4　平面图形的画法

平面图形由许多线段连接而成，这些线段之间的相对位置和连接关系靠给定的尺寸确定，一个平面图形能否正确绘制出来，要看图中所给的尺寸是否齐全和正确。因此，画平面图形前先要对图形进行尺寸分析和线段分析，以便明确平面图形的画图步骤，正确、快速地画出图形和标注尺寸。

### 1.4.1　尺寸分析

根据在平面图形中所起的作用，尺寸可分为定形尺寸与定位尺寸两大类。

1）定形尺寸

确定图形中各组成部分形状大小的尺寸，称为定形尺寸。如线段长度、圆的直径、圆弧半径以及角度大小等。图 1.49 中的 15，*ϕ*20，*ϕ*5，*R*15，*R*12 等均为定形尺寸。

2）定位尺寸

用于确定线段在平面图形中所处位置的尺寸，称为定位尺寸。如圆心的位置尺寸，直线与中心线的距离尺寸等。图 1.49 中的 8 就是确定 *ϕ*5 圆位置的定位尺寸。

有时，同一尺寸既有定形的作用又有定位的作用，如图 1.49 中，75 既是决定手柄长度的定形尺寸，又是 *R*10 圆弧的定位尺寸。

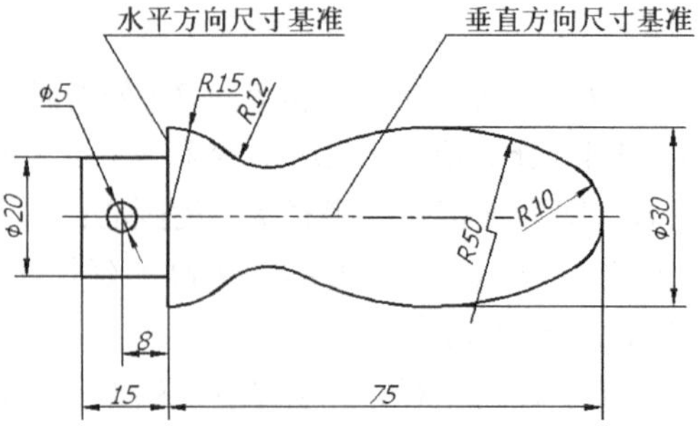


图 1.49　手柄平面图

标注平面图形的定位尺寸时，首先要确定标注尺寸的起始位置，标注尺寸的起点称为尺寸基准。平面图形有水平（长度）和垂直（高度）两个方向的尺寸基准，通常选择图形的轴线、对称中心线或较长的轮廓直线作为尺寸基准，如图 1.49 所示手柄图形的尺寸基准就是水平轴线和较长的铅垂轮廓线。

### 1.4.2　线段分析

确定平面图形中任一线段，一般需要三个条件（两个定位条件，一个定形条件）。凡已具备三个条件的线段可直接画出，否则要利用线段连接关系找出潜在的补充条件才能画出，因此，根据定位尺寸是否完整，平面图形中的线段可分为三类。

（1）已知线段。定形尺寸和定位尺寸都齐全的线段，如图 1.49 中的 $\varphi 5$、$R15$、$R10$。

（2）中间线段。只有定形尺寸和一个定位尺寸，而缺少一个定位尺寸的线段，如图 1.49 中的 $R50$。

（3）连接线段。只有定形尺寸而无定位尺寸的线段，如图 1.49 中的 $R12$。

作图时由于缺少定位尺寸会影响作图，因此平面图形的线段中如缺少一个定位尺寸，必须同时补充一个连接条件；如缺少两个定位尺寸，则应同时补充两个连接条件，这样才能作图。画图时应先画已知线段，再画中间线段，最后画连接线段。

### 1.4.3　画图步骤

现以图 1.49 所示的手柄为例，将平面图形的画图步骤归纳如下。

1）画图前的准备

（1）准备好三角板、丁字尺等绘图工具，按各种线形型的要求削好铅笔和铅芯。

（2）分析图形的尺寸与线段，确定作图步骤。

（3）确定比例，选取图幅，固定图纸。

（4）按国家标准画出图框和标题栏。

2）绘制底稿

（1）用 H 型号铅笔尽量轻、细、准地绘好底稿。

（2）画底稿的步骤：

① 画出基准线，并根据定位尺寸画出定位线，如图 1.50（a）所示。

② 按先曲线后直线的顺序，画出已知线段，如图 1.50（b）所示。

③ 依次画出中间线段和连接线段，如图 1.50（c）和图 1.50（d）所示。

（3）全面检查底稿，修正错误，擦去多余的图线。

3）加深描粗

（1）先粗后细——先加深描粗全部粗实线，再加深全部虚线、点画线和细实线等；

（2）先曲后直——加深同一种线型时，应先画圆弧，后画直线。

（3）先水平后垂直——先从上而下画水平线，再从左到右画垂直线，最后画倾斜线。

最后校对、修饰、标注尺寸、填写标题栏等完成全图。

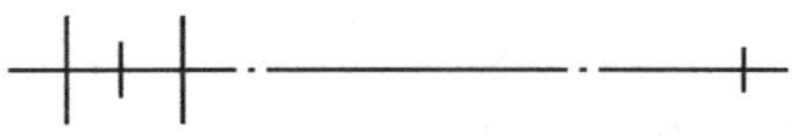

（a）画作图基准线

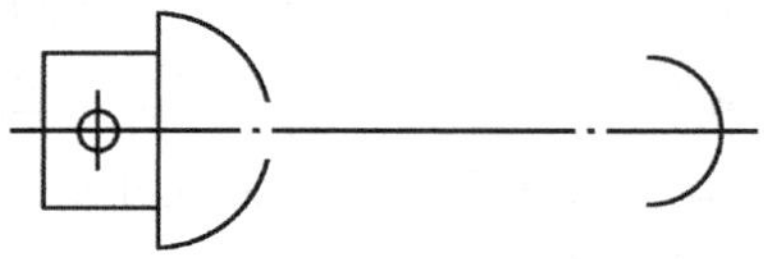

（b）画已知线段

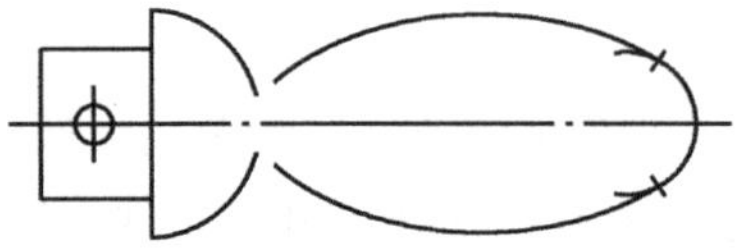

（c）画中间线段

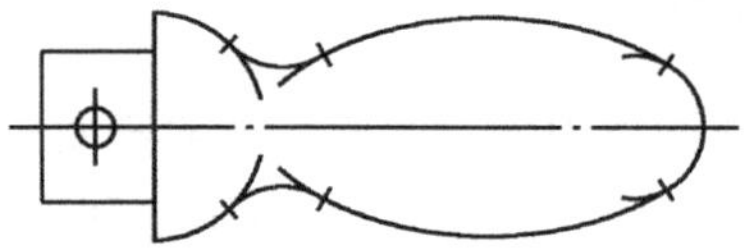

（d）画连接线段

图 1.50　绘制底稿的步骤

### 1.4.4　尺寸标注

1）平面图形尺寸标注的基本要求

（1）正确——尺寸必须按照国标的规定标注，尺寸数值不能写错和出现矛盾。

（2）完整——不遗漏各组成部分的定形尺寸和定位尺寸。一般情况下，不注重复尺寸。

（3）清晰——尺寸的位置要安排在图形的明显处，标注清楚，布局整齐。

2）标注尺寸的步骤

（1）分析平面图形的组成，确定尺寸基准。

（2）标注定形尺寸。

（3）标注定位尺寸，已知线段或圆弧的两个定位尺寸都要标注。

（4）中间弧只需标注出确定圆心的一个定位尺寸。

（5）连接弧圆心的两个定位尺寸都不用标注，否则会出现多余尺寸。

（6）检查标注的尺寸是否完整、清晰。

3）平面图形尺寸标注举例

图 1.51 为一些常见平面图形的尺寸标注，供读者参考。

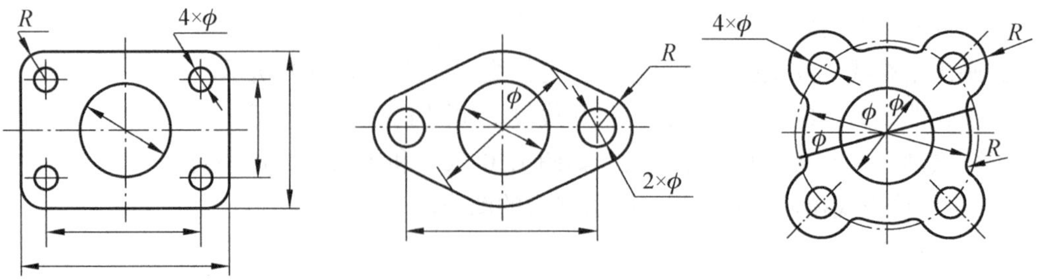


图 1.51　平面图形尺寸标注举例

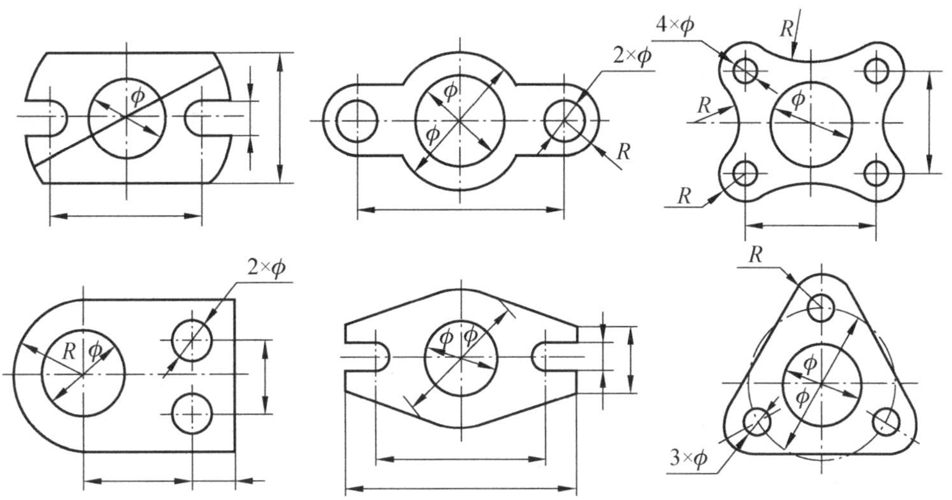


图 1.51　平面图形尺寸标注举例（续）

# 1.5　徒 手 绘 图

## 1.5.1　简介

徒手绘图是用目测来估计物体的形状和大小，不借助绘图工具，徒手画出图样（即徒手草图，简称草图）的方法。在设计、维修、仿造、计算机绘图等场合，经常需要借助草图来记录或表达技术思想。因此，徒手图也是工程技术人员必备的一项重要的基本技能。

徒手绘图不是画潦草的图，其基本要求是：画线要稳，图线要清晰；目测尺寸要准，各部分比例要均匀；绘图速度要快；标注尺寸无误，字体工整，图面整洁。

徒手绘图一般选用 HB 或 B、2B 型号的铅笔，也常在印有浅色方格的坐标纸上画图。为了能随时转动图纸方便画图，提高徒手绘图速度，草图图纸一般不固定。

## 1.5.2　图线的徒手画法

1）直线的画法

画直线时，手腕不要转动，眼睛看着线段的终点方向，沿着画线方向轻轻地移动手腕和手臂，保证直线画得平直，如图 1.52 所示。画短线时常用手腕运笔，画长线则以手臂动作；由左向右画水平线，由上向下画铅垂线；为使欲画的直线成顺手方向，可将图纸斜放。

2）常用角度线的画法

画 30°、45°、60° 等常用的角度线，可按直角边的比例关系，在两直角边上定出两端点，然后连点成线，如图 1.53 所示。

3）圆的画法

画小圆时，先定出圆心，画出中心线，再按半径大小在中心线上目测定出 4 个点，然后徒手将各点连成圆，如图 1.54（a）所示。画较大的圆时，可增加两条 45° 斜线，在斜线上目测定出 4 个点，然后连点成线，如图 1.54（b）所示。

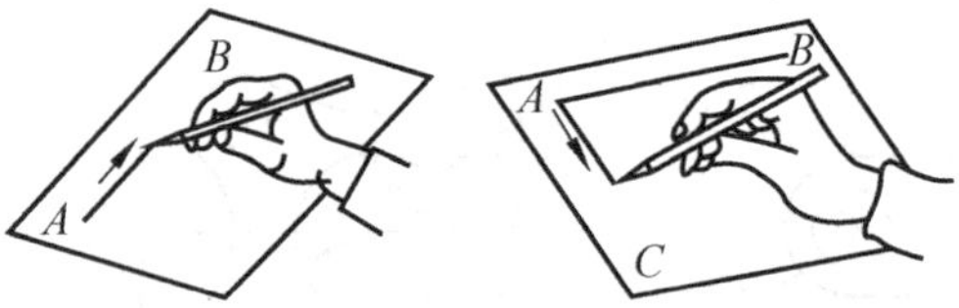


（a）画水平线　　（b）画铅垂线

图 1.52　直线的徒手画法

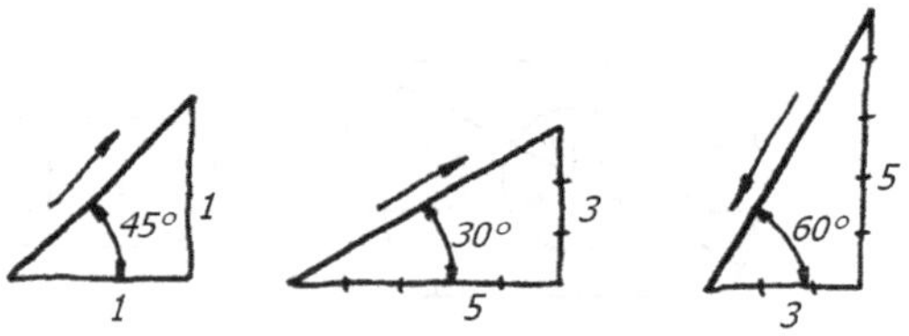


图 1.53　直线的徒手画法

（a）小圆　　（b）大圆

图 1.54　圆的徒手画法

4）圆角和圆弧连接的画法

根据圆角半径大小，在分角线上定出圆心位置，从圆心向分角两边引垂线，定出圆弧的两连接点，并在分角线上定出圆弧上的点，然后过这三点作圆弧，如图 1.55（a）所示。也可以利用其与正方形相切的特点画出，如图 1.55（b）所示。

（a）　　（b）

图 1.55　圆角和圆弧连接的徒手画法

5）椭圆的画法

（1）矩形法——先画出椭圆的长、短轴，并目测定出 4 个端点，过这 4 个点画一矩形，然后徒手画 4 段圆弧与矩形相切，如图 1.56（a）所示。

（2）菱形法——先画出椭圆的外切菱形，然后徒手画钝角、锐角的内切圆弧，如图 1.56（b）所示。

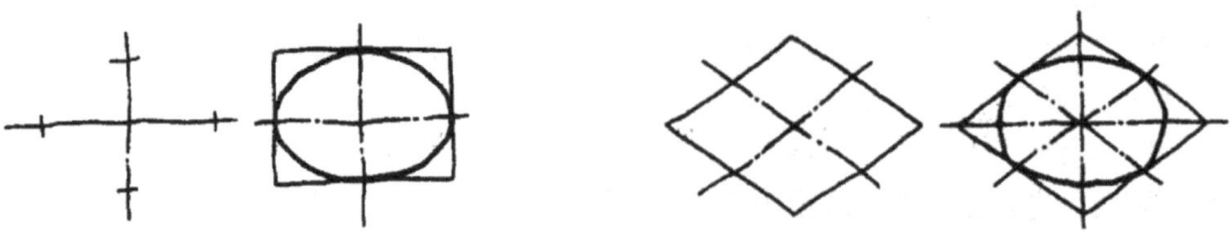

（a）矩形法　　（b）菱形法

图 1.56　椭圆的徒手画法

### 1.5.3　平面图形草图的画法

草图的徒手绘制步骤与仪器绘图的步骤相同，即目测各部分比例，画作图基准线，先画特征形视图，后画其他视图，检查、加深。

（1）目测尺寸比例要准确。草图图形的大小是根据目测估计画出的，没有确切比例，但图形上所显示的物体各部分大小比例应大体符合实际，这样才能不失物体的真实形状，所以目测尺寸比例要准确。目测可以借助铅笔等辅助工具进行，如图 1.57 所示。初学徒手绘图，可在方格纸上进行，以便控制图线的平直和图形大小，如图 1.58 所示。

（2）草图内容应完整，完全等同于正式图。画完草图，还应测量标注完整物体的尺寸。草图是画正规图的重要依据，虽为徒手绘制，但不能潦草马虎，要求原理正确，内容完整，比例匀称，线型分明，尺寸齐全，字体工整，图面整洁。

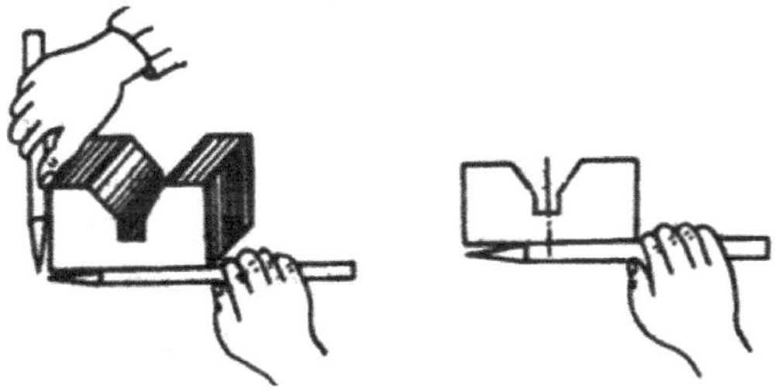

（a）　　　　（b）

图 1.57　用铅笔帮助目测

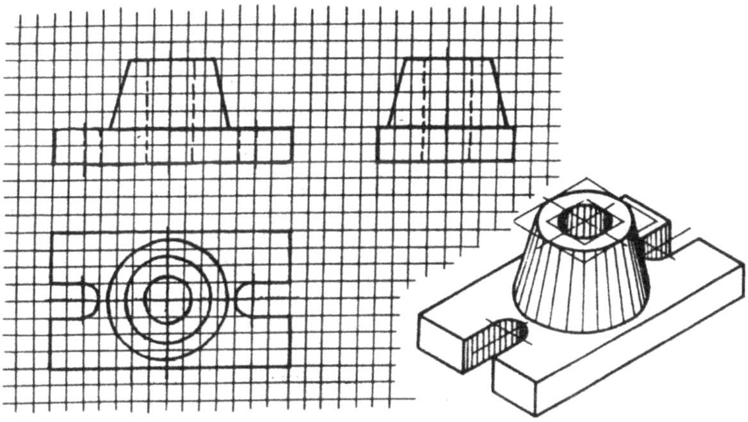

图 1.58　徒手绘制的草图

# 第2章 投影的基本原理

## 2.1　投影法的基本知识

### 2.1.1　投影法的概念

在日常生活中，我们经常见到物体被光源照射后，就会在地面或墙面上产生影子。人们根据这种现象，经过科学抽象，提出了在平面上表示物体形状的方法，建立了投影法。

投射线通过物体，向选定的平面投射，并在该面上得到图形的方法，称为投影法。根据投影法所得到的图形，称为投影（投影图）。投影法中，得到投影的面，称为投影面。

### 2.1.2　投影法的种类

按照投射线是否平行，投影法可以分为中心投影法和平行投影法。

1. 中心投影法

投影中心距离投影面在有限远的地方，投影时投射线汇交于投影中心的投影法称为中心投影法，如图 2.1 所示。

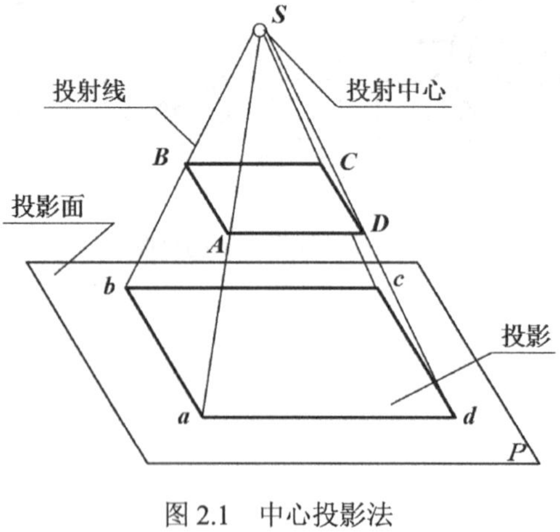


图 2.1　中心投影法

中心投影不能真实地反映物体的形状和大小，不适用于绘制机械图样。但用中心投影法得到的影像具有立体感，工程上常用这种方法绘制建筑物的透视图。

2. 平行投影法

投影中心距离投影面在无限远的地方，投影时投射线都相互平行的投影法称为平行投影法。

根据投射线与投影面是否垂直，平行投影法又可以分为两种：

（1）正投影法——投射线与投影面相垂直的平行投影法，如图 2.2（a）所示。

（2）斜投影法——投射线与投影面相倾斜的平行投影法，如图 2.2（b）所示。

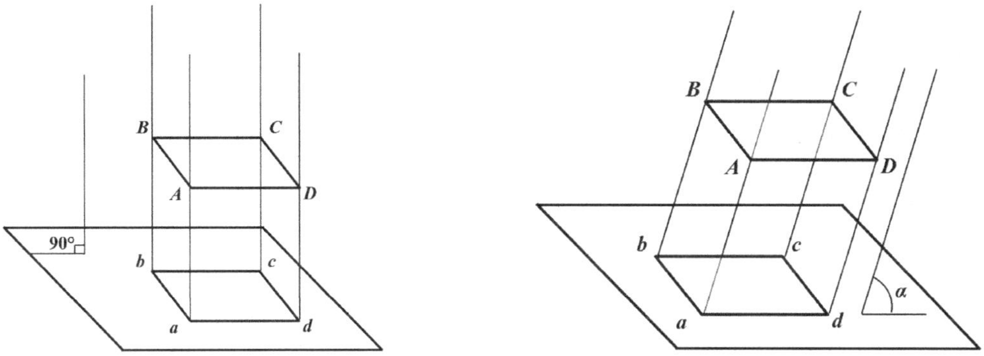


（a）正投影法　　（b）斜投影法

图 2.2　平行投影法

正投影法能够表达物体的真实形状和大小，作图方法也较简单，因此广泛用于绘制机械图样。若没有特别说明，则下文所提到的“投影”均指正投影。

## 2.1.3　正投影法的基本特性

（1）真实性。直线段或平面图形平行于投影面时，其投影反映直线段实长或平面图形的实形，如图 2.3（a）所示。

（2）积聚性。直线段或平面图形与投影面垂直时，直线段的投影积聚为一个点，平面图形的投影积聚为一条直线段，如图 2.3（b）所示。

（3）类似性。直线段或平面图形与投影面倾斜时，直线段的投影长度变短，平面图形的投影为原形的类似形，如图 2.3（c）所示。

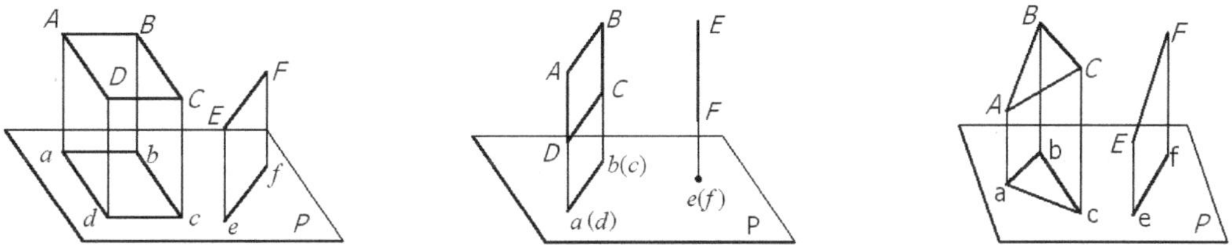


（a）　（b）　（c）

图 2.3　正投影的基本性质

# 2.2 点的投影

## 2.2.1 点在单一投影面上的投影

当投影面和投影方向确定时，空间一点只有唯一的一个投影，在图 2.4（a）中，设投影面 $H$ 和投影方向 $S$ 都已给定，这时，若空间有一个点 $A$，则过此点只能做唯一的一条和 $S$ 平行的投影线，因而它和 $H$ 面只有一个交点 $a$，这就是点 $A$ 在 $H$ 面上的投影。

反过来说，根据点的一个投影，一般不能确定它所在的空间位置。在图 2.4（b）中，若果只知道某点在 $H$ 面上的投影 $b$ 点，则过此点所作平行 $S$ 的投影线 $bB$，其上任何一点 $B$、$B_1$、$B_2$、$B_3$ 的投影都与 $b$ 点重合。因此，不能确切地知道点的空间位置。怎样才能根据点的投影来确定点的空间位置呢？如果点的投影不是一个，而是相关的一组，问题就解决了。

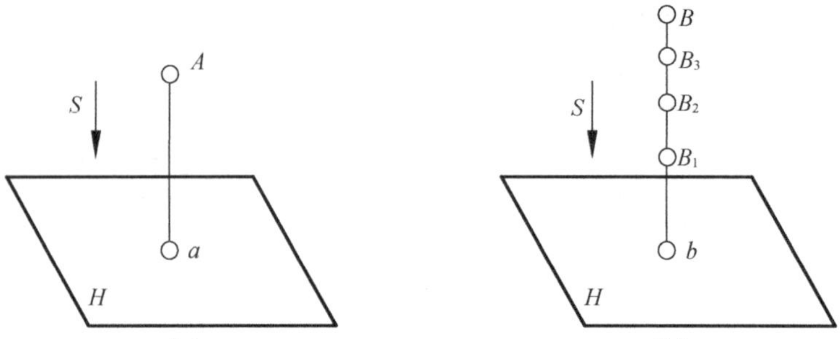


图 2.4　点的投影

## 2.2.2 点的三面投影

1. 点的投影及标记

当投影面和投影方向确定时，空间一点只有唯一的一个投影。如图 2.5（a）所示，假设空间有一点 $A$，过点 $A$ 分别向 $H$ 面、$V$ 面和 $W$ 面作垂线，得到三个垂足 $a$、$a'$、$a''$，便是点 $A$ 在三个投影面上的投影。

一般规定用大写字母（如 $A$）表示空间点，它的水平投影、正面投影和侧面投影，分别用相应的小写字母（如 $a$、$a'$ 和 $a''$）表示。

根据三面投影图的形成规律将其展开，展开方法为：规定 $V$ 面不动，将水平面 $H$ 和侧面 $W$ 分别绕轴 $OX$ 和轴 $OZ$ 向下和向右旋转 90° 并与 $V$ 面重合。可以得到如图 2.5（b）所示的带边框的三面投影图；省略投影面的边框线，就得到如图 2.5（c）所示的 $A$ 点的三面投影图（注意：要与平面直角坐标系相区别）。

2. 点的投影规律

1）点的投影与点的空间位置的关系

从图 2.5（a）可以看出，$Aa$、$Aa'$、$Aa''$ 分别为点 $A$ 到 $H$、$V$、$W$ 面的距离，即

$Aa = a'a_x = a''a_y$（即 $a''a_{YW}$），反映空间点 $A$ 到 $H$ 面的距离；

$Aa' = aa_x = a''a_z$，反映空间点 $A$ 到 $V$ 面的距离；

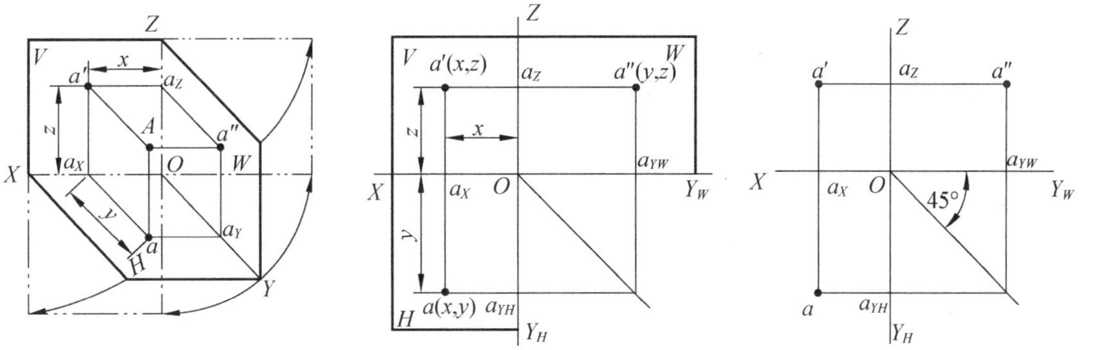


（a）　　　　（b）　　　　（c）

（a）　　　　（b）　　　　（c）

图 2.5　点的三面投影

$Aa'' = a'a_z = aa_y$（即 $a''a_{YH}$），反映空间点 $A$ 到 $W$ 面的距离。

上述即是点的投影与点的空间位置的关系，根据这个关系，若已知点的空间位置，就可以画出点的投影；反之，若已知点的投影，就可以完全确定点在空间的位置。

2）点的三面投影规律

由图 2.5 中可以看出点的投影规律：点的正面投影和水平投影的连线垂直 $OX$ 轴，即 $a'a \perp OX$；点的正面投影和侧面投影的连线垂直 $OZ$ 轴，即 $a'a'' \perp OZ$；点的水平投影 $a$ 到 $OX$ 轴的距离等于侧面投影 $a''$到 $OZ$ 轴的距离，即 $aa_x = a''a_z$（可以用 45° 辅助线或以原点为圆心作弧线来反映这一投影关系）。

根据上述投影规律，若已知点的任何两个投影，就可求出它的第三个投影。

**【例 2-1】**已知点 $A$ 的正面投影 $a'$和侧面投影 $a''$，如图 2.6（a）所示，求作其水平投影 $a$。

在作图过程中，自点 $O$ 作辅助线（与水平方向夹角为 45°），以表明 $aa_x = a''a_z$ 的关系。由以上投影规律可知点 $A$ 水平投影 $a$ 如图 2.6（b）所示。

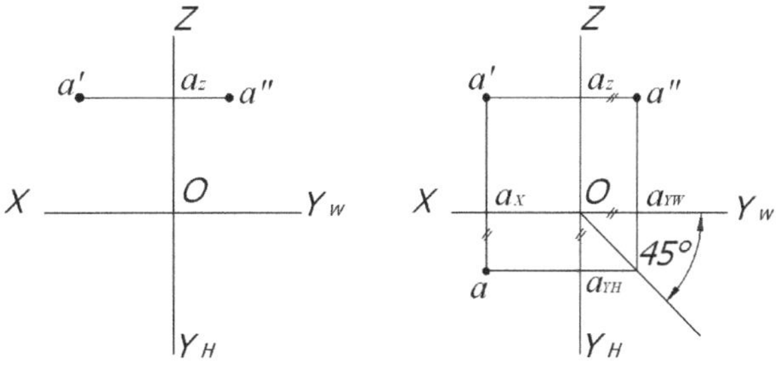


（a）　　　　（b）

图 2.6　已知点的两个投影求第三个投影

### 3. 点的投影与直角坐标的关系

三投影面体系可以看成一个空间直角坐标系，因此可用直角坐标确定点的空间位置。投影面 $H$、$V$、$W$ 作为坐标面，三条投影轴 $OX$、$OY$、$OZ$ 作为坐标轴，三轴的交点 $O$ 作为坐标原点。

由图 2.7（a）可以看出 $A$ 点的直角坐标与其三个投影的关系：

点 $A$ 到 $W$ 面的距离$=Oa_x=a'a_z=aa_{YH}=x$；

点 $A$ 到 $V$ 面的距离$=Oa_{YH}=aa_x=a''a_z=y$；

点 $A$ 到 $H$ 面的距离$=Oa_z=a'a_x=a''a_{YW}=z$。

用坐标来表示空间点位置比较简单，可以写成 $A$（$x$，$y$，$z$）的形式。

由图 2.7（b）可知，坐标 $x$ 和 $z$ 决定点的正面投影 $a'$，坐标 $x$ 和 $y$ 决定点的水平投影 $a$，坐标 $y$ 和 $z$ 决定点的侧面投影 $a''$，若用坐标表示，则为 $a$（$x$，$y$，0），$a'$（$x$，0，$z$），$a''$（0，$y$，$z$）。因此，已知一点的三面投影，就可以量出该点的三个坐标；相反地，已知一点的三个坐标，就可以作出该点的三面投影。

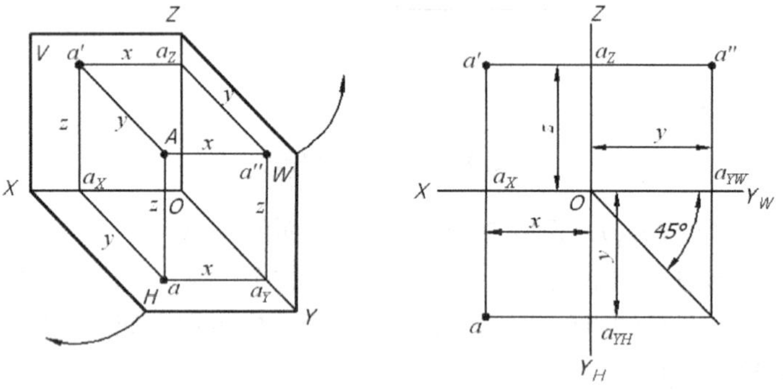


（a）　　　　（b）

图 2.7　点的三面投影与直角坐标

**【例 2-2】**已知点 $A$ 的坐标（20，10，18），作出点的三面投影，并画出其立体图。

点的三面投影作图方法如图 2.8 所示。

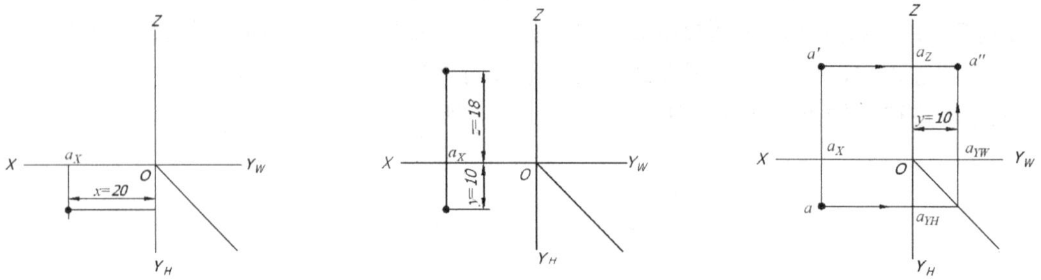


（a）　　　　（b）　　　　（c）

图 2.8　由点的坐标作点的三面投影

立体图的作图步骤如图 2.9 所示。

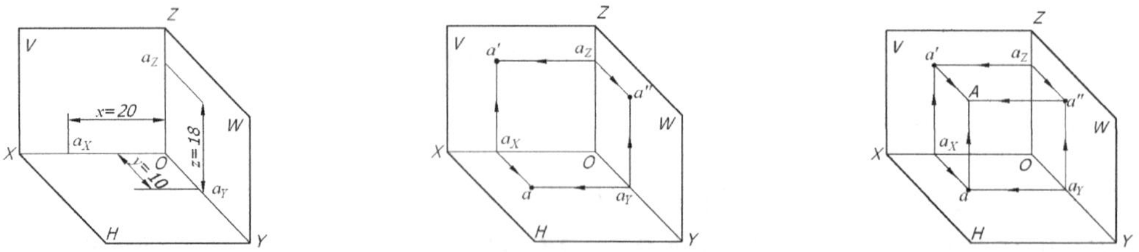


（a）　　　　（b）　　　　（c）

图 2.9　由点的坐标作立体图

### 2.2.3　两点的相对位置

#### 1. 两点的相对位置的判断

设已知空间点 $A$，由原来的位置向上（或向下）移动，则 $z$ 坐标随着改变，也就是 $A$ 点对 $H$ 面的距离改变。

若点 $A$ 由原来的位置向前（或向后）移动，则 $y$ 坐标随着改变，也就是 $A$ 点对 $V$ 面的距离改变。

若点 $A$ 由原来的位置向左（或向右）移动，则 $x$ 坐标随着改变，也就是 $A$ 点对 $W$ 面的距离改变。

综上所述，对于空间两点 $A$、$B$ 的相对位置的判断如下。

（1）距 $W$ 面远者在左（$x$ 坐标值大），近者在右（$x$ 坐标值小）。

（2）距 $V$ 面远者在前（$y$ 坐标值大），近者在后（$y$ 坐标值小）。

（3）距 $H$ 面远者在上（$z$ 坐标值大），近者在下（$z$ 坐标值小）。

如图 2.10（a）所示，若已知空间两点的投影，即点 $A$ 的三个投影 $a$、$a'$、$a''$和点 $B$ 的三个投影 $b$、$b'$、$b''$，用 $A$、$B$ 两点同面投影的坐标差就可判别 $A$、$B$ 两点的相对位置。如图 2.10（a）所示，由于 $x_A > x_B$，表示 $B$ 点在 $A$ 点的右方；$z_B > z_A$，表示 $B$ 点在 $A$ 点的上方；$y_A > y_B$，表示 $B$ 点在 $A$ 点的后方。总的来说，就是 $B$ 点在 $A$ 点的右、后、上方。

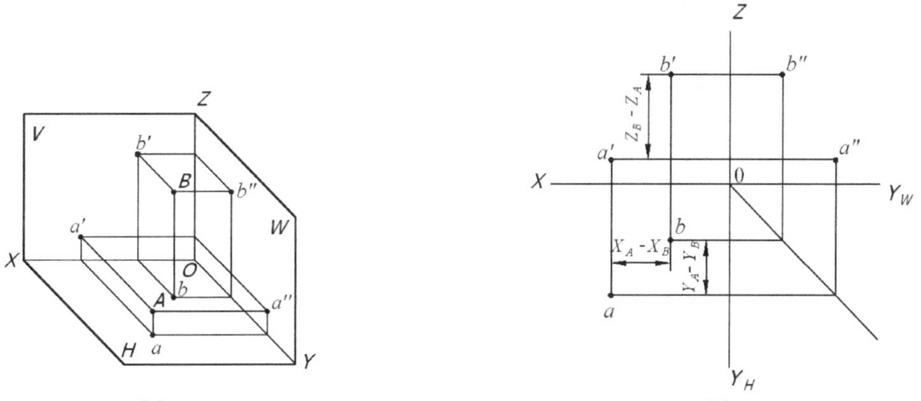


图 2.10　两点的相对位置

#### 2. 重影点

若空间两点在某一投影面上的投影重合，则这两点是该投影面的重影点。这时，空间两点的某两坐标相同，并在同一投射线上。

当两点的投影重合时，就需要判别其可见性，应注意：对 $H$ 面的重影点，从上向下观察，$z$ 坐标值大者可见；对 $W$ 面的重影点，从左向右观察，$x$ 坐标值大者可见；对 $V$ 面的重影点，从前向后观察，$y$ 坐标值大者可见。在投影图上不可见的投影加括号表示，如图 2.11 中，$C$、$D$ 位于垂直 $H$ 面的投射线上，$c$、$d$ 重影为一点，则 $C$、$D$ 为对 $H$ 面的重影点，$z$ 坐标值大者为可见，图中 $z_C > z_D$，故 $c$ 为可见，$d$ 为不可见，用 $c$（$d$）表示。

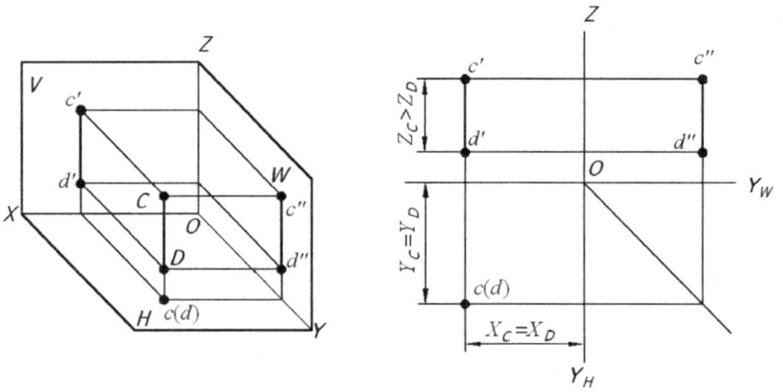


图 2.11 重影点

## 2.3 直线的投影

### 2.3.1 直线投影图的画法

直线的投影一般仍为直线（特殊情况下积聚为一点），其各面投影可由直线上两点的同面投影来确定。因此，要作直线的投影，只要作出直线上任意两点（一般为线段两端点）的投影，连接该两点的同面投影即可。

如图 2.12 所示直线 *AB*，求作它的三面投影图时，可分别作出 *A*、*B* 两端点投影（*a*，*a*′，*a*″）、(*b*，*b*′，*b*″)，然后分别将其同面投影连接起来即得直线 *AB* 三面投影图（*ab*，*a*′*b*′，*a*″*b*″）。

例如，以点 *A* 为基准，比较 *A*、*B* 两点的各组坐标值的大小，即可判断直线的空间位置：*AB* 向右后上方倾斜。

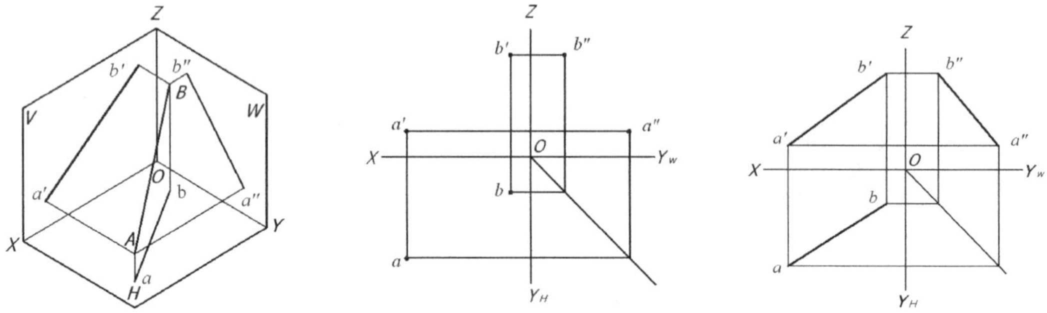


(a) (b) (c)

图 2.12 直线的投影

空间直线相对于一个投影面的位置有平行、垂直、倾斜三种，这三种位置有不同的投影特性。

（1）真实性——当直线与投影面平行时，则直线在该投影面上的投影反映实长，如图 2.13（a）所示。

（2）积聚性——当直线与投影面垂直时，则直线在该投影面上的投影积聚为一点，如图 2.13（b）所示。

（3）类似（收缩）性——当直线与投影面倾斜时，则直线在该投影面上的投影短于直线实长，如图 2.13（c）所示。

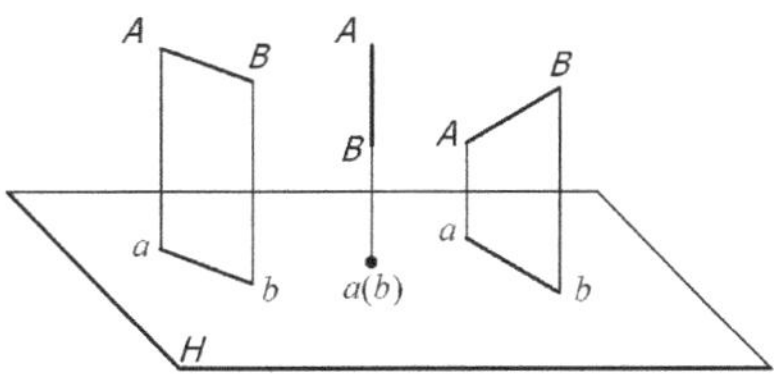


（a）　　（b）　　（c）

图 2.13　直线在 *H* 面上的投影

## 2.3.2　各种位置直线的投影

### 1. 投影面平行线

平行于一个投影面而对另外两个投影面倾斜的直线称为投影面平行线。投影面平行线有三种形式，即水平线（//*H* 面）、正平线（//*V* 面）和侧平线（//*W* 面）。

现以正平线为例，说明投影面平行线的投影特性。

如图 2.14 所示，由于 *AB*//*V* 面，*a'b'* =*AB*，即正面投影反映实长；$y_A$=$y_B$ 则 *ab*//*OX*，*a"b"*//*OZ*，即水平投影和侧面投影平行于相应的投影轴；实长投影 *a'b'*与 *OX* 轴的夹角 α 等于直线 *AB* 对 *H* 面的倾角，*a'b'*与 *OZ* 轴的夹角 γ 等于直线 *AB* 对 *W* 面的倾角。

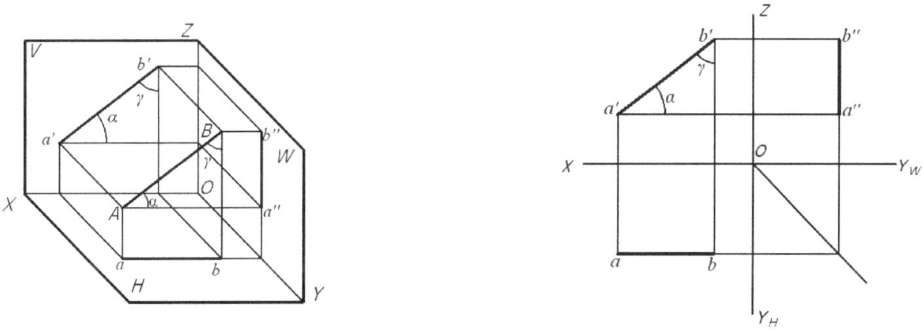


（a）　　（b）

图 2.14　正平线的投影特性

对水平线和侧平线作同样的分析，可得出类似的投影特性，见表 2-1。

**表 2-1　投影面平行线的投影特性**

| 名称 | 水平线（*AB*// *H* 面） | 正平线（*AC*// *V* 面） | 侧平线（*AD*// *W* 面） |
|---|---|---|---|
| 立体图 | 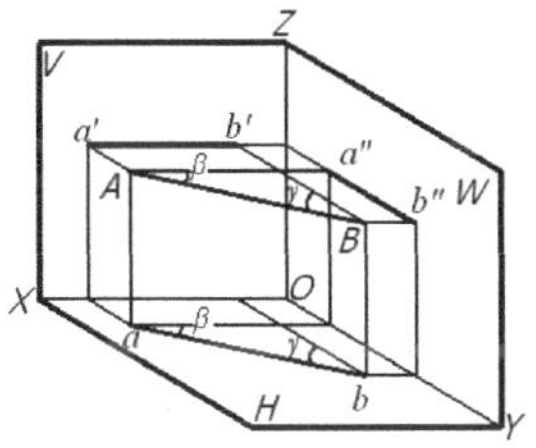 | 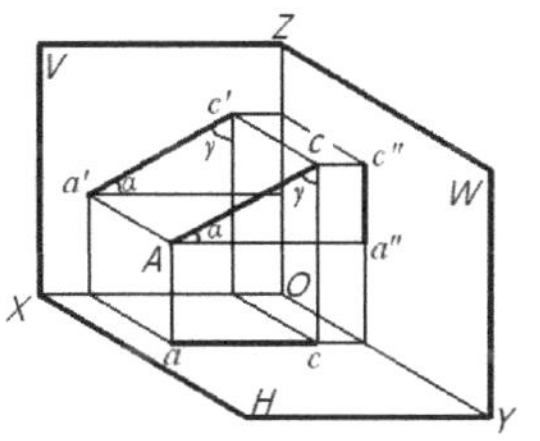 | 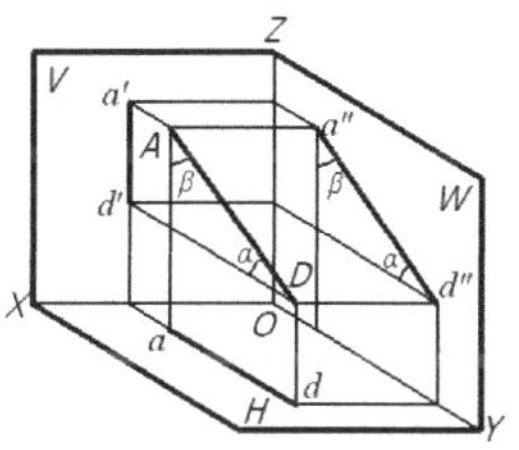 |

续表

| 名称 | 水平线（AB // H 面） | 正平线（AC // V 面） | 侧平线（AD // W 面） |
| --- | --- | --- | --- |
| 投影图 | 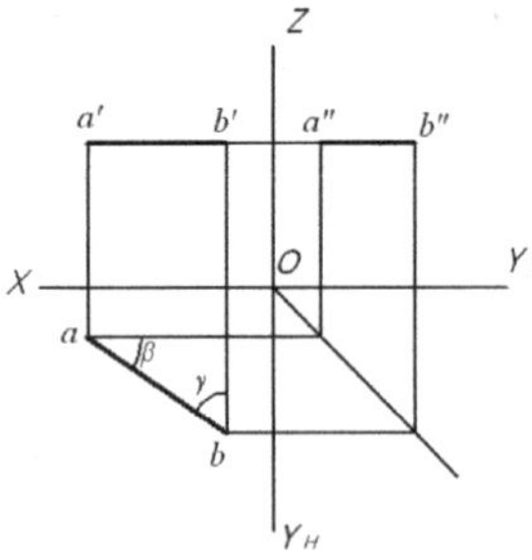 | 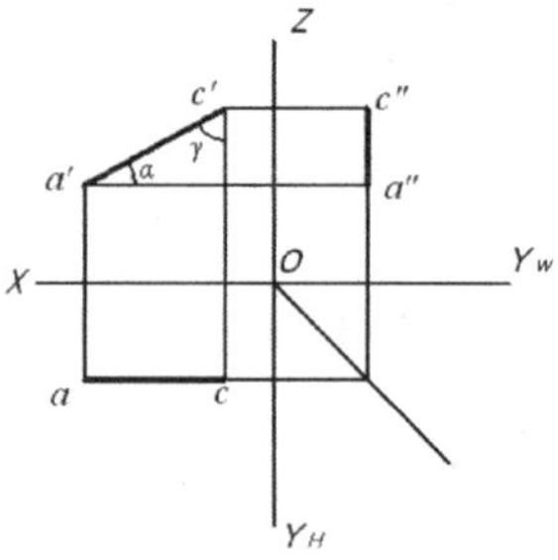 | 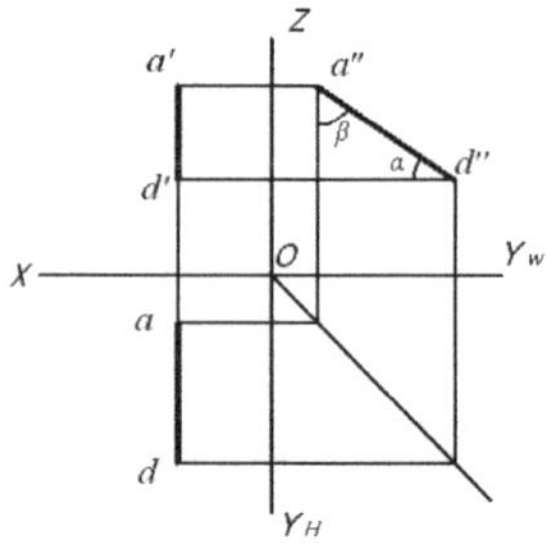 |
| 在形体投影图中的位置 | 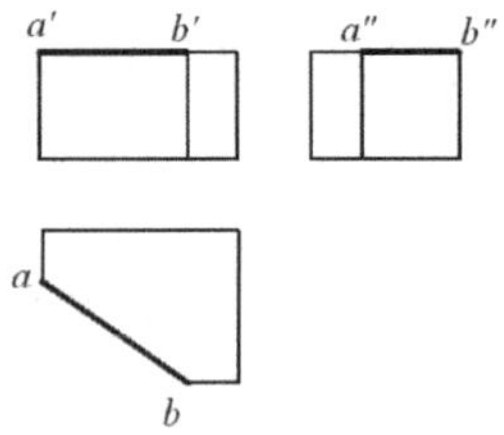 | 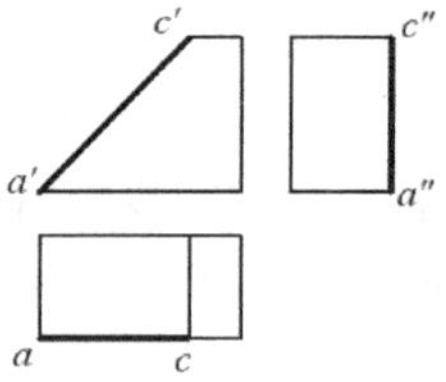 | 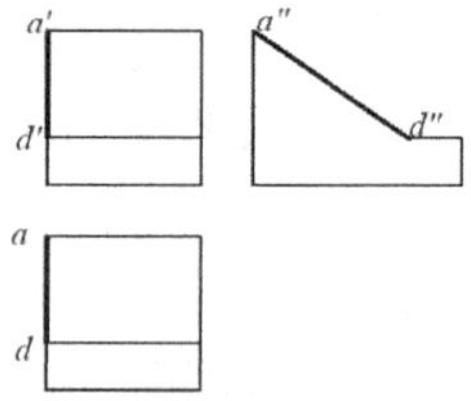 |
| 在形体立体图中的位置 | 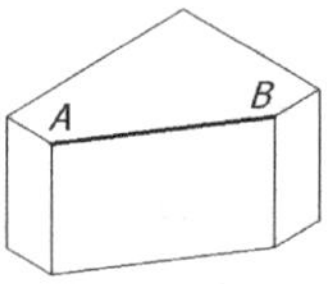 | 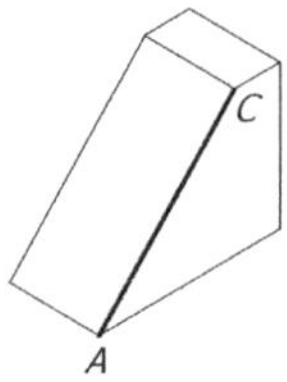 | 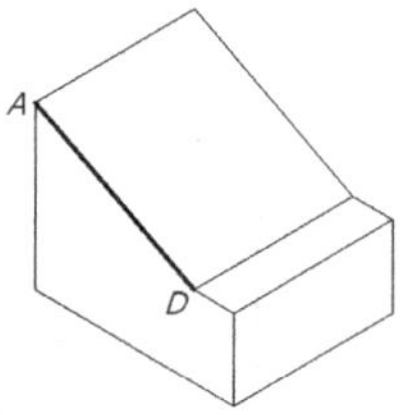 |
| 投影规律 | （1）$ab$ 与投影轴倾斜，$ab=AB$：反映倾角 $\beta$、$\gamma$ 的大小。<br>（2）$a'b' // OX$；$a''b'' // OY_W$ | （1）$a'c'$与投影轴倾斜，$a'c'=AC$：反映倾角 $\alpha$、$\gamma$ 的大小。<br>（2）$ac // OX$；$a''c'' // OZ$ | （1）$a''d''$与投影轴倾斜，$a''d''=AD$：反映倾角 $\alpha$、$\beta$ 的大小。<br>（2）$ad // OY_H$；$a'd' // OZ$ |

从表中可看出，投影面平行线具有如下共性：

（1）直线在它所平行的投影面上的投影反映实长。

（2）直线的其他两个投影平行于相应的投影轴。

（3）反映直线实长的投影与投影轴的夹角等于直线对相应投影面的倾角。

反之，若直线的三个投影与投影轴的关系是一斜两平行，则其必定是投影面平行线。

### 2. 投影面垂直线

垂直于一个投影面（与另外两个投影面必定平行）的直线称为投影面垂直线。它也有三种：铅垂线（⊥$H$ 面）、正垂线（⊥$V$ 面）和侧垂线（⊥$W$ 面）。图 2.15 表示了铅垂线的投影特性。

因直线 $AB \perp H$ 面，$x_A=x_B$，$y_A=y_B$，故其水平投影 $ab$ 积聚成一点。又因直线 $AB//V$ 面，$AB//W$ 面，故 $a'b'=AB=a''b''$，且 $a'b' \perp OX$，$a''b'' \perp OY_W$。

对正垂线和侧垂线作同样的分析，可以得出类似的投影特性，见表 2-2。

（a）　　　　（b）

图 2.15　铅垂线的投影特性

**表 2-2　投影面垂直线的投影特性**

| 名称 | 铅垂线（$AB\perp H$ 面） | 正垂线（$AC\perp V$ 面） | 侧垂线（$AD\perp W$ 面） |
|---|---|---|---|
| 立体图 | 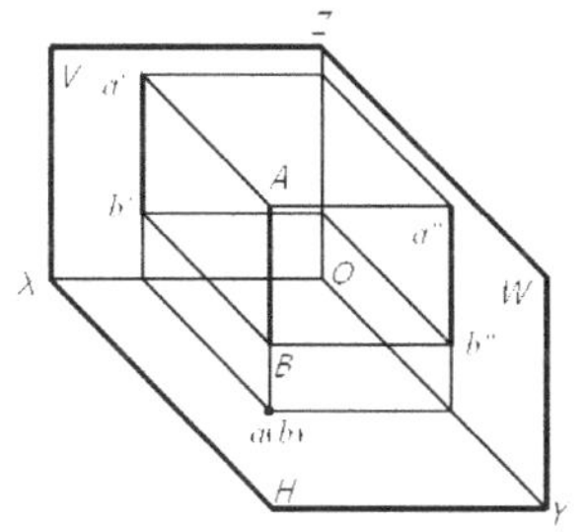 | 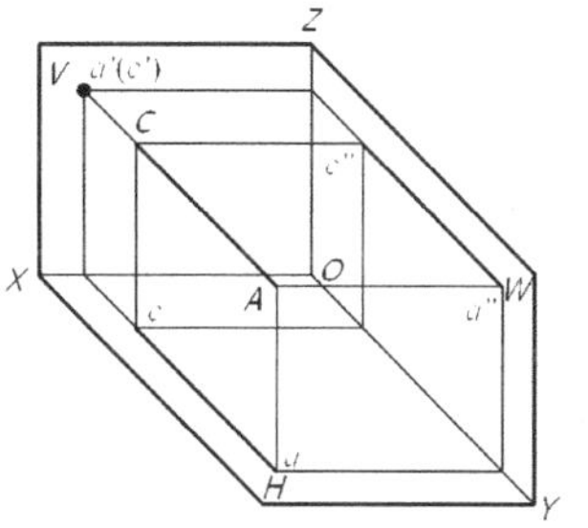 | 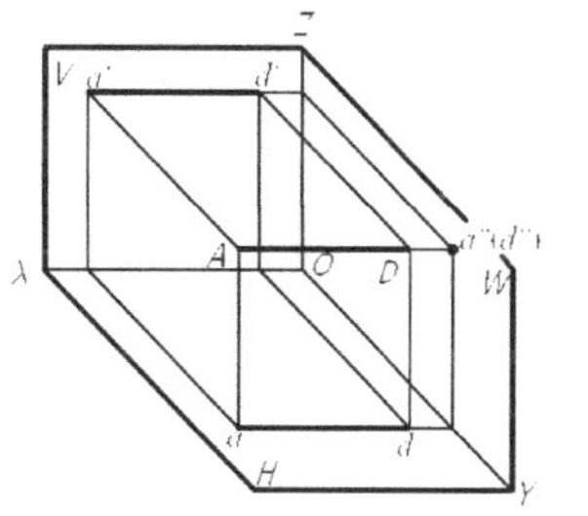 |
| 投影图 | 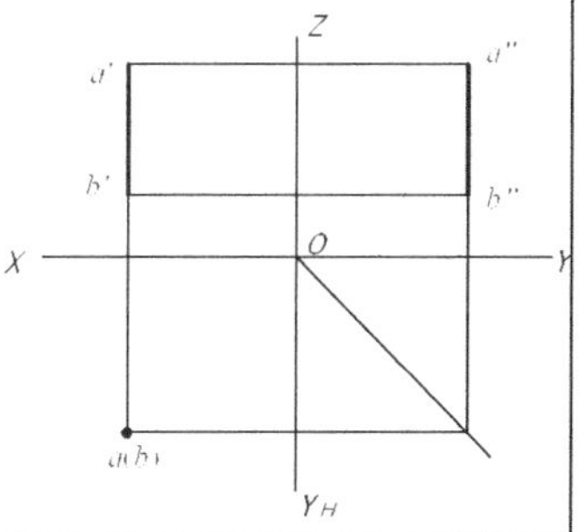 | 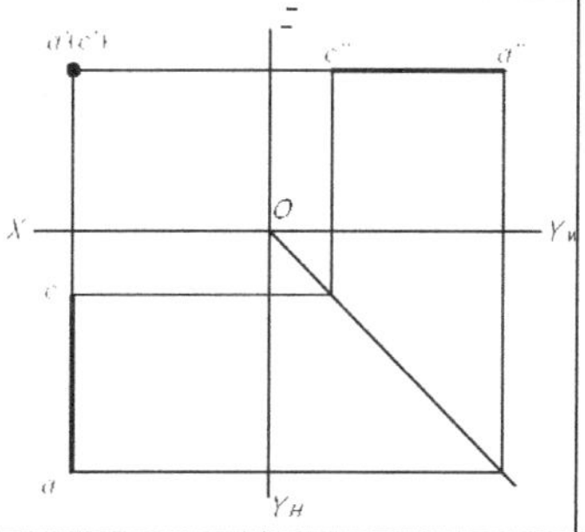 | 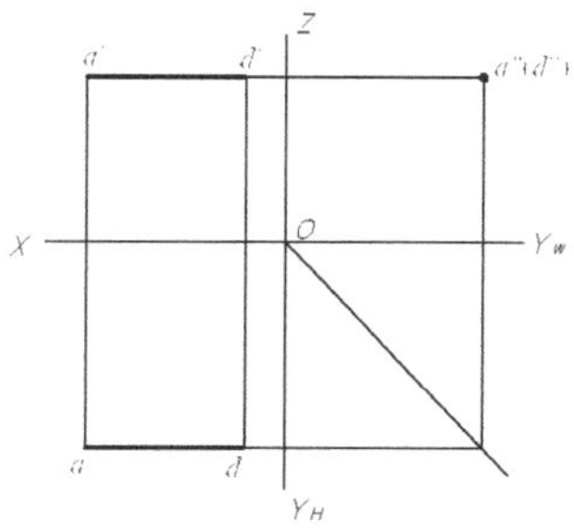 |
| 在形体投影图中的位置 | 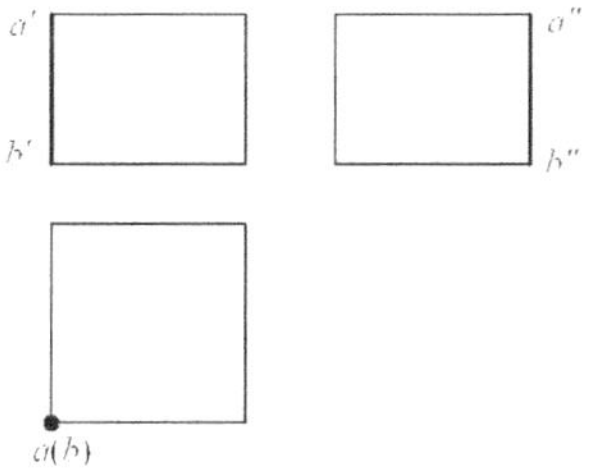 | 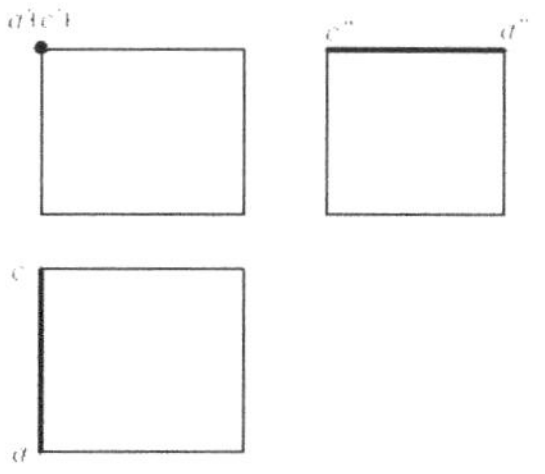 | 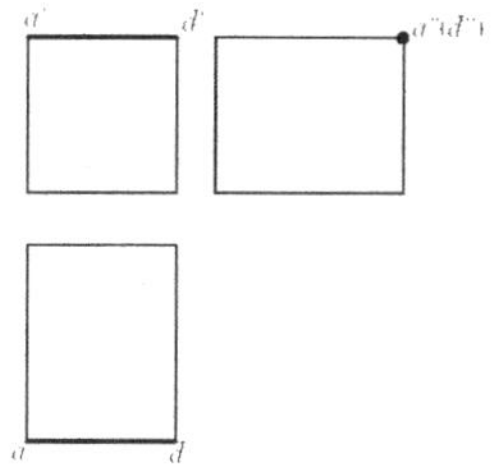 |
| 在形体立体图中的位置 | 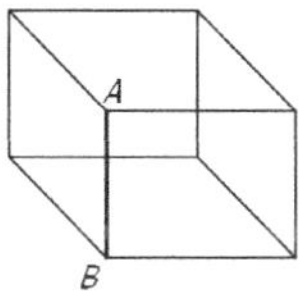 | 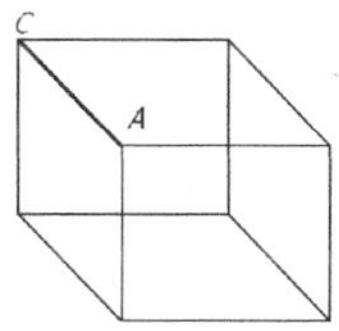 | 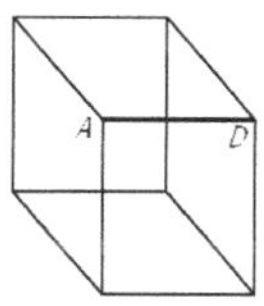 |
| 投影规律 | （1）$ab$ 积聚为一点。<br>（2）$a'b'\perp OX$；$a''b''\perp OY_W$。<br>（3）$a'b'=a''b''=AB$ | （1）$a'c'$积聚为一点。<br>（2）$ac\perp OX$；$a''c''\perp OZ$。<br>（3）$ac=a''c''=AC$ | （1）$a''d''$积聚为一点。<br>（2）$ad\perp OY_H$；$a'd'\perp OZ$。<br>（3）$ad=a'd'=AD$ |

从表中可以看出，投影面垂直线具有如下共性：

（1）直线在它所垂直的投影面上的投影积聚成一点。

（2）直线的其他两个投影反映实长，且垂直于相应的投影轴。反之，如果直线的一个投影是点，则直线必定是该投影面的垂直线。

3. 一般位置直线

与三个投影面都处于倾斜位置的直线称为一般位置直线。

直线与投影面所夹的角称为直线对投影面的倾角。$\alpha$、$\beta$、$\gamma$ 分别表示直线对 *H* 面、*V* 面、*W* 面的倾角，如图 2.16（a）所示。直线 *AB* 与 *H*、*V*、*W* 面都处于倾斜位置，倾角分别为 $\alpha$、$\beta$、$\gamma$，其投影如图 2.16（b）所示。因为 $\alpha$、$\beta$、$\gamma$ 均不等于零，所以 $ab=AB\cdot\cos\alpha<AB$，$a'b'=AB\cdot\cos\beta<AB$，$a''b''=AB\cdot\cos\gamma<AB$。

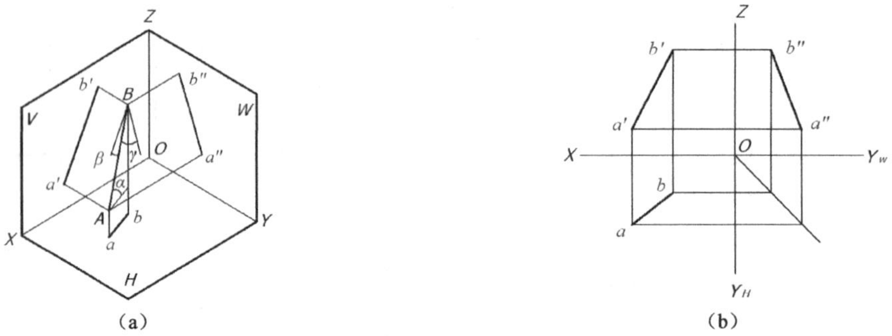


图 2.16 一般位置直线及其三面投影

一般位置直线的投影特征可归纳如下：

（1）直线的三个投影和投影轴都倾斜，各投影和投影轴所夹的角度不等于空间线段对相应投影面的倾角。

（2）三面投影都小于空间线段的实长，也不能积聚为一点。

对于一般位置直线的辨认：直线的投影若与三个投影轴都倾斜，则可判定该直线为一般位置直线。

### 2.3.3 直线上的点

1. 直线上点的投影特性

（1）若点在直线上，则点的各个投影必定在该直线的同面投影上。反之，若一个点的各个投影都在直线的同面投影上，则该点必定在直线上。

如图 2.17 所示，直线 *AB* 上有一点 *C*，则 *C* 点的三面投影 *c*、*c'*、*c''* 必定分别在该直线 *AB* 的同面投影 *ab*、*a'b'*、*a''b''* 上。

2）直线投影的定比性

直线上的点分割线段之比等于其投影之比，称为直线投影的定比性。

在图 2.17 中，点 *C* 在线段 *AB* 上，它把线段 *AB* 分成 *AC* 和 *CB* 两段。根据直线投影的定比性，$AC:CB=ac:cb=a'c':c'b'=a''c'':c''b''$。

2. 点与直线的位置关系

点与直线的位置关系有点在直线上和点在直线外两种情况。

若点在直线上，则点的各个投影必定在该直线的同面投影上；直线上的点分割线段之比等于其投影之比。如图 2.17 所示，点 *C* 在直线 *AB* 上。

若点在直线外，则点的投影不具备直线上点的投影特性，如图 2.18 所示。

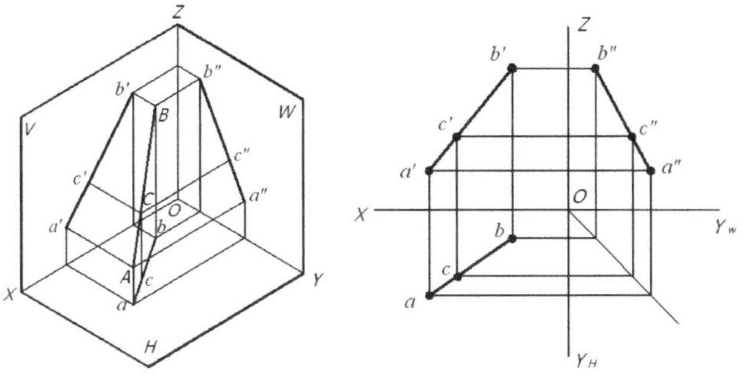


(a)　　　　　　(b)

图 2.17　直线上点的投影

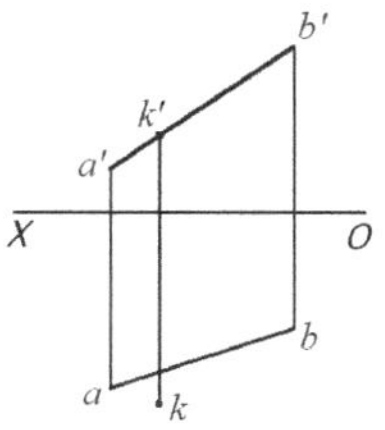


图 2.18　点 *K* 在直线 *AB* 外

## 2.4　平面的投影

平面的投影一般仍为平面，其投影是点、线投影的综合。空间平面可以用几何元素、平面图形或迹线来表示。因此，空间平面的位置也可以用几何元素、平面图形或迹线的投影来决定。

### 2.4.1　平面的表示法

平面的表示法有两种：几何元素表示法和迹线表示法。

1. 几何元素表示法

（1）不在同一直线上的三点，如图 2.19（a）所示。
（2）一条直线和直线外一点，如图 2.19（b）所示。
（3）相交两直线，如图 2.19（c）所示。
（4）平行两直线，如图 2.19（d）所示。
（5）任意平面图形，如三角形、四边形、圆形等，如图 2.19（e）所示。

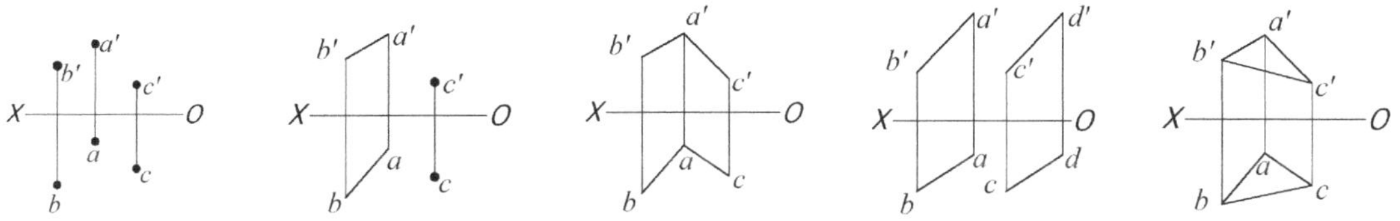


(a)　(b)　(c)　(d)　(e)

图 2.19　用几何元素表示平面

2. 迹线表示法

空间平面与投影面的交线称为平面的迹线，如图 2.20（a）所示。

平面 $P$ 与 $H$ 面的交线称为水平迹线，用 $P_H$ 表示。

平面 $P$ 与 $V$ 面的交线称为正面迹线，用 $P_V$ 表示。

平面 $P$ 与 $W$ 面的交线称为侧面迹线，用 $P_W$ 表示。

$P_H$、$P_V$、$P_W$ 两两相交的交点 $P_X$ 、$P_Y$ 、$P_Z$ 称为迹线集合点，它们分别位于 $OX$、$OY$、$OZ$ 轴上。

由于迹线既是平面上的直线，又是投影面上的直线，所以迹线的一个投影与其本身重合，另两个投影与相应的投影轴重合。在用迹线表示平面时，为了简明起见，只画出与迹线自身重合的投影，用粗实线表示，并标注上相应的符号（$P_H$、$P_V$ 或 $P_W$）即可，如图 2.20（b）所示。

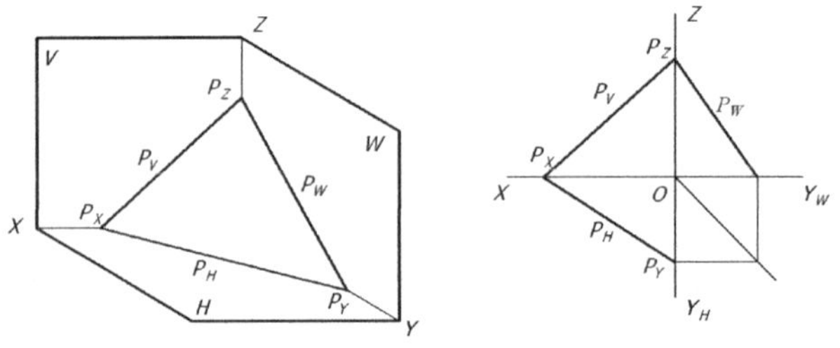


（a）　　　　（b）

图 2.20　用迹线表示平面

## 2.4.2　各种位置平面的投影

空间平面相对于一个投影面的位置有平行、垂直、倾斜三种，三种位置有不同的投影特性。

（1）真实性。当平面与投影面平行时，则平面的投影为实形，如图 2.21（a）所示。

（2）积聚性。当平面与投影面垂直时，平面的投影就积聚成一条直线，如图 2.21（b）所示。

（3）类似性。当直线或平面与投影面倾斜时，平面的投影是小于平面实形的类似形，如图 2.21（c）所示。

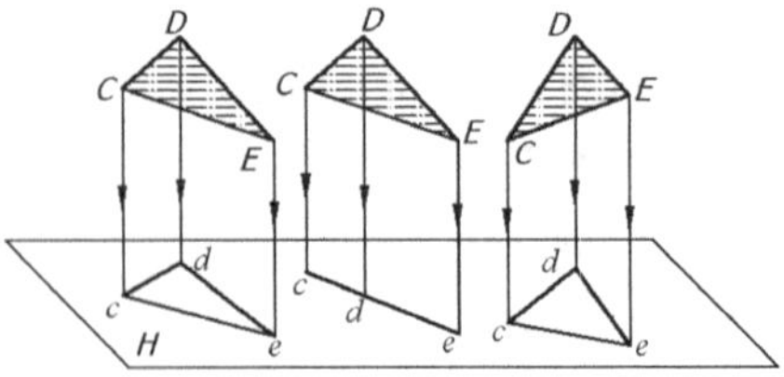


（a）　　（b）　　（c）

图 2.21　平面的投影特性

1. 投影面垂直面

垂直于一个投影面且同时倾斜于另外两个投影面的平面称为投影面垂直面。

垂直于 $V$ 面的平面称为正垂面；垂直于 $H$ 面的平面称为铅垂面；垂直于 $W$ 面的平面称为侧垂面。平面与投影面所夹的角度称为平面对投影面的倾角。$\alpha$、$\beta$、$\gamma$ 分别表示平面对 $H$ 面、$V$ 面、$W$ 面的倾角。

图 2.22 为正垂面的投影。由于平面 *ABCD* 垂直于 *V* 面，对 *H*、*W* 面倾斜，所以其正面投影 *a'b'c'd'* 积聚成一条倾斜于投影轴的直线，其水平投影 *abcd* 和侧面投影 *a"b"c"d"*均为小于实形的类似形。且正面投影与 *OX* 轴和 *OZ* 轴的夹角 α、γ 分别反映平面 *ABCD* 对 *H* 面和 *W* 面的倾角。

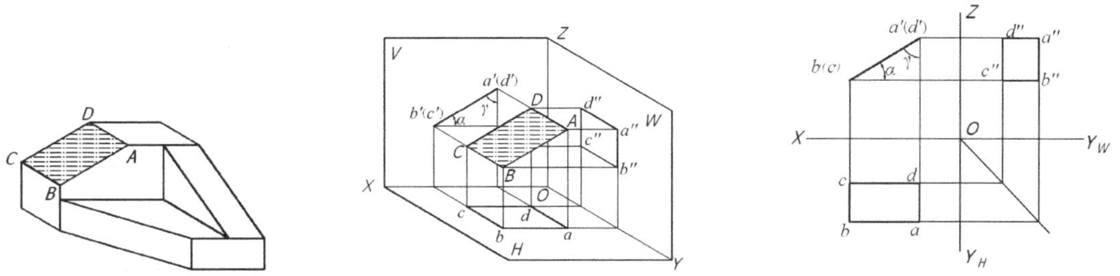


(a)　　(b)　　(c)

图 2.22　正垂面的投影

如果将四边形 *ABCD* 所代表的平面 *P* 扩大，可以得到平面的三条迹线 $P_H$ 、$P_V$、$P_W$，如图 2.23 所示。平面 *P* 的正面投影积聚在正面迹线 $P_V$ 上。为了简化，$P_H$、$P_W$省略不画，仅用 $P_V$即可表示正垂面。

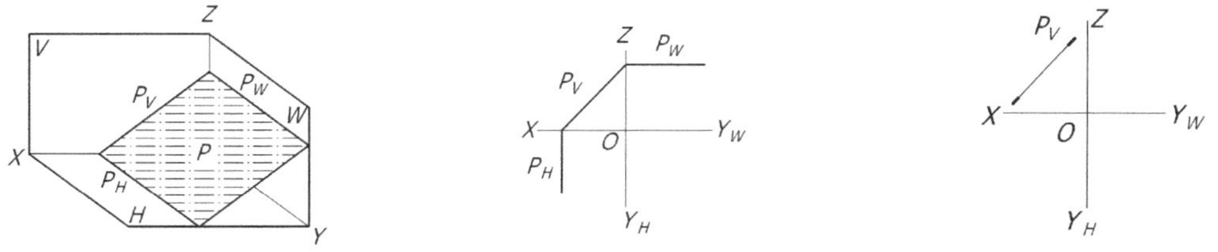


(a)　　(b)　　(c)

图 2.23　用迹线表示正垂面

铅垂面和侧垂面的投影特性与正垂面类似，见表 2-3。

**表 2-3　投影面垂直面的投影特性**

| 名称 | 铅垂面（*A*⊥*H* 面） | 正垂面（*B*⊥*V* 面） | 侧垂面（*C*⊥*W* 面） |
|---|---|---|---|
| 立体图 | 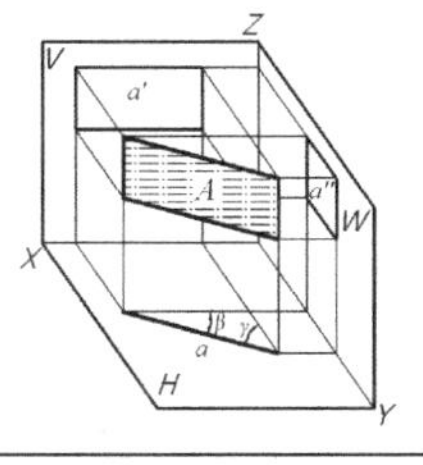 | 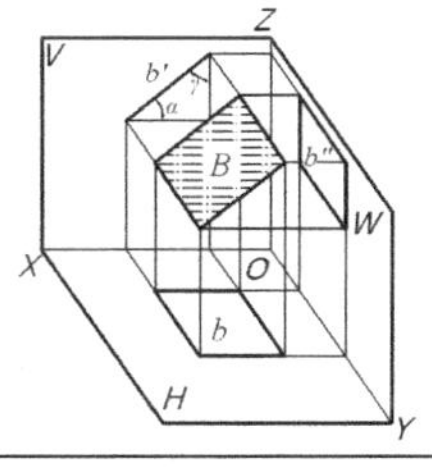 | 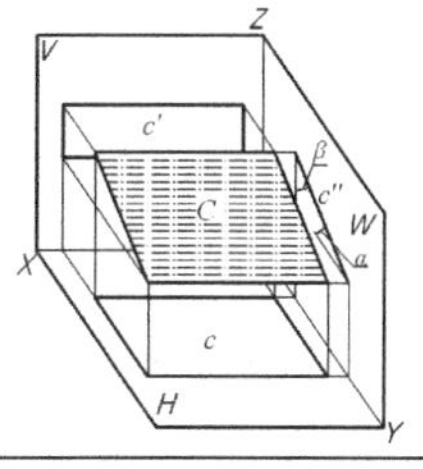 |
| 投影图 | 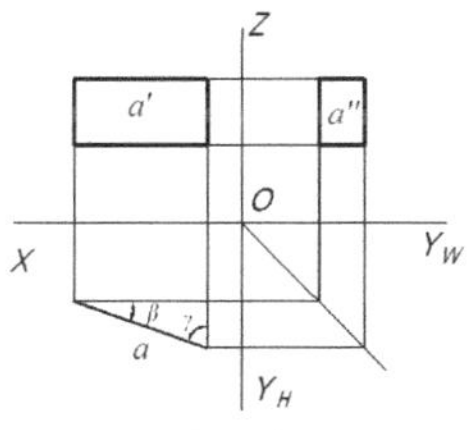 | 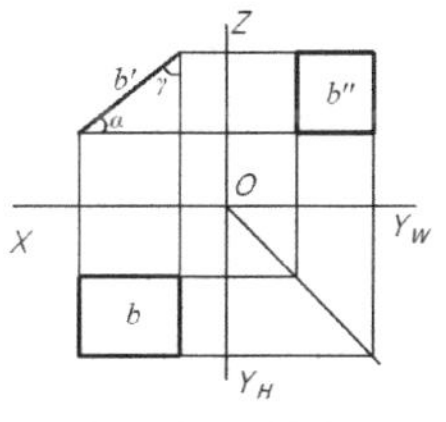 | 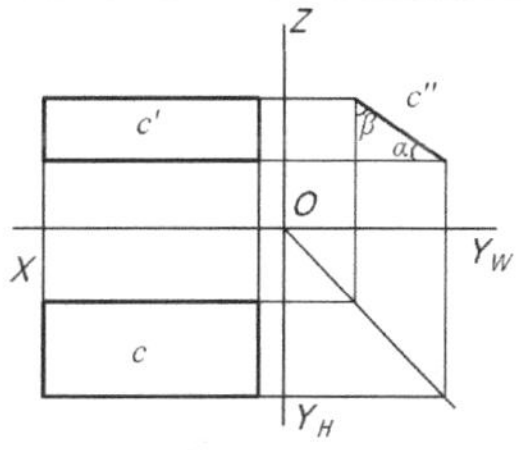 |

续表

| 名称 | 铅垂面（$A \perp H$面） | 正垂面（$B \perp V$面） | 侧垂面（$C \perp W$面） |
| --- | --- | --- | --- |
| 在形体投影图中的位置 | 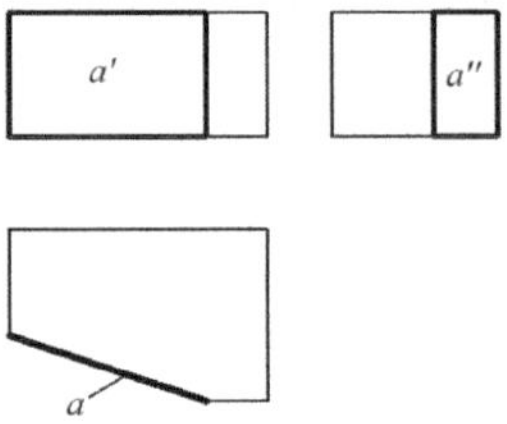  | 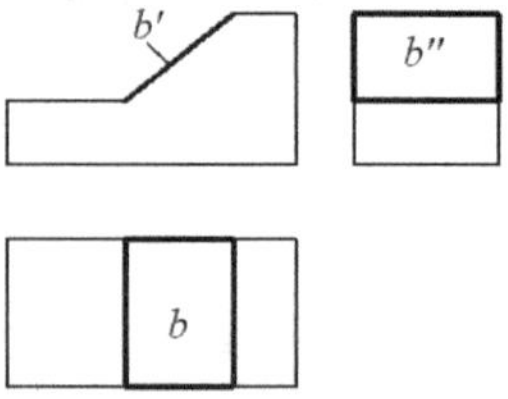  | 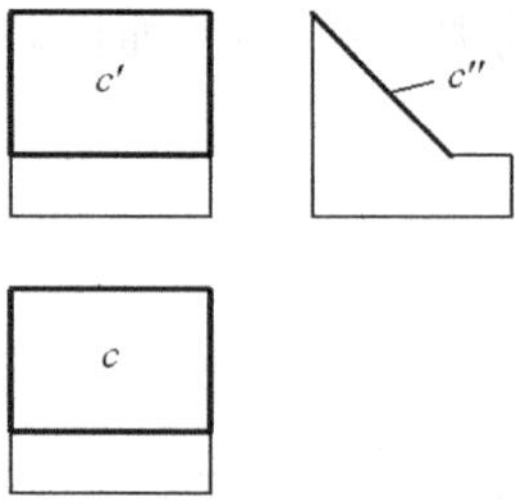  |
| 在形体立体图中的位置 | 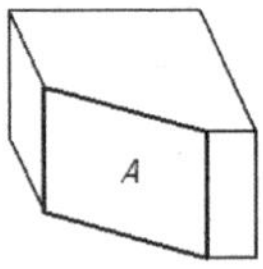  | 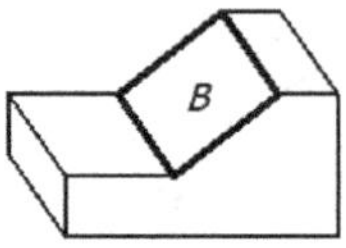  | 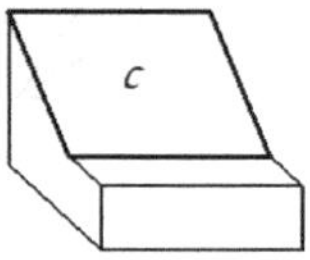  |
| 投影规律 | （1）$H$面投影$a$积聚为一条斜线且反映$\beta$、$\gamma$的大小。<br>（2）$V$面投影$a'$和$W$面投影$a''$小于实形，是类似形 | （1）$V$面投影$b'$积聚为一条斜线且反映$\alpha$、$\gamma$的大小。<br>（2）$H$面投影$b$和$W$面投影$b''$小于实形，是类似形 | （1）$W$面投影$c''$积聚为一条斜线且反映$\alpha$、$\beta$的大小。<br>（2）$H$面投影$c$和$V$面投影$c'$小于实形，是类似形 |

由表 2-3 可知，投影面垂直面有以下投影特性：

（1）平面在所垂直的投影面的投影积聚成一条与投影轴倾斜的直线，它与投影轴的夹角分别反映该平面与相应投影面的倾角。

（2）平面的其他两个投影均为小于实形的类似形。

### 2. 投影面平行面

平行于一个投影面的平面（即垂直于其他两个投影面），称为投影面平行面。平行于$V$面的平面称为正平面；平行于$H$面的平面称为水平面；平行于$W$面的平面称为侧平面。

图 2.24 为正平面的投影。由于$EHNK$平面平行于$V$面，垂直于$H$面和$W$面，所以其正面投影$e'h'n'k'$反映实形，水平投影$ehnk$和侧面投影$e''h''n''k''$均积聚成直线，且分别平行于$OX$轴和$OZ$轴。

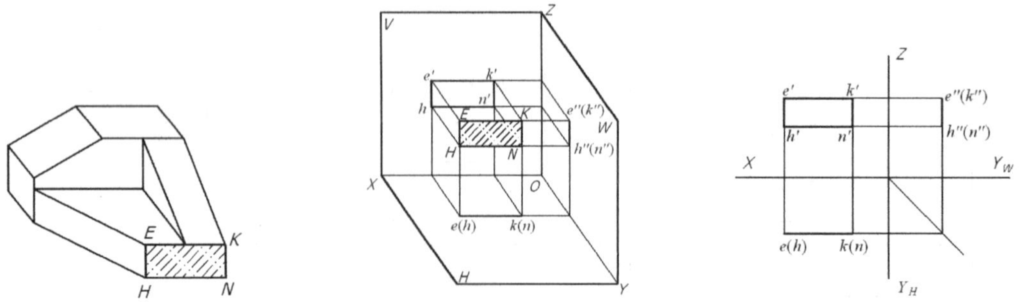


（a）　　（b）　　（c）

图 2.24　正平面的投影

如果将四边形$EHNK$所代表的平面$Q$扩大，即可得到平面$Q$的两条迹线，如图 2.25 所示。为了简化，可只画出$Q_H$或$Q_W$表示正平面。

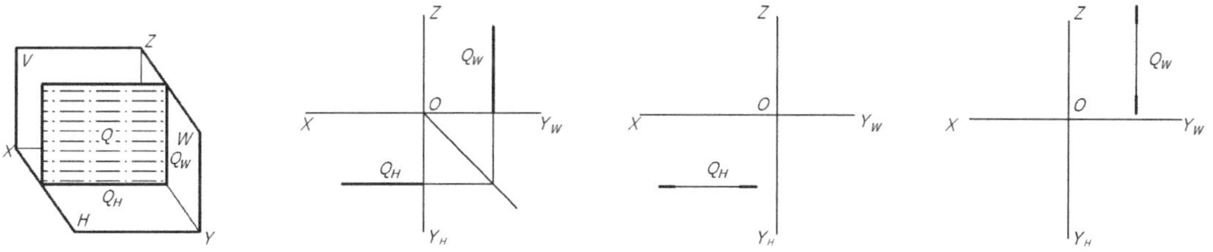


(a)　(b)　(c)　(d)

图 2.25　用迹线表示正平面

水平面和侧平面的投影特性与正平面类似，见表 2-4。

**表 2-4　投影面平行面的投影特性**

| 名称 | 水平面（A // H 面） | 正平面（B // V 面） | 侧平面（C // W 面） |
|---|---|---|---|
| 立体图 | 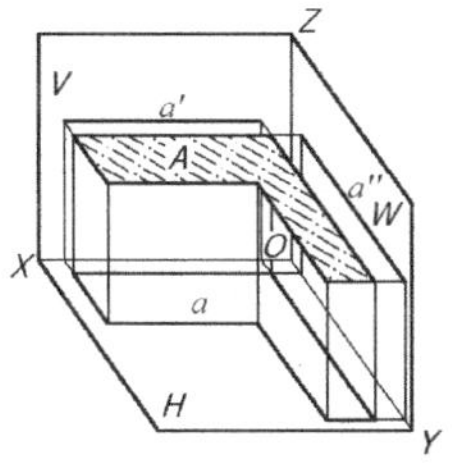 | 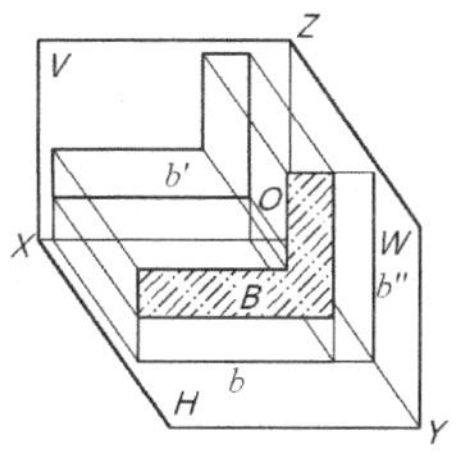 | 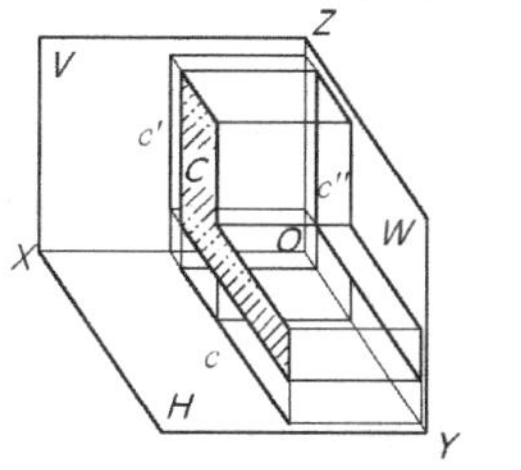 |
| 投影图 | 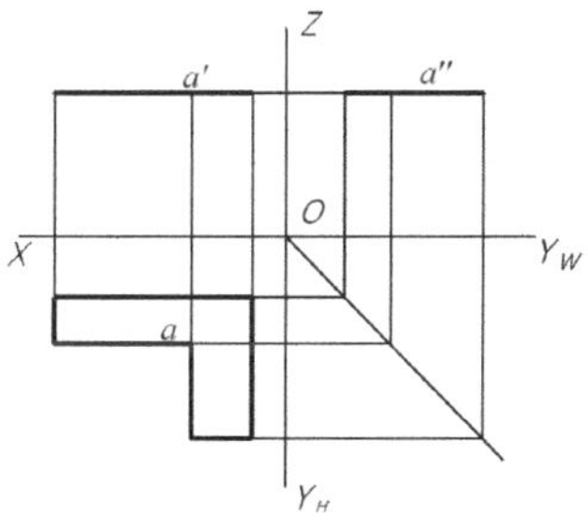 | 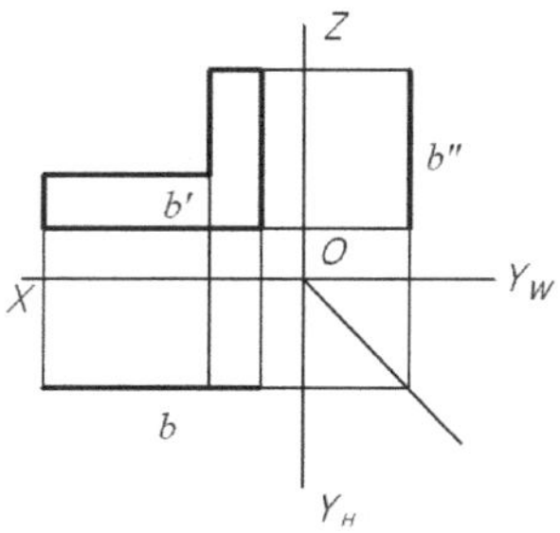 | 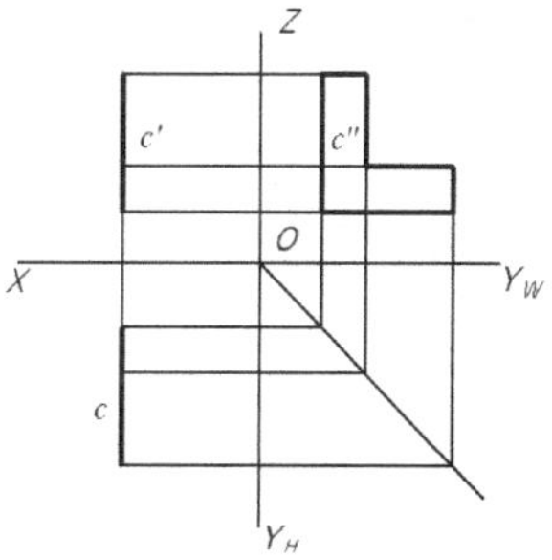 |
| 在形体投影图中的位置 | 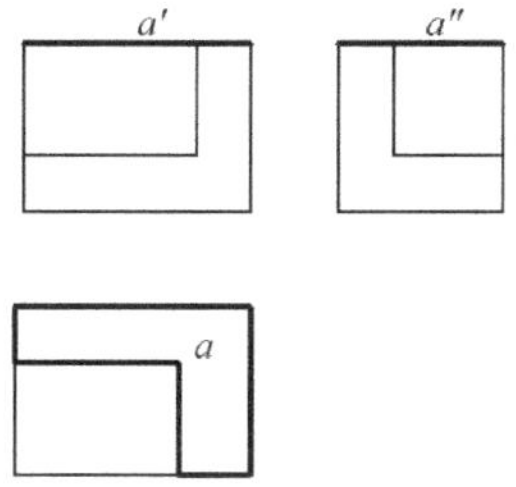 | 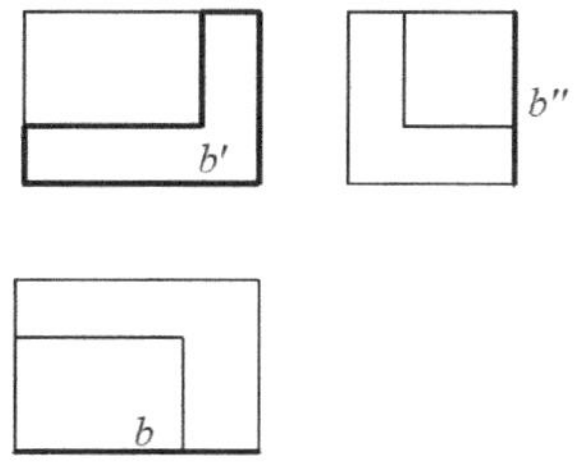 | 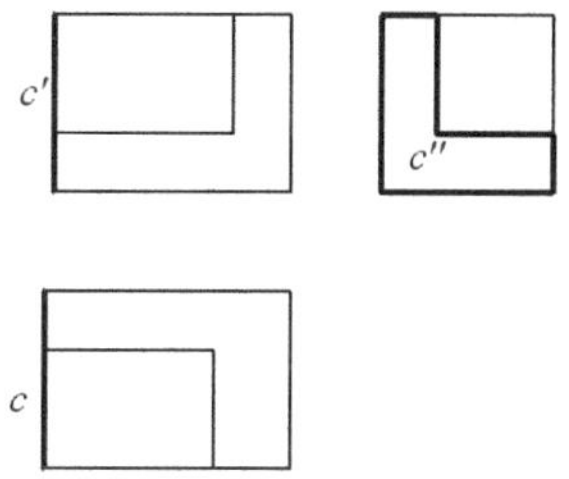 |
| 在形体立体图中的位置 | 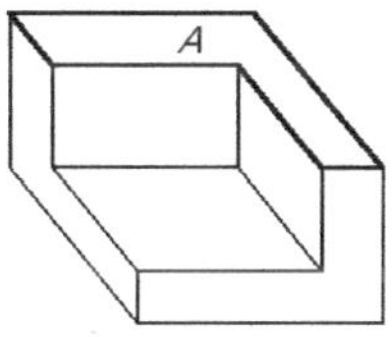 | 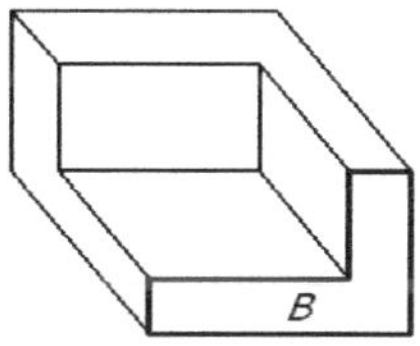 | 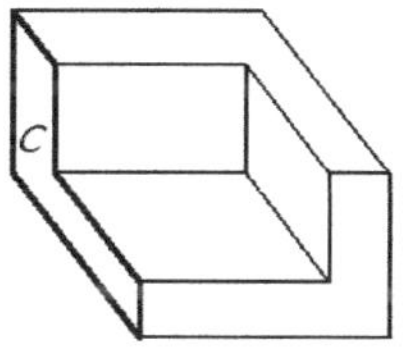 |
| 投影规律 | （1）H 面投影 a 反映实形。<br>（2）V 面投影 a′和 W 面投影 a″积聚为直线，分别平行于 OX、$OY_W$ 轴 | （1）V 面投影 b′反映实形。<br>（2）H 面投影 b 和 W 面投影 b″积聚为直线，分别平行于 OX、OZ 轴 | （1）W 面投影 c″反映实形。<br>（2）H 面投影 c 和 V 面投影 c′积聚为直线，分别平行于 $OY_H$、OZ 轴 |

由表2-4可知，投影面平行面具有以下投影特性：

（1）平面在所平行的投影面上的投影反映实形。

（2）平面的其他两个投影均积聚成直线，且平行于相应的投影轴。

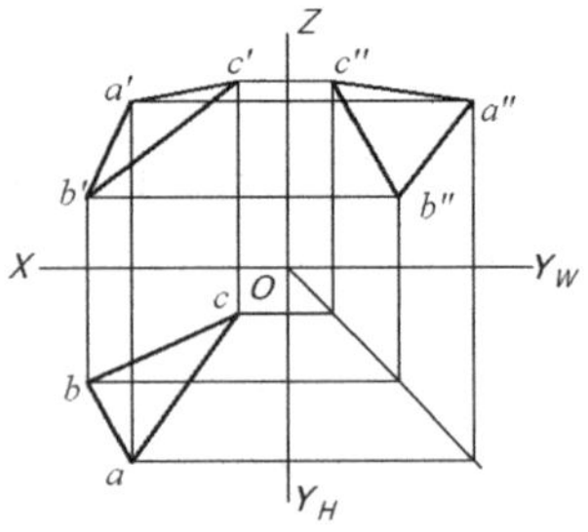


图2.26 一般位置平面

3. 一般位置平面

与三个投影面都处于倾斜位置的平面称为一般位置平面。

例如平面 $\Delta ABC$ 与 $H$、$V$、$W$ 面都处于倾斜位置，倾角分别为 $\alpha$、$\beta$、$\gamma$。其投影如图2.26所示。

一般位置平面的投影特征可归纳如下：一般位置平面的三面投影，既不反映实形，也无积聚性，并且都为类似形。

### 2.4.3 平面上的直线和点

1. 平面上的直线

直线在平面上的条件如下：

（1）若一条直线通过平面上的两个点，则此直线必定在该平面上。

（2）若一条直线通过平面上的一点并平行于平面上的另一直线，则此直线必定在该平面上。

**【例2-3】**已知平面△*ABC*，试作出属于该平面的任一直线（见图2.27）。

**作法1**

根据条件“直线通过平面上的两点”作图，如图2.27（a）所示。任取属于直线 *AB* 的一点 *M*，它的投影分别为 *m* 和 *m'*；再取属于直线 *BC* 的一点 *N*，它的投影分别为 *n* 和 *n'*；连接两点的同面投影。由于 *M* 和 *N* 皆属于平面，所以 *mn* 和 *m'n'* 所表示的直线 *MN* 必属于△*ABC* 平面。

**作法2**

根据条件“直线通过平面上的一点，并平行于平面上的另一直线”作图，如图2.27（b）所示 。经过属于平面的任一点 *M*（*m*，*m'*），作直线 *MD*（*md*，*m'd'*）平行于已知直线 *BC*（*bc*，*b'c'*），则直线 *MD* 必属于△*ABC* 平面。

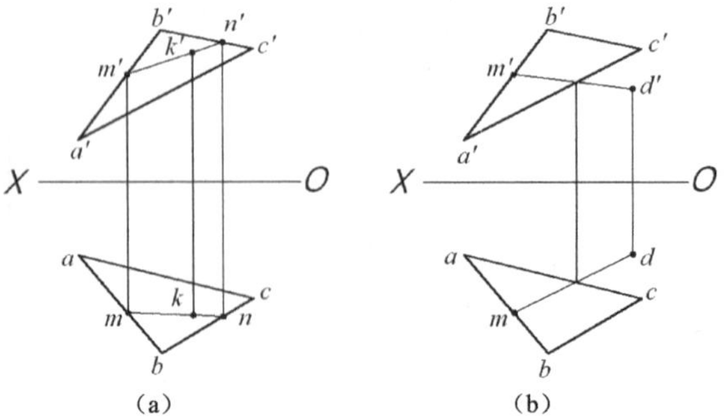


图2.27 在平面内取直线

2. 平面上的点

点属于平面的条件：若点属于平面的一条直线，则该点必属于该平面。因此在平面上取点，必须先在平面上取一条直线，然后再在该直线上取点。

如图 2.27（a）所示，点 *K* 属于△*ABC* 平面内的一条直线 *MN*，则点 *K* 必属于平面 *ABC*。

如图 2.28 所示，相交两直线 *AB*、*AC* 确定一个平面 *P*，点 *K* 取自直线 *AB*，因此，点 *K* 必在平面 *P* 上。

图 2.28　平面上的点

**【例 2-4】**已知△*ABC* 平面及平面上点 *E* 的正面投影 *e'*，试求它的另一面投影，如图 2.29（a）所示。

分析：因为点 *E* 属于△*ABC* 平面，故过 *E* 作属于△*ABC* 平面的一条直线，则点 *E* 的两个投影必属于相应直线的同面投影。

**作法 1**

如图 2.29（b）所示：

（1）过 *E* 和定点 *B* 作直线，即过 e 作直线的正面投影 *e'b'*，交 *a'c'* 于 *d'*。

（2）求出水平投影 *d*，连接 *bd* 并延长。

（3）然后过 *e'* 作 *OX* 轴的垂线与 *bd* 的延长线相交，交点即为 *E* 的水平投影 *e*。

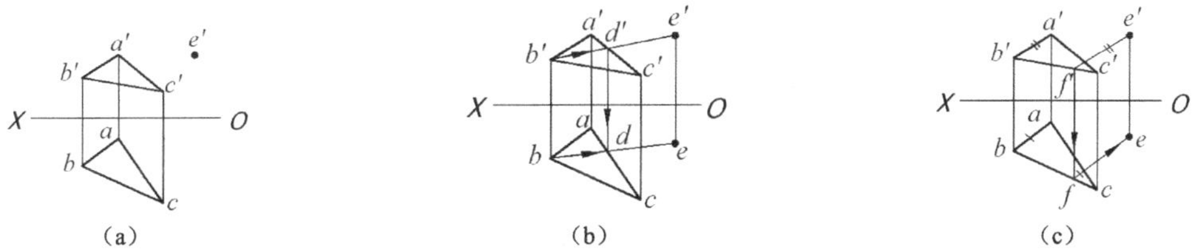


图 2.29　求平面上点的投影

**作法 2**

如图 2.29（c）所示：

（1）过点 *E* 作直线 *EF* 平行 *AB*，即过 *e'* 作 *e'f'* // *a'b'*，交 *b'c'* 于 *f'*。

（2）求出水平投影 *f*，过 *f* 作直线平行 *ab*，与过 *e'* 作 *OX* 轴的垂线交于 e，e 点即为 *E* 的水平投影。

## 2.5　三视图的形成和投影关系

在机械制图中，通常假设人的视线为一组平行且垂直于投影面的投射线，这样在投影面上所得到的正投影称为视图。

一般情况下，一个视图不能完整和确切地表达出物体的形状和大小。如图 2.30 所示，两个形状不同的物体，它们在投影面上的投影相同。因此，要准确表达物体的结构形状，必须增加由不同投影方向所得到的视图，互相补充，才能将物体表达清楚。工程上常用的是三视图。

三投影面体系由三个互相垂直的投影面所组成，如图 2.31 所示。

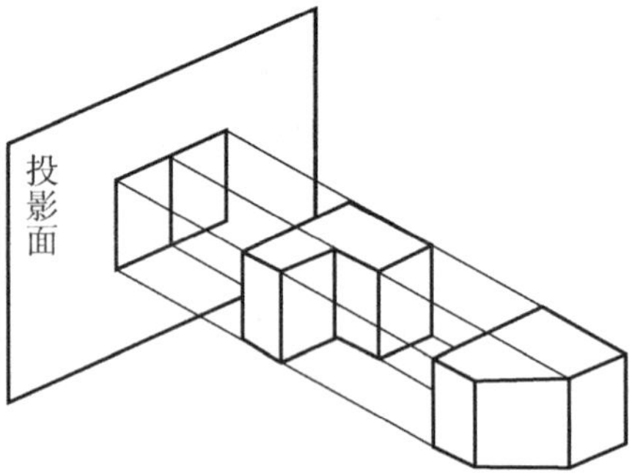


图 2.30　一个视图不能确定物体的形状

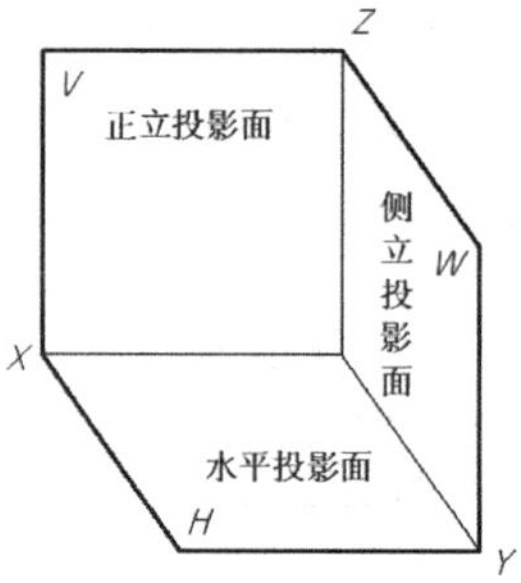


图 2.31　三投影面体系

在三投影面体系中，三个投影面分别为正立投影面（简称为正面），用 *V* 表示。

水平投影面（简称为水平面），用 *H* 表示；侧立投影面（简称为侧面），用 *W* 表示。

三个投影面的相互交线，称为投影轴，分别用 *OX*、*OY*、*OZ* 表示，简称 *X* 轴、*Y* 轴、*Z* 轴。三个投影轴的交点称为原点，用字母 *O* 表示。沿 *X* 轴方向度量的尺寸称为长度尺寸；沿 *Y* 轴方向度量的尺寸称为宽度尺寸；沿 *Z* 轴方向度量的尺寸称为高度尺寸。

## 2.5.1　三视图的形成

将物体置于三投影面体系中，按正投影法分别向三个投影面投射，由前向后投射在 *V* 面上得到的视图称为主视图，由上向下投射在 *H* 面上得到的视图称为俯视图，由左向右投射在 *W* 面上得到的视图称为左视图，如图 2.32（a）所示。

在实际作图中，为了画图方便，需要将三个投影面在一个平面（纸面）上表示出来，规定：*V* 面不动，*H* 面绕 *OX* 轴向下旋转 90° 与 *V* 面重合，*W* 面绕 *OZ* 轴向右旋转 90° 与 *V* 面重合，这样就得到了在同一平面上的三视图，如图 2.32（b）所示。可以看出，俯视图在主视图的正下方，左视图在主视图的正右方。

需要注意的是，同一条 *OY* 轴旋转后出现了两个位置，因为 *OY* 是 *H* 面和 *W* 面的交线，也就是两投影面的共有线，所以 *OY* 轴随着 *H* 面旋转到 $OY_H$ 的位置，同时又随着 *W* 面旋转到 $OY_W$ 的位置。为了作图简便，在投影图中不必画出投影面的边框，如图 2.32（c）所示。由于画三视图时主要依据投影规律，因此投影轴可以省略，如图 2.32（d）所示。

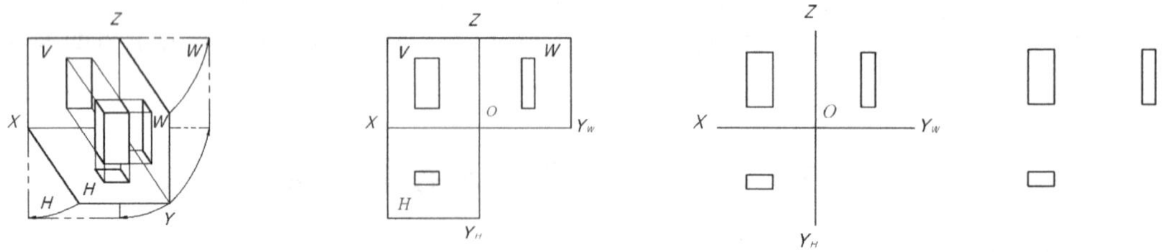


（a）　（b）　（c）　（d）

图 2.32　三视图的形成与展开

### 2.5.2　三视图之间的对应关系

1. 视图的位置关系

以主视图为准，俯视图在其正下方，左视图在其正右方。

2. 物体的长、宽、高在三视图上的对应关系

从图 2.33 可以看出，一个视图只能反映两个方向的尺寸，主视图反映了物体的长度和高度，俯视图反映了物体的长度和宽度，左视图反映了物体的宽度和高度。由此可以归纳出三视图的投影规律：

（1）主、俯视图“长对正（即等长）”。

（2）主、左视图“高平齐（即等高）”。

（3）俯、左视图“宽相等（即等宽）”。

三视图的投影规律反映了三视图的重要特性，也是画图和读图的依据。无论是整个物体还是物体的局部，其三面投影都必须符合这一规律。

3. 物体的方位关系

物体有长、宽、高三个方向的尺寸，有上、下、左、右、前、后六个方位关系，如图 2.34（a）所示。六个方位在三视图中的对应关系如图 2.34（b）所示。

由图 2.34 可以看出以下规律：

（1）主视图反映了物体的上、下、左、右四个方位关系。

（2）俯视图反映了物体的前、后、左、右四个方位关系。

（3）左视图反映了物体的上、下、前、后四个方位关系。

以主视图为中心，俯视图、左视图靠近主视图的一侧为物体的后面。

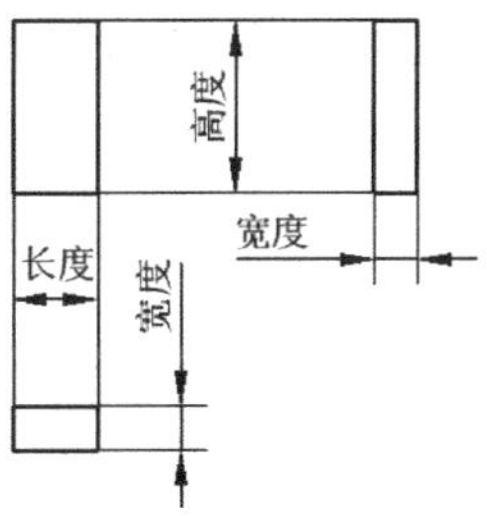


图 2.33　视图间的“三等”关系

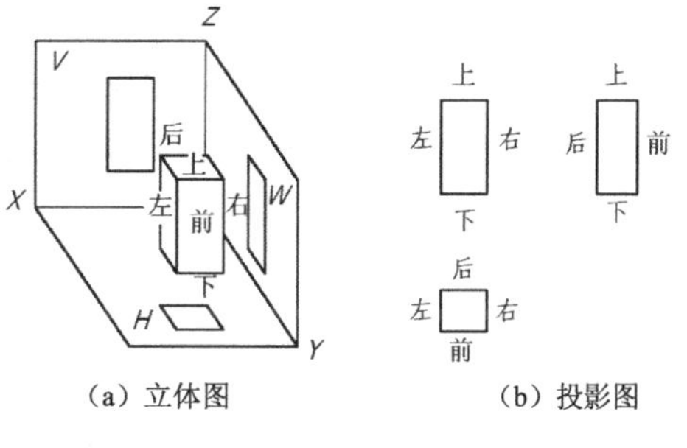


（a）立体图　（b）投影图

图 2.34　三视图的方位关系

# 第3章

# 基本几何体

## 3.1　基本体及其表面点的投影

立体可根据表面性质不同分为平面立体（见图 3.1）及曲面立体（见图 3.2）。表面全是平面的立体是平面立体，如长方体、棱柱、棱锥等；表面为曲面或曲面与平面组合的立体称为曲面立体，例如圆环、圆柱、圆锥等。

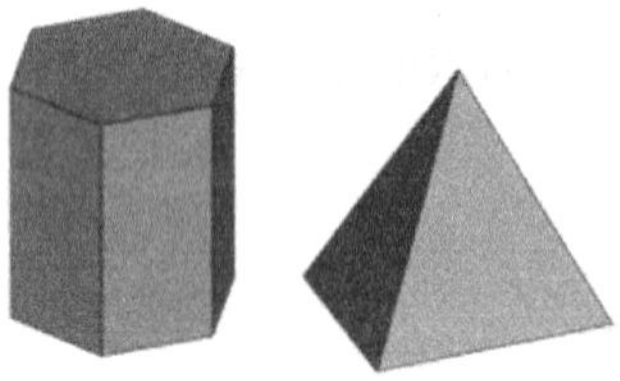

图 3.1　平面立体

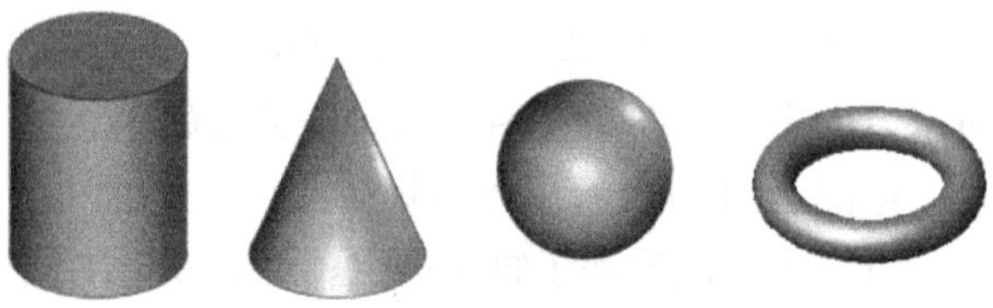

图 3.2　曲面立体

### 3.1.1　平面立体

平面立体的各个表面全部由平面组成，面和面的交线称为棱线，棱线与棱线的交点称为顶点。平面立体的投影可以看作棱线和顶点的投影。在绘制平面立体的投影时，应判断各棱线的可见性。对可见棱线要画粗实线，对不可见棱线要画细虚线。常见的平面立体有棱柱和棱锥两大类。

1. 棱柱

棱柱由底面、顶面及若干个侧棱面组成。顶面与底面相等且与侧棱面垂直的棱柱称为直棱柱。顶面与底面相等且与侧棱面不垂直的棱柱称为斜棱柱。本节只讨论直棱柱的投影。

1）棱柱的投影分析

图 3.3（a）所示为正六棱柱的立体图及其三视图。该六棱柱的顶面与底面为正六边形且平行于 $H$ 面。其水平投影重合且反应实形，正面和侧面投影集聚为一条线。棱面为六个全等的矩形，前后两侧平面平行于且垂直于 $V$ 面，其正面投影重合且反应实形，水平面和侧面投影集聚为一条线。其余四个侧平面为铅垂面，水平投影集聚为一条线，正面及侧面投影为矩形的类似形，如图 3.3（b）所示。

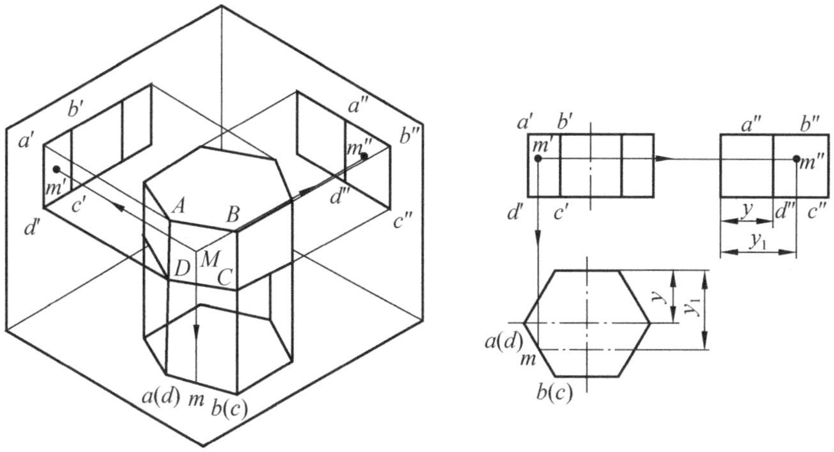

（a）　　（b）

图 3.3　正六棱柱的投影及表面上的点

【例 3-1】求正五棱柱的三面投影（见图 3.4）。

分析：

① 顶面与底面为水平面在 *H* 面上反应实形（正五边形），画出俯视图。根据利用三等关系画出主视图及左视图（一条线）。

② 棱面为五个全等的矩形，后侧面为正平行在于 *V* 面上反应实形，根据利用三等关系画出主视图及左视图（一条线）。其余四个侧平面为铅垂面，俯视图为一条线，主视图与左视图为矩形的类似形。结果如图 3.4（b）所示。

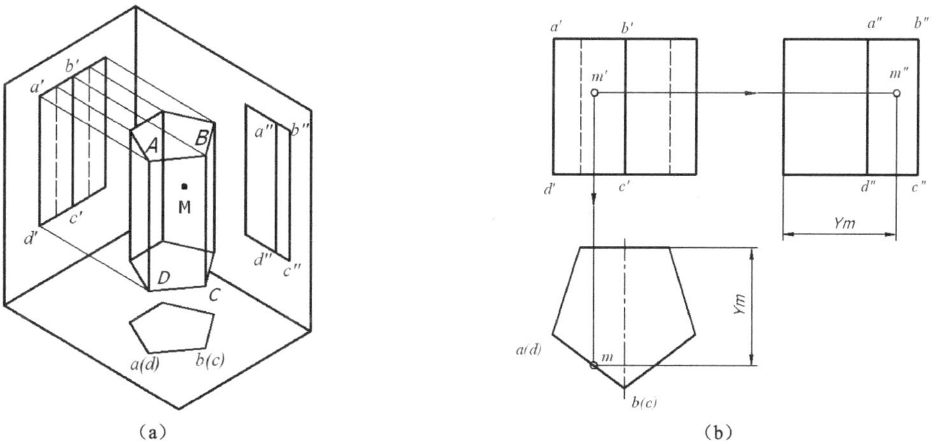

（a）　　（b）

图 3.4　正五棱柱的投影

2）棱柱表面取点

在立体表面上取点作图与平面内取点的方法完全相同，首先确定点在那个表面上，然后判断表面是否可见，若面可见则点可见。

【例 3-2】如图 3.4 所示，已知点 *M* 属于正五棱柱表面，***m'***为 *M* 的正面投影。求作 *M* 的其他两面投影。

分析：根据 ***m'***的位置及可见性可知 *M* 点在铅垂面 *ABCD* 上。则 *M* 的投影在面 *ABCD* 的三面投影上。面 *ABC*D 的水平投影集聚成一条线并可见，根据三等关系 *m* 必在这条线上并可见。面 *ABCD* 的侧面投影可见则 *M* 的侧面投影也可见，位置可根据三等关系获得。

以同样的方法可以求得正六棱柱上点 *M* 的三面投影，如图 3.3（b）所示。

2. 棱锥

一个多边形底面及若干个三角形棱面组成的封闭立体称为棱锥。多边形为正多边形且侧棱面为正三角形的棱锥为正棱锥。各相邻棱面的交线为棱线，所有棱线汇交与一顶点为锥顶点。

1）棱锥的投影分析

图 3.5（a）所示为正三棱锥，由一个全等的底面三角形和三个等腰三角形组成。由图中可以看出底面正三角形△*ABC* 为水平面，H 面投影反应实形其余两面投影积聚为一条线；棱面△*SAC* 为侧垂面，在 W 面上的投影积聚为一条线其余两面投影为相似形；棱面△*SAB* 和△*SBC* 是一般位置平面，其三面投影为类似形。

具体作图方法如下：

① 画出底面△*AB*C 的水平投影（反应实形），及其余两面投影（一条线）。

② 画锥顶 *S* 的各面投影。

③ 连接锥顶与△*ABC* 三个顶点的三面投影。

2）棱锥表面取点

与棱柱不同的是，棱锥表面的各平面不一定都是特殊位置平面。所以，在棱锥表面取点时，首先要判断点所在的棱锥表面是什么位置平面。属于特殊位置表面上点，可利用投影的积聚性直接求得其投影；而属于一般位置表面上的点，可通过在该面上作辅助线的方法求得其投影。

**【例 3-3】**如图 3.5（b）所示，已知棱面△*SAB* 上的点 *M* 的正面投影 *m*′和棱面△*SAC* 上的点 *N* 的水平面投影 *n*，求 *M*、*N* 两点的其余投影。

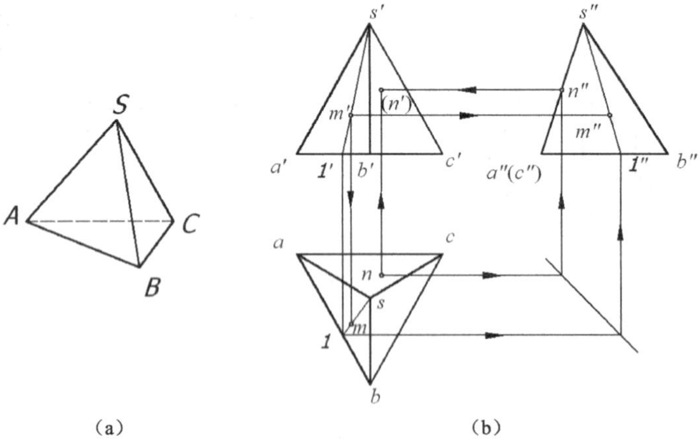


图 3.5　正三棱锥及其三面投影

由于点 *N* 所在棱面△*SAC* 为侧垂面，可借助该平面在侧面上的积聚投影求得 *n*″，再由 *n* 和 *n*″求得 *n*′，且 *n*′不可见。

点 *M* 所在平面△*SAB* 为一般位置平面。求 *M* 点的投影作图过程是：过锥顶 *S* 作一条通过 *M* 点的辅助线 *SI*，根据直线属于平面的条件，求出辅助线 *SI* 的三面投影。然后根据属于直线的点的投影特性，求出 *M* 点的水平投影 *m* 及侧面投影 *m*″。

### 3.1.2 常见回转体

工程上曲面立体中使用最广泛的是回转体。一条线段（直线或曲线）绕一根固定的轴线旋转而成的曲面，称为回转面。形成回转面的动线称为母线，固定的轴线称为回转轴，母线在曲面上任何一个位置，都称为曲面的素线。其中最常见的是圆柱、圆锥、圆球、圆环等。画图时要注意：只须画出曲面对相应投影面可见与不可见的分界线（转向素线）的投影。

1. 圆柱及表面取点

圆柱的表面由圆柱面和上、下底面围成。圆柱面由直线绕与它相平行的轴线旋转而成，如图 3.6（a）所示。

从图 3.6（b）、图 3.6（c）可以看出，将圆柱体的轴线放置为铅垂线，圆柱的水平投影为圆，是上、下底面圆的反映实形的投影。圆柱面的投影积聚在圆线上，为圆柱的特征视图。正面投影和侧面投影为两个相同的矩形，矩形上、下两条边为上、下底面圆的积聚投影。左、右和前、后两条边，分别为最左、最右素线和最前、最后素线的投影，即对 *V* 面和对 *W* 面的转向素线。要注意的是，任何回转体的投影，必须用点画线画出轴线和圆的对称中心线，当点画线和虚线重合时，画成虚线。

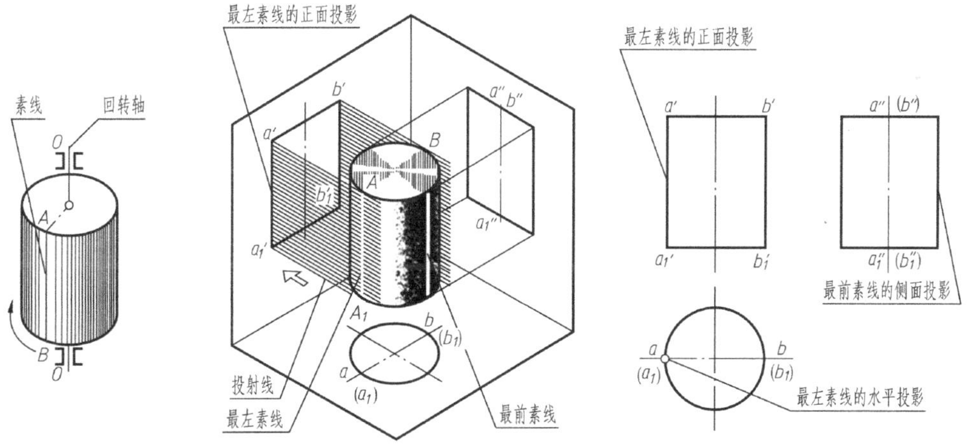


图 3.6 圆柱的形成及投影

画圆柱的投影图时，应先画圆的中心线和轴线的投影，然后画投影为圆的投影，最后画其余两面为矩形的投影图。

圆柱共有三个表面，至少有一个投影有积聚性，所以，求属于圆柱表面的点的投影，无论其在哪个表面上，都可以利用积聚性求得。

**【例 3-4】**如图 3.7 所示，已知 *M* 点和 *N* 点属于圆柱表面，并知点 *M* 在 *V* 面投影 ***m'***及点 *N* 在 *W* 面的投影 ***n''***，求 *M* 点和 *N* 点的另两面投影。

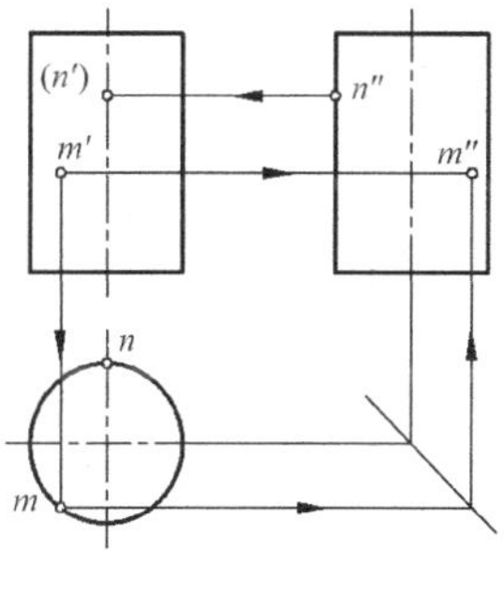


图 3.7 圆柱表面取点

由给定的 ***m'***的位置和可见性，可以判定 *M* 点位于左前四分之一圆柱面上，所以求 $M$ 点的投影作图过程是：首先利用圆柱面在 $H$ 面的投影的积聚性，按“长对正”的投影对应关系求出积聚于圆周的投影 $m$，然后分别由 $m$ 及 $m'$，按“高平齐、宽相等”的投影对应关系求出 $m''$。

由于 $N$ 点位于圆柱的最后素线这一特殊位置上，其另外两面投影 $n$ 及 $n'$ 可以直接求出，且正面投影 $n'$ 不可见。

### 2. 圆锥及其表面取点

圆锥的表面由圆锥面和底面围成。圆锥面由直线绕与它相交的轴线旋转而成，如图 3.8（a）所示，因此圆锥面上所有素线均交于锥顶。

从图 3.8（b）可以看出，将圆锥体的轴线放置为铅垂线时，圆锥的水平投影为圆，是底面圆反映实形的投影，也是圆锥面的投影；正面投影和侧面投影为两个相同的等腰三角形，三角形底边为底面圆的积聚投影，左、右和前、后两条边，分别为最左、最右和最前、最后素线的投影，即对 $V$ 面和对 $W$ 面的转向素线。

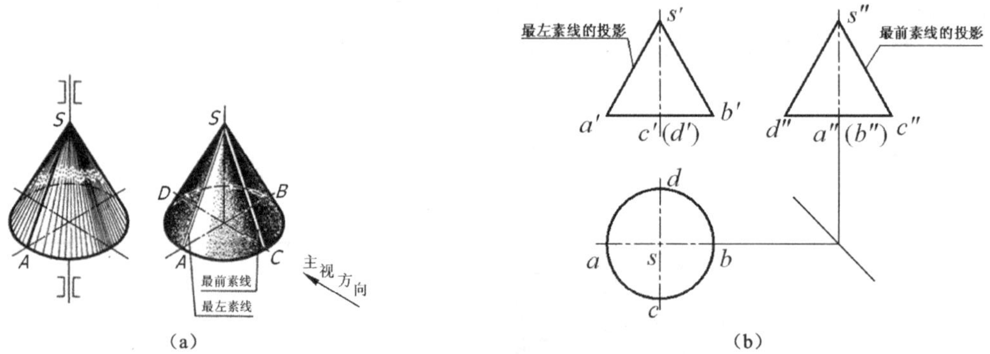


图 3.8　圆锥的形成及投影

画圆锥的投影图时，应先画圆的中心线和轴线的投影，其次画底面圆的各面投影，然后画出锥顶各面投影，最后画出转向素线的投影。

根据圆锥表面的结构特点，求属于圆锥表面的点的投影时，要根据给定的条件，首先分析点所在的平面是底平面还是圆锥面。若点位于底平面，则要利用底平面是特殊位置平面，其投影图形有积聚的特点去求点的投影；若点位于圆锥面，由于圆锥表面的投影图没有积聚性，则要用辅助素线法或者辅助圆法去求点的投影。

**注意：** 为了作图方便，辅助圆所在的平面通常为投影面平行面。

**【例 3-5】** 如图 3.9 所示，已知点 $M$ 属于圆锥表面，并知 $M$ 点的正面投影 $m'$，分别用辅助素线法和辅助圆法求 $M$ 点的其他两投影面的投影 $m$，$m''$。

1）用辅助素线法

如图 3.9（a）所示过锥顶 $S$ 和点 $M$ 作辅助素线 $SI$，在图 5-8（b）中连接 $s'm'$，并延长到与底平面的正面投影相交于 $1'$，进而求得 $s1$；再根据点属于直线的判断依据，按长对正由 $m'$ 求出 $m$，按高平齐和宽相等由 $m'$ 和 $m$ 求得 $m''$。

2）用辅助圆法

如图 3.9（a）所示过 $M$ 点作一个平行于底平面的圆，在投影图中求出该圆的正面投影和水平投影，如图 3.9（c）所示。按照长对正的对应关系，*M* 点的水平面上的投影 *m* 落在直径为 23 的圆周上；由 *m* 和 *m*′按“高平齐、宽相等”的投影对应关系即可求得 *M* 点的侧面投影 *m*″。因 *M* 点在圆锥的左、前面上，所以三个投影均可见。

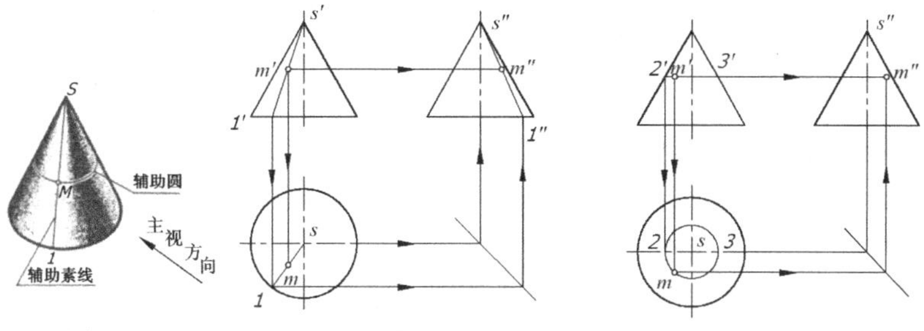


图 3.9　圆锥表面取点

3. 圆球及其表面取点

圆球的表面由球面围成。球面可以看成由一圆母线绕其自身直径回旋转一周而形成，如图 3.10（a）所示。

球的三面投影都是直径与球直径相等的圆，它们分别是这个球面的三个投影的转向轮廓线，如图 3.10（b）所示。正面投影是前后半球面分界线的投影；水平投影是上下半球面分界线的投影；侧面投影是左右半球面分界线的投影。在球的三面投影中，应分别用细点画线画出对称中心线，对称中心线的交点是球心的投影。

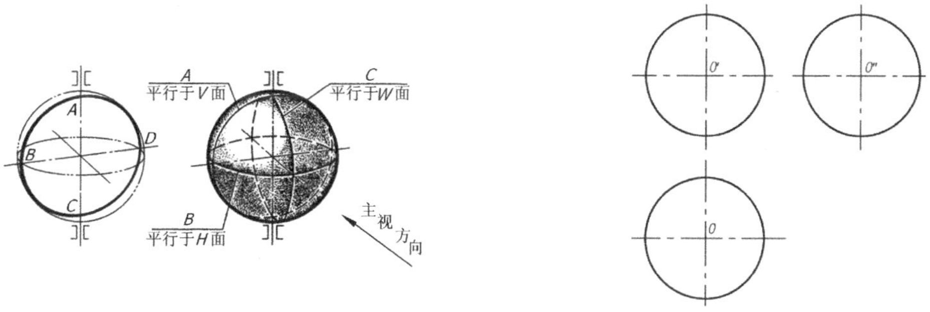


图 3.10　圆球的形成及投影

画圆球的投影图时，应先画圆的中心线，然后分别画圆。需要注意的是，各分界圆在其他两投影面的投影，均与圆图形相应的中心线重合，不必画出。

因为球面的三个投影都没有积聚性，而且圆球表面上不存在直线，但可以过圆球表面上的点做平行于投影面的圆，即采用辅助圆法求圆球表面点的投影。当点位于圆球的分界圆上时，可直接利用分界圆的投影求出点的投影。

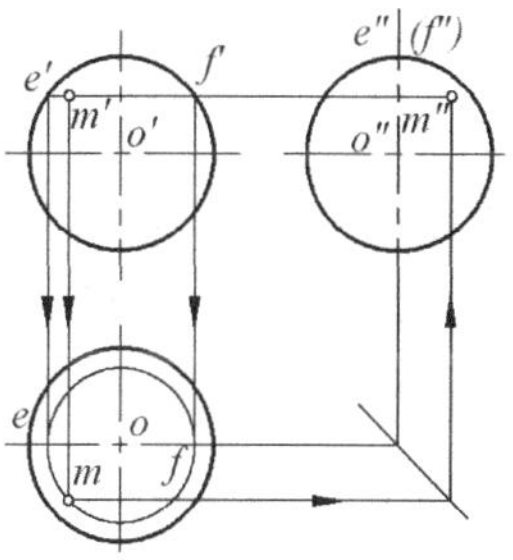


图 3.11　圆球表面取点

**【例 3-6】**如图 3.11 所示，已知点 *M* 属于圆球表面，并知 *M* 点的正面投影 *m*′，求其他两投影面的投影。

根据 $m'$ 的位置和标记，可以判定 $M$ 点位于球的左、上、前表面。过 $M$ 点在球表面作一个平行于 $H$ 面的辅助圆（也可以作平行于 $V$ 面或 $W$ 面的辅助圆），则该辅助圆的正面投影积聚为直线 $e'f'$，水平投影为反映真实大小的直径为 $ef$ 的圆。根据点、线投影的从属关系，由 $m'$ 即可求得 $m$，进而求得 $m''$。最后根据 $M$ 点的位置特点，判断 $M$ 点的三个投影都是可见的。

#### 4. 圆环及其表面取点

圆环的表面是圆环面。圆环面可以看成由圆母线 $ABCD$ 绕与圆共面但不与圆周相交或相切的铅垂轴线 $OO_1$ 旋转而成，如图 3.12（a）所示。靠近轴线的半圆母线 $BCD$ 形成内环面，远离轴线的半圆母线 $BAD$ 形成外环面。

从图 3.12（a）可以看出，将圆环的轴线放置成铅垂线，圆环的投影如图 3.12（b）所示。正面投影中的左、右两个圆是圆环面上最左、最右素线圆的投影，也是圆环正面投影可见与不可见的分界线。与两圆相切的两条直线段是内、外环面的分界圆的投影。侧面投影与正面投影类似。

水平投影中最大和最小两个圆是圆环面对 $H$ 面最大和最小圆的投影，也是圆环水平投影可见与不可见的分界线。它们的正面投影与圆环正面投影的水平方向的对称线重合，不必画出。细点画线圆是母线圆中心的轨迹的投影。

对于圆环面上的特殊位置点，可以利用投影关系直接求出点的投影。一般位置点应采用辅助圆法，作图过程如图 3.13 所示。

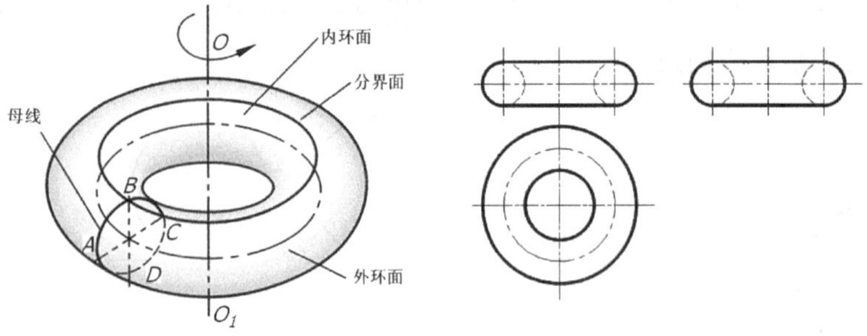


（a）　　（b）

图 3.12　圆环的形成及投影

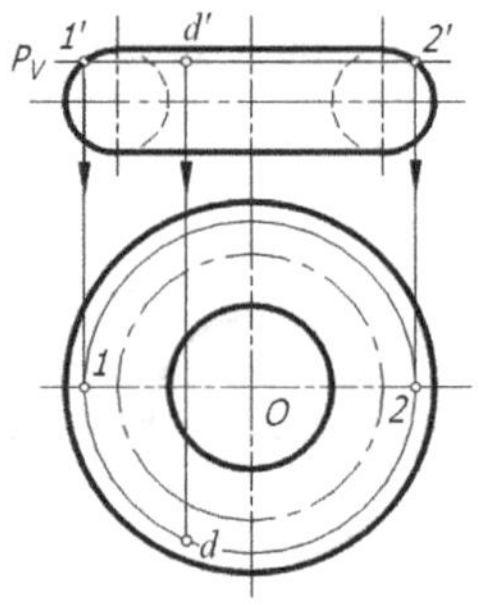


图 3.13　圆环表面取点

**注意**：为了作图方便，所作的辅助圆通常垂直于圆环的轴线。

### 3.1.3　立体尺寸标注

立体的大小是由视图上所标注的尺寸所决定的。立体的尺寸是确定的，不能多标注也不能少标注；多了，就会出现重复标注或者矛盾标注，少了，就不能确定立体的大小。因此，立体的标注要求是完整和清晰。

1）平面立体的表面标注

平面立体的棱柱和棱锥应标注确定底面大小的尺寸，还应标注高度的尺寸。棱锥台除应标注确定上下底面大小的尺寸外，还应标注高度尺寸。为了便于读图，确定底面形状的两个方向尺寸一般集中标注在反应底面实形的特征视图上，如图 3.14 所示。

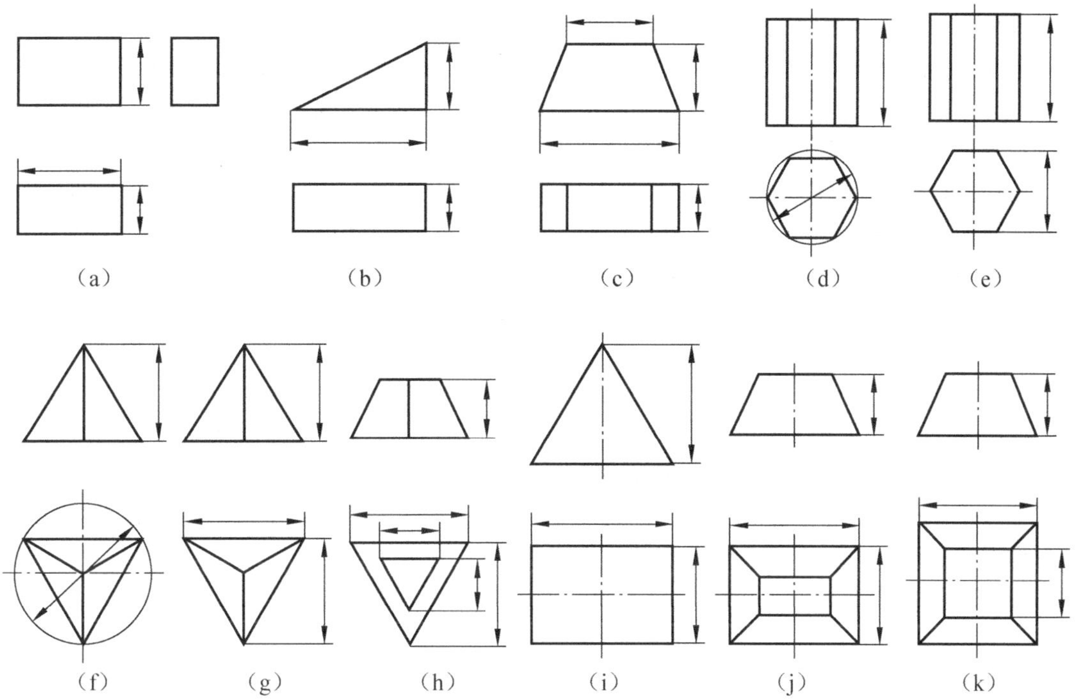


图 3.14　典型平面立体的尺寸标注

2. 回转体的尺寸标注

回转体只需标注确定母线形状的尺寸，以及母线相对轴线的位置尺寸。例如典型回转体的尺寸标注如图 3.15 所示。

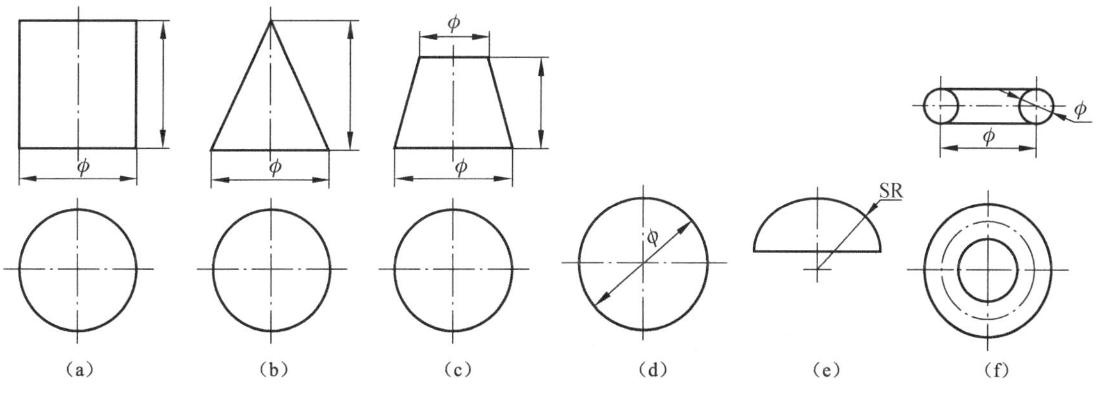


图 3.15　典型回转体的尺寸标注

**注意：**一般直径尺寸标注在非圆视图上。

## 3.2 截　交　线

工程上使用的零件大部分不是完整基本体，而是不完整带有缺口的。这些不完整的基本体是由一个或数个平面截切而成。这些截切基本体的平面称为截平面；截切后的基本体称为截断体；截平面与基本体表面的交线称为截交线。

图 3.16 表示截平面 *P* 与正六棱锥表面相交所得的平面折线 *ABCDEF* 为截交线，线段 *AB*、*BC*、*CD*、*DE*、*EF* 分别是截平面 *P* 与正六棱锥六个侧锥面的交线。若点 *A*、*B*、*C*、*D*、*E*、*F* 分别为截平面与棱线的交点，则截交线具有如下性质：

（1）共有性。截交线是截平面与相交立体表面的共有线，截交线上的点是截平面与相交立体表面的共有点。

（2）封闭性。截交线是由直线、曲线或直线和曲线围成的封闭图形。

截交线的求法实质上是求截平面与立体表面的全部共有点的集合。

### 3.2.1 平面与平面立体的表面交线

平面与平面交线为直线，则平面与平面立体的截交线为封闭的平面多边形，多边形的各个边为截平面与平面立体相应棱面的交线，截交线多边形的边数等于截平面截到的棱面数，多边形的顶点就是截平面与平面立体相应棱线的交点。求平面立体截交线，可求两平面的交线或者平面与直线的交点然后连线。或者是综合使用。

**【例 3-7】**如图 3.16（a）所示，求作正六棱锥被正垂面截切后的投影。

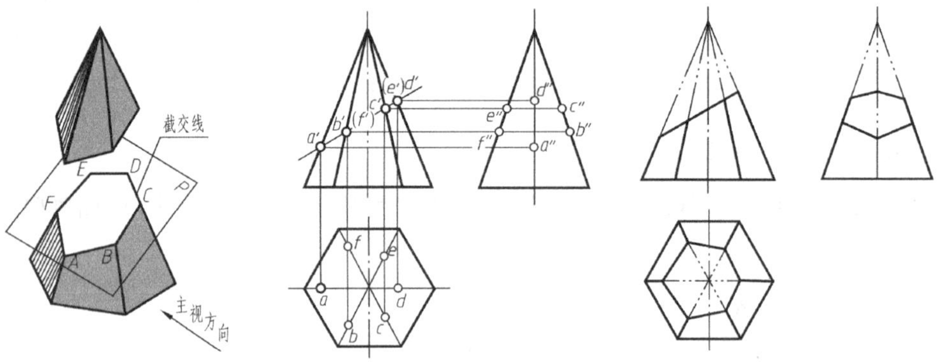


（a） （b） （c）

图 3.16 平面截正六棱锥

作图步骤如下 ：

1）空间及投影分析

（1）分析截平面与体的相对位置以确定截交线的形状，如图 3.16（a）所示，截平面 *P* 截到正六棱锥的六个棱面，所得到的截交线为六边形。

（2）分析截平面与投影面的相对位置以确定截交线的投影特性，如积聚性、类似性等。截平面 P 为正垂面，截交线属于 *P* 平面，所以它的正面投影有积聚性。因此，在这里只须作出截交线的水平投影和侧面投影。

2）画出截交线的投影

（1）先画出完整正六棱锥的投影图，然后利用截平面的积聚性投影，找出截交线各顶点的正面投影 *a′*，*b′*…

（2）根据属于直线的点的投影特性，求出各顶点的水平投影 *a*，*b*…及侧面投影 *a″*，*b″*，…，如图 3.16（b）所示。

（3）依次连接各顶点的同面投影，即得截交线的投影，如图 3.16（c）所示。

### 3.2.2 平面与圆柱立体的表面交线

截平面的形状与截平面与圆柱立体的相对位置有关。根据截平面与圆柱轴线相对位置的不同，其截交线有三种，见表 3-1。当圆柱的截交线为矩形和圆时，其投影可以利用平面投影的积聚性求得，作图十分简便。下面我们看一下圆柱截交线为椭圆时，其投影的作图过程。

**表 3-1 圆柱的截交线**

| 截平面的位置 | 与轴线平行 | 与轴线垂直 | 与轴线倾斜 |
|---|---|---|---|
| 轴测图 | 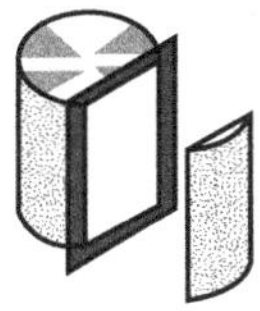 | 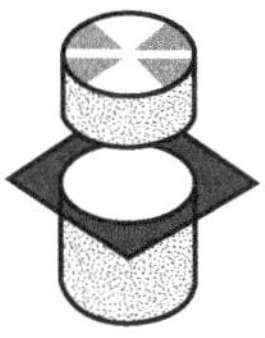 | 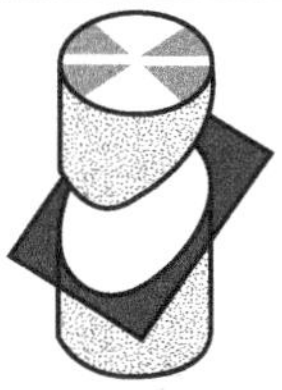 |
| 投影图 | 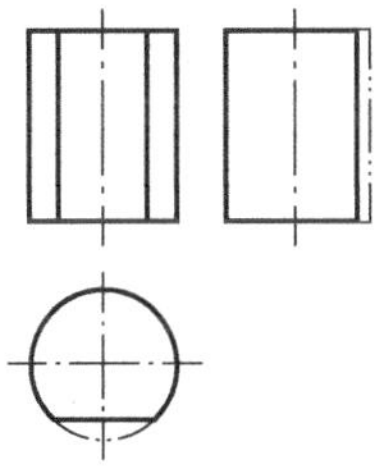 | 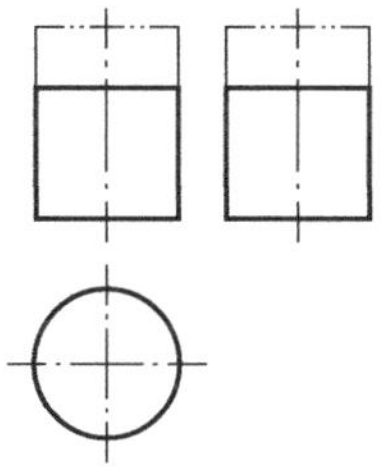 | 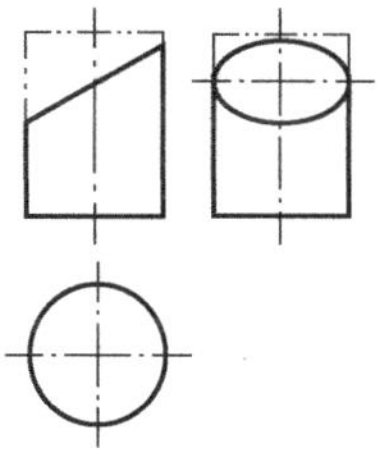 |
| 截交线的形状 | 两平行直线 | 圆 | 椭圆 |

**【例 3-8】** 如图 3.17（a）所示，求作圆柱被正垂面斜切后的投影。

作图步骤如下：

1）空间及投影分析

（1）截平面与圆柱轴线斜交，截交线的形状为椭圆，如图 3.17（a）所示。

（2）截平面 $P$ 的正面投影有积聚性，圆柱面的水平投影有积聚性。椭圆既属于 $P$ 平面又属于圆柱面，所以其正面投影积聚为与 $X$ 轴倾斜的斜线，水平投影积聚在圆柱面的积聚投影圆上。因此，在这里只需要作出截交线的侧面投影。

2）画出截交线的投影

（1）先画出完整圆柱的侧面投影。

（2）求作截交线上特殊位置点的投影。这里的特殊位置点是侧面投影上的最高、最低、最前、最后点，也是椭圆长、短轴上的四个端点。这四点的正面投影为 1′，2′，3′，（4′），水平投影为 1，2，3，4，根据投影对应关系求得其侧面投影为 1″，2″，3″，4″，如图 3.17（b）所示。

（3）求作截交线上一般位置点的投影。为了作图简便，在水平投影上取左右、前后对称的点 5，6，7，8，按“长对正”作出正面投影 5′，6′，（7′），（8′），由水平投影和正面投影，即可作出侧面投影 5″，6″，7″，8″，如图 3.3（c）所示。一般位置点应该选择多少个，应根据作图需要来确定。

（4）光滑连线。用曲线板依次光滑地连接各点，即得所求截交线的投影。擦去多余的图线，完成截断体的投影，如图 3.17（d）所示。

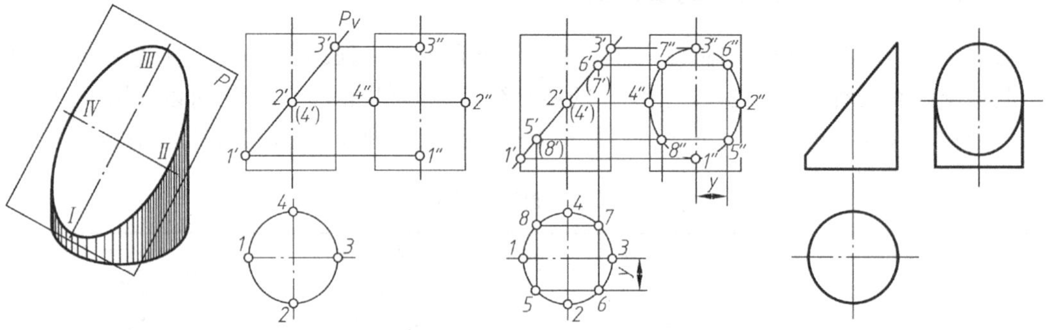


（a）　（b）　（c）　（d）

图 3.17　平面斜切圆柱

不难看出，当截平面 *P* 与圆柱轴线的夹角变化时，截交线——椭圆的长、短轴也将发生变化。当截平面 *P* 与圆柱轴线的夹角为 45° 时，截交线（椭圆的侧面投影）变为一个圆，其半径等于圆柱的半径。

### 3.2.3　平面与圆锥立体的表面交线

和圆柱的截交线一样，平面与圆锥相交时，根据截平面与圆锥轴线相对位置的不同，其截交线有五种，如表 3-2 所示。

**表 3-2　圆锥的截交线**

| 截平面的位置 | 与轴线垂直 | 过圆锥顶点 | 平行于任一一条素线 | 与轴线倾斜（不平行于任一素线） | 与轴线平行 |
|---|---|---|---|---|---|
| 轴测图 | 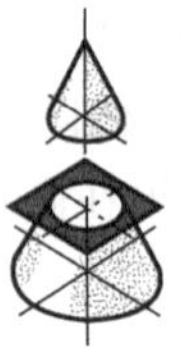 | 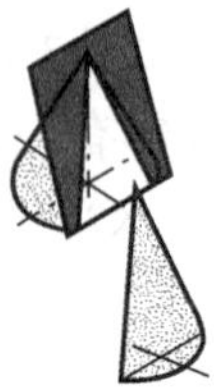 |  | 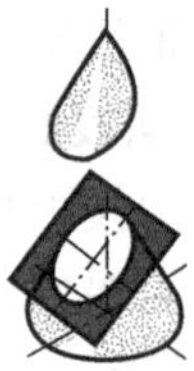 | 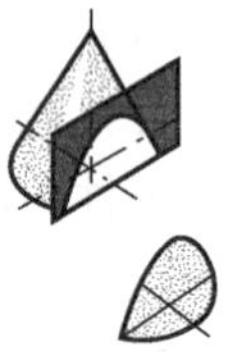 |
| 投影图 | 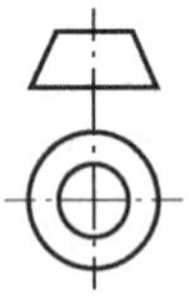 | 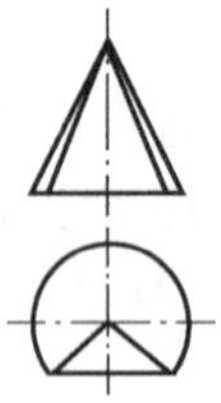 | 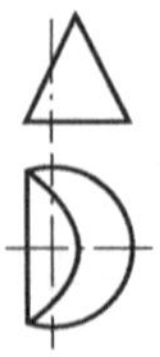 | 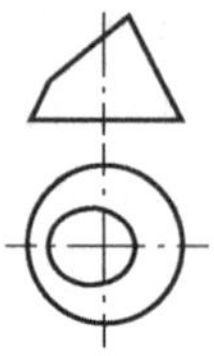 | 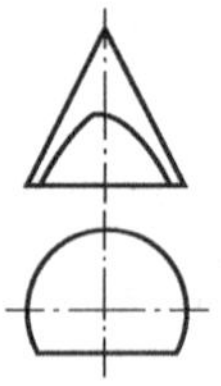 |
| 截交线的形状 | 圆 | 两相交直线 | 抛物线 | 椭圆 | 双曲线 |

当截平面与圆锥的截交线为直线和圆时，求截交线的作图方法十分简单。当截交线为椭圆、抛物线、双曲线时，由于圆锥面的三个投影都没有积聚性，求出属于截交线的多个点的投影时，则需要用辅助素线法或者辅助平面法。

1. 辅助素线法

位于截交线的任意点 $M$［见图 3.18（b）］可以看成圆锥表面某一素线 $SA$ 与截平面 $P$ 的交点。因此，点 $M$ 的三面投影分别在该素线的同面投影上。

2. 辅助平面法

作垂直于圆锥轴线的辅助平面 $R$［见图 3.18（c）］，辅助平面 $R$ 与圆锥面的交线是圆，此圆与截平面的两交点 $C$、$D$ 就是截交线上的点，这两个点具有三面共点（辅助平面 $R$、圆锥面、截平面）的特征。因此，辅助平面法也称为三面共点法。

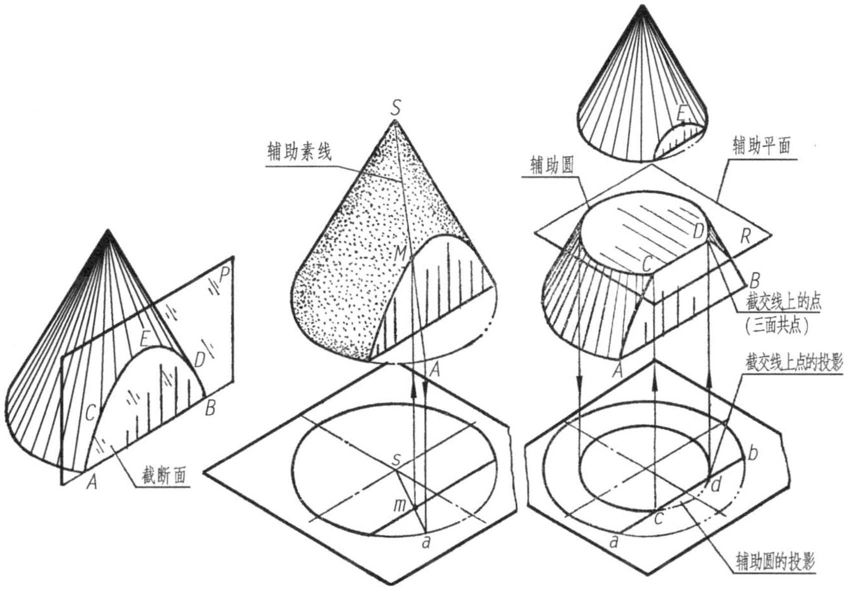


（a）（b）（c）

图 3.18 求圆锥截交线的方法

为使作图简便，辅助平面的选择原则如下：

（1）辅助平面的位置要在基本体被切割的部分。

（2）辅助平面与基本体表面的交线应该是简单易画的直线或圆。

**【例 3-9】**如图 3.19（a）所示，圆锥被正平面截切，补全主视图。

作图步骤如下：

（1）空间及投影分析。

①截平面与圆锥轴线平行，截交线为双曲线和直线围成的封闭图形，如图 3.19（c）所示。

②截交线所在的平面为正平面，其水平投影积聚为直线，正面投影是由双曲线和直线围成的反映实形的平面图形。

（2）画出截交线的投影。

①求作截交线上特殊位置点的投影。这里的特殊位置点是正面投影上的最高、最低、最左、最右点。由截交线的水平投影，按照“长对正”找出截交线的两个最低点（同时也是最左、最右点）$A$、$B$ 的正面投影 $a'$、$b'$；过双曲线的顶点作垂直于圆锥轴线的辅助平面，则该辅助平

面截圆锥所得截交线的水平投影是反应实形的半径为 *se* 的圆,该圆的正面投影积聚为与 *X* 轴平行的直线，由此可求出双曲线的最高点 *E* 的正面投影 *e*′，如图 3.19（b）所示。

②求作截交线上一般位置点的投影。以 *s* 点为圆心，适当的长度为半径（既不过 *e* 点，也不过 *a* 点或 *b* 点）在圆锥水平投影范围内画圆，该圆与线段 *ab* 的交点即是截交线上的一般位置点 *C*、*D* 的水平投影 *c*、*d*。正面投影 *c*′、*d*′的作图过程与求作 *e*′的过程类似。为使曲线连接光滑，可利用同样的方法，再继续求出一些一般位置点的投影。

③光滑连线。用曲线板依次光滑地连接各点，即得所求截交线投影，如图 3.19（d）所示。

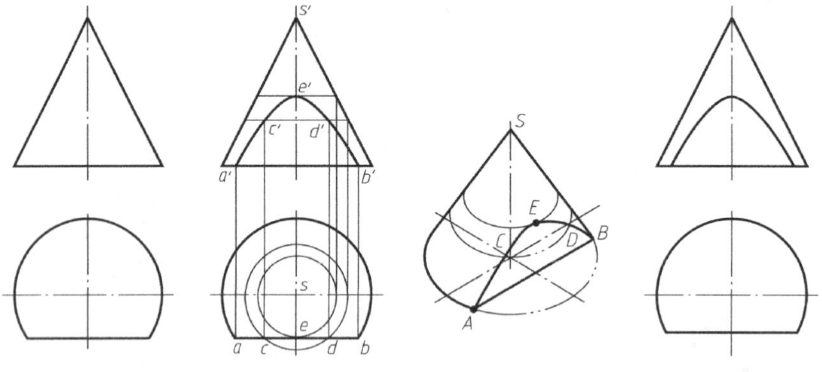


（a）（b）（c）（d）

图 3.19 求圆锥截交线的方法

### 3.2.4 平面与球立体的表面交线

任意一条直径都是圆球的回转轴线，在任何情况下截平面与圆球的截交线都是一个圆。但若截平面相对于投影面的位置不同时，所得截交线的投影可以是圆、直线和椭圆，如表 3-3 所示。通过球心时其圆的直径最大，等于圆球的直径；截平面离球心越远，其圆的直径就越小。

**表 3-3 圆球的截交线**

| 截平面位置 | 与 *V* 面平行 | 与 *H* 面平行 | 与 *W* 面平行 |
|---|---|---|---|
| 轴测图 | 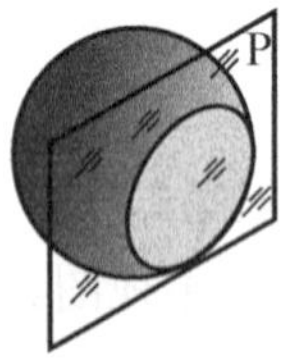 | 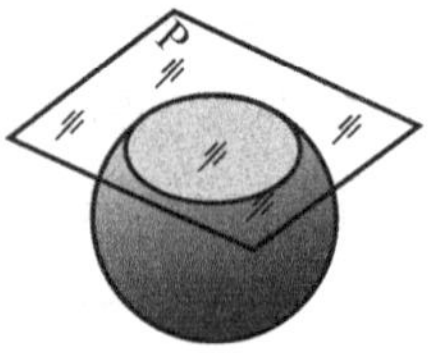 | 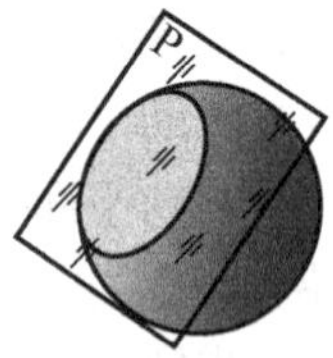 |
| 投影图 | 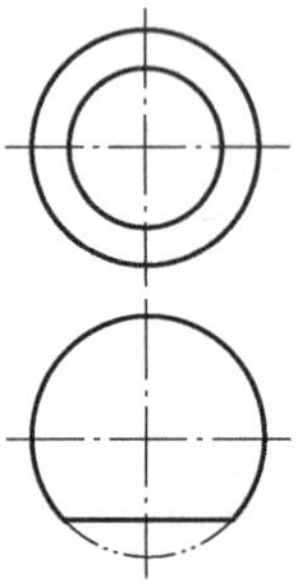 | 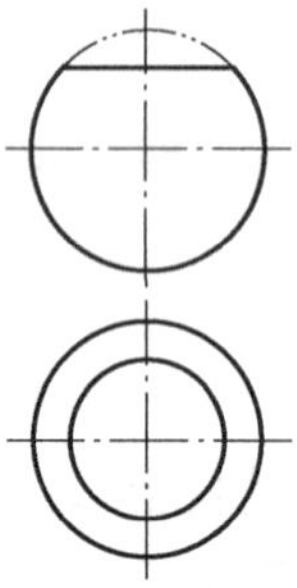 | 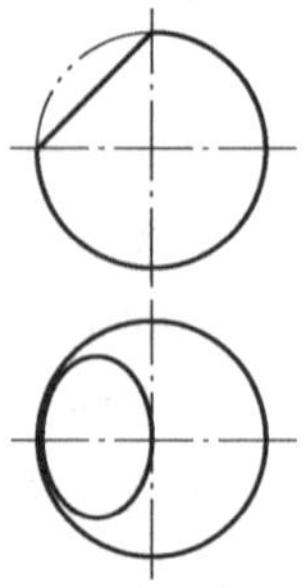 |

### 3.2.5 组合截交线的画法

画组合截交线时，首先分析该形体是由那些基本体所组成，再分析截平面与每个被截切的基本体的相对位置、截交线的形状和投影特性，然后逐个画出基本体的截交线，最后形成形体的组合截交线。

**【例 3-10】**如图 3.20 所示，求作圆锥顶尖的俯视图。

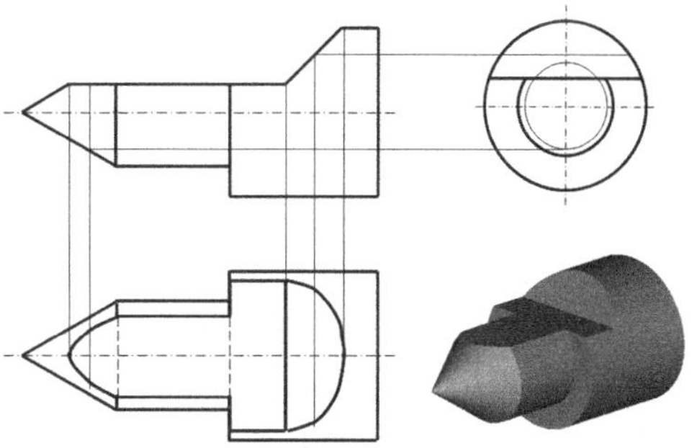

图 3.20 求圆锥截交线的方法

作图步骤：

1）空间及投影分析

该顶尖可以看作是由同轴的圆锥与两个圆柱组合后被水平面和正垂面切割而成。水平面截切圆锥所得截交线是双曲线，截切圆柱所得截交线为两条直线。正垂面截切圆柱所得的截交线是一段椭圆曲线。

2）画出截交线的投影

具体的作图步骤与前面讲过的例 3-8、例 3-9 类似，这里不再做详细阐述，请读者自行分析。

## 3.3 相 贯 线

工程上使用的零件还有基本体相交的情况。两立体相交称为相贯；相贯两立体表面交线称为相贯线；相贯线上的点称为相贯点；通过相贯组成的立体称为相贯体。相贯线的形状受的两立体的形状、大小和它们之间的相对位置的影响，如图 3.21 所示。但所有相贯线都有以下基本性质：

（1）相贯线是相交两立体表面的共有线，是两相贯体表面一系列共有点的集合，也是两曲面立体的分界线。

（2）相贯线一般情况下封闭的空间曲线或空间多边形，特殊情况下为平面曲线或平面多边形。

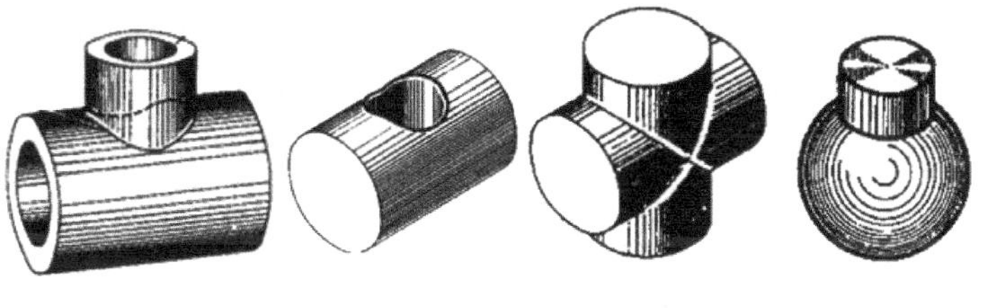

图 3.21 相交立体表面的相贯线

立体与立体相贯的情况主要分为三大类：平面立体与平面立体相贯、平面立体与曲面立体相贯、曲面立体与曲立体相贯。平面立体与平面立体相贯的相贯线为平面多边形绘制比较简单，这里不再介绍；这里重点介绍后两种相贯体的相贯线画法。

### 3.3.1 平面立体与曲面立体的表面交线

求平面立体和曲面立体相贯线的实质是求平面立体与曲面立体相交的面与曲面立体的交线。

**【例 3-11】** 如图 3.22 所示，正四棱柱与圆柱体相交，已知俯视图和左视图，求作主视图。

作图步骤如下：

（1）空间及投影分析。

正四棱柱与圆柱的轴线垂直相交，相贯线为一封闭的空间折线，且前后、左右对称。相贯线的 *W* 面投影和大圆柱的 *W* 面投影重合，为一段圆弧；相贯线的 *H* 面投影和正四棱柱的 *H* 投影重合，是一个矩形；只须求相贯线的 *V* 面投影，且相贯线为正四棱柱的四个棱面与圆柱曲面的交线。

（2）画出相贯线的投影。

① 求特殊点。相贯线上的特殊位置点位于圆柱回转轮廓素线上。最高点 *V*、*VI*（也是最右、最左点）的正面投影可直接作出，最低点 *I*、*VI*（也是最前两点）*II*、*III*（也是最后两点）的正面投影 *1′*、*4′*可由侧面投影 *1″*、*4″*作出，如图 3.22（b）所示。

② 依次用直线连接各点，即得相贯线的正面投影，如图 3.22（c）所示。

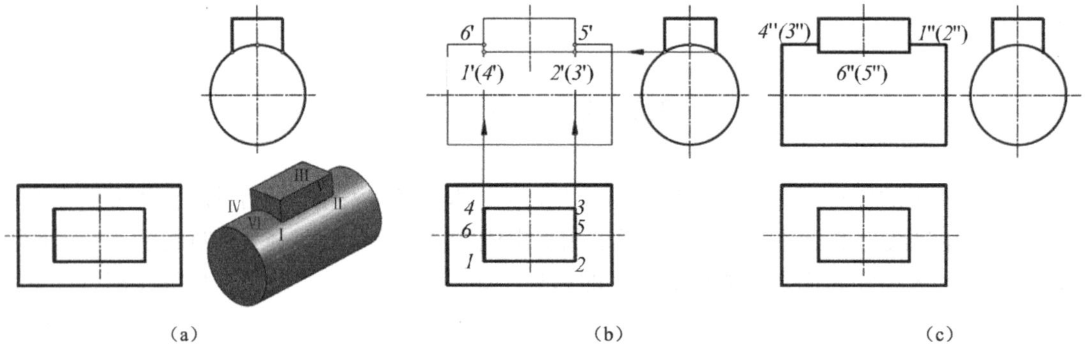


图 3.22 正四棱柱与圆柱体相交

### 3.3.2 曲面立体与曲面立体的表面交线

曲面立体与曲面立体的相贯线的求作方法一般有表面取点法和根据“三面共点”原理产生的辅助截面法。应用表面取点法的条件必须至少已知相贯线的一个投影，而辅助截面法则没有这方面的限制。因此辅助截面法在相贯线的求作中应用较多。

常用的辅助截面有平面和球面两种，其中以平面为辅助截面用得最多，条件合适时，也可用球面作辅助截面。

为使作图简便，辅助截面的选择原则如下：

（1）辅助截面应位于两立体的共有区域内。

（2）辅助截面与两相贯立体的截交线的投影应是简单易画的直线或圆。

求相贯线时，首先要求出确定相贯线投影范围的特殊点，如曲面立体的转向轮廓线与另一曲面立体的交点（称为转向点）、相贯线上的最高、最低、最左、最右、最前、最后等极限位置点；然后再求出确定相贯线弯曲趋势的一系列中间点；最后依次光滑连接各点，即得相贯线的投影。

1）表面取点法

当回转体上的回转面的投影具有积聚性时，相贯线在该投影面上的投影与回转面的积聚投影重合。这时，可利用有积聚性的投影，通过表面取点的方法求出相贯线的其他投影。

**【例 3-12】** 如图 3.23 所示，求作两圆柱正交的相贯线。

作图步骤如下：

（1）空间及投影分析。

两圆柱的轴线垂直相交，相贯线为一封闭的空间曲线，且前后、左右对称。相贯线的 *W* 面投影和大圆柱的 *W* 面投影重合，为一段圆弧；相贯线的 *H* 面投影和小圆柱的 *H* 投影重合，为一个圆；只需求相贯线的 *V* 面投影，且相贯线前后部分的 *V* 面投影重合。

（2）画出相贯线的投影。

① 求特殊点。相贯线上的特殊位置点位于圆柱回转轮廓素线上。最高点 *I*、*II*（也是最左、最右点）的正面投影可直接作出，最低点*III*、*VI*（也是最前、最后点）的正面投影 3′、（6′）可由侧面投影 3″、6″作出。

② 求一般点。利用积聚性和点的投影规律，根据水平投影 4、5 和侧面投影 4″、（5″），求出正面投影 4′、5′。

③ 依次光滑连接各点，即得相贯线的正面投影，如图 3.23 所示。

用上述方法求作相贯线的投影虽然麻烦，但却是求相贯线投影的较精确作图方法。在没有特殊要求的情况下，可以利用图 3.24 所示的简化画法画出两圆柱直径不等、轴线正交时相贯线的投影图形。

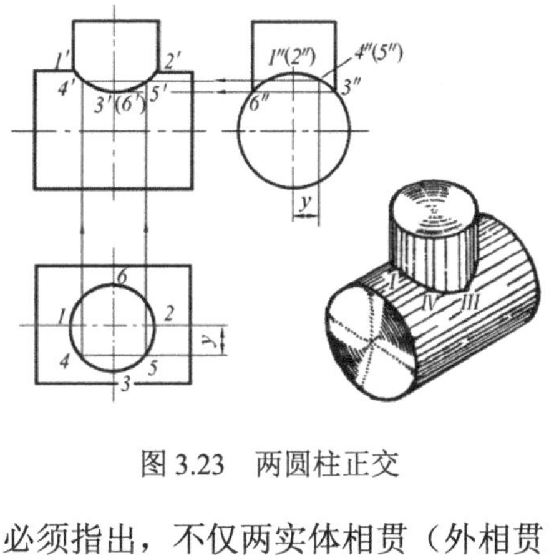


图 3.23　两圆柱正交

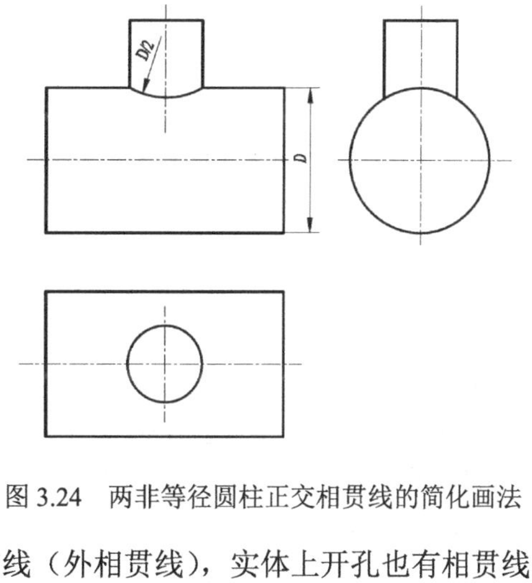


图 3.24　两非等径圆柱正交相贯线的简化画法

必须指出，不仅两实体相贯（外相贯）有相贯线（外相贯线），实体上开孔也有相贯线。如图 3.25（a）所示，圆柱上开了个竖向圆孔，孔口曲线就是相贯线。孔与孔相交（内相贯）同样有相贯线，如图 3.25（b）所示。不论是外相贯还是内相贯，相贯线的作图方法都是一样的，只是其可见性要根据情况正确判断和处理。

2）辅助平面法

当两曲面立体表面相交，其相贯线不能用积聚性直接求出时，可用辅助平面法求解。所谓辅助平面法，就是在两基本体相交的部分，用辅助平面分别截切两基本体得出两组截交线（求相贯线的问题也就转化成了求截交线的问题），此两组截交线的交点即为相贯线上的点。图 3.26 表示出了这种作图方法的原理。

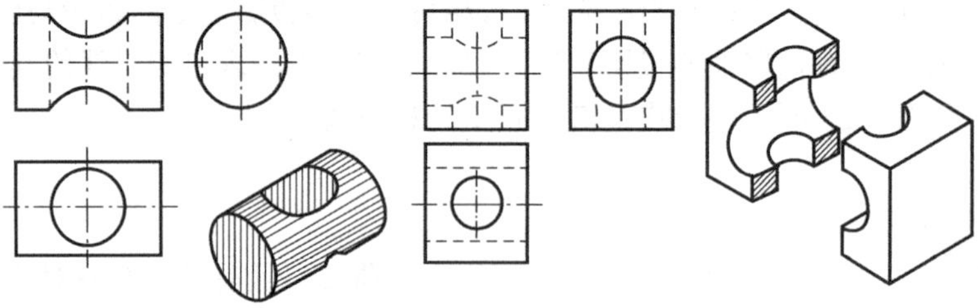

（a）　　　　（b）

图 3.25　相贯线的形式

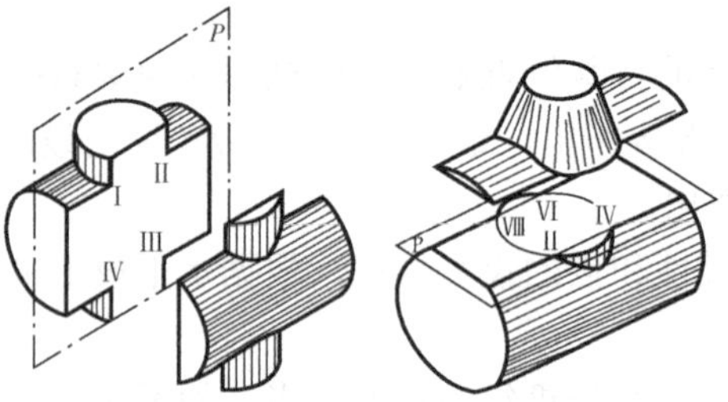


（a）　　　　（b）

图 3.26　辅助平面法求相贯线的作图原理

辅助平面法求相贯线的步骤：

（1）作辅助平面与相贯的两立体相交。

（2）分别求出辅助平面与相贯的两立体表面的交线。

（3）求出两组交线的交点，即相贯线上的点。

**【例 3-13】** 如图 3.27 所示，求作圆柱和圆锥正交的相贯线的投影。

作图步骤如下：

（1）空间及投影分析。

因圆柱与圆锥正交，故相贯线为前后对称的空间曲线。圆柱轴线垂直于侧投影面，相贯线的侧面投影为圆的一部分（与圆柱面的侧面投影重合），须求出相贯线的正面投影和水平投影。

（2）画出相贯线的投影。

① 求特殊点。如图 3.27（a）所示，根据相贯线最高点（也是最左点和最右点）和最低点（也是最前点和最后点）的侧面投影 1″（5″），3″，7″可求出其正面投影 1′，5′，3′（7′）及水平投影 1，5，3，7。

② 求一般点。如图 3.27（b）所示，在最高点和最低点之间作一个辅助水平面 *P*，水平面 *P* 截切圆锥所得截交线的水平投影为圆，截切圆柱所得截交线的水平投影为两条平行直线，两截交线的交点 2，4，6，8 即为相贯线上的点。再根据水平投影 2，4，6，8 求出正面投影 2′，（8′），4′，（6′）。

③ 将正面投影的可见点光滑连接即为相贯线的正面投影，不可见部分与可见部分的投影重合；将水平投影各点依次光滑连接，即为相贯线的水平投影，如图 3.27（c）所示。

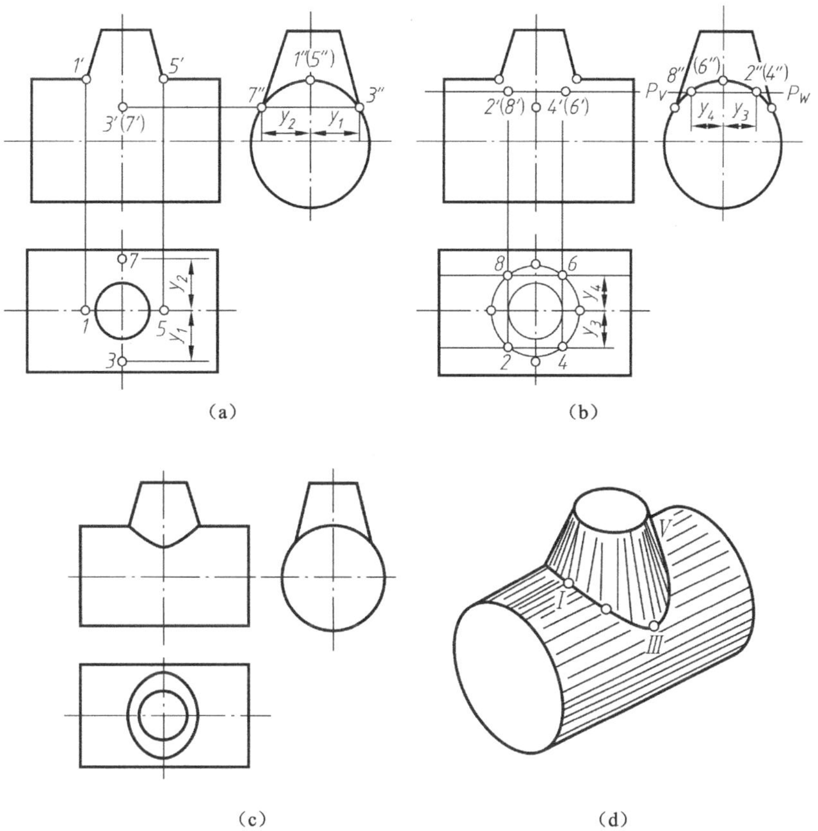


图 3.27 利用辅助平面法求相贯线的作图过程

3）辅助球面法

（1）辅助球面法的原理。当球心位于回转体的轴线上时，球与回转体的相贯线为一垂直于回转体轴线的圆，并且，当回转体的轴线平行于某一投影面时，相贯线圆在该投影面上积聚为一直线，如图 3.28 所示。

用辅助球面法求相贯线时，首先作一个辅助球面（球心位于两回转体轴线的交点），然后求辅助球面与两回转体表面的交线圆，两圆的交点为两回转体表面和辅助球面三面的共有点，即为相贯线上的点。

（2）使用辅助球面法的条件。

① 相交两立体必须都是回转体，因为球心在回转体轴线上的球面与回转面相交时，其相贯线一定是圆。

② 两回转体的轴线必须相交，只有轴线相交，球心才能同时在两回转体的轴线上，两轴线的交点即为辅助球面的球心。

③ 两回转体的轴线所确定的平面必须平行于某一投影面，球面与两回转体的相贯线圆在该投影面上的投影才能同时成为直线，两直线的交点即为所求。

如图 3.29（b）所示，圆柱和圆锥轴线斜交。求作相贯线时，如果用辅助平面法作图将很麻烦，而用辅助球面法，作图就可大大简化。如图 3.29（c）所示，以圆柱和圆锥轴线交点为球心，以适当长度为半径作球，球与圆柱、圆锥的交线为圆，两圆交点即是相贯线上的点 *III*、

*IV*、*VII*、*VIII*。它们的 $V$ 和 $H$ 投影分别是 3′（4′），7′（8′）和 3，4，（7），（8）。改变辅助球面的半径，又可得到新的交点。

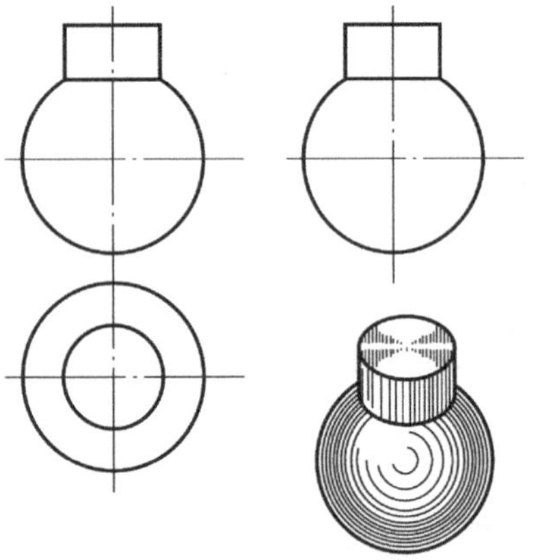

图 3.28　辅助球面法原理

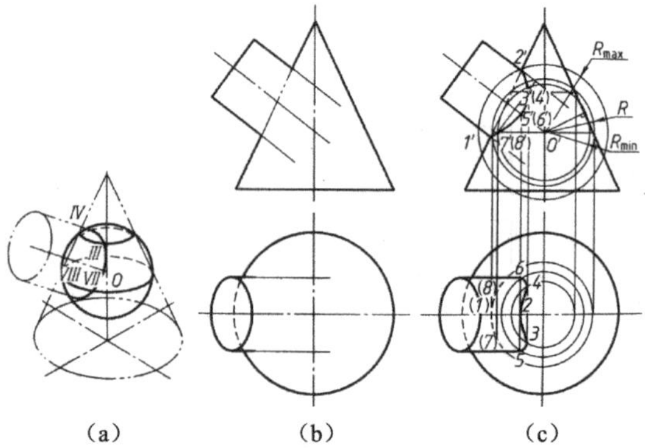


图 3.29　圆柱与圆锥斜交

由此可见，应用辅助球面法，可在一个投影图上完成相贯线的全部投影作图，这时辅助球面法比较突出的特点。

辅助球面半径的范围：如图 3.30 所示，由球心 $O'$（即两回转体轴线的交点）到两回转体外形轮廓线交点中最远点的距离为所作辅助球面的最大半径 $R_{max}$，因为半径再大就得不到共有点了；从 $O'$向外形轮廓线作垂线，其中较长的一个 $R_{min}$ 是辅助球面的最小半径，因为半径再小，辅助球面与其中一回转体就不能相交了。因此，辅助球面半径必须在 $R_{min}$ 和 $R_{max}$ 之间选择。

4）相贯线的特殊情况

（1）当两个回转体同轴时，其相贯线为圆，该圆的正面投影为一直线段，水平投影为圆，如图 3.31 所示。

（2）两个等径圆柱垂直相贯时，相贯线为平面曲线椭圆，椭圆的正面投影积聚为直线段，如图 3.32 所示。

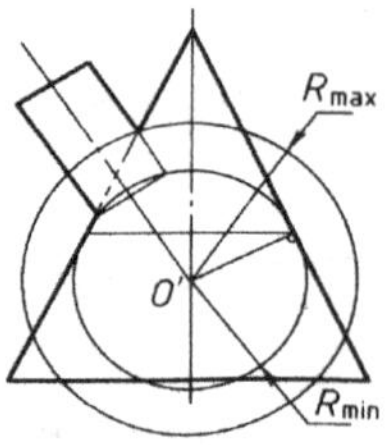


图 3.30　辅助球面半径的范围

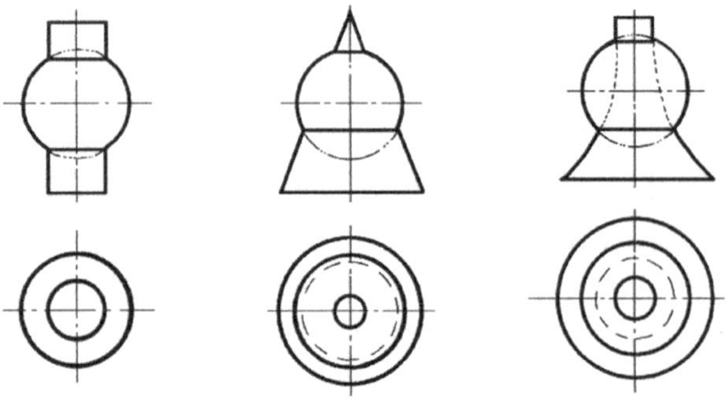

图 3.31　相贯线的特殊情况（一）

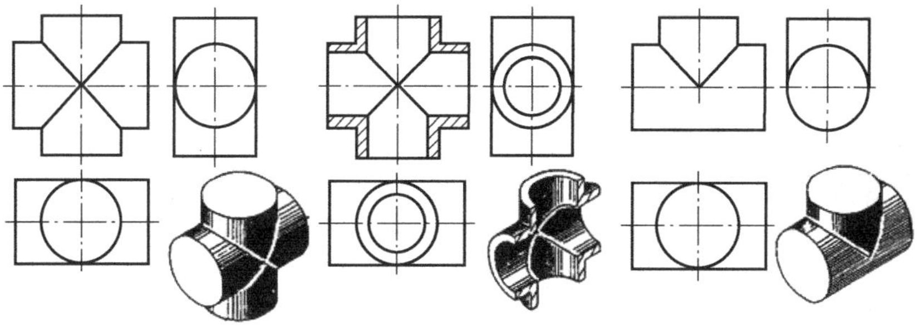

图 3.32 相贯线的特殊情况（二）

### 3.3.3 组合相贯线的画法

在实际工程应用中，会出现多个立体相交的情况，一个立体与多个立体相交其相贯线也相对复杂，但每段相贯线都是基本体两两相交得到的，它们的投影按两两相贯时的相贯线的画法分别绘制，但要注意两段相贯线的组合形式及立体之间的相对位置。

**【例 3-14】**求图 3.33（a）所示立体的相贯线。

作图步骤如下：

（1）空间及投影分析。由图 3.33（a）可以看出，该立体由两个圆柱相交然后同时与长方体相交，长方体与小圆柱相切，与大圆柱相交。

（2）画出相贯线的投影。如图 3.33（b）所示，绘制多体相交的相贯线时，先画出长方体与大、小圆柱的相贯线，然后画出大、小圆柱的相贯线，将三段相贯线连接。具体相贯线的画法参照两两立体相交时相贯线的画法，结果如图 3.33（c）所示。

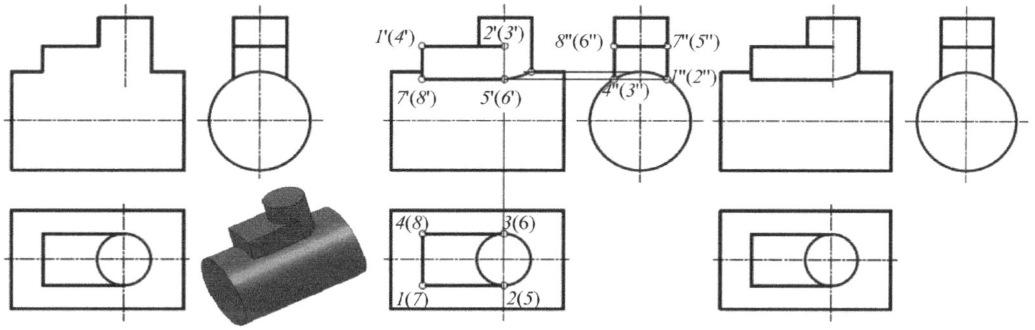


（a）　　（b）　　（c）

图 3.33 多体相贯

# 第4章

# 组　合　体

任何复杂的零件都可以认为是由简单形体构成的，组合体则是机械零件简化了工艺结构后抽象成的几何形体。本章将在基本立体投影的基础上进一步研究组合体画图、读图及尺寸标注的基本方法，以培养学生的空间思维能力。本章内容起着承上启下的作用，将为后续零件图、装配图的学习打下坚实的基础。

## 4.1　组合体的画法

### 4.1.1　组合形式

（1）叠加式。有两个或两个以上的基本形体叠加而形成的形体称为叠加式组合体，如图 4.1（a）所示。

（2）切割式。基本形体经切割而形成的形体称为切割式组合体，如图 4.1（b）所示。

（3）综合式。既有叠加又有切割的组合体称为综合式组合体（最常见的组合形式），如图 4.1（c）所示。

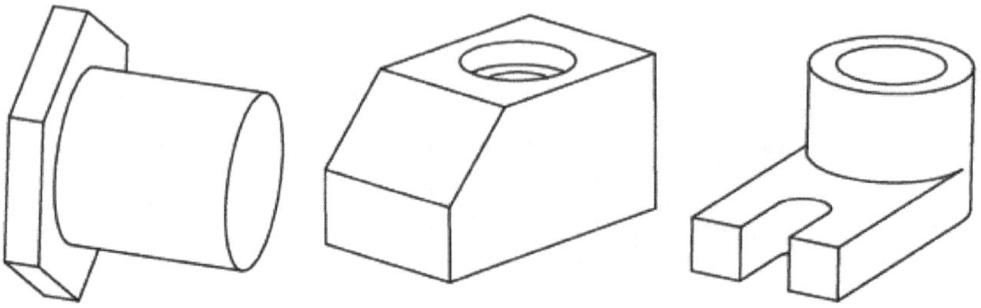

（a）叠加式　　（b）切割式　　（c）综合式

图 4.1　组合体的组合形式

### 4.1.2　表面连接方式

（1）平齐和不平齐。当两基本体表面平齐时，结合处不画分界线；当两基本体表面不平齐时，结合处应画出分界线。图 4.2（a）所示组合体的上、下两表面平齐，在主视图上不应画分界线；图 4.2（b）所示组合体的上、下两表面不平齐，在主视图上应画出分界线。

（2）相切。当两基本体表面相切时，在视图中相切处不画线，如图 4.3 所示。

（3）相交。当两基本体表面相交时，在相交处产生的交线是两形体的相贯线。因此，应画出交线，如图 4.4 所示。

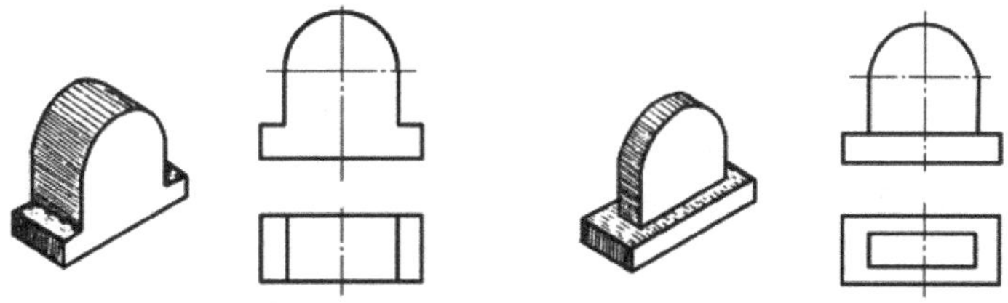
（a）表面平齐 （b）表面不平齐

图 4.2 表面平齐和不平齐的画法

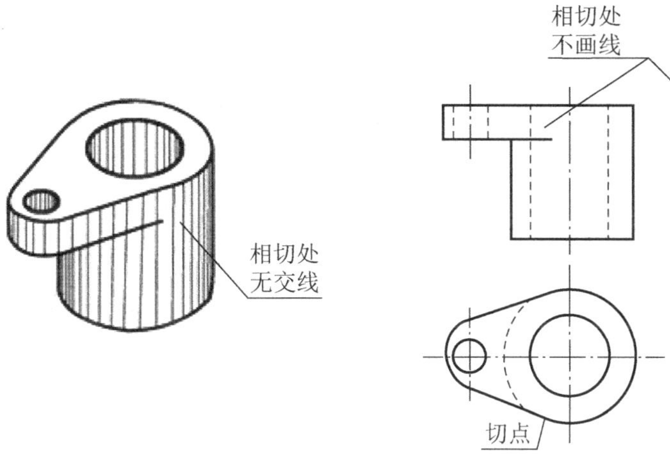


图 4.3 表面相切的画法

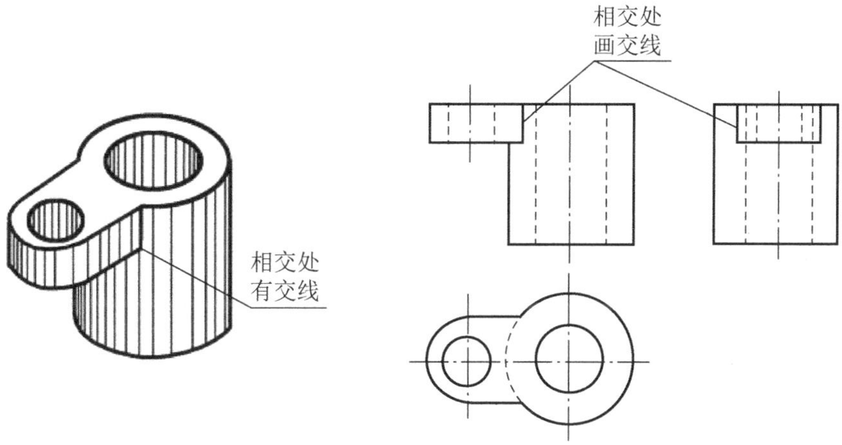


图 4.4 表面相交的画法

### 4.1.3 画组合体视图的方法和步骤

画组合体视图的基本方法是形体分析法，即在画组合体视图的过程中，假想将一个复杂的组合体分解为若干基本体，并对它们之间的相对位置、组合形式以及表面间的连接关系进行分析，在此基础上画出组合体的视图。

### 1. 叠加式组合体视图的画法

1）分析形体

为了正确绘制组合体的视图，在绘图之前通常需要对组合体进行形体分析。图 4.5 中的支座由大圆筒、小圆筒、底板、和肋板组成，从图中可以看出：底板的底面与大圆筒底面共面；底板的侧面与大圆筒的外圆柱面相切；肋板叠加在底板的上表面上，右侧与大圆筒相交，其表面交线为 *A*，*B*，*C*，*D*；大圆筒与小圆筒的轴线正交，两圆筒相贯连成一体。

2）选择视图

在画组合体的三视图时，将组合体摆正放平后，一般选择反映组合体各组成部分结构形状和相对位置较为明显的方向作为主视图的投射方向，并应使形体上的主要面与投影面平行，同时还要考虑其他视图的表达要清晰。通常情况下，以最大尺寸作为长度方向尺寸，在决定主视图的投影方向时，还应考虑到各个视图中的虚线越少越好。如图 4.6 所示的支座，比较箭头所指的各个投影方向，选择 *A* 向为主视图方向较为合理。

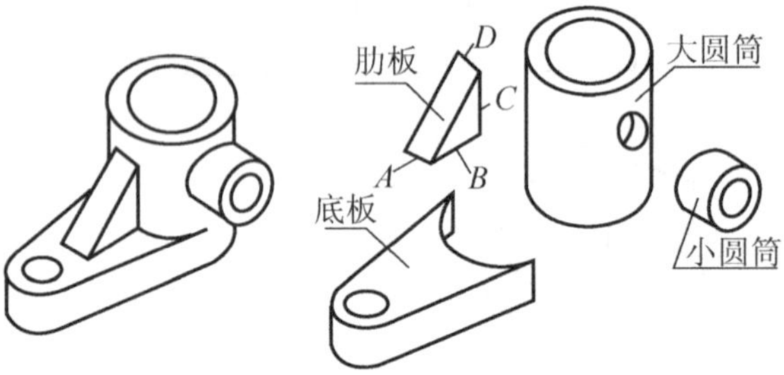


图 4.5　支座及其形体分析

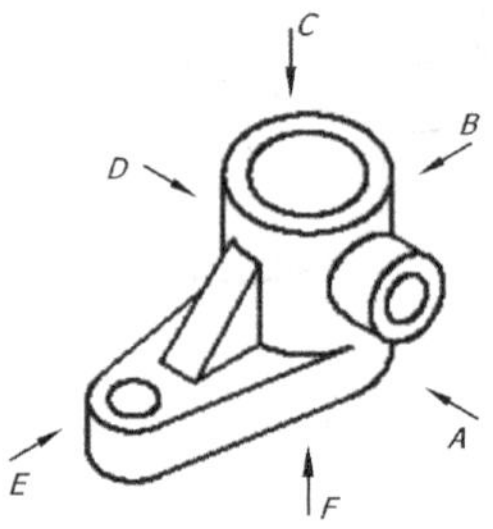


图 4.6　支座的视图选择

3）选比例、定图幅

主视图确定后，根据物体的复杂程度和尺寸大小，按照标准规定选择画图比例与图幅。选择的图幅要留有足够的空间，以便于标注尺寸和画标题栏等。

4）布置视图

布置视图时，应根据已确定的各视图每个方向上的最大尺寸，并考虑到尺寸标注和标题栏等所需的空间，匀称地将各视图布置在图纸上。

5）画底稿

根据形体分析法所得到的各基本形体的形状和相对位置，逐一画出各基本形体的三个视图，具体作图步骤如图 4.7 所示。绘图时应按照“三先三后”的原则：先画主要部分，后画次要部分；先画可见部分，后画不可见部分；先画曲线部分，后画直线部分。

6）检查、描深，完成全图

检查、描深时，要注意组合体组合形式和连接方式，边画图边修改，以提高画图速度。

### 2. 切割式组合体视图的画法

绘制切割式组合体的三视图时，应首先用形体分析法对物体进行形体分析，再对不易表达清楚的局部，运用线面投影特性来分析线和线框的含义、线面的形状及其空间相对位置。一般情况下，先画切割之前完整立体的三个投影，再依次画出各截平面的投影。

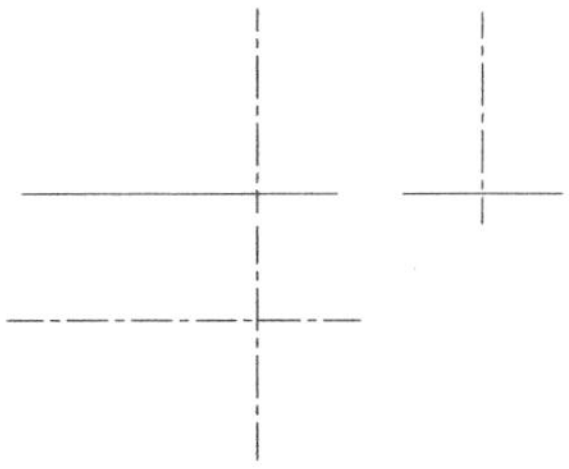

（a）布置视图，画主要基准线

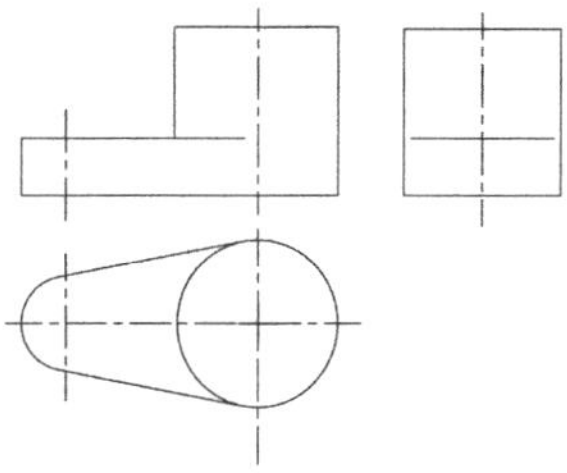

（b）画底板和大圆筒外圆柱面

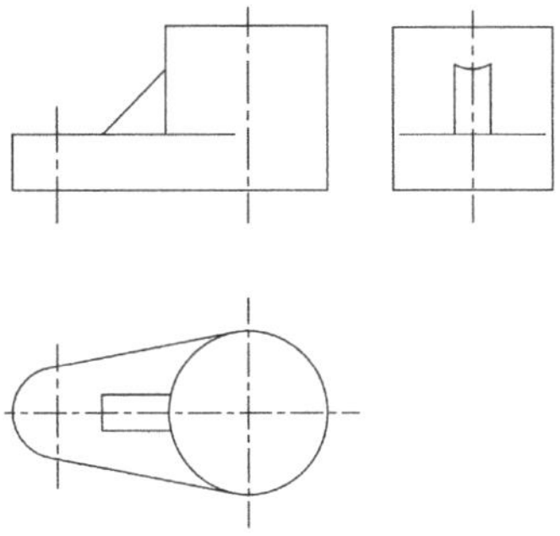

（c）画肋板

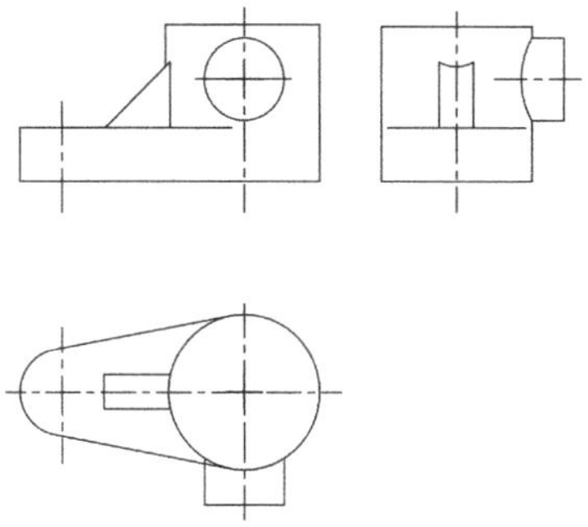

（d）画小圆筒外圆柱面

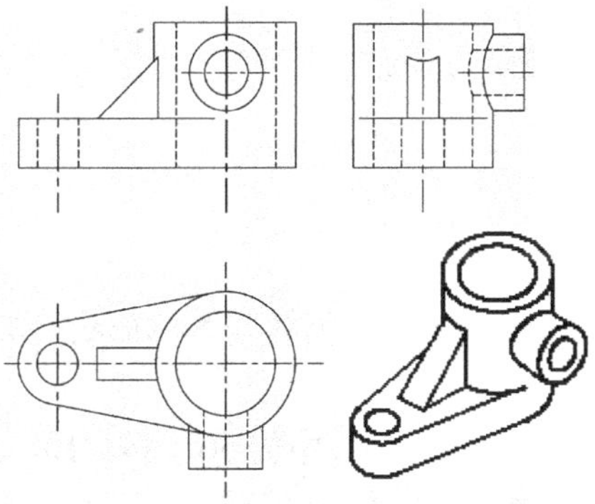

（e）画三个圆孔

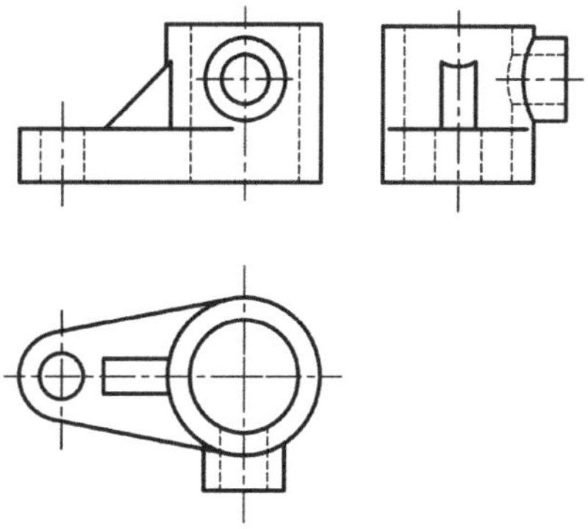

（f）检查、描深，完成全图

图 4.7　支座三视图的作图步骤

（1）分析形体。如图 4.8（a）所示为一切割式组合体，它是在长方体上用三个截平面（正垂面、正平面、水平面）分别切去 I、II 两部分组成，如图 4.8（b）所示。

（2）画原始形体的三视图。绘制时应使形体的表面尽可能处于与投影面平行的位置上，以便于画图和看图。

（3）画截平面的三视图。在原始形体上先画截平面有积聚性的投影，再按照求平面与立体表面交线的方法及视图间的投影关系，完成截平面的另外两个视图的绘制，如图 4.8（c）和图 4.8（d）所示。

（4）检查、描深。擦去被切去部分的投影，检查无误后再加描图线。

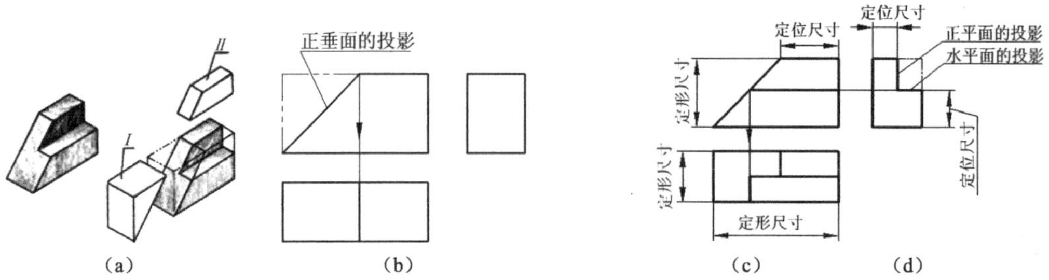


图 4.8　切割式组合体画法示例

## 4.2　组合体的尺寸标注

### 4.2.1　尺寸标注的基本要求

图样中的视图只能表示物体的形状，物体各部分的真实大小及准确相对位置则要靠标注尺寸来确定。尺寸也可以配合图形来说明物体的形状，简化图形。

图样上尺寸标注的基本要求如下：

正确——尺寸注法要符合国家标准的规定。

完整——尺寸必须注写完全，不遗漏、不重复。

清晰——尺寸的布局要整齐清晰，便于阅读、查找。

合理——所注尺寸既能保证设计要求，又使加工、测量方便。

### 4.2.2　有关尺寸完整的问题

1. 组合体的尺寸种类

要使尺寸标注完整，最有效的办法是对组合体进行形体分析，根据各基本体形状及其相对位置分别标注以下几类尺寸：

（1）定形尺寸——确定各基本体形状大小的尺寸。如图 4.9（a）中的 50，34，10，*R*8 等尺寸确定了底板的形状，而 *R*14，18 等是竖板的定形尺寸。

（2）定位尺寸——确定各基本体之间相对位置的尺寸。如图 4.9（a）俯视图中的尺寸 8 确定了竖板在宽度方向的位置，主视图中尺寸 32 确定$\phi$16 孔在高度方向的位置。

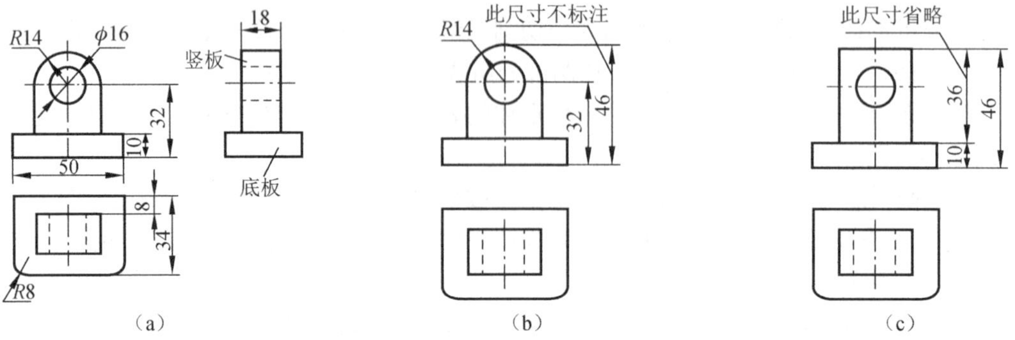


图 4.9　尺寸种类

（3）总体尺寸——确定组合体外形总长、总宽、总高的尺寸。总体尺寸有时和定形尺寸重合，如图4.9（a）中总长50和总宽34同时也是底板的定形尺寸。对于具有圆弧面的结构，通常只注中心线位置尺寸，而不注总体尺寸，如图4.9（b）中总高可由32和*R*14确定，此时就不再标注总高46了。当标注了总体尺寸后，有时可能会出现尺寸重复，此时需调整某些定形尺寸，如图4.9（c）中总高46和定形尺寸10、36重复，可根据情况将此二者之一省略。

2. 组合体的尺寸基准

各形体间的定位尺寸是相互关联的，这就涉及一个尺寸基准的问题。尺寸标注时一般都在形体上选好某一几何元素作为标注尺寸的起点，这个起点就称为尺寸基准（简称基准）。组合体上的底面、对称面、端面、轴线等几何元素常常被选为尺寸基准，这实际上是使这些几何元素与选定的坐标面和坐标轴重合，组成一个直角坐标系用于标注定位尺寸。如图4.10所示支架，是用竖板的右端面作为长度方向尺寸基准；用前、后对称平面作为宽度方向尺寸基准；用底板的底面作为高度方向的尺寸基准。

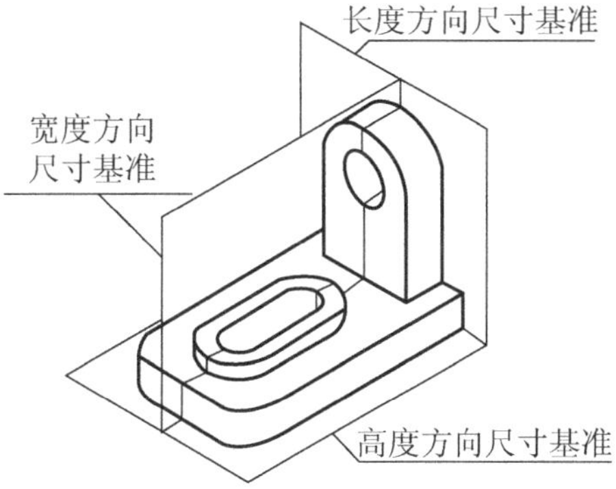


图4.10 支架的尺寸基准分析

### 4.2.3 标注尺寸的方法和步骤

标注组合体的尺寸时，应先对组合体进行形体分析，选择基准，标注定形尺寸、定位尺寸和总体尺寸，最后检查、核对。现以图4.11（a）和图4.11（b）所示的支座为例说明组合体尺寸标注的方法和步骤。

（1）形体分析。该支座由圆筒、支撑板、底板和肋板四个部分组成，如图4.11（c）所示。

（2）选择尺寸基准。该支座左右对称，故选择对称平面作为长度方向尺寸基准；底板和支撑板的后端面平齐，可选作宽度方向尺寸基准；底板的下底面是支座的安装面，可选作高度方向尺寸基准，如图4.11（a）所示。

（3）按形体分析法逐个注出底板、圆筒、支撑板、肋板的定形尺寸，如图4.11（d）和图4.11（e）所示。

（4）根据选定的尺寸基准，注出确定各部分相对位置的定位尺寸，如图4.11（f）中确定圆筒与底板相对位置的尺寸32，以及确定底板上两个$\phi 8$孔位置的尺寸34和26。

（5）标注总体尺寸。支座的总长与底板的长度相等，总宽由底板宽度和圆筒伸出部分长度确定，总高由圆筒轴线高度加圆筒直径的一半决定。

（6）依次检查三类尺寸，保证正确、完整、清晰，最后结果如图4.11（f）所示。

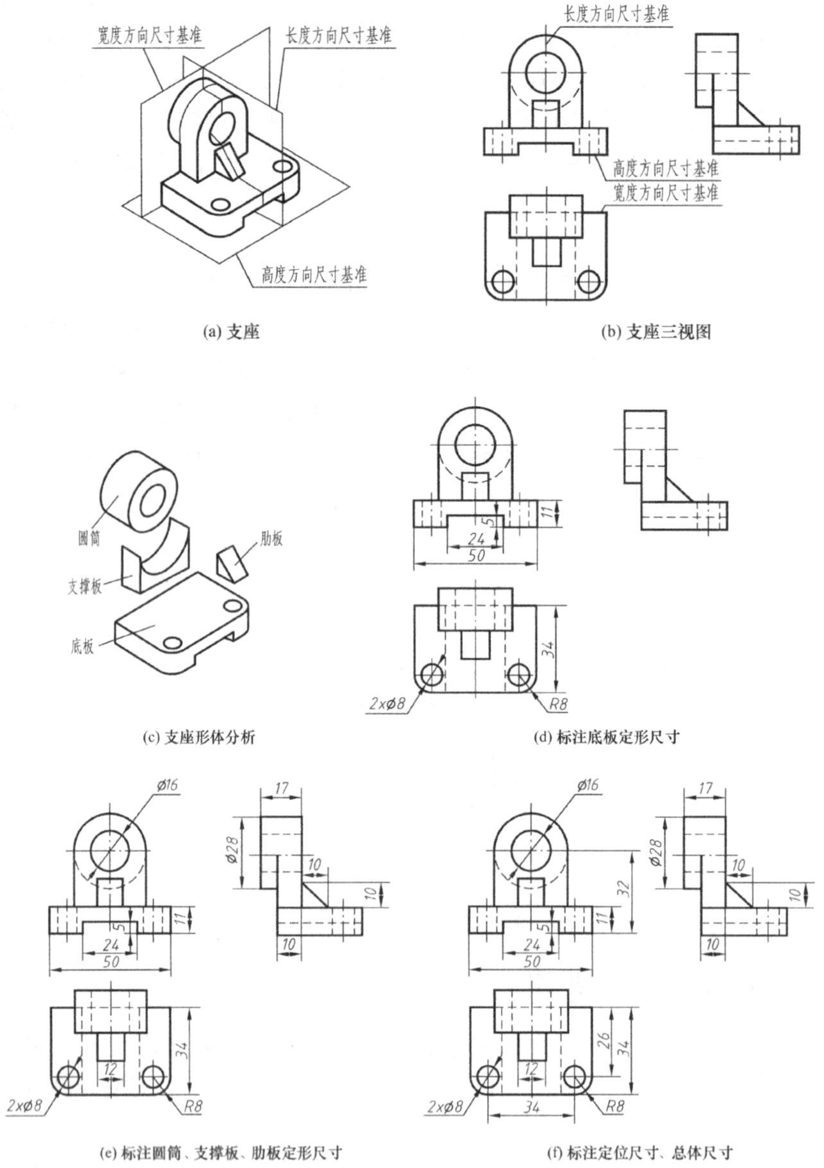


图 4.11　支座的尺寸标注

### 4.2.4　有关尺寸清晰的问题

标注尺寸不仅要求正确、完整，还要求清晰，以方便读图。为此，在严格遵守机械制图国家标准的前提下，还应注意以下几点：

（1）尺寸应尽量标注在反映形体特征最明显的视图上。如图 4.11（d）中底板下部开槽宽度 24 和高度 5，标注在反映实形的主视图上较好。

（2）同一基本形体的定形尺寸和确定其位置的定位尺寸，应尽可能集中标注在一个视图上。如图 4.11（f）所示，将两个 $\phi 8$ 圆孔的定形尺寸 $2\times\phi 8$ 和定位尺寸 34、26 集中标注在俯视图上，这样便于在读图时寻找尺寸。

（3）直径尺寸应尽量标注在投影为非圆的视图上，而圆弧的半径应标注在投影为圆的视图上。如图 4.11（e）中圆筒的外径 $\phi 28$ 标注在其投影为非圆的左视图上，底板的圆角半径 $R8$ 标注在其投影为圆的俯视图上。

（4）尽量避免在虚线上标注尺寸。如图 4.11（e）所示，将圆筒的孔径 $\phi 16$ 标注在主视图上，而不是标注在俯、左视图上。

（5）尺寸线与尺寸界线尽量不要相交。为避免相交，在标注相互平行的的尺寸时，应按“小尺寸在内，大尺寸在外”的原则来排列，如图 4.11（f）主视图中的 11、32。

（6）尺寸应尽量配置在视图的外面，以避免尺寸线与轮廓线交错重叠，保持图形清晰。

## 4.3 组合体的读图

画图和读图是学习本课程的两个主要任务。画图是运用正投影规律将物体进行投射并绘制出视图的过程；读图是根据已有的视图想象出物体的形状，是画图的逆过程。组合体的读图，就是在看懂组合体视图的基础上，想象出组合体各组成部分的结构形状及相对位置的过程。

### 4.3.1 读图的基本要领

1. 理解视图中线和线框的含义

（1）视图中的封闭线框可以是物体上一个表面（平面、曲面或它们相切形成的组合面）的投影；也可以是一个孔的投影。如图 4.12 所示，主视图上的线框 *A*、*B*、*C* 是平面的投影，线框 *D* 是平面与圆柱面相切形成的组合面的投影；主、俯视图中大、小两个圆线框分别是大小两个孔的投影。

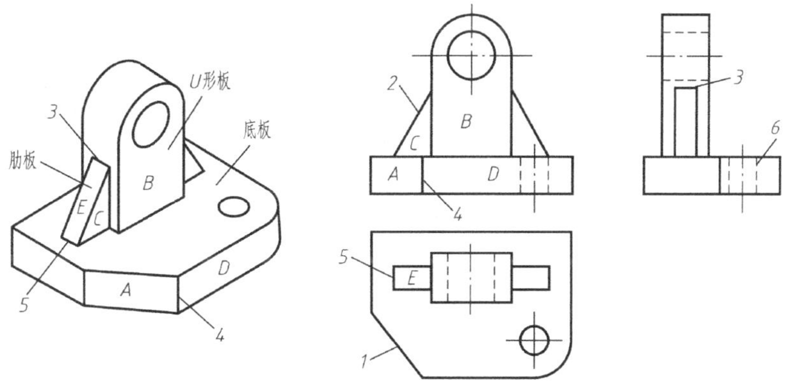


图 4.12 视图中的图线和线框

（2）视图中的每一条线可以是面的积聚性投影，如图 4.12 中直线 1 和 2 分别是 *A* 面和 *E* 面的积聚性投影；也可以是两个面交线的投影，如图中直线 3 和 5 分别是肋板斜面 *E* 与拱形柱体左侧面和底板上表面的交线，直线 4 是 *A* 面和 *D* 面交线；还可以是曲面的转向轮廓线的投影，如左视图中直线 6 是小圆孔圆柱面的轮廓转向线（此时不可见，应画成虚线）。

（3）视图中相邻的两个封闭线框，表示位置不同的两个面的投影。如图 4.12 中 *B*、*C*、*D*

三个线框两两相邻，从俯视图中可以看出，*B*、*C* 及 *D* 的平面部分互相平行，且 *D* 在最前，*B* 居中，*C* 最靠后。

（4）大线框内包括的小线框，一般表示在大立体上凸出或凹下的小立体的投影。如图 4.12 中俯视图上的小圆线框表示凹下的孔的投影，线框 *E* 表示凸起的肋板的投影。

2. 将几个视图联系起来进行分析

一个组合体通常需要几个视图才能表达清楚，一个视图不能确定物体的形状。如图 4.13 所示的三组视图，他们的主视图都相同，但从俯视图上可以看出三个物体截然不同。

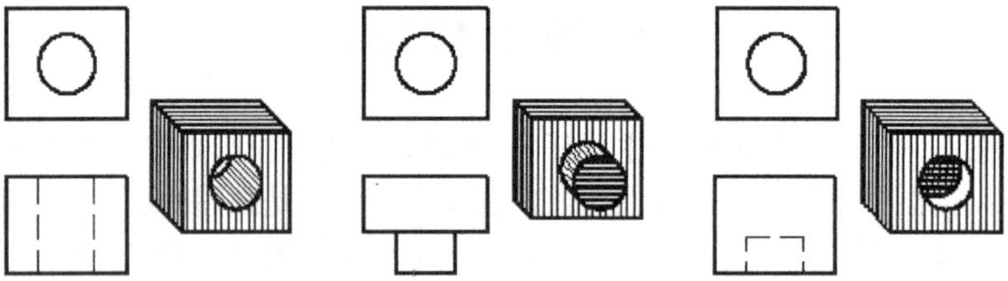

图 4.13　单个视图不能确定物体形状

有时，即使有两个视图完全相同也不能确定物体的形状。如图 4.14 所示的三组视图，他们的主、俯视图都相同，但由于左视图不同，所表示的物体也不相同。

在读图时，一般应从反映形状、位置特征最明显的视图入手，联系其他视图进行对照分析确定物体的形状，切忌只看一个视图就下结论。

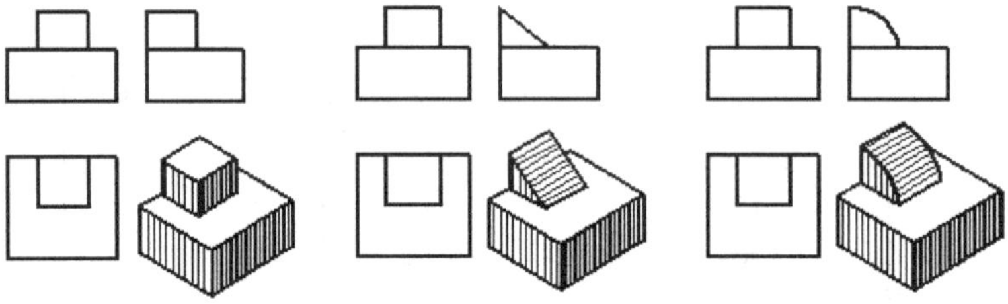

图 4.14　两个视图不一定能确定物体形状

### 4.3.2　读图的基本方法

1. 形体分析法

形体分析法既是画图、标注尺寸的基本方法，也是读图的基本方法。运用这种方法读图应按下面几个步骤进行：

（1）对应投影关系将视图中的线框分解为几个部分。

（2）抓住每部分的特征视图，按投影对应关系分别想象出每个组成部分的形状。

（3）分析各组成部分之间的相对位置关系、组合形式以及表面连接方式。

（4）最后综合起来想象整体形状。

**【例 4-1】** 如图 4.15（a）所示三视图，想象出它所表示的物体的形状。

（1）分离线框。三个视图都可以看作由三个线框组成的，因此可大致将该物体分为三个部分。其中主视图中Ⅰ、Ⅲ两个线框特征明显，俯视图中线框Ⅱ的特征明显，如图4.15（a）所示。

（2）逐个想象各形体形状。根据投影规律，依次找出Ⅰ、Ⅱ、Ⅲ三个线框在其他两个视图的对应投影，并想象出它们的形状，如图4.15（b）、图4.15（c）和图4.15（d）所示。

（3）综合想象整体形状。确定各形体的相互位置，初步想象物体的整体形状，如图4.15（e）和图4.15（f）所示。然后将想象的组合体与三视图进行对照、检查。根据主视图中的圆线框及它在其他两视图中的投影想象出通孔的形状，最后确定物体的形状如图4.15（g）所示。

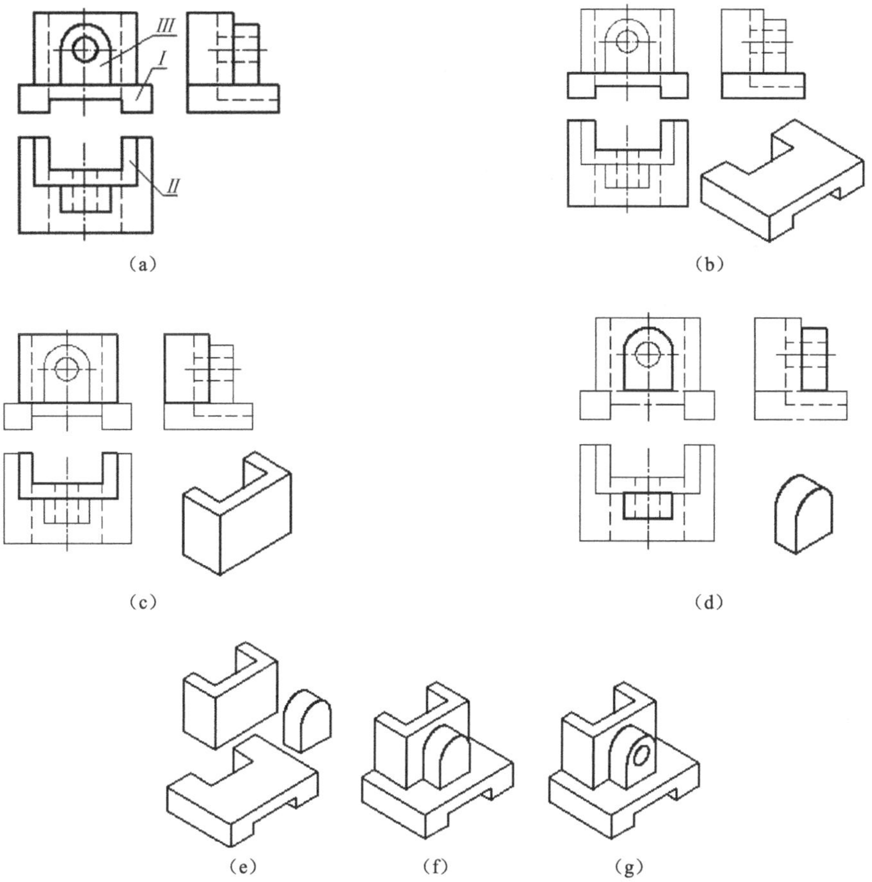


图4.15　用形体分析法读组合体的三视图

### 2. 线面分析法

对于切割式的组合体，有时无法运用形体分析法将其分解，这时看图需要采用线面分析法。所谓线面分析法，就是运用投影规律把物体的表面分解为线、面等几何要素，通过分析这些要素的空间形状和位置来想象物体各表面的形状和相对位置，并借助立体概念想象出物体形状，达到看懂视图的目的。

**【例4-2】**读如图4.16（a）所示的三视图，想象出它所表示的物体的形状。

（1）初步判断主体形状。物体被多个平面切割，但从三个视图的最大线框来看，基本都是矩形，据此可判断该物体的主体应是长方体。

（2）确定切割面的形状和位置。图4.16（b）是分析图，从左视图中可明显看出该物体有

$a$、$b$ 两个缺口，其中缺口 $a$ 是由两个相交的侧垂面切割而成，缺口 $b$ 是由一个正平面和一个水平面切割而成。还可以看出，主视图中线框 1′、俯视图中线框 1 和左视图中线框 1″ 有投影对应关系，据此可判断其属于一般位置平面。主视图中线段 2′、俯视图中线框 2 和左视图中线段 2″ 有投影对应关系，据此可判断其属于水平面。

（3）逐个想象各切割处的形状。可以暂时忽略次要形状，先看主要形状。比如看图时可先将两个缺口在三个视图中的投影忽略，如图 4.16（c）所示。此时物体可认为是由一个长方体被 I、II 两个平面切割而成。然后再依次想象缺口 $a$、$b$ 处的形状，分别如图 4.16（d）和图 4.16（e）所示。

（4）想象整体形状。综合归纳各截切面的形状和空间位置，想象物体的整体形状，如图 4.16（f）所示。

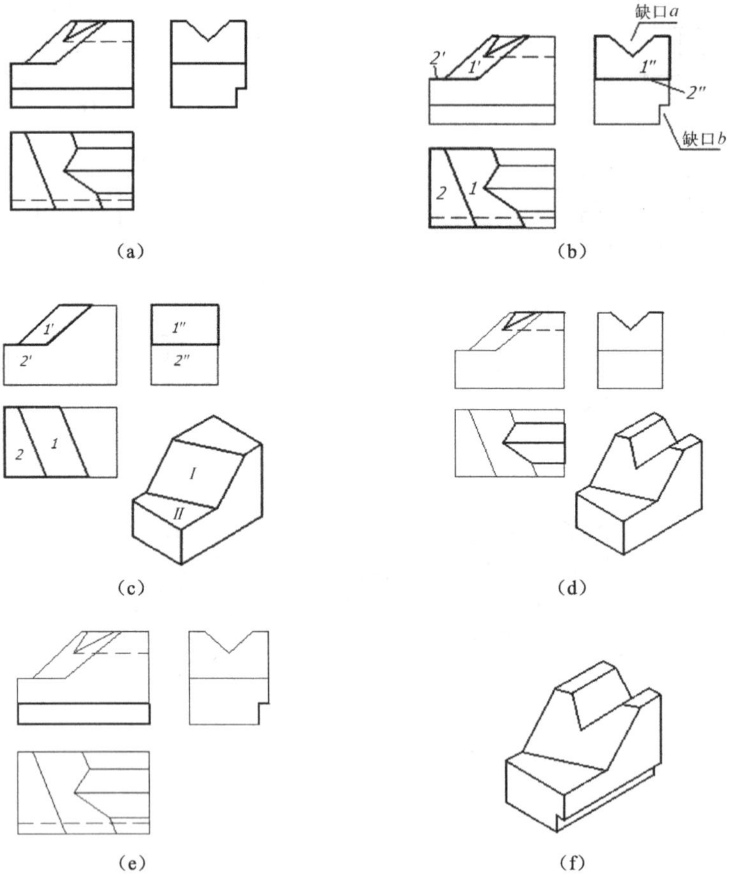


图 4.16　用线面分析法读组合体的三视图

# 第5章

# 轴 测 图

## 5.1 轴测投影的基本知识

用平行投影法将物体连同其所在的直角坐标系，沿不平行于任一坐标面的方向投射在单一投影面上所得的图形称为轴测投影图，简称轴测图，如图 5.1 所示。*P* 面轴测投影面，为了获得具有立体感的图形，轴测投影面不平行于任一坐标面。

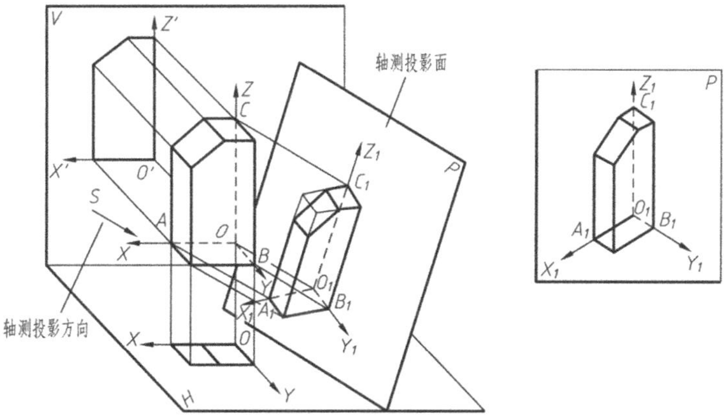


(a)　　　　(b)

图 5.1 轴测图的形成

空间直角坐标轴 $OX$、$OY$、$OZ$ 在轴测投影面上的投影 $O_1X_1$、$O_1Y_1$、$O_1Z_1$ 称为轴测轴；轴测轴是绘制轴测图的主要依据；轴测图的形状是由如下两个参数确定：

（1）轴间角。轴测图中相邻两轴测轴之间的夹角称为轴间角；在图 5.1 中，$\angle X_1O_1Y_1$、$\angle Y_1O_1Z_1$、$\angle X_1O_1Z_1$ 称为轴间角。

（2）轴向伸缩系数。沿轴测轴方向，线段的投影长度与其在空间的真实长度之比称为轴向伸缩系数，分别用 $p$、$q$、$r$ 表示 $OX$、$OY$、$OZ$ 轴的轴向伸缩系数，在图 5.1 中，$p=O_1A_1 / OA$，$q=O_1B_1 / OB$，$r=O_1C_1 / OC$。

根据平行投影法的投影规矩可以得出轴测图的投影规律：

（1）物体上与坐标轴重合的线段，其轴测图与相应的轴测轴重合，其长度可以根据轴向伸缩系数沿轴向度量和绘制。

（2）物体上与坐标轴平行的线段，其轴测图与相应的轴测轴平行；同理：物体上互相平行的线段，其轴测投影也相互平行。

(3) 物体上与坐标轴不平行的线段不能直接度量与绘制，可以根据坐标法确定出端点的位置然后连线绘制。

画轴测图时已知轴测轴及轴向伸缩系数按照轴测图的投影规律就可以准确绘制。

平行投影法分为正投影法和斜投影法，根据投射法的不同轴测图分为两大类：正轴测投影和斜轴测投影。

若从轴向伸缩系数来分，轴测图又可分为以下三类。

（1）三测图：$p \neq q \neq r$

（2）二测图：$p = r \neq q$

（3）等测图：$p = q = r$

轴测图的分类如下：

- 正轴测图
  - 正三轴测图（正三测）
  - 正二轴测图（正二测）
  - 正等轴测图（正等测）
- 斜轴测图
  - 斜三轴测图（斜三测）
  - 斜二轴测图（斜二测）
  - 斜等轴测图（斜等测）

## 5.2 正 轴 测 图

用正投影法得到轴测图称为正轴测图。正轴测图有以下两个基本性质：

（1）任意锐角三角形的三条高线，可认为是正轴测投影的三条轴测轴。

因为轴测投影面不与任一坐标面平行，如图 5.2 所示，投影面 $P$ 与直角坐标系 $O\text{-}XYZ$ 相交得到一个锐角三角形 $X_1Y_1Z_1$（也称为轨迹三角形），$O$ 点到投影面 $P$ 作垂线垂足 $O_1$。根据投影特性，线段 $O_1X_1$ 为直角坐标轴 OX 的轴测轴；线段 $O_1Y_1$ 为直角坐标轴 $OX$ 的轴测轴；线段 $O_1Z_1$ 为直角坐标轴 $OX$ 的轴测轴；根据直线垂直平面的几何条件可知 $O_1X_1 \perp Y_1Z_1$。同理，$O_1Y_1 \perp X_1Z_1$，$O_1Z_1 \perp X_1Y_1$。

因为锐角三角形的重心一定在三角形内，所以三条高线所加角为钝角，即正轴测图的轴间角为钝角。

（2）正轴测图的轴向伸缩系数的平方和为 2。

如图 5.3 所示，设 $OX$、$OY$、$OZ$ 与投影面 $P$ 的夹角为 $\alpha$、$\beta$、$\gamma$；$OO_1$ 与 $OX$、$OY$、$OZ$ 之间的夹角为 $\alpha_1$、$\beta_1$、$\gamma_1$。根据方向余弦定理得

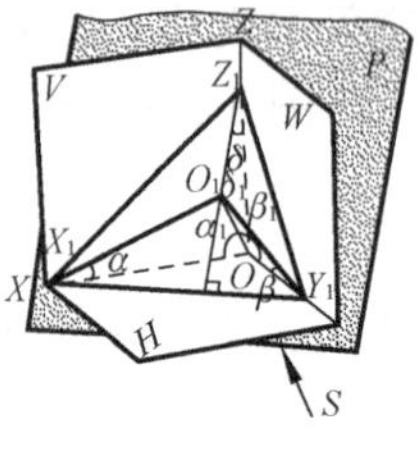


图 5.2　投影面 $P$ 与三坐标面之间的关系

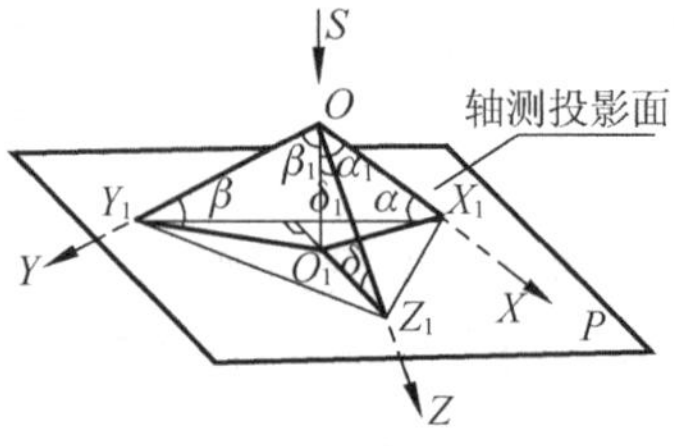


图 5.3　正等测轴测图轴间角为 120°

$$\cos^2\alpha_1+\cos^2\beta_1+\cos^2\gamma_1=1 \qquad (5\text{-}1)$$

根据直线垂直平面的几何关系可知

$$\alpha+\alpha_1=90°,\quad \beta+\beta_1=90°,\quad \gamma+\gamma_1=90°$$

令 $\alpha_1=90°-\alpha$， $\beta_1=90°-\beta$， $\gamma_1=90°-\gamma$ 并代入式（5-1）得

$$\cos^2(90°-\alpha)+\cos^2(90°-\beta)+\cos^2(90°-\gamma)=1$$

即

$$\sin^2\alpha+\sin^2\beta+\sin^2\gamma=1$$

因为

$$\sin^2\alpha+\cos^2\alpha=1,\quad \sin^2\beta+\cos^2\beta=1,\quad \sin^2\gamma+\cos^2\gamma=1$$

所以

$$\cos^2\alpha+\cos^2\beta+\cos^2\gamma=2 \qquad (5\text{-}2)$$

根据几何关系可知，

$$\cos\alpha=\frac{e_X}{e}=p,\quad \cos\beta=\frac{e_Y}{e}=q,\quad \cos\alpha=\frac{e_Z}{e}=r$$

并代入式（5-2）可得

$$p^2+q^2+r^2=2 \qquad (5\text{-}3)$$

已知正轴测图的任意两个轴向伸缩系数，就可按照式（5-3）计算出第三个轴向伸缩系数，轴测轴及轴间角也可以确定。正轴测图的形式多种多样，为了绘图方便，工程上使用最多的是正等轴测图。下面将详细介绍正等轴测图的绘制方法。

### 5.2.1 正等轴测图的轴间角与轴向伸缩系数

正等轴测图的轴向伸缩系数相同，根据几何关系及式（5-3）可得：轴向伸缩系数 $p=q=r\approx 0.82$；轴间角均为 120°，如图 5.4 所示。这说明平行于轴测轴的线段为物体实际长度的 0.82 倍，计算和绘制图形不方便。而轴测图只用来表达实体形状及零件间的相互位置，不用反应物体的实际大小。为了作图方便可将轴向伸缩系数乘上一个放大系数使计算及绘图方便，这里令 $p=q=r=1$。

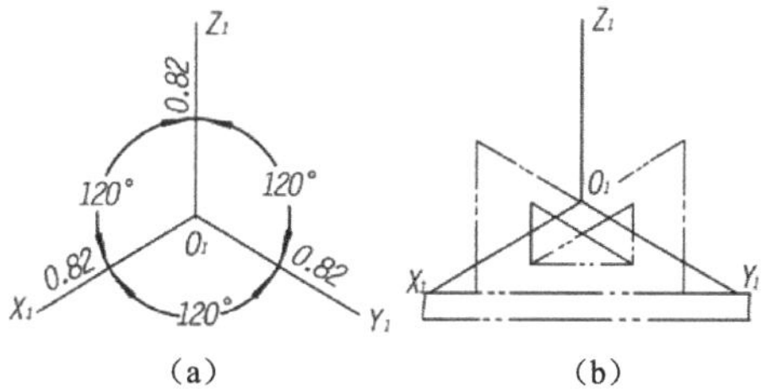


图 5.4 正等测投影的轴间角和轴向伸缩系数

绘制轴测图时，轴测轴位置的设置，应选择最有利于绘制图形的位置，如图 5.5 是设置轴测轴位置的示例。

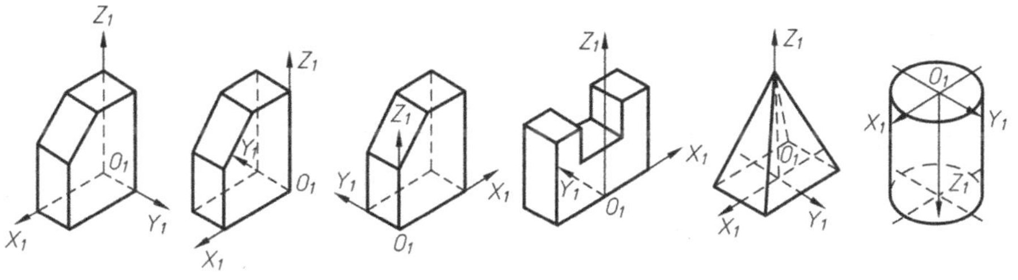


图 5.5 轴测轴位置的设置

### 5.2.2　正等轴测图的画法

绘制正等轴测图的最基本方法为坐标法。对于平面立体，根据其实际尺寸找出每个顶点的坐标然后按照实际形状将这些点连起来，就可以得到平面立体的正等轴测图。对于曲面立体，根据其实际尺寸找出曲面的特殊点及若干中间点的坐标然后按照实际形状将这些点用平滑的曲线连起来。就可以得到曲面立体的正等轴测图。下面就平面立体及曲面立体正等轴测图的绘制方法具体描述。

### 5.2.3　平面立体的正等轴测图

关于平面立体的正等轴测图的绘制方法，可以根据物体的表面特征在坐标法的基础上，采用切割法纪叠加法。对于切割形体，可先画出形体在未切割时的轴测图，再对其进行切割，从而完成物体轴测图的方法称为切割法。将叠加而成的组合体分成若干基本形体，分别画出各部分的轴测图并叠加起来，从而完成物体轴测图的方法称为叠加法。

**【例 5-1】**如图 5.6（a）所示，根据正六棱柱的主、俯视图，用坐标法画出其正等轴测图。

作图步骤如下：

（1）对物体进行形体分析，选取坐标轴及坐标原点，如图 5.6（a）所示。由于正六棱柱前、后、左、右对称，为方便画图选顶面中心点作为坐标原点，顶面的两对称线作为 $X$、$Y$ 轴，$Z$ 轴在其中心线上。

（2）画出轴测轴 $O_1X_1$、$O_1Y_1$、$O_1Z_1$。在轴测轴上，根据正投影图顶面的尺寸 $S$、$D$ 定出 $I_1$、$II_1$、$III_1$、$IV_1$ 的位置，如图 5.6（b）所示。

（3）根据轴测图的投影特点，过 $I_1$、$II_1$ 作平行于 $O_1X_1$ 的直线，并以 $Y_1$ 轴为界各取 $a/2$，然后连接各点，如图 5.6（c）所示。

（4）过顶面各点向下作平行于 $Z_1$ 轴的长度为 $H$ 的侧棱；再过各侧棱顶点画出底面各边，擦去作图辅助线、细虚线，描深，完成六棱柱的正等轴测图，如图 5.6（d）所示。

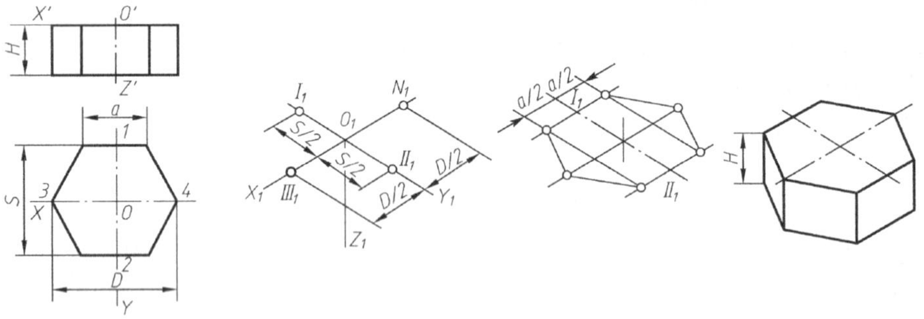


（a）　（b）　（c）　（d）

图 5.6　六棱柱正等轴测图的画法

**【例 5-2】**根据图 5.7（a）所示物体的三视图，应用切割法画出其正等轴测图。

作图步骤：

（1）先画出未切割时长方体的轴测图，如图 5.7（b）所示。

（2）如图 5.7（c）所示，画出前方被切割三棱柱，结果见图 5.7（d）。

**【例 5-3】**根据图 5.8（a）所示物体的三视图，应用叠加法画出其正等轴测图。

作图步骤如下：

进行形体分析，该物体分成上下两部分；

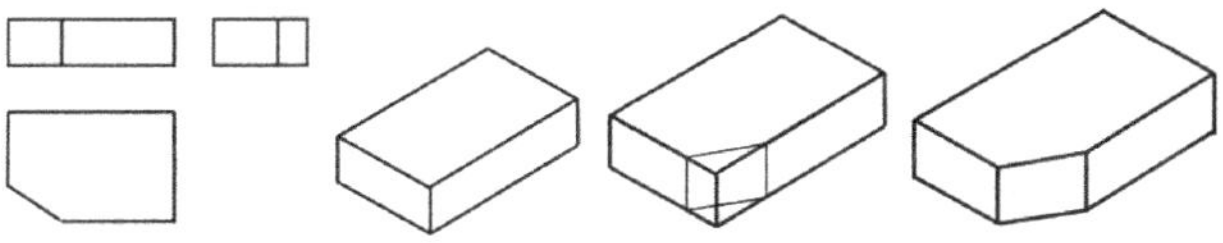


图 5.7 切割法作平面立体的正等测图

首先画出下半部分的正等测图，如图 5.8（b）所示；

在此基础上，根据上下两部分的组合关系，画出上半部分的正等测图即可，如图 5.8（c）所示。

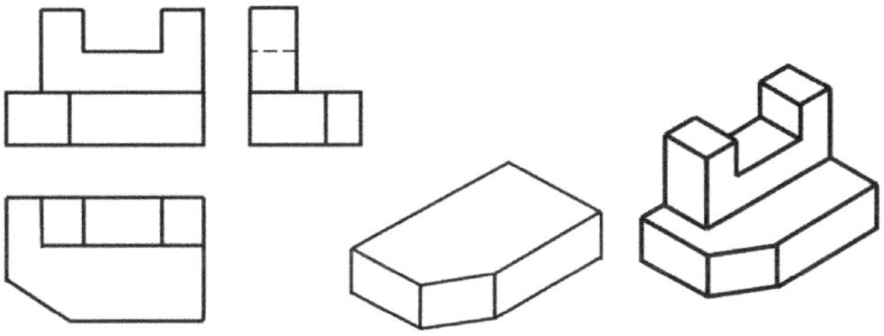


图 5.8 叠加法作平面立体的正等测图

从上述例子的作图过程可以看出：画平面立体的轴测图时，首先应选好坐标轴并画出轴测轴，然后根据坐标确定各顶点的位置，最后依次连线，完成整体的轴测图。具体画图时，应分析平面立体的形体特征，一般总是先画出物体上一个主要表面的轴测图。通常是先画顶面，再画底面；有时需要先画前面，再画后面，或者先画左面，再画右面。为使图形清晰，轴测图中一般只画可见的轮廓线，避免用虚线表达。

### 5.2.4 回转立体的正等轴测图

回转立体中最典型的轮廓面为圆，绘制回转体的正等测，关键要掌握圆的正等测画法。

1. 圆的正等测画法

当圆所在的平面不平行与投影面时，则它的投影为椭圆。位于或平行于坐标面的圆的正等轴测图为椭圆，这种椭圆的画法有两种，现分别介绍如下：

1）坐标法

如图 5.9（a）所示，在圆的视图上作适当数量平行于 *OX*（或 *OY*）轴的弦 *ef*，*gh*，*mn*，…然后作轴测轴，用坐标找到这些弦的轴测投影 *EF*，*GH*，*MN*，…，最后用光滑曲线连接各点，即可得该圆的正等测图，如图 5.9（b）所示。

2）“四心法”

为了绘图方便一般使用相互连接的四段圆弧来代替椭圆，这种绘制方法称为“四心法”。使用四心法画出的圆的正等测是椭圆的近似形，这种画法快捷、方便、美观，但精度不如坐标法，其作图方法与步骤见第 1 章 1.3.4 节相关内容。

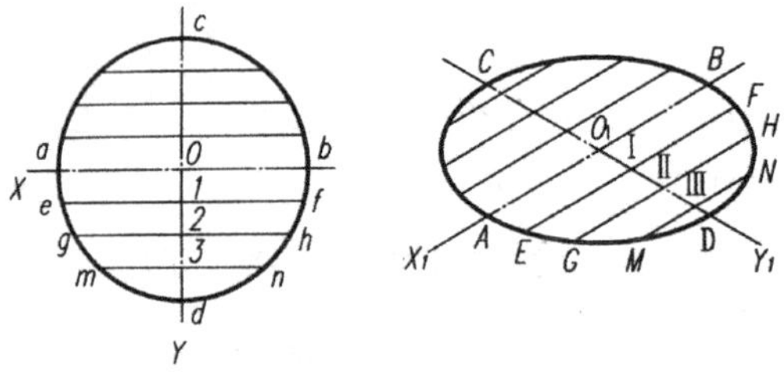


（a） （b）

图 5.9 坐标法画椭圆

绘制圆的正等轴测图的步骤如下：

① 画出轴测轴，并确定圆的坐标系。

② 确定圆平行于哪个坐标面。

③ 利用“四心法”绘制椭圆。

平行于不同坐标面圆的正等轴测图如图 5.10 所示。

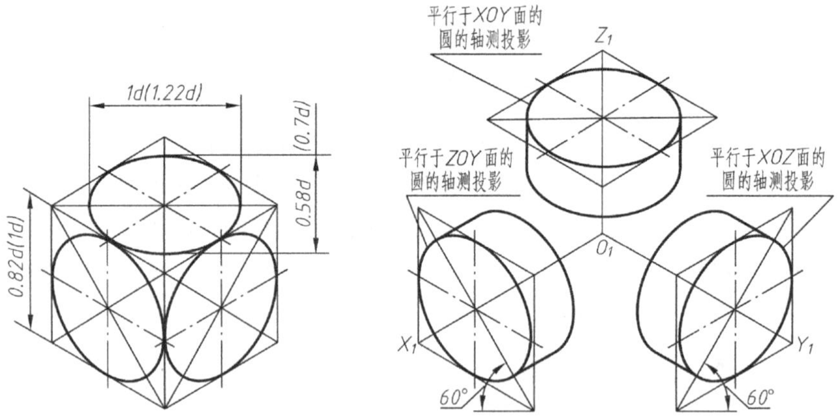


（a） （b）

图 5.10 三种位置平面圆及圆柱的正等测

2. 回转体的正等测画法

掌握了圆的正等轴测图，回转立体的正等轴测图及很容易画出。对于圆柱、圆锥、圆台和圆球等，其作图方法和步骤都是一样的，这里给出了圆柱、圆台的正等轴测图的绘制方法。

**【例 5-4】**画圆柱的正等轴测图。

圆柱的顶面和底面是相等的圆，可以完整的画出顶面的椭圆后可以通过平移画出底面可见部分的椭圆，然后做两椭圆的公切线。具体绘图方法如图 5.11 所示。

**【例 5-5】**画圆台的正等轴测图。

圆台的正等轴测图与圆柱的画法相同。但要注意以下几点：

（1）因为圆台轴线水平放置，两端面圆平行于 *YOZ* 坐标面，注意其正等轴承图椭圆长短轴的位置。

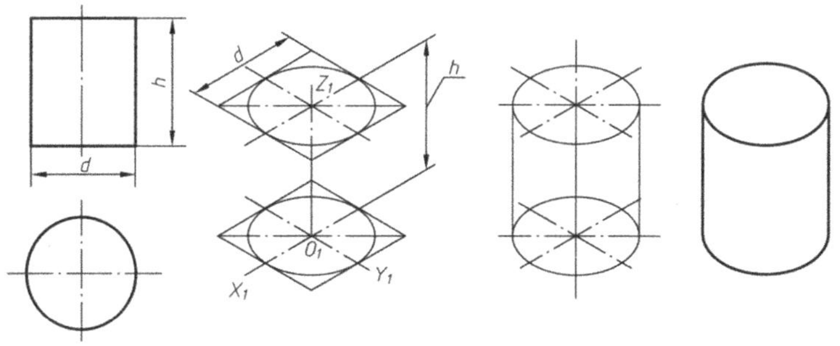


图 5.11 圆柱的正等测画图过程

（2）圆台的轮廓线是大小椭圆的公切线。

图 5.12 为完成后圆台的正等轴测图。

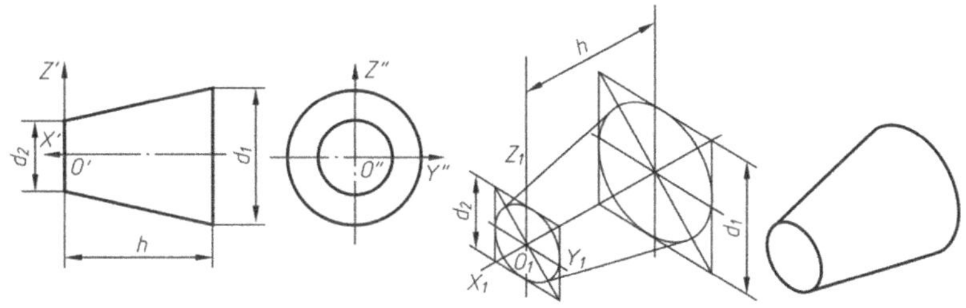


图 5.12 圆台的正等测画图过程

【例 5-6】圆角的正等轴测图的画法（见图 5.13）

如图 5.13（a）所示，平面立体上的每个圆角相当于一个完整的四分之一圆柱，其正等轴测图的作图步骤如下。

作图步骤如下：

（1）在正投影图上确定出圆角半径 *R* 的圆心和切点的位置，如图 5.13（a）所示。

（2）画出该平面立体上表面的正等轴测（没有切圆角之前的正等轴测图），在对应边上量取 *R*，自量取得的点（切点）作边线的垂线，以两垂线的交点为圆心，在切点内画圆弧，所得即为平面上圆角的正等轴测图，如图 5.13（b）所示。

**注意**：这一过程相当于在图 5.10 中只画出了四分之一圆的轴测图。

（3）用“移心法”完成平板下表面的圆角轴测图，最后再做两表面圆角的公切线。完成后圆角的正等轴测图，如图 5.13（c）所示。

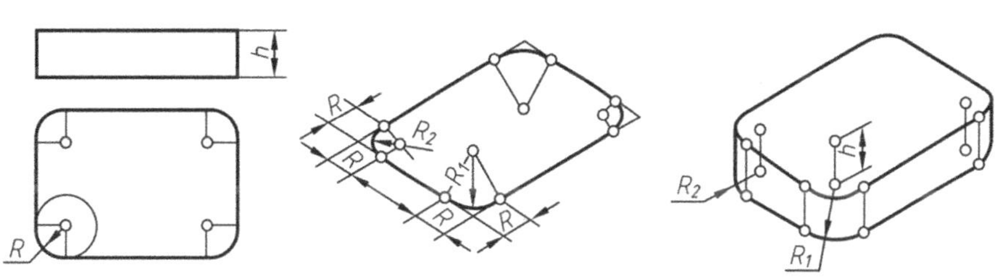


（a）　（b）　（c）

图 5.13 圆角的正等测画图过程

# 5.3 斜二轴测图

## 5.3.1 斜二轴测图的轴间角与轴向伸缩系数

用斜投影法得到轴测图称为斜轴测图。工程上使用最广泛的是轴向伸缩系数为 $p=r=1$，$q=0.5$；轴间角 $\angle X_1O_1Z_1=90°$，$\angle X_1O_1Y_1=\angle Y_1O_1Z_1=135°$ 的斜二轴测图，如图 5.14 所示。

从图 5.14 可以看出：斜二测在 $X_1O_1Z_1$ 坐标面或与其平行面上的任何图形在轴测投影面上的投影反映实形。因此，画斜二测时，应尽量把形状复杂的平面或圆等放在与 $X_1O_1Z_1$ 坐标面平行的位置上，以使作图简便、快捷。

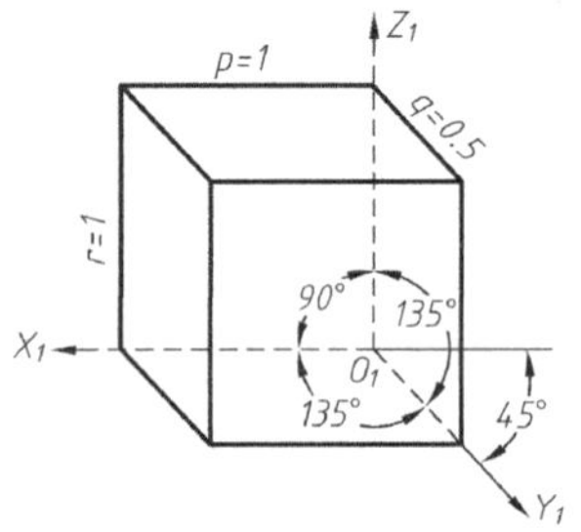


图 5.14 斜二测的轴间角和轴向伸缩系数

## 5.3.2 斜二轴测图的画法

斜二轴测图的画法与正等测的画法基本相同，也可采用坐标法、切割法、叠加法等作图方法。所不同的是轴间角及轴向伸缩系数不同，以及 $Y_1$ 方向只取实长的一半。

**【例 5-7】**作出图 5.15（a）所示立体的斜二测。

作图过程如下：

（1）选择正投影图的坐标位置，如图 5.15（a）所示。

（2）画轴测轴，作正面特征平面的斜二测（与主视图完全相同），再从特征面的各点作平行于 $O_1Y_1$ 轴的直线，如图 5.15（b）所示。

（3）将圆心后移 $0.5y$ 作出后面圆及其他可见轮廓线，描深，完成轴测图，如图 5.15（c）所示。

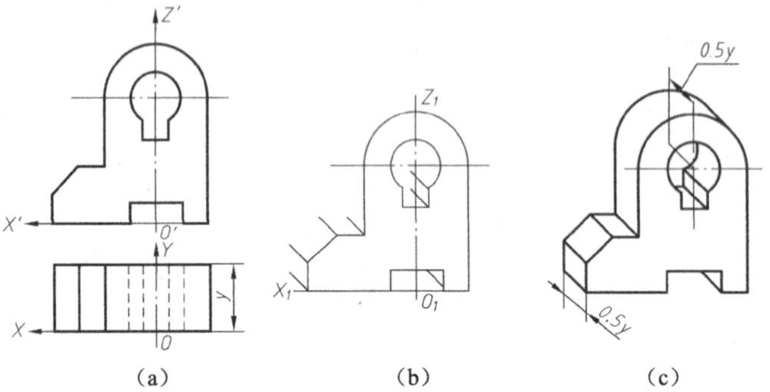


图 5.15 斜二测的画法

# 第6章

# 图样的基本表示法

在实际生产中，机件的结构形状是多种多样的，有的机件的形状和结构比较复杂，仅用前面所讲的三视图，很难即将内外结构形状准确、完整、清晰地表达出来。为此，GB/T 4458.1—2002《机械制图　图样画法　视图》、GB/T 4458.6—2002《机械制图　图样画法　剖视图和断面图》、GB/T 17451—1998《技术制图　图样画法　视图》、GB/T 17452—1998《技术制图　图样画法 剖视图和断面图》、GB/T17453—2005《技术制图　简化表示法　第 1 部分：图样画法》等国家标准规定了表示机件的图样画法。本章将介绍各种视图、剖视图、断面图、局部放大图和简化画法等图样的基本表示法。

## 6.1　视　　图

视图是机件用正投影法所得到的图形，主要用来表达机件的外部结构和形状，一般用粗实线画出机件的可见部分，必要时也可用细虚线表示其不可见部分。视图通常有基本视图、向视图、局部视图和斜视图四种。

### 6.1.1　基本视图

对于形状比较复杂的机件，若用两个或三个视图还不能完整、清晰地表达它们的内外形状时，则可根据国家标准规定，在原有的三个投影面的基础上，再增设三个投影面，组成一个正六面体，这六个投影面称为基本投影面。为了将这六个投影面上的视图展开在同一张纸上，国家标准规定了各投影面的展开方法，如图 6.1 所示。

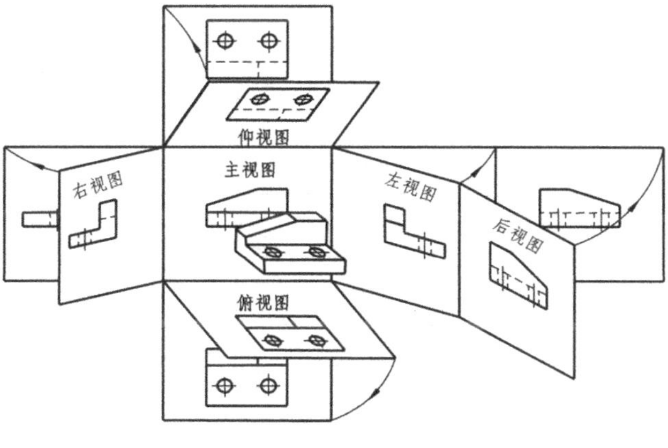


图 6.1　基本投影面及其展开

机件向基本投影面投影所得的视图称为基本视图，如图 6.2 所示。六个基本视图分别是主视图（由物体的前方投射所得视图）、俯视图（由物体的上方投射所得视图）、左视图（由物体的左方投射所得视图）、右视图（由物体的右方投射所得视图）、仰视图（由物体的下方投射所得视图）和后视图（由物体的后方投射所得视图）。

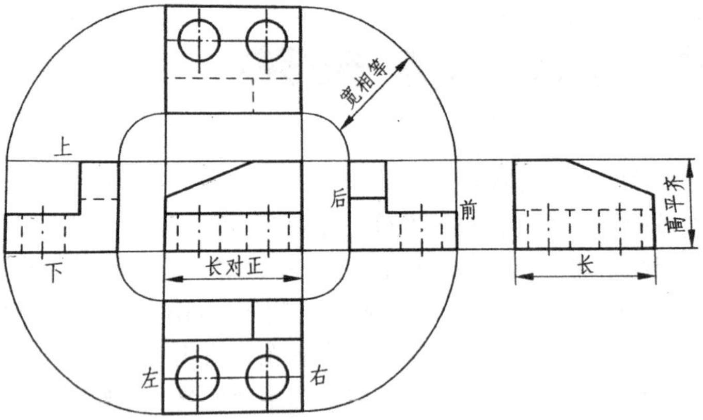


图 6.2　六个基本视图

六个基本视图之间仍遵循“长对正、高平齐、宽相等”的投影原则。此外，除后视图以外，各视图靠近主视图的一边，均表示机件的后面，各视图远离主视图的一边，均表示机件的前面，即“里后外前”。

在表达机件的图样时，不必都画出六个基本视图。用基本视图表达机件的步骤如下：首先，按自然位置（通常是它的工作位置，或加工位置，或安装位置）摆放这个机件；然后，选定能表示该机件信息量最多的那个视图为主视图；最后，确定再选用哪些视图使机件既能完整又清晰的表达。图 6.3 是用基本视图表达机件的实例，若用主、俯、左三个视图来表达这个机件，虽然也能完整的表达，但是由于机件的左右两侧形状不同，则左视图将出现许多细虚线，影响图形的清晰度并增加标注尺寸的困难。现在增加一个右视图，就能完整和比较清晰的表达这个机件。在图 6.3 中机件的内腔及各孔的结构已在主视图中用细虚线表达清楚，结合另外三个视图，已完整、清晰地表达出机件的各部分形状和结构。因此，在其他三个视图中不必表达不可见投影，即不再画出表示它们的细虚线。

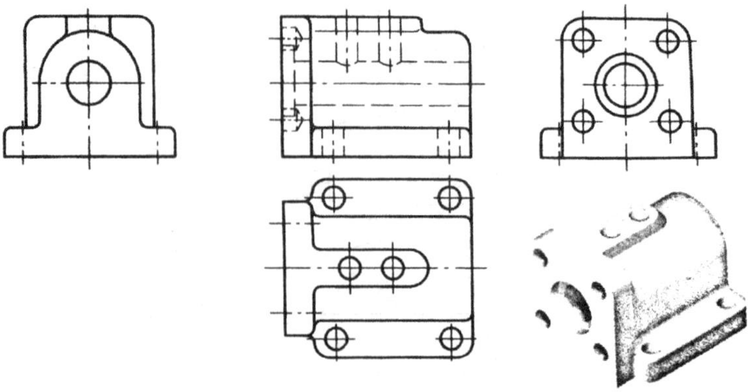

图 6.3　阀体的视图和轴测图

### 6.1.2　向视图

在实际绘图时，有时为了合理利用图纸，国家标准规定了一种可以自由配置的基本视图——向视图，如图 6.4 所示。

在绘制向视图时，应在向视图的上方标注“*X*”（*X* 为大写拉丁字母），在相应视图的附近用箭头指明投射方向，并注明相同的字母，如图 6.4 所示。表示投射方向的箭头应尽可能配置在主视图上，以使视图与基本视图相一致。表示后视图的投射方向箭头最好配置在左视图或右视图上。

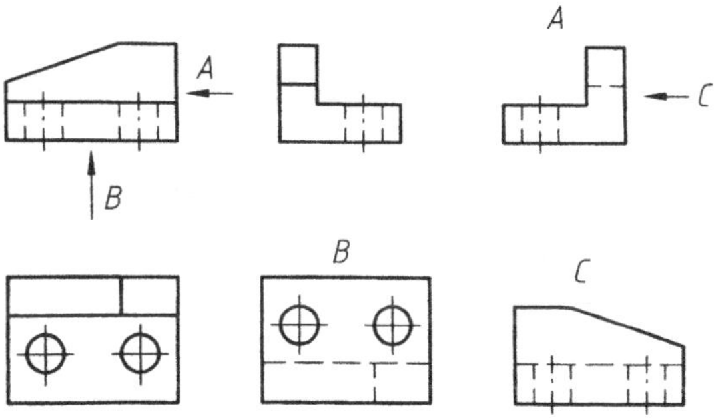


图 6.4　向视图及其标注

### 6.1.3　局部视图

当采用一定数量的基本视图后，机件上仍有部分结构形状尚未表达清楚，而又没有必要再画出完整的其他的基本视图时，可采用局部视图来表达。

只将机件的某一部分向基本投影面投射所得到的图形称为局部视图。如图 6.5（a）所示工件，画出了主视图和俯视图，已将工件基本部分的形状表达清楚，只有左、右两侧凸台的结构和左侧肋板的厚度尚未体现。此时，便可用图中的 *A* 向和 *B* 向那样，只画出所需要表达的部分而成为局部视图，如图 6.5（b）所示。

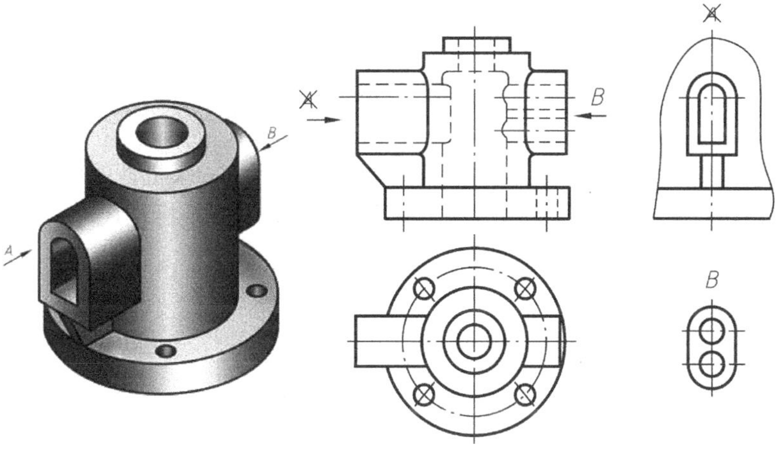


（a）　　（b）

图 6.5　局部视图及其标注

画局部视图时应注意以下几项：

（1）在相应的视图上用带字母的箭头指明所表示的投影部位和投影方向，并在局部视图上方用相同的字母标明“*X*”。

（2）局部视图最好画在有关视图的附近并保持投影关系，此时可省略标注，如图 6.5（b）中右上角视图；也可以画在图纸内的其他地方，如图 6.5（b）中右下角画出的 *B*。

（3）局部视图的范围用波浪线表示，如图 6.5（b）中的 *A*。如果所表示的图形结构完整且外轮廓线又封闭时，波浪线可省略，如图 6.5（b）中的 *B*。

### 6.1.4 斜视图

将机件向不平行于任何基本投影面的投影面进行投影，所得到的视图称为斜视图。如图 6.6 所示是一个弯板形机件，它的倾斜部分在俯视图和左视图上的投影都不是实形。此时就可以另外加一个平行于该倾斜部分且垂直于 *V* 面的投影面，在该投影面上则可以画出倾斜部分的实形投影，如图 6.6 中的 *A* 向所示。

斜视图的标注方法与局部视图相似，应尽可能配置在基本视图附近并保持投影关系。为画图方便，也可以旋转，但必须在斜视图上方注明旋转符号，如图 6.6 所示。

画斜视图时增设的投影面只垂直于一个基本投影面，因此，机件上原来平行于基本投影面的一些结构，在斜视图中最好以波浪线为界而省略不画，以避免出现失真的投影。

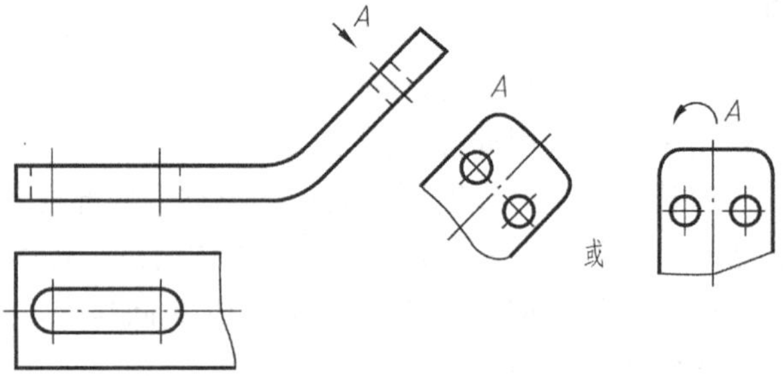


图 6.6 斜视图及其标注

## 6.2 剖 视 图

用视图表达机件时，机件中不可见的结构用细虚线表示。如果机件的内部结构比较复杂，视图中的细虚线较多，就会使图形不够清晰，不便于画图、看图及标注尺寸。为了清楚地表达机件的内部结构，国家标准规定了剖视图的画法。

### 6.2.1 剖视的概念

1. 剖视图的形成

为了清楚地表达机件的内部结构，假想用剖切面剖开物体，将处在观察者和剖切面之间的部分移去，而将其余部分向投影面投射所得的图形称为剖视图，简称为剖视，如图 6.7（b）所示。

比较图 6.7（a）和 6.7（c），由于 6.7（c）的主视图采取了剖视图，视图中不可见部分变为可见，原有的细虚线变成了粗实线。加上剖面线的作用，从而使图形显得更加清晰，具有层次感。

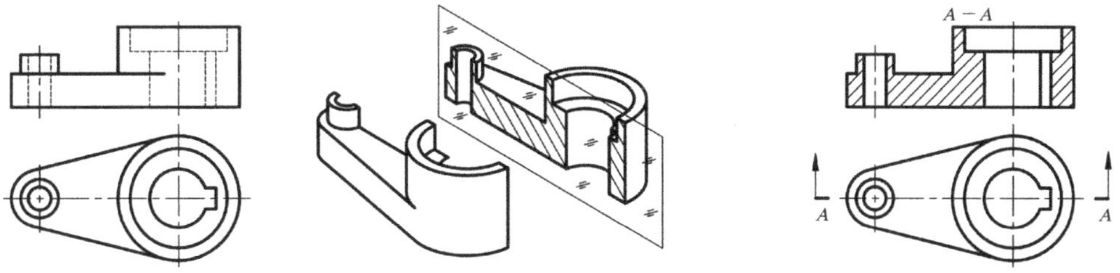


（a）　　（b）　　（c）

图 6.7　剖视图的形成

2. 剖视图的画法

（1）剖切面及剖切面位置的确定。根据机件的结构特点，剖切面可以是曲面，但一般为平面；为了确切地表达机件的内部结构，所选剖切平面一般应与某投影面平行，并通过机件内部孔、槽的轴线或者对称面，避免剖切出不完整的结构要素。

（2）剖视图的画法。机件被假想剖开后，用粗实线画出剖切面与机件接触部分（称为剖面区域）的图形和剖切面后面的可见轮廓线；为了使剖视图清晰地反映机件上需要表示的结构，必须省略不必要的细虚线。

（3）剖面符号的画法。在剖切面与机件接触面区域内画出剖面符号，以区别剖面区域与非剖面区域。常见的剖面符号见表 6-1。

**表 6-1　常见剖面符号（GB/T 4457.5—1984）**

| 材料名称 | 剖面符号 | 材料名称 | 剖面符号 |
|---|---|---|---|
| 金属材料<br>（已有规定剖面符号者除外） | 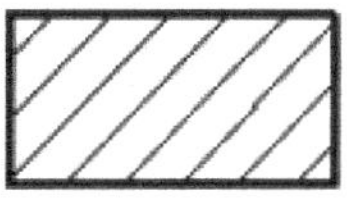 | 非金属材料<br>（已有规定剖面符号者除外） |  |
| 线圈绕组原件 | 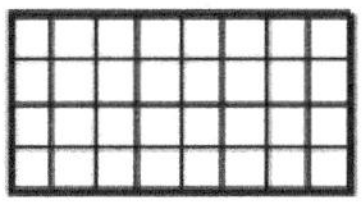 | 基础周围的泥土 | 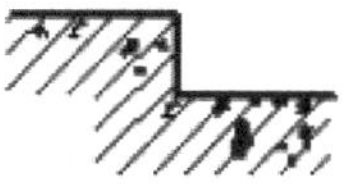 |
| 转子、电子、变压器和电抗器等的叠钢片 | 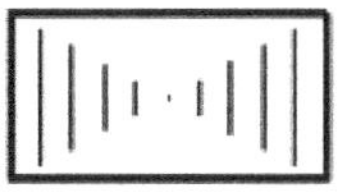 | 混凝土 | 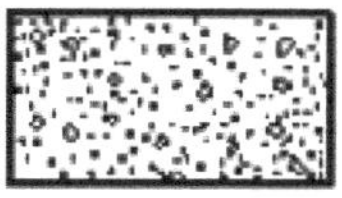 |
| 木质胶合板（不分层数） |  | 钢筋混凝土 |  |

金属材料的剖面符号又称为剖面线。国家标准规定，剖面线用适当角度的细实线绘制，最好与主要轮廓或剖面区域的对称线成 45° 且间隔均匀。当剖面线与图形主要轮廓线平行时，可将剖面线画成与图形的主要轮廓线成 30° 或 60°，其倾斜方向应与其他图形的剖面线方向相同。通用的剖面线如图 6.8 所示。

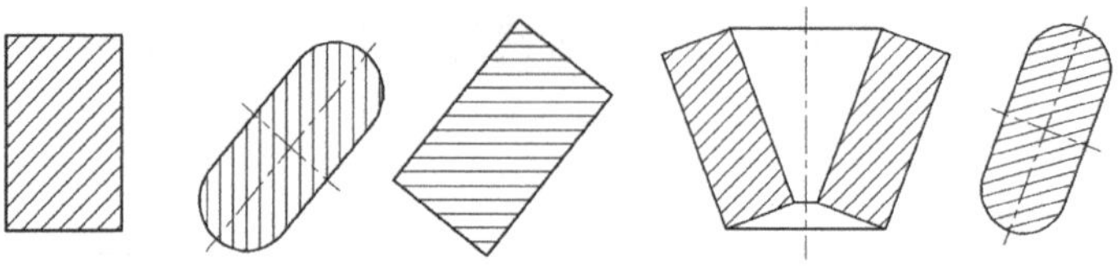

图 6.8　剖面线的画法

**注意：** 同一物体的各个剖面区域，其剖面线的画法应一致（间隔相等、方向相同）。不同物体的剖面区域，其剖面线应加以区分（间隔不同，或者方向不同）。

3. 剖视图的标注

为了便于看剖视图，一般应将剖切位置、投射方向和剖视名称标注在相应的视图上，如图 6.7（c）所示。

（1）用 5～10mm，线宽为 1～1.5*d* 的粗短线表示绘制剖切符号，以表示剖切面起止和转折的位置，且粗短线不能与轮廓线相交或重合，应留有少量的间隙。

（2）用箭头表示投射方向，且箭头应垂直画在粗短线起止位置。

（3）在剖视图上方用大写拉丁字母标注成“*X—X* ”形式注出该视图的名称，并在相应视图上剖切符号的起止或转折处标注相同的字母“*X*”，同一张图上需要作标注的不同图形，表示其名称的字母不能相同，而且必须从字母“*A*”开始，按拉丁字母的顺序逐一使用。

以下两种情况可省略标注：

（1）当剖视图按基本视图形式配置，中间又没有其他图形隔开时，可省略箭头。

（2）当单一剖切平面通过机件的对称（或基本对称）平面，且剖视图按基本视图形式配置，中间没有其他图形隔开时，标注可全部省略。

4. 画剖视图时的注意事项

（1）剖视只是一种表达机件内部结构的方法，并不是真的将机件切去一部分。因此，除剖视图以外，其他视图要按完整机件画出。

（2）剖视图中一般不画虚线，在能减少视图数量又不影响剖视图清晰的情况下，允许画少量虚线。

（3）剖切面后方的可见部分要全部画出。请注意区别图 6.9 所示三块底板的剖视图的不同之处。

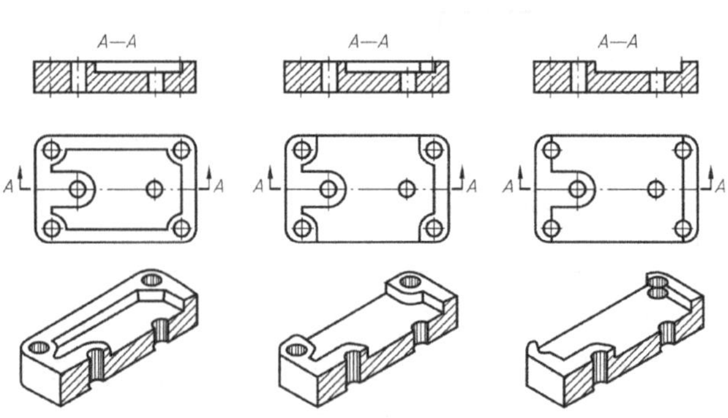


图 6.9　几种底板的剖视图

### 6.2.2 剖视图的种类

按照剖切面剖开物体的程度，剖视图可分为全剖视图、半剖视图和局部剖视图。

1. 全剖视图

用剖切面将机件完全地剖开所得到的剖视图称为全剖视图。当机件外形简单，而内部形状相对较复杂，或外形在其他视图已经表达清楚时，为了集中表达机件的内部结构，常采用全剖视图。如图 6.10 所示的主视图和左视图均为全剖视图。

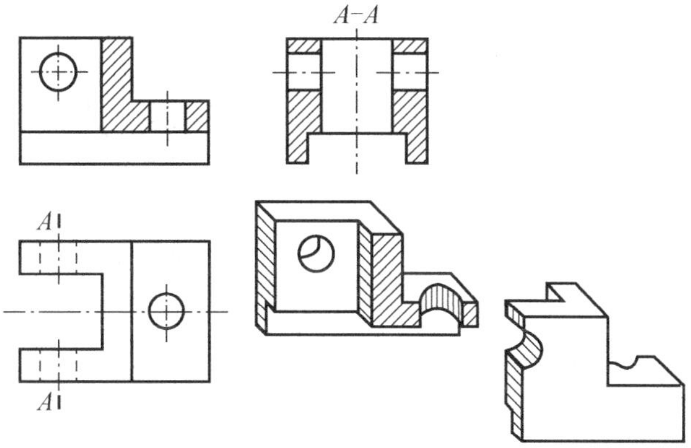


图 6.10 全剖视图及其标注

前面所讲的剖视图的画法和标注依然适用于全剖视图，需要注意的是图 6.10 中，主视图省略标注：当单一剖切平面通过机件的对称（或基本对称）平面，且剖视图按基本视图形式配置，中间没有其他图形隔开时，标注可全部省略；左视图省略箭头：当剖视图按基本视图形式配置，中间又没有其他图形隔开时，可省略箭头。

2. 半剖视图

将具有对称面（或基本对称面）的机件，向垂直于对称平面的投影面上投射，所得的图形以对称中心为界，将图形一半画成剖视图，另一半画成视图，这种组合的图形称为半剖视图。半剖视图能在一个图形中同时反映机件的内部形状和外部形状，具有内外兼顾的特点。半剖视图的标注方法与全剖视图相同，如图 6.11 所示。

在半剖视图中，零件的内部形状已在半个剖视图中表示清楚，所以在表达外部形状的视图中，已表达清楚的虚线部分应省略不画，未表达清楚的虚线部分应画出或局部剖视表达，如图 6.11 所示；半剖视图中剖与不剖两部分应以细点画线为界，当对称机件在对称中心线处有图线而不便于采用半剖视图时，应采用局部剖视图表示。如图 6.12 所示，主视图似乎可以采用半剖视，但采用半剖视图后其内轮廓线恰好和分界线重合，不满足分界线是细点画线的要求，因此应采取局部剖视图。

3. 局部剖视图

用剖切面局部地剖开机件，所得的剖视图称为局部剖视图，如图 6.13 所示。

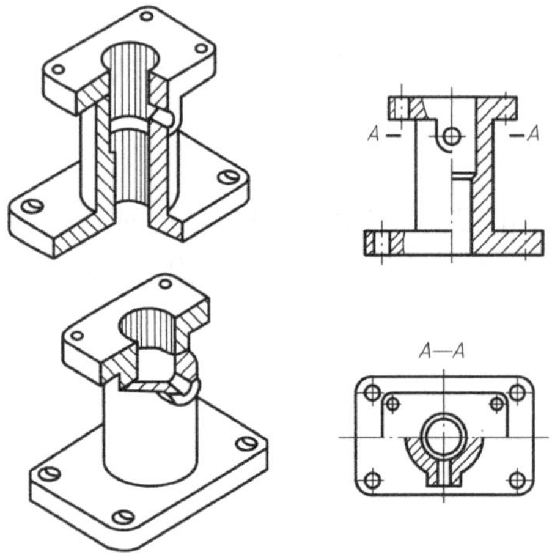


（a）　（b）

图 6.11　半剖视图及其标注

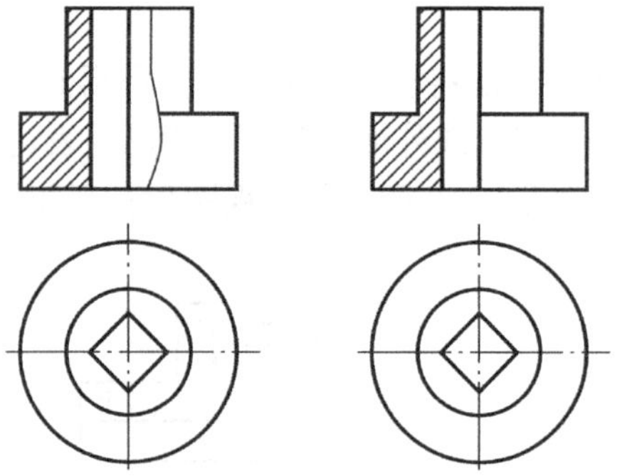

（a）正确　（b）错误

图 6.12　对称机件的局部剖视

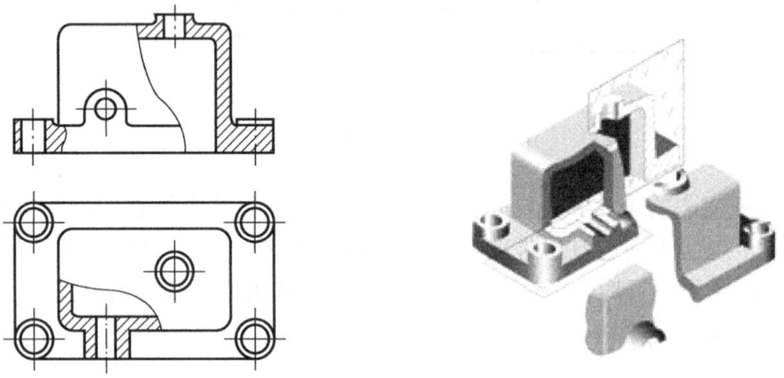

（a）　（b）

图 6.13　局部剖视图

局部剖视图是一种比较灵活的表达方法，当在剖视图中既不宜采用全剖视图，也不宜采用半剖视图时，则可采用局部剖视图表达。但在一个视图中，局部剖切的次数不宜过多，否则就会使表达过于零乱。

局部剖视图中，剖与不剖部分用波浪线（或双折线）分界。绘制波浪线时应注意：

（1）波浪线不能超出图形轮廓线，如图 6.14（a）所示。

（2）波浪线不能穿孔而过，如遇到孔、槽等结构时，波浪线必须断开，如图 6.14（a）所示。

（3）波浪线不能与图形中的任何图线重合，也不能用其他线代替或画在其他线的延长线上，如图 6.14（b）和图 6.14（c）所示。

（4）当被剖切部位的局部结构为回转体时，允许该结构的中心线作为局部剖视图与视图的分界线，如图 6.15 所示的拉杆局部剖视图。

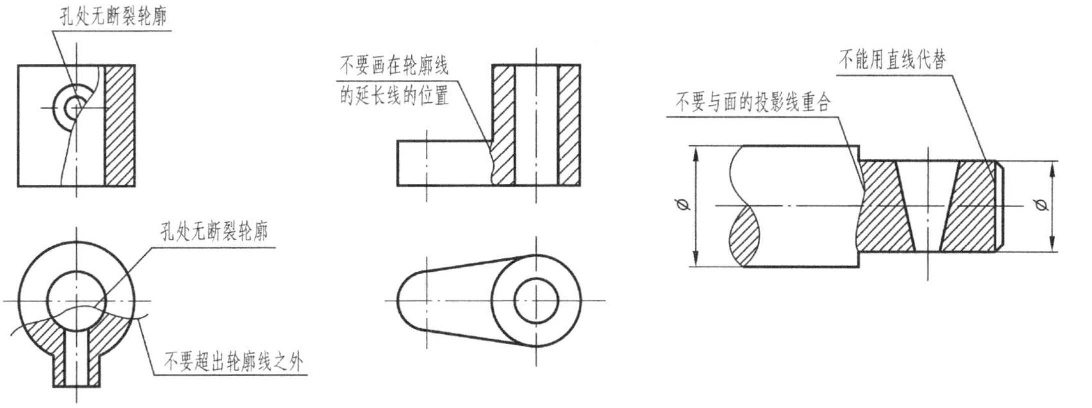


(a)　　(b)　　(c)

图 6.14　局部剖视图的画法

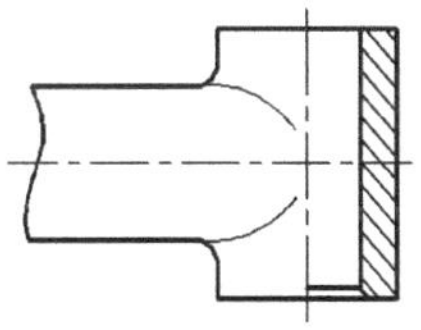

图 6.15　拉杆局部剖视图

### 6.2.3　剖切面的种类

画剖视图时，要根据机件的结构、形状特点选择不同的剖切平面和剖切方法。剖切面有单一剖切面、几个平行的剖切面、几个相交的剖切面三种。由不同的剖切面产生了不同的剖切方法，但不论采用哪一种剖切方法剖切物体，按剖切范围来说，一般都可以作出全剖、半剖和局部剖视图。

1. 单一剖切面

1）用平行于某一基本投影面的平面剖切

前面所讲的全剖视图、半剖视图和局部剖视图，都是用平行于某一基本投影面的剖切平面剖开机件后所得出的，用平行于某一基本投影面的平面剖切，是最常用的剖切方法。

2）单一斜剖切平面

用垂直于基本投影面的平面剖开机件所画的剖视图叫做斜剖视图。如图 6.16 所示，用斜剖视图 *B—B* 清晰地表达了梭形板的外形和小孔等结构。

斜剖视最好与基本视图保持直接的投影关系，如图 6.16 中的“*B—B*”。必要时，允许将斜剖视图旋转配置，但必须在剖视图上方标注出旋转符号，如图 6.16 中的“*B—B*↶”，旋转符号的箭头端靠近字母。

3）单一剖切柱面

按 GB/T 4458.6—2002 规定：采用柱面剖切机件时，剖视图应按展开绘制。如图 6.17 中的“*B—B*”剖视图所示，将采用柱面剖切后的机件展开成平行于投影面后，再画其剖视图，并在图名后加注“展开”两字。

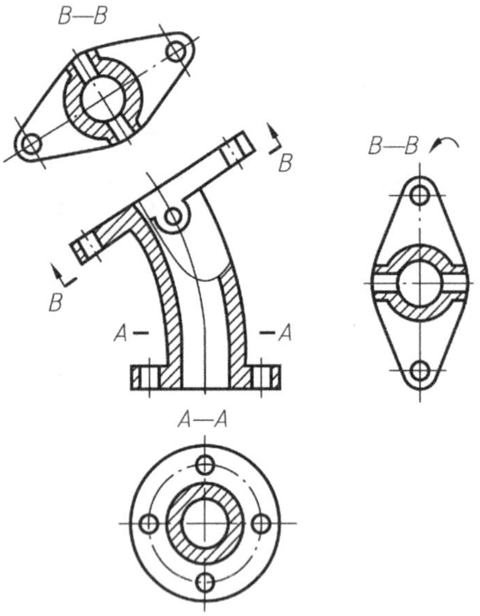


图 6.16　机件的斜剖视图

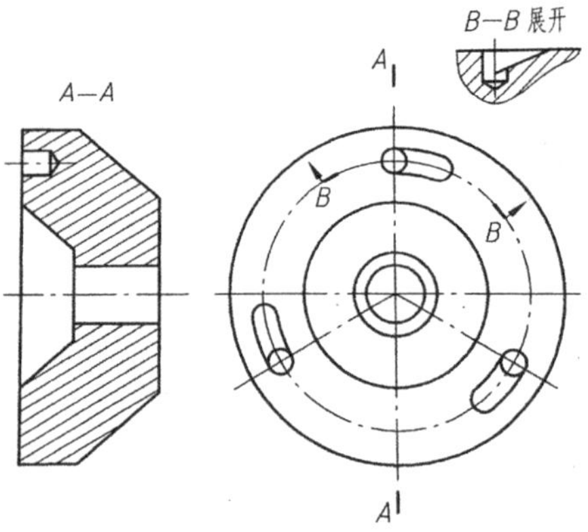


图 6.17　用圆柱面剖切

2. 几个平行的剖切面

用几个平行的剖切面（交线垂直于某一投影面）剖开机件的方法称为阶梯剖。如图 6.18 所示，用两个平行的剖切面将机件剖开，将处在观察者与剖切面之间的部分移去，再向正投影面投射，就能清楚地表达机件上孔的形状，结合俯视图，机件的内外结构一目了然。

阶梯剖的标注：各剖切平面的转折处必须为直角，转折处需画上剖切面符号，并标上相应的字母，其他的与全剖视图标注一样，如图 6.18 所示；阶梯剖不可省略剖切面符号，但与全剖视图一样可省略投影方向。

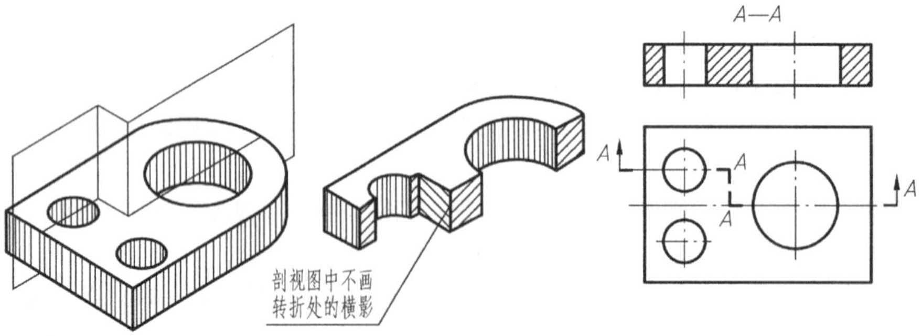


（a）　　　　（b）　　　　（c）

图 6.18　阶梯剖视图

采用这种表达方法时，要使表达的内容不相互遮挡，在图形内不应出现不完整的要素。仅当两个要素在图形上具有公共的对称中心线或轴线时，可以各画一半。此时，应以对称中心线或轴线为界，如图 6.19 所示。

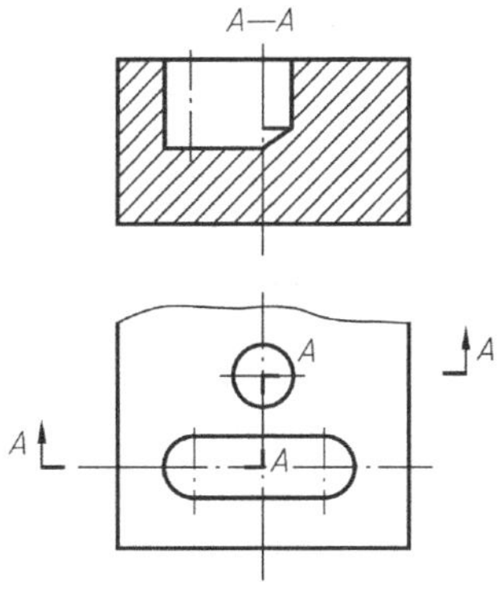


图 6.19　剖视图特例

画阶梯剖视图时，应注意下列几点：

（1）因为剖切面是假想的，所以可以设想将几个平行的剖切平面移到同一位置后，再进行投影。此时，不应画出剖切平面转折处的交线，如图 6.20（a）所示。

（2）为清晰起见，各剖切平面的转折处不应与图形的实线或细虚线重合，如图 6.20（b）所示。

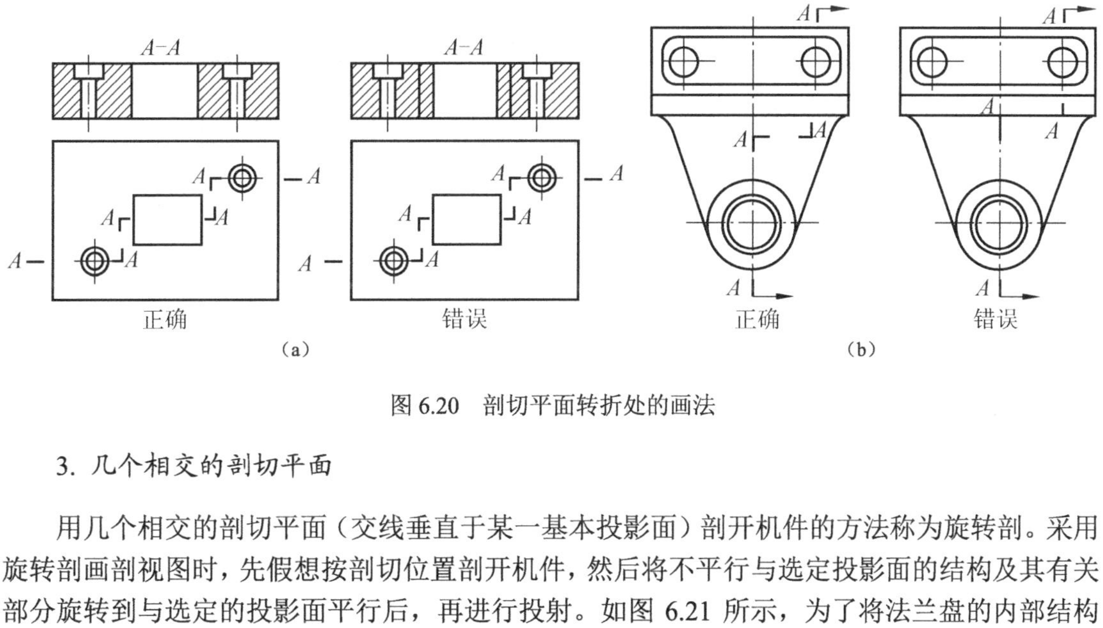


图 6.20　剖切平面转折处的画法

3. 几个相交的剖切平面

用几个相交的剖切平面（交线垂直于某一基本投影面）剖开机件的方法称为旋转剖。采用旋转剖画剖视图时，先假想按剖切位置剖开机件，然后将不平行与选定投影面的结构及其有关部分旋转到与选定的投影面平行后，再进行投射。如图 6.21 所示，为了将法兰盘的内部结构和各孔的形状都表达清楚，就采用了旋转剖的方法：先假想用图中剖切符号所表示的、交线垂直于正面的两个平面剖开法兰盘，将处在观察者与剖切平面之间的部分一区，并将不平行 $V$ 面的部分旋转至与 $V$ 面平行，然后再向 $V$ 面投影，便得到了“$A$—$A$”旋转剖视图。

旋转剖适用于具有回转轴线的机件，而轴线恰好是两剖切平面的交线。旋转剖视图必须标注，其标注方法与阶梯剖视相同。

画旋转剖视图时，应注意下列几点：

(1) 旋转剖视图是先假想按剖切位置剖开机件，然后将剖开后所能看见的结构及其有关部分，旋转到与选定的投影面平行后再进行投射，以反映被剖切部分结构的真实形状。

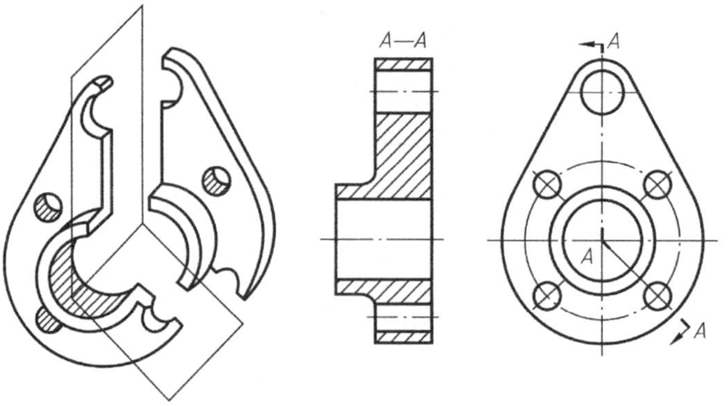


图 6.21 法兰盘的旋转剖视图

采用这种“先剖切后旋转”的方法画出的剖视图，有些部分的投影图形往往会被伸长，但却反映了机件被剖切部分的真实形状，如图 6.22（b）所示。否则，若采取“先旋转后剖切”的方法，就会出现剖切位置的标注与实际剖切位置不一致的矛盾，如图 6.22（c）所示。

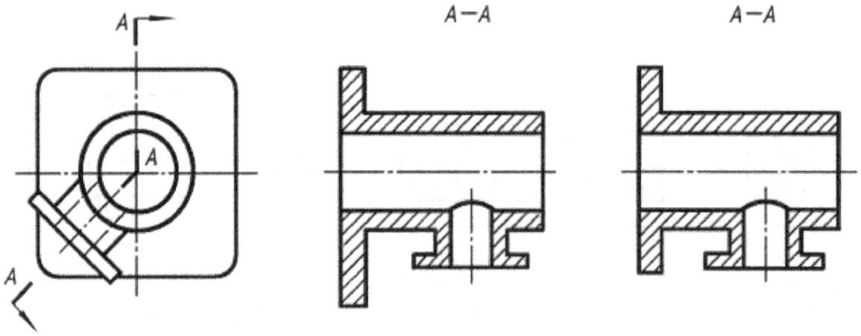


（a） （b）正确 （c）错误

图 6.22 先剖切后旋转

（2）在旋转剖视图中，剖切平面后与所表达的结构关系不太密切的其他结构一般仍按原来的位置投射，如图 6.23 所示摇臂上的油孔。

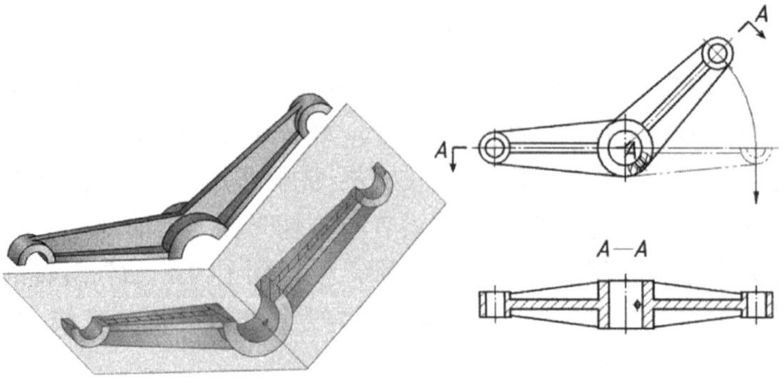


（a） （b）

图 6.23 摇臂的旋转剖视图

（3）如果剖切后产生不完整要素时，那么应将此部分按不剖绘制，如图 6.24 中的臂板。

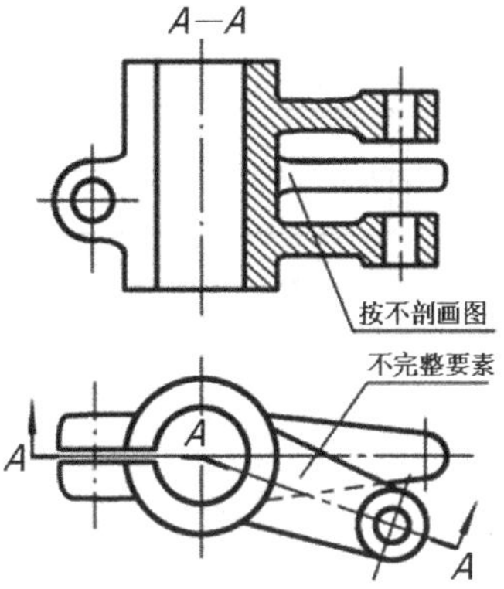


（a）

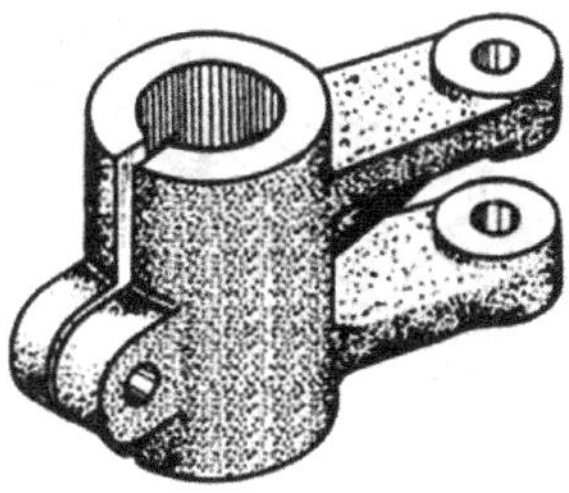

（b）

图 6.24　出现不完整要素的画法

4．　相交平面、平行平面、柱面组合起来剖切机件

当机件的内部结构比较复杂，用阶梯剖或旋转剖等仍不能完全表达清楚时，可以采用以上几种剖切平面的组合来剖开机件，这种剖切方法称为复合剖，所画出的剖视图称为复合剖视图，如图 6.25 所示。对于复合剖，可以用展开画法绘制，对于展开绘制剖视图，在剖视图的上方应标注“*X*—*X* 展开”，如图 6.26 所示。

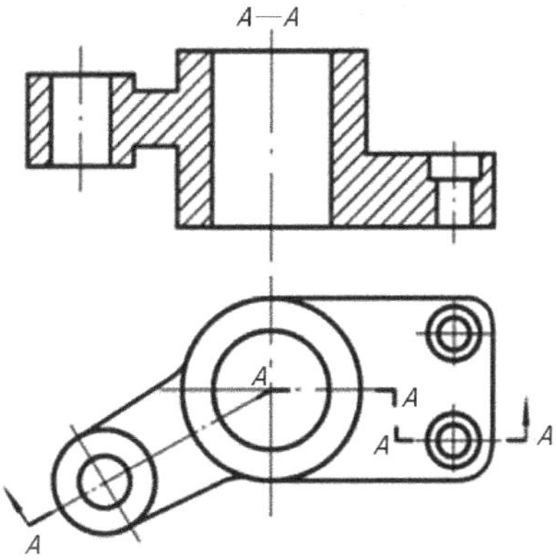


图 6.25　复合剖视图

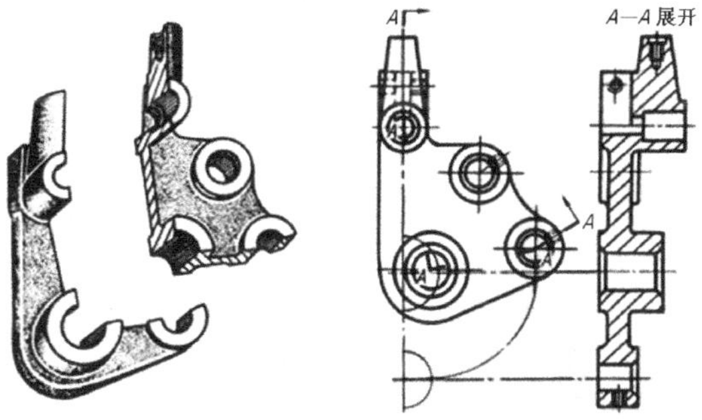


图 6.26　复合剖视图的展开画法

## 6.3　断　面　图

### 6.3.1　断面图的概念

假想用剖切平面将机件在某处切断，只画出切断面形状的投影并画上规定的剖面符号的图形，称为断面图，简称断面，如图 6.27（b）所示。断面图主要用来表达机件上某些部分的截断面形状，如肋、轮辐、键槽、小孔及各种细长杆件和型材的截断面形状等。

断面图与剖视图的区别在于：断面图仅画出机件与剖切面接触部分的图形，而剖视图除画出剖切平面与机件接触的图形外，还要画出其后的所有部分的投影，如图 6.27（c）所示。

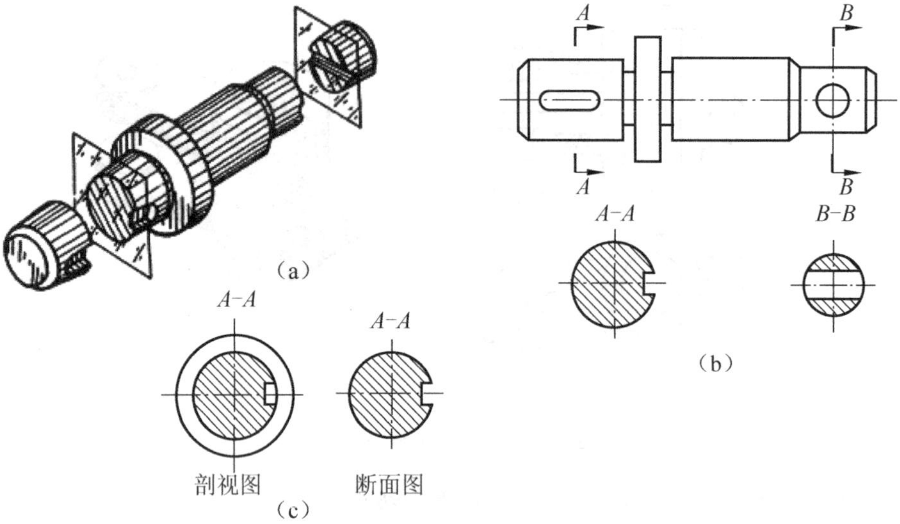


图 6.27　断面图的概念

### 6.3.2　断面图的分类及画法

1. 断面图的种类

断面图分为移出断面图和重合断面图两种，通常也简称移出断面和重合断面。

（1）移出断面。画在视图之外的断面图，称为移出断面图，如图 6.27（b）所示。由于移出断面画在视图之外，不影响图形清晰。

（2）重合断面。画在视图之内的断面图，称为重合断面图，如图 6.28 所示。重合断面通常用于断面形状简单，不影响图形的清晰情况。

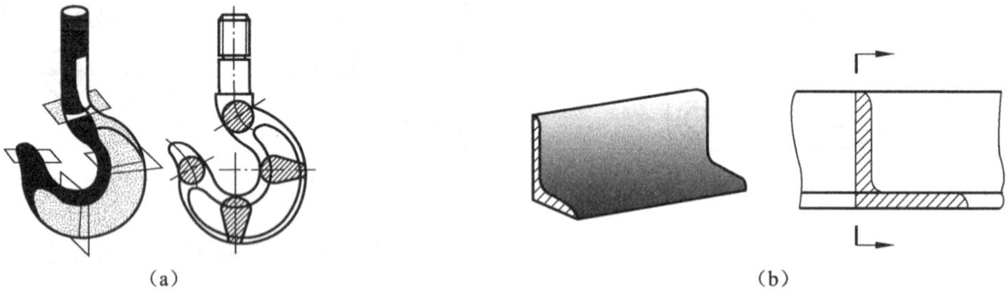


图 6.28　重合断面图

2. 断面的画法

1）移出断面的画法

（1）移出断面的轮廓线用粗实线画出，断面上画出剖面符号，与剖视图剖面符号的画法相同。

（2）移出断面应尽量配置在剖切平面的延长线上，必要时也可配置在其他适当位置。

（3）当剖切平面通过由回转面形成的圆孔、圆锥坑等结构的轴线时，这些结构应按剖视画出，如图 6.29 所示。

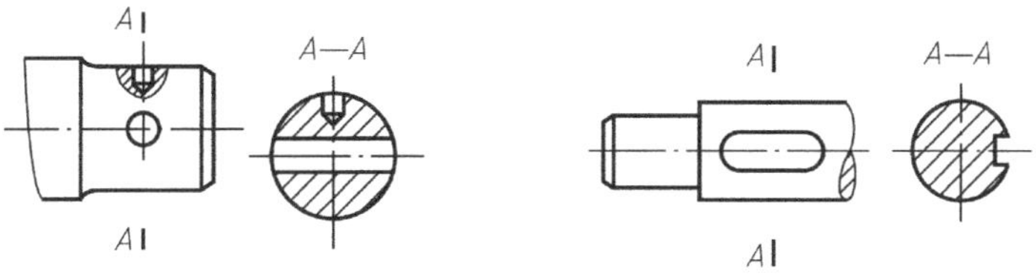


图 6.29　带有孔或凹坑的断面图

（4）当剖切平面通过非回转面，会导致出现完全分离的断面时，这样的结构也按剖视画出，如图 6.30 所示。

（5）绘制有两个或多个相交的剖切平面剖切机件所得的移出断面图时，图形的中间应断开，如图 6.31 所示。

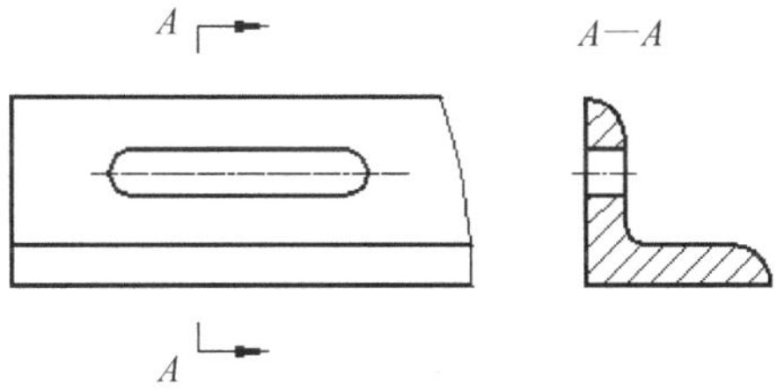


图 6.30　断面分离时的画法图

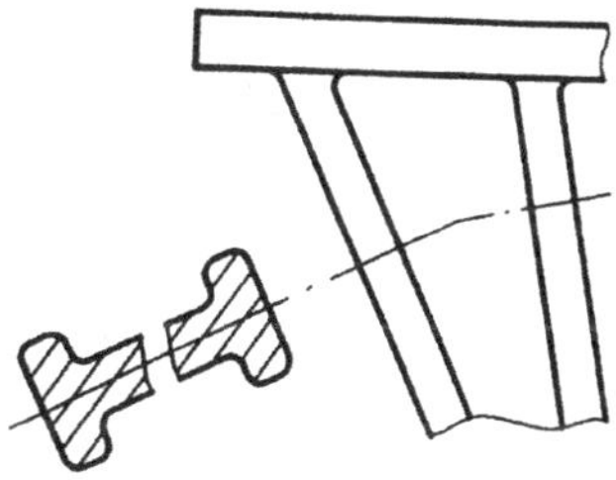

图 6.31　相交平面切得的断面图

2）重合断面的画法

（1）重合断面的轮廓线用细实线绘制，如图 6.28 所示。

（2）当视图中的轮廓线与重合断面的图形重叠时，仍按视图中的轮廓线画。

### 6.3.3　断面图的标注

#### 1. 移出断面的标注方法

移出断面的标注内容与剖视图相同，以下重点介绍其省略标注的情况。

（1）当移出断面图配置在剖切线（点画线）或剖切符号的延长线上时，对称移出断面无须标注，如图 6.32（a）所示；不对称移出断面可省略字母，但应画出剖切符号和箭头，表示剖切位置及投射方向，如图 6.32（b）所示。

（2）当移出断面没有配置在剖切线（点画线）或剖切符号的延长线上时，对称移出断面必须画剖切符号和字母，如图 6.32（c）所示。不对称移出断面应注出全部内容，即剖切符号、箭头和字母，如图 6.32（d）所示。

（3）当移出断面按投影关系配置时，断面无论对称与否，均不画箭头，但应注写剖切符号和字母，如图 6-33 所示。

为了便于画图和看图，应尽可能将移出断面配置在剖切线或剖切符号的延长线上。

#### 2. 重合断面的标注方法

（1）对称的重合断面不必标注，如图 6.28（a）所示。

（2）不对称的重合断面，应标注剖切符号和箭头，如图 6.28（b）所示。

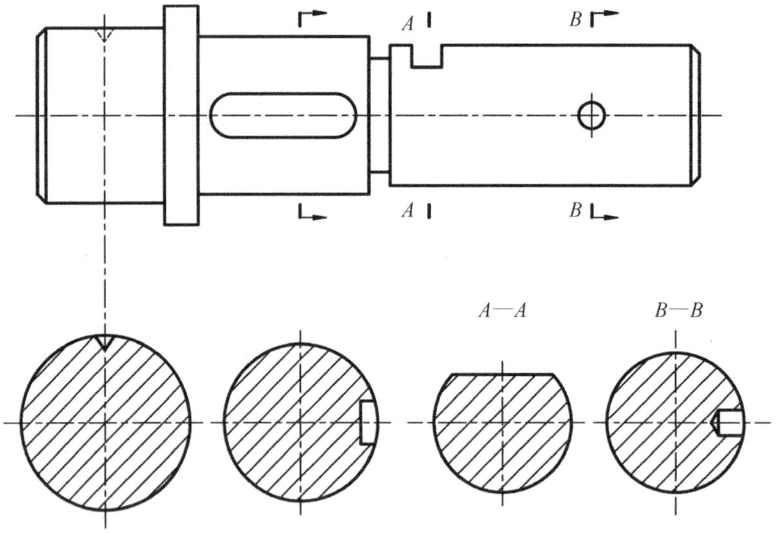


（a）　（b）　（c）　（d）

图 6.32　移出断面的标注方法（一）

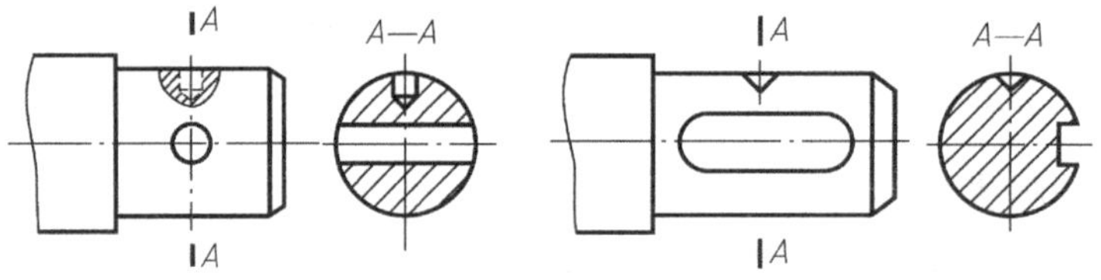


（a）　（b）

图 6.33　移出断面图的标注方法（二）

## 6.4　其他表达方法

### 6.4.1　局部放大图

将机件的部分结构，用大于原图形比例画出的图形，称为局部放大图，如图 6.34 所示。

绘制局部放大图时的注意事项：

（1）局部放大图可以画成视图、剖视图或断面图等形式，与被放大部分所采用的表达方式无关。

（2）局部放大图中所标注的比例为放大图尺寸与实物尺寸之比，与原图的比例无关。

（3）绘制局部放大图时，应在视图上用细实线圈出被放大的部位，并将局部放大图配置在被放大部位的附近。

（4）当同一机件上有多处被放大时，必须用罗马数字依次标明被放大的位置，并在局部放大图的上方标注出相应的罗马数字和所采用的比例；当机件上被放大的部分仅有一处时，在局部放大图的上方只须注明所采用的比例。

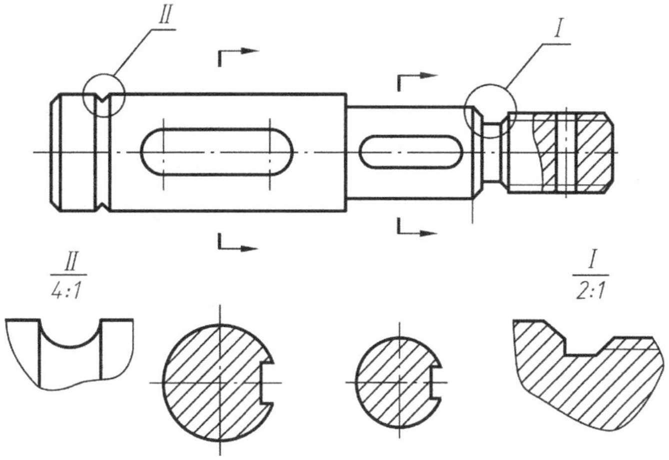


图 6.34　局部放大画法

### 6.4.2　规定画法

1. 肋板、薄壁件等的画法

对于机件的肋板、轮辐及薄壁等结构，如按纵向（通过轮辐、肋板等的轴线或对称面）剖切时，规定这些结构的断面上不画剖面符号，但必须用粗实线将它与相邻接部分分开，但按横向剖切时，规定这些结构的断面上必须画出剖面符号，如图 6.35 所示。

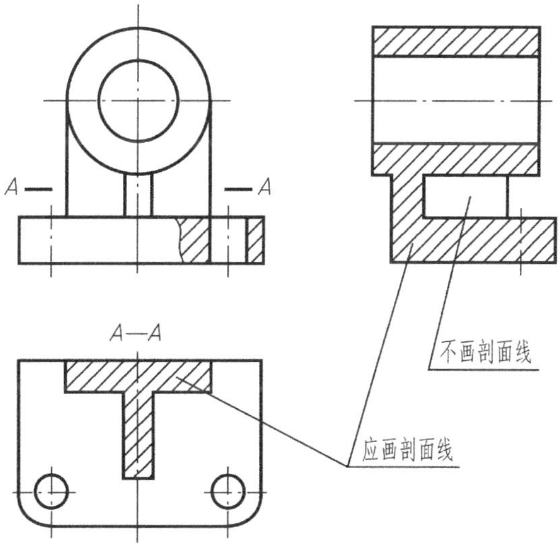


图 6.35　内板的剖视画法

2. 回转体上均布的肋板及孔等的画法

当回转体上均匀分布的肋板、轮辐、孔等结构不处于剖切平面上时，可将这些结构旋转到剖切平面上画出，如图 6.36 所示。

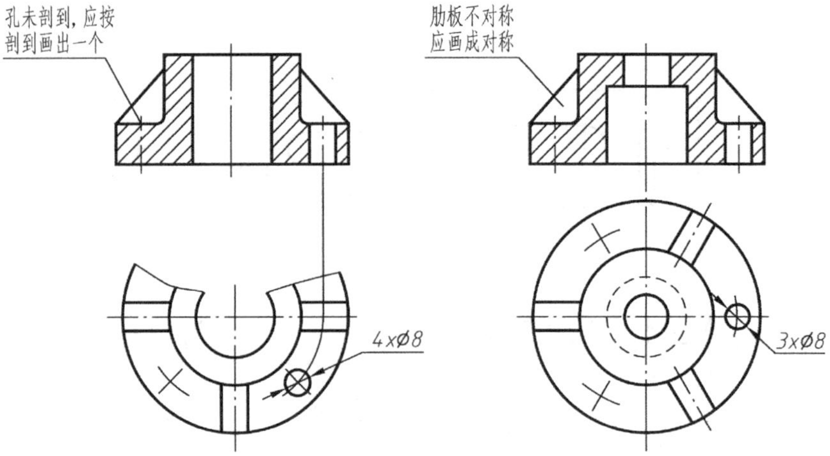


（a）　　（b）

图 6.36　回转体上均布的肋板、孔的剖切画法

### 6.4.3　简化画法

1. 相同结构要素的简化画法

当机件具有若干相同结构（齿、槽等），并按一定规律分布时，只须画出几个完整的结构，其余用细实线连接，但必须在图中注明该结构的总数，如图 6.37（a）所示。

若干直径相同且按规律分布的孔（圆孔、螺孔、沉孔等），可只画出一个或几个。其余只需用点画线表示其中心位置，但必须在图中注明其总数，如图 6.37（b）所示。

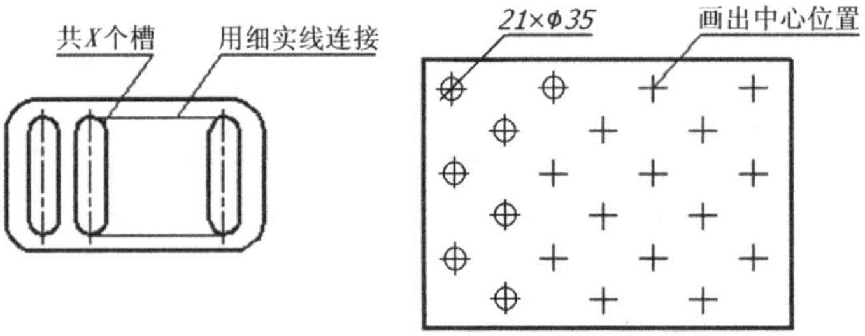


（a）　　（b）

图 6.37　相同结构的简化画法

2. 较长机件的断开画法

较长的机件（轴、杆、连杆、型材）沿长度方向的形状一致或按一定规律变化时，可断开后缩短绘制，但尺寸仍按机件的实际长度标注，如图 6.38 所示。

3.对称图形的简化画法

在不致引起误解的情况下，对称机件的视图可以只画一半或四分之一，并在对称中心线的两端画出两条与其垂直的平行细实线，如图 6.39 所示。

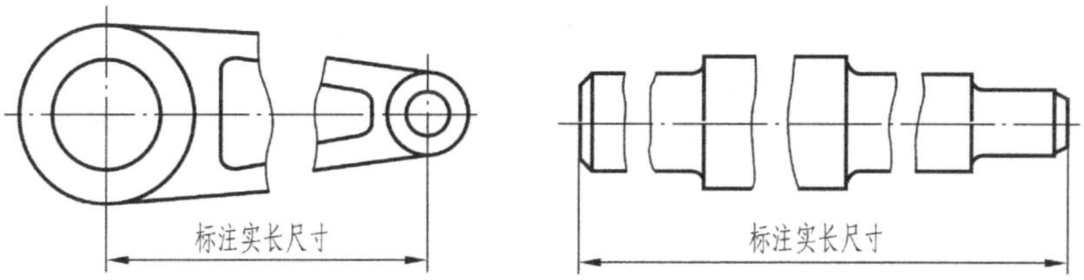


(a)　　　　(b)

图 6.38　拉长机件的折断画法

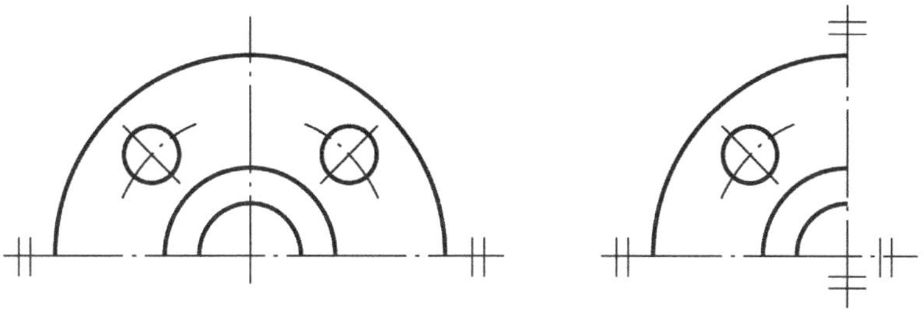

图 6.39　对称机件的简化画法

4. 细小结构的简化画法

机件上较小的结构，如在一个图形中已表示清楚时，在其他图形中可以简化或省略，如图 6.40（a）和图 6.40（b）所示的主视图。

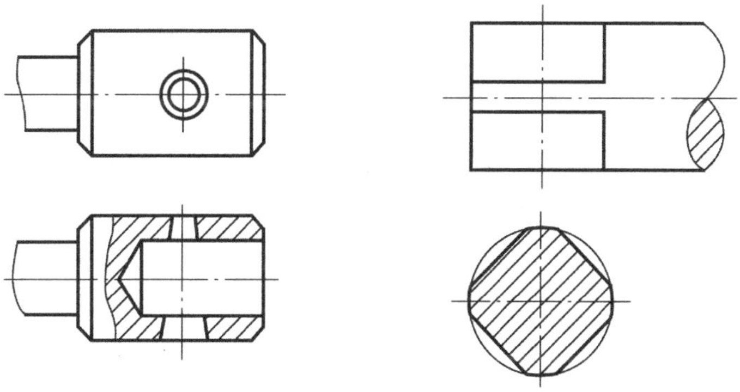

(a)　　　　(b)

图 6.40　较小结构的简化画法

5. 其他简化画法

（1）在不致引起误解的情况下，非圆曲线的过渡线及相贯线允许简化为圆弧或直线，如图 6.41 所示。

（2）机件上的小平面在图形中不能充分表达时，可用平面符号（相交的两条细实线）表示这些平面，如图 6.42 所示。

（3）网状物、编织物或机件的滚花部分，可在轮廓线之内示意地画出一部分粗实线，并加旁注或在技术要求中注明这些结构的具体要求，如图 6.43 所示。

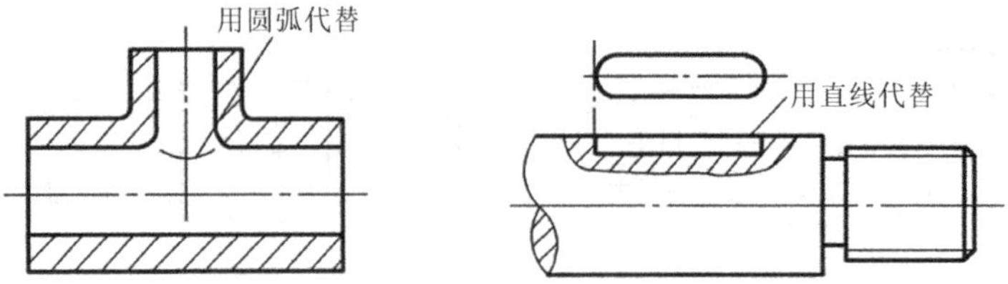


图 6.41　非圆曲线的简化画法

图 6.42　回转体零件上的平面表示法

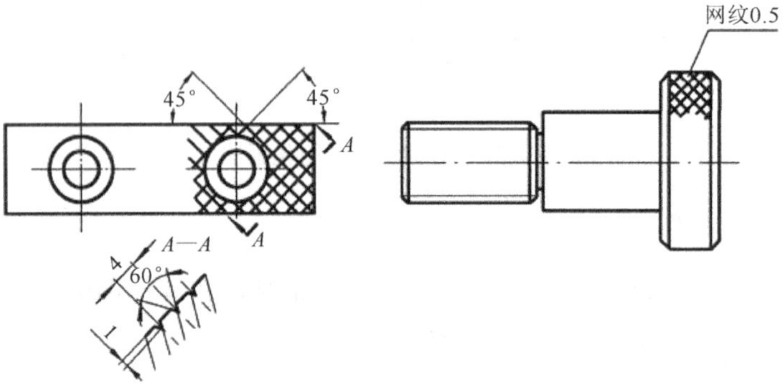


图 6.43　网状物和滚花的简化画法

（4）在需要表示位于剖切平面前的结构时，这些结构按假想投影的轮廓线（细双点画线）绘制，如图 6.44 所示。

（5）在剖视图的剖面区域中可再做一次局部剖视，习惯上称为“剖中剖”，两者剖面线应同向、等间隔，但要互相错开，并用引出线标注出局部剖视图的名称，如图 6.45 所示。当剖切位置明显时，也可省略标注。

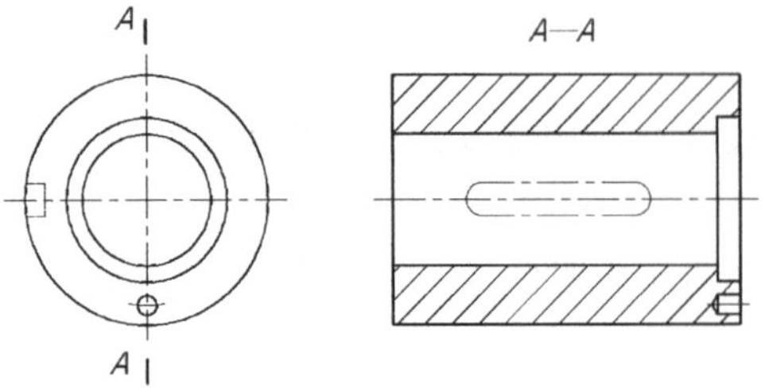


图 6.44　剖切平面前的结构表示

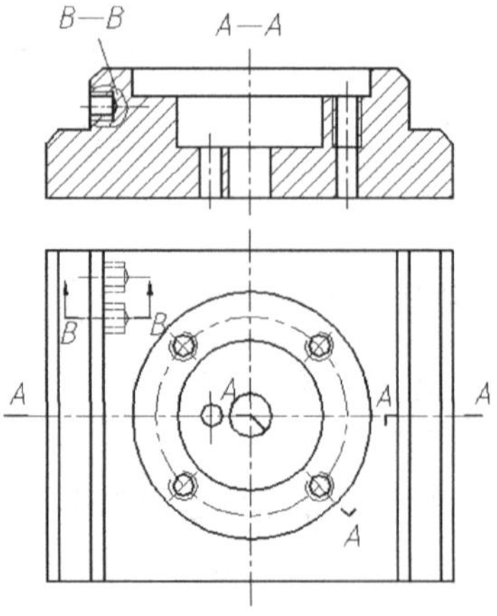


图 6.45　“剖中剖”

## 6.5　第三角画法简介

我国的工程图样是按正投影法并优先采用第一角画法绘制的，必要时允许使用第三角画法。目前，美国和日本等国家仍采用第三角投影的画法。为了适应国际科学技术的交流，我们应该了解第三角投影画法，以便能阅读一些国外的图样和技术资料。

### 6.5.1　基本知识

三个互相垂直相交的投影面，将空间分成八个分角，如图 6.46 所示，分别称为第 *I* 角、第 *II* 角、第 *III* 角……

第一角画法就是将物体置于第一分角内，保持着 “观察者→物体→投影画” 之间的关系进行投射，然后展开。而第三角投影是将物体置于第三分角内，保持着“观察者→投影面→物体”之间的关系进行投射，然后展开，如图 6.47 所示。

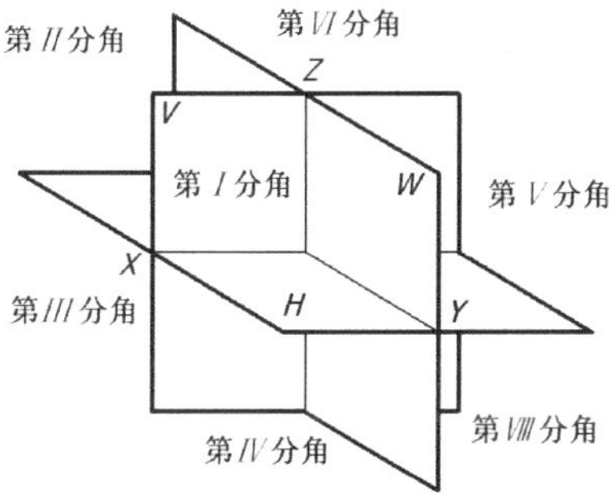


图 6.46　空间的八个分角

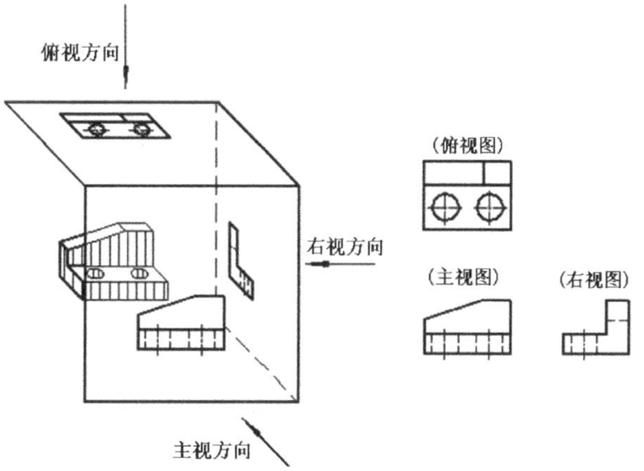


图 6.47　第三角画法

### 6.5.2　视图的配置及标识

采用第三角画法时，将机件向正六面体的六个平面进行投射，然后按照图 6.48 将投影面展开，使投影面处于同一平面内，展开后各视图的配置关系如图 6.49 所示。

**注意：**无论采用第一角投影还是第三角投影，都是利用正投影法进行投射，六个基本视图都符合“长对正，高平齐，宽相等”的投影规律；但投影面的展开方向不同，各视图的配置关系不同。因此，第三角画法的俯视图、仰视图、左视图和右视图围绕主视图的一边，均表示物体的前面，远离主视图的一边均表示物体的后面，这与第一角画法正好相反。

国际标准中规定，视图可用第一角画法，也可用第三角画法。为了区别这两种画法，需在标题栏中用规定的识别符号表示。国家标准规定的识别符号如图 6.50 所示。

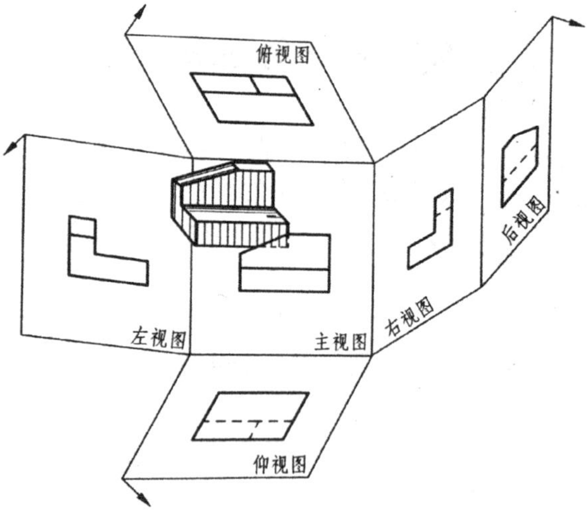


图 6.48　第三角画法投影面的展开

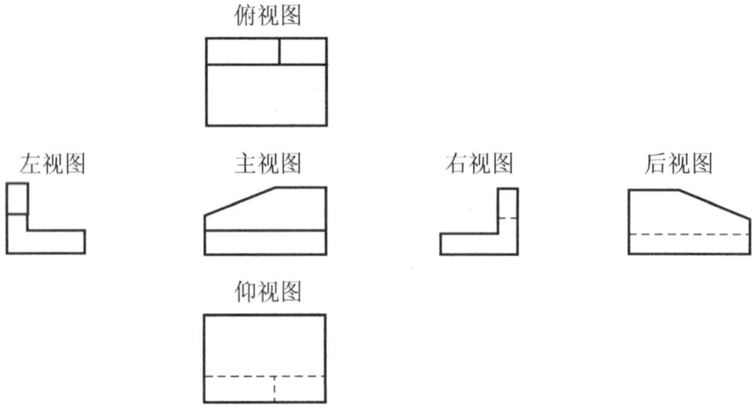


图 6.49　第三角画法视图的配置

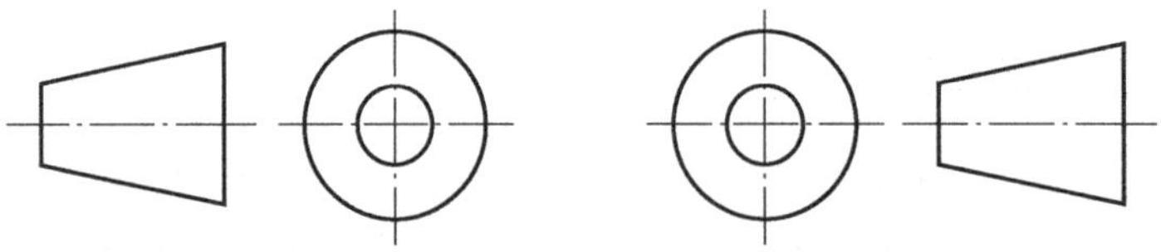

（a）第一角画法　　（b）第三角画法

图 6.50　第一角和第三角画法识别符号

# 第7章

# 图样的特殊表示法

对于工程上广泛使用的螺纹紧固件、键、销、滚动轴承等，其结构和尺寸已全部标准化的零/部件称为标准件；而对于齿轮、弹簧等，部分结构和尺寸已全部标准化的零/部件称为常用件。为了提高绘图效率，制图标准规定，对于上述零/部件的某些结构和形状，不必按真实投影画出，可采用简化的特殊表示法（含画法和标注）。本章将介绍它们的有关知识、规定画法和标记方法。

## 7.1 螺　　纹

### 7.1.1 螺纹的形成和结构

1. 螺纹的形成

螺纹是在圆柱、圆锥等回转面上沿着螺旋线所形成的、具有相同轴向断面的连续凸起和沟槽。在圆柱、圆锥等外表面上所形成的螺纹称为外螺纹，如图 7.1（a）所示。在零件的孔腔、圆柱内表面上所形成的螺纹称为内螺纹，如图 7.1（b）所示。

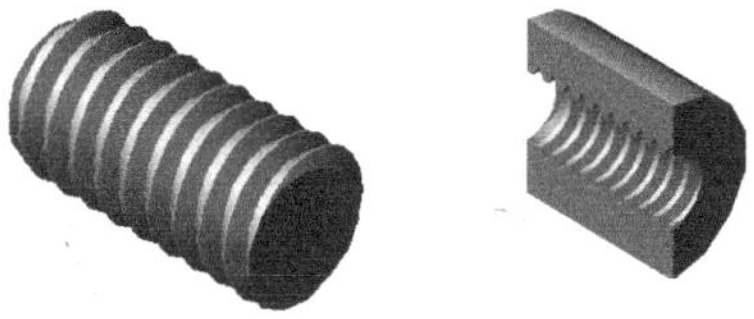

（a）外螺纹　　（b）内螺纹

图 7.1　螺纹的结构

螺纹是零件上常见的一种结构，各种螺纹都是根据螺旋线原理加工而成，螺纹加工大部分采用机械化批量生产。对于小批量、单件产品，内、外螺纹均可采用车床加工，如图 7.2（a）所示；内螺纹还可以先在工件上钻孔，再用丝锥攻制而成，而外螺纹还可以通过板牙套制而成，如图 7.2（b）所示。

在加工螺纹的过程中，由于刀具切入螺纹的表面可形成凸起和沟槽两部分。凸起部分的顶端为螺纹的牙顶，沟槽部分的底部为螺纹的牙底。

2. 螺纹的结构

（1）螺纹的端部。为方便装配并防止螺纹端部损坏，常在螺纹的端部加工成规定的形状，如倒角、倒圆等，如图 7.3 所示，其尺寸参数可查阅相关国家标准。

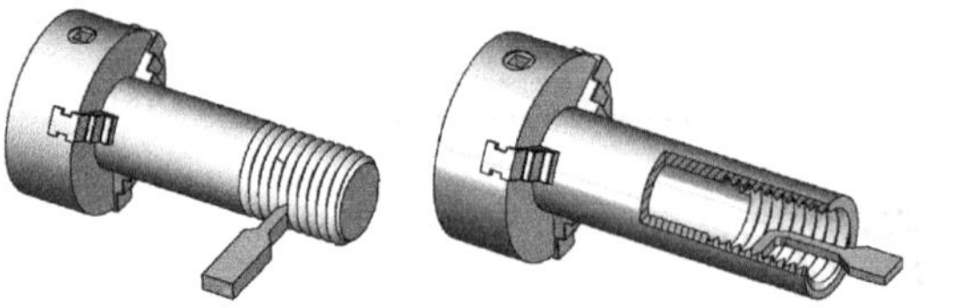

（a）车螺纹

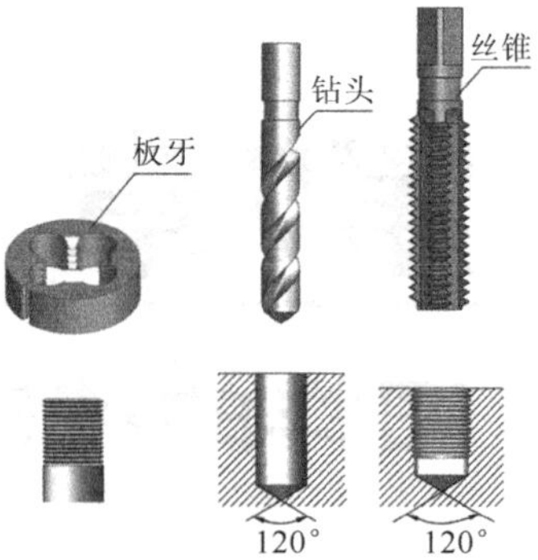


（b）套丝和攻丝

图 7.2　螺纹的加工

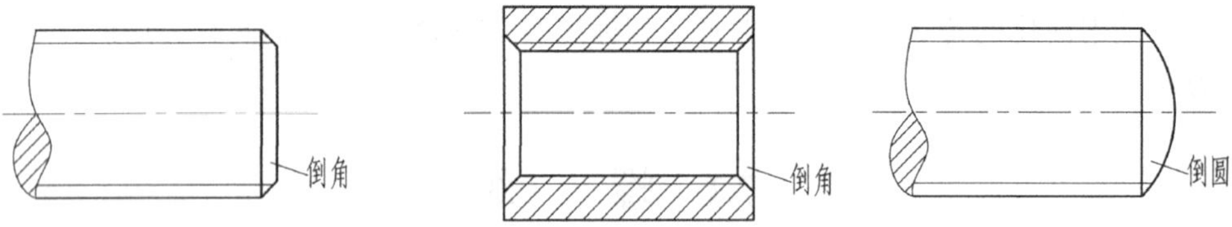


（a）外螺纹倒角　（b）内螺纹倒角　（c）外螺纹倒圆

图 7.3　螺纹的端部倒角、倒圆

（2）螺纹的退刀槽。在车削螺纹的刀具逐渐离开工件的螺纹末尾处时，会出现一段不完整的螺纹，称为螺纹的收尾，简称螺尾，螺尾是一段不能正常工作的部分。因此，为了便于退刀，并避免产生螺尾，可预先在螺纹的末尾车削出一个小槽，称为螺纹退刀槽，如图 7.4 所示。

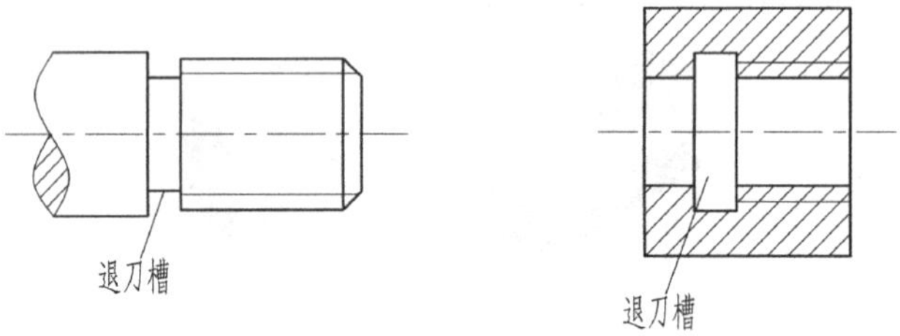


（a）外螺纹退刀槽　（b）内螺纹退刀槽

图 7.4　螺纹退刀槽

### 7.1.2　螺纹的要素

螺纹的基本要素包括牙型、直径（大径、小径、中径）、螺距或导程、线数、旋向等。内、外螺纹旋合时，上述五要素必须一致。

1. 牙型

在通过螺纹轴线的剖面上，螺纹的轮廓形状称为螺纹牙型。它由牙顶、牙底和牙侧角构成，相邻两牙侧面间的夹角称为牙型角。常见的螺纹牙型有三角形、梯形、锯齿形、矩形等，不同种类的螺纹牙型有不同的用途。常见螺纹牙型如图 7.5 所示。

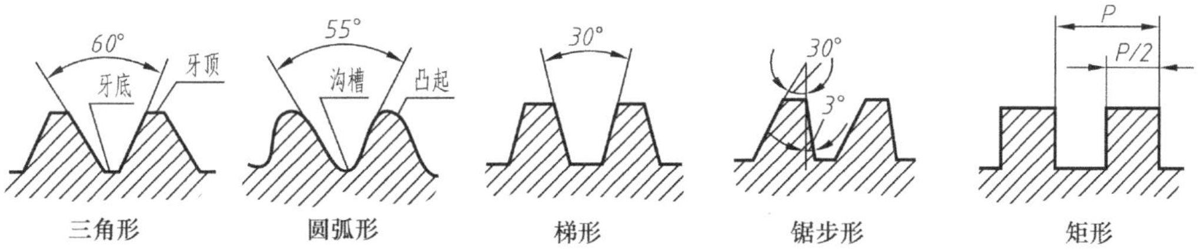


图 7.5　常见螺纹牙型

2. 直径

螺纹的直径有大径、小径和中径，如图 7.6 所示。常用螺纹大径来表示螺纹的规格大小，而用螺纹中径来控制精度。

大径是指与外螺纹的牙顶、内螺纹的牙底相切的假想圆柱的直径。内螺纹的大径用 $D$ 表示，外螺纹的大径用 $d$ 表示。国家标准规定，普通螺纹的公称直径是指螺纹大径的基本尺寸。

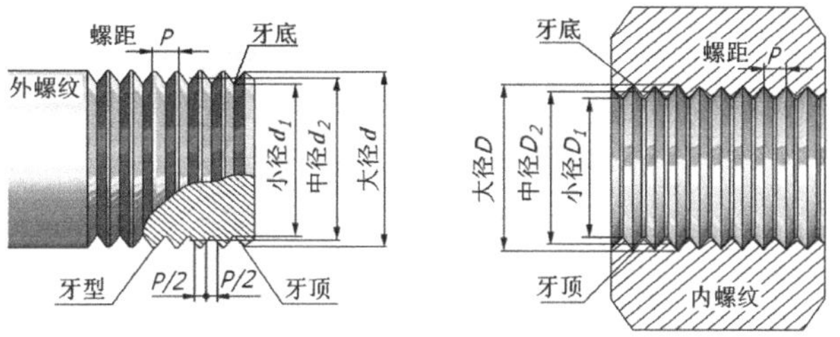


图 7.6　螺纹直径

小径是指和外螺纹的牙底或内螺纹的牙顶相切的假想圆柱的直径。内螺纹的小径用 $D_1$ 表示，外螺纹的小径用 $d_1$ 表示。为方便起见，外螺纹的大径 $d$ 或内螺纹的小径 $D_1$ 又称顶径。外螺纹的小径 $d_1$ 或内螺纹的大径 $D$ 又称为底径。

中径是一个假想圆柱的直径，该圆柱的母线（称为中径线）通过牙型上沟槽和凸起宽度相等的地方，此圆柱称为中径圆柱。内、外螺纹的中径分别用 $D_2$ 和 $d_2$ 表示。

3. 线数

在同一圆柱（或圆锥）表面上形成的螺纹条数称为螺纹线数，用 $n$ 表示。螺纹有单线螺纹和多线螺纹之分：沿一条螺纹线形成的螺纹，称为单线螺纹，如图 7.7（a）所示。沿两条或两条以上，且在轴向等距分布的螺旋线所形成的螺纹，称为多线螺纹，如图 7.7（b）所示。

4. 螺距和导程

螺纹上相邻两牙在中径线上对应两点之间的轴向距离称为螺距，用 $P$ 表示。同一条螺纹线上相邻两牙在中径线上对应点之间的轴向距离称为导程，用 $P_h$ 表示，如图 7.7 所示。

螺距、导程、线数的关系：对于单线螺纹，$P_h=P$；对于多线螺纹：$P_h=nP$ 。

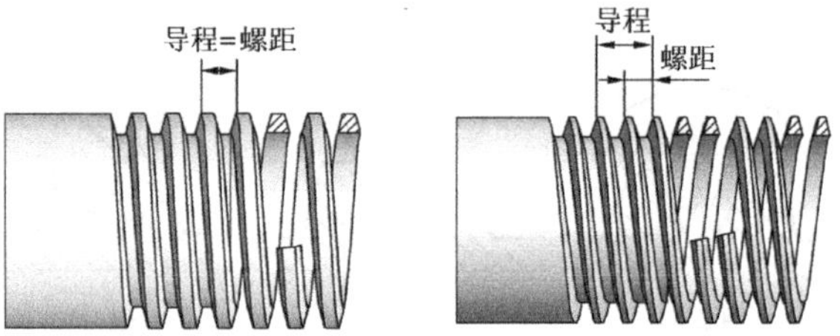


（a）单线螺纹　　（b）双线螺纹

图 7.7　螺纹的线数、螺距和导程

5. 旋向

螺纹旋向分为右旋（RH）和左旋（LH）两种。顺时针旋转时旋合，逆时针旋转时退出的螺纹为右旋螺纹；逆时针旋转时旋合，顺时针旋转时退出的螺纹为左旋螺纹。判断方法：将外螺纹竖直放置，螺纹方向右上左下则为右旋，螺纹方向左上右下则为左旋。

以左、右手判断左旋和右旋螺纹的方法如图 7.8 所示。工程上多用右旋螺纹，因此规定在螺纹标记中“RH”不标注。

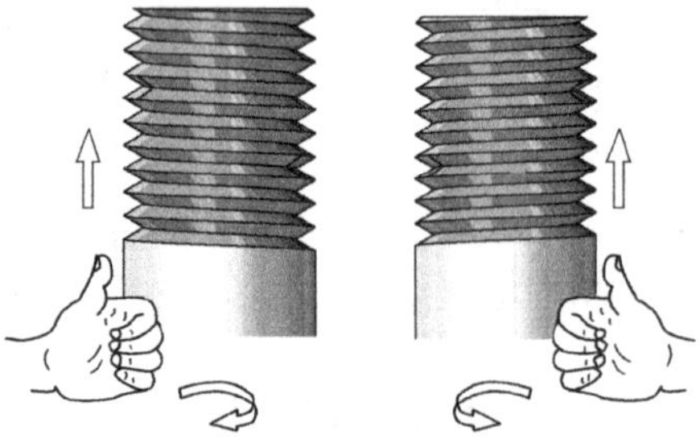

（a）左旋　　（b）右旋

图 7.8　螺纹的旋向

### 7.1.3　螺纹的规定画法

对于螺纹的视图，若按其真实的投影来画十分麻烦。为了便于绘图，国家标准（GB/T 4459.1—1995《机械制图—螺纹及螺纹紧固件表示法》）规定了螺纹在机械制图中的画法。

1. 外螺纹的规定画法

外螺纹的大径用粗实线表示，小径用细实线表示。画图时螺纹小径尺寸近似取 $d_1$=0.85$d$。

在不反映圆的视图中，小径的细实线应画入倒角内，螺纹终止线用粗实线表示；在反映圆的视图中，外螺纹大径画成粗实线圆，表示小径的细实线圆只画约 3/4 圈，螺杆端面上的倒角圆省略不画，如图 7.9（a）、图 7.9（b）和图 7.9（c）所示。

当需要表示螺纹收尾时，螺纹尾部的小径用与轴线呈 30° 的细实线绘制，如图 7.9（b）所示。当外螺纹被剖切时，剖切部分的螺纹终止线只画到小径处，剖面线画到粗实线处，如图 7.9（c）所示。

2. 内螺纹的规定画法

内螺纹通常采用剖视图表达。在不反映圆的视图中，大径用细实线表示，小径和螺纹终止线用粗实线表示，且小径尺寸取大径的 0.85 倍，注意剖面线应画到粗实线处；在反映圆的视图中，外螺纹小径画成粗实线圆，表示大径的细实线圆只画约 3/4 圈，孔口倒角圆不画，如图 7.10（a）所示。

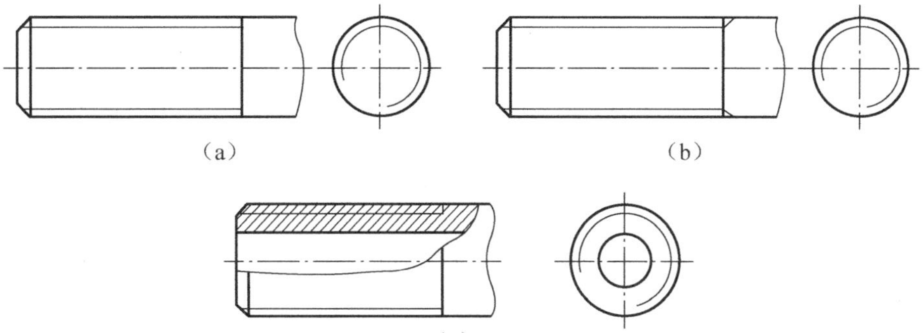
（a）　（b）　（c）

图 7.9　外螺纹的规定画法

当螺孔不作剖视时，在不反映圆的视图中，大径、小径和螺纹终止线都画成虚线，如图 7.7（b）所示。

当绘制不通孔螺纹时，螺纹终止线到孔的末端的距离可按 0.5*D* 绘制(其中 *D* 为螺纹大径)，且孔底顶角为 120°，如图 7.10（a）和图 7.10（b）所示。

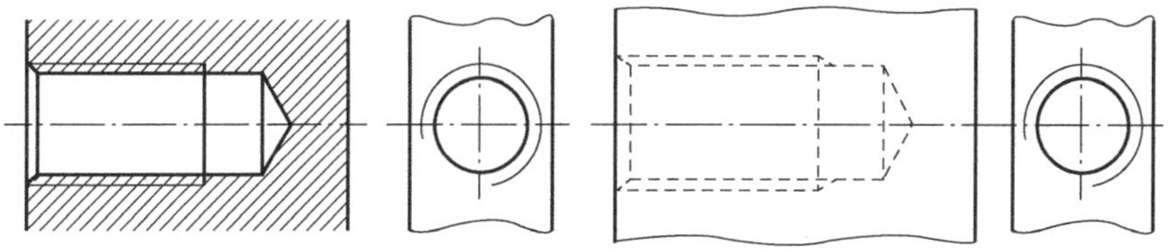
（a）　（b）

图 7.10　内螺纹的规定画法

3. 内、外螺纹连接的规定画法

用剖视图表示螺纹连接时，旋合部分按外螺纹的画法绘制，未旋合部分按各自规定的画法绘制，如图 7.11（a）和图 7.11（b）所示。

画图时必须注意：表示内、外螺纹大径的细实线和粗实线，以及表示内、外螺纹小径的粗实线和细实线应分别对齐；外螺纹若为实心杆件，当剖切平面过轴线画剖视图时，按不剖绘制，如图 7.11（a）所示。

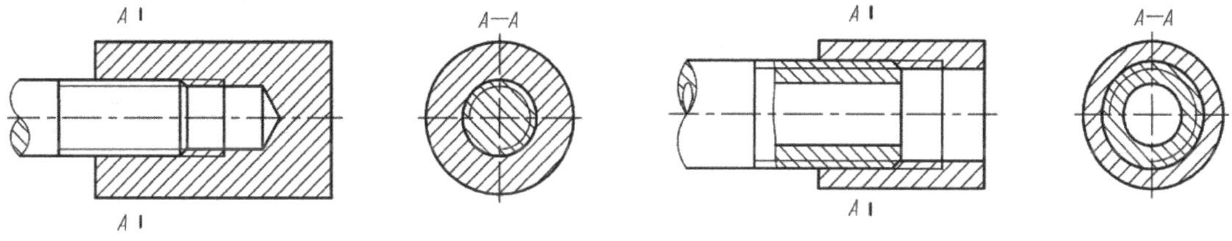

（a）　（b）

图 7.11　内、外螺纹连接的规定画法

4. 螺纹牙型的表示法

螺纹牙型一般不需要在图形中画出，当需要表示螺纹牙型时，可按图 7.12 形式绘制。

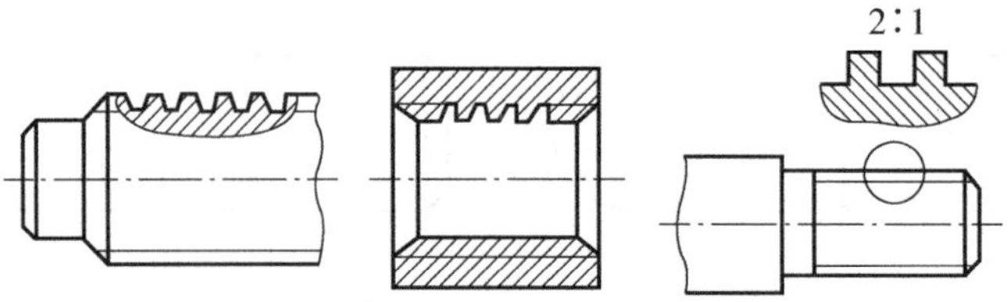


（a）外螺纹局部剖　　（b）内螺纹全剖　　（c）局部放大图

图 7.12　螺纹牙型表示法

5. 螺纹孔相贯线的画法

两螺纹孔或螺纹孔与光杆相贯时，其相贯线按螺纹的小径画出，如图 7.13 所示。

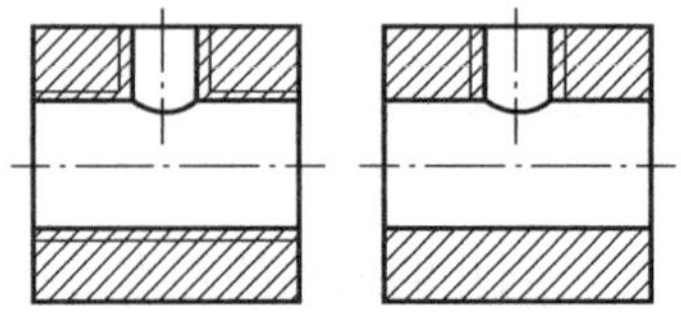

图 7.13　螺纹孔相贯线

6. 圆锥螺纹画法

具有圆锥螺纹的零件，其螺纹部分在投影为圆的视图中，只需画出一端螺纹视图，如图 7.14 所示。

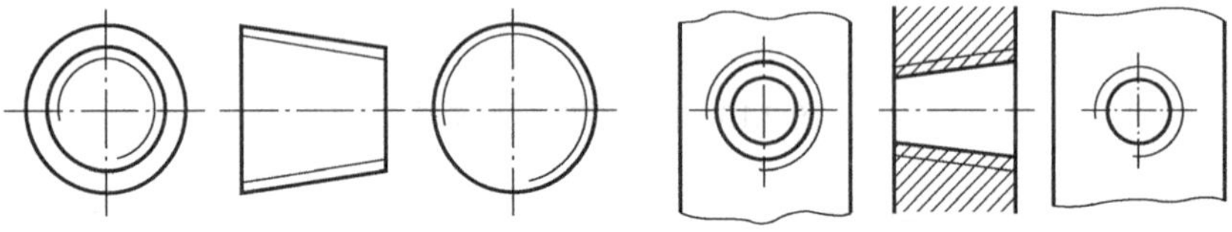

（a）外螺纹　　（b）内螺纹

图 7.14　圆锥螺纹的画法

### 7.1.4　螺纹的种类和标记

1. 螺纹的种类

为了便于设计计算和加工制造，国家标准对有些螺纹（如普通螺纹、梯形螺纹等）的牙型、直径和螺距都做了规定。牙型、直径和螺距都符合标准的螺纹称为标准螺纹。牙型符合标准、直径或螺距不符合标准的螺纹称为特殊螺纹。凡是牙型不符合标准的螺纹（如矩形螺纹），称为非标准螺纹。

螺纹不仅可以按螺纹的标准化程度来分，而且也可以按用途分为连接螺纹和传动螺纹。

1）连接螺纹

连接螺纹常用的有两种，即普通螺纹和管螺纹。连接螺纹的共同特点是牙型均为三角形，其中普通螺纹的牙型角为 60°，管螺纹的牙型角为 55°。

普通螺纹分为粗牙普通螺纹和细牙普通螺纹。同一种大径的普通螺纹，一般有几种螺距，螺距最大的一种称为粗牙普通螺纹，其余称为细牙普通螺纹。一般连接多用粗牙，而细牙多用于薄壁零件连接。

管螺纹分为非螺纹密封的管螺纹和用螺纹密封的管螺纹。管螺纹多用于水管、油管和输气管上。

2）传动螺纹

传动螺纹用于传递运动和动力，其牙型有梯形和锯齿型等。表 7-1 介绍了常用标准螺纹的种类和有关说明。

**表 7-1　螺纹的种类和说明**

| 螺纹分类 | | | | 牙型及牙型角 | 牙型符号 | 说明 |
| --- | --- | --- | --- | --- | --- | --- |
| 连接螺纹 | 普通螺纹 | 粗牙 | | 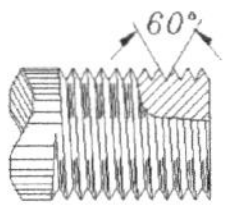 | M | 用于一般零件的连接；用于精密零件、薄壁零件或负荷大的零件 |
| | | 细牙 | | | | |
| | 管螺纹 | 非螺纹密封的管螺纹 | | 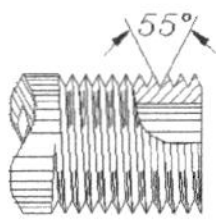 | G | 用于非螺纹密封的低压管路的连接 |
| | | 用螺纹密封的管螺纹 | 圆锥外 | 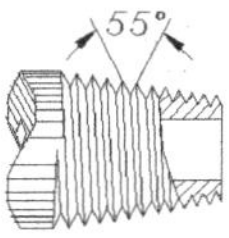 | R | 用于螺纹密封的中、高压管路的连接 |
| | | | 圆锥内 | 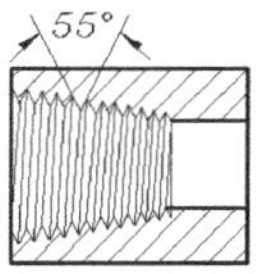 | $R_C$ | |
| | | | 圆柱内 | 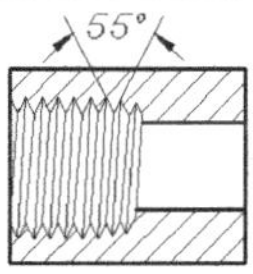 | $R_P$ | |
| 传动螺纹 | 梯形螺纹 | | | 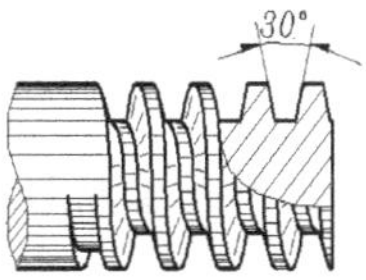 | Tr | 可双向传递运动和动力，例如车床丝杠 |
| | 锯齿形螺纹 | | | 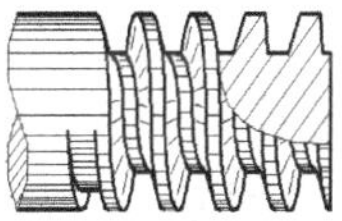 | B | 只能传递单向动力，例如千斤顶丝杠 |

2. 常用螺纹的规定标记

由于螺纹的规定画法不能表达出螺纹的种类和螺纹的要素，因此在图中需要对标准螺纹进行正确的标注。下面分别介绍各种螺纹的标注方法。

1）普通螺纹

国标 GB/T 197—2003 规定的普通螺纹完整标注依次由下列五部分组成：螺纹特征代号、尺寸代号、公差带代号、旋合长度代号、旋向代号。

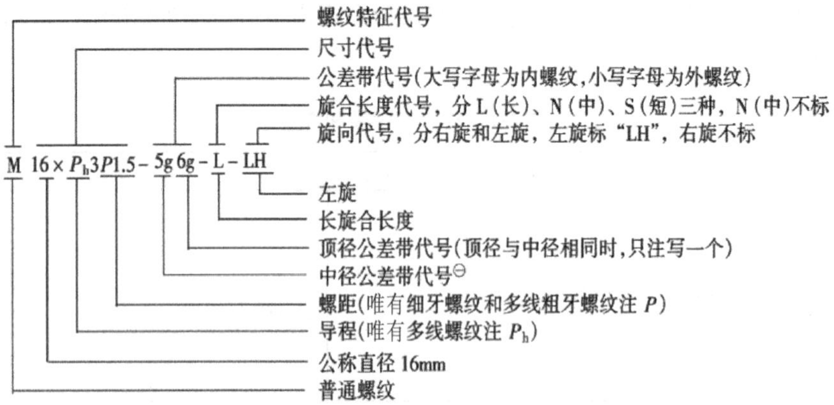


在特定情况下，对中等公差精度螺纹不标注公差带代号（内螺纹：5H，公称直径小于和等于 1.4mm 时；内螺纹：6H，公称直径大于和等于 1.6mm 时。外螺纹：5h，公称直径小于和等于 1.4mm 时；外螺纹：6h，公称直径大于和等于 1.6mm 时。）

2）传动螺纹

传动螺纹主要指梯形螺纹和锯齿形螺纹，它们也用尺寸标注形式，标注在内、外螺纹的大径上，其标注的具体项目及格式如下：

螺纹代号 公称直径×导程（*P* 螺距）旋向－中径公差带代号－旋合长度代号

梯形螺纹的螺纹代号用字母“Tr”表示，锯齿形螺纹的特征代号用字母“B”表示。

多线螺纹标注导程与螺距，单线螺纹只标注螺距。

右旋螺纹不标注代号，左旋螺纹标注字母“LH”。

传动螺纹只注中径公差带代号。

旋合长度只注“S”（短）、“L”（长），中等旋合长度代号“N”省略标注。

3）管螺纹

管螺纹的标记必须标注在大径的引出线上。常用的管螺纹分为螺纹密封的管螺纹和非螺纹密封的管螺纹。

**注意：**管螺纹的尺寸代号并不是指螺纹大径，也不是管螺纹本身任何一个直径，其大径和小径等参数可从有关标准中查出。

管螺纹标注的具体项目及格式如下。

密封管螺纹：螺纹特征代号　尺寸代号 × 旋向代号

非密封管螺纹：螺纹特征代号　尺寸代号 公差等级代号 － 旋向代号螺纹密封螺纹又细分如下：与圆柱内螺纹相配合的圆锥外螺纹，其特征代号是 $R_1$；与圆锥内螺纹相配合的圆锥外螺纹，其特征代号为 $R_2$；圆锥内螺纹，特征代号是 $R_c$；圆柱内螺纹，特征代号是 $R_p$。旋向代号只注左旋“LH”。

表 7-2 是部分螺纹的标记示例。

**表 7-2　部分螺纹的标记示例**

| 螺纹类别 | | 特征代号 | | 标注示例 | 说明 |
|---|---|---|---|---|---|
| 连接螺纹 | 普通螺纹 | M | 粗牙 | 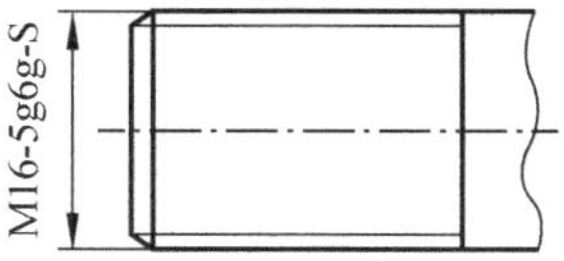 | 粗牙普通螺纹，公称直径 $\phi 16$，螺距 2（查表获得）；中径公差带代号是 5g，顶径公差带代号 6g；短旋合长度；右旋 |
| | | | 细牙 | 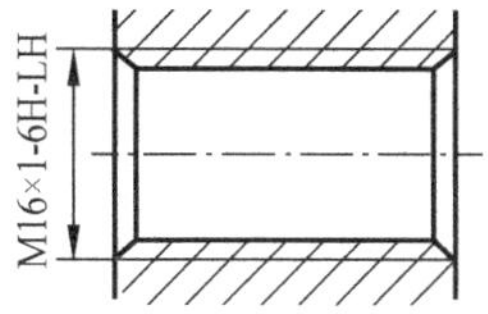 | 细牙普通螺纹，公称直径 $\phi 16$，螺距 1；中径和顶径公差带代号都是 6H；中等旋合长度；左旋 |
| | 管螺纹 | G | 55° 非密封管螺纹 | 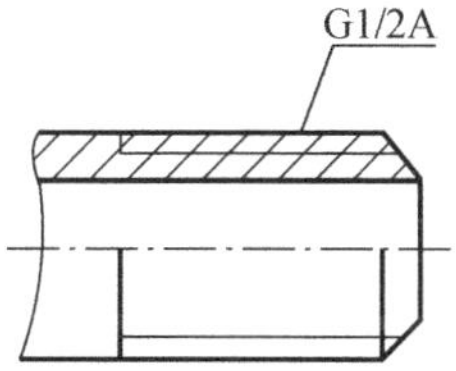 | 外螺纹公差等级代号为 A、B 两级，内螺纹公差等级只有一种，故不标注；左旋螺纹标注“LH”，右旋不标注 |
| | | $R_C$ $R_P$ $R_1$ $R_2$ | 55° 密封管螺纹 | 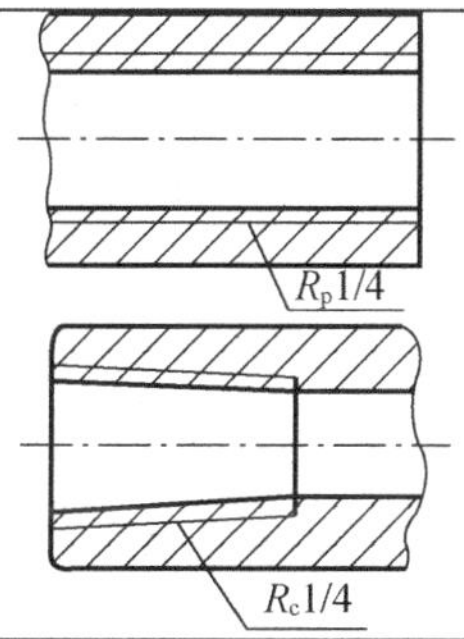 | $R_1$—与圆柱内螺纹相配合的圆锥外螺纹，$R_2$—与圆锥内螺纹相配合的圆锥外螺纹，$R_c$—圆锥内螺纹，Rp—圆柱内螺纹；内、外螺纹均只有一种公差带，故不标注；左旋螺纹标注“LH”，右旋不标注 |
| 传动螺纹 | 梯形螺纹 | Tr | | 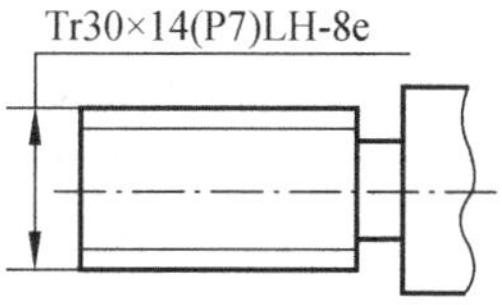 | 梯形螺纹，公称直径 $\phi 30$，导程 14（螺距 7），中径公差带代号 8e；中等旋合长度；左旋 |
| | 锯齿形螺纹 | B | | 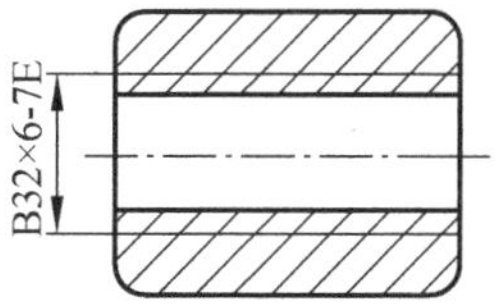 | 锯齿形螺纹，公称直径 $\phi 32$，螺距 6，中径公差带代号 7E；中等旋合长度；右旋 |
| | 矩形螺纹 | 非标准螺纹 | | 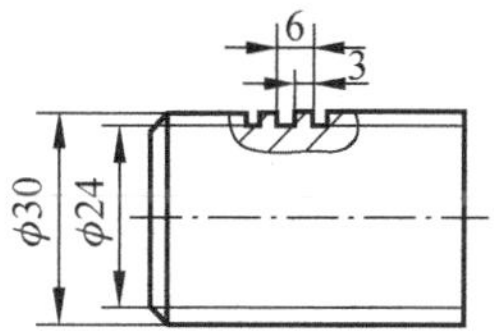 | 非标准螺纹必须画出牙型和标注出有关螺纹结构的全部尺寸 |

# 7.2 常用螺纹紧固件

## 7.2.1 常用螺纹紧固件的种类和画法

### 1. 螺纹紧固件的种类

常用螺纹紧固件有螺栓、双头螺柱、螺母、螺钉和垫圈等，如图 7.15 所示。

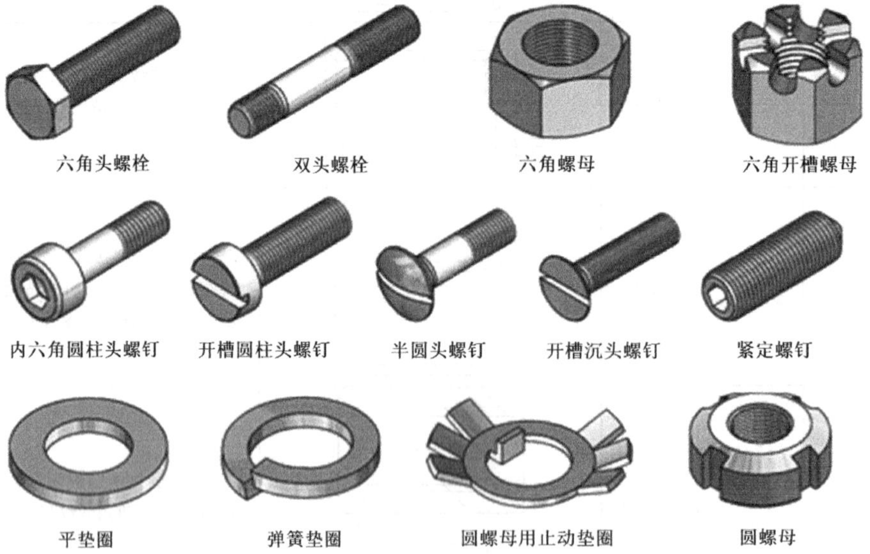


图 7.15 常用的螺纹紧固件

表 7-3 所列为常用螺纹紧固件的图例及标记示例，需要时可根据其标记从标准中查得各部分尺寸。

**表 7-3 螺纹紧固件的图例及标记示例**

| 名称及标准代号 | 图例和标注 | 标记示例 |
|---|---|---|
| 六角头螺栓<br>GB/T 5782—2000 | 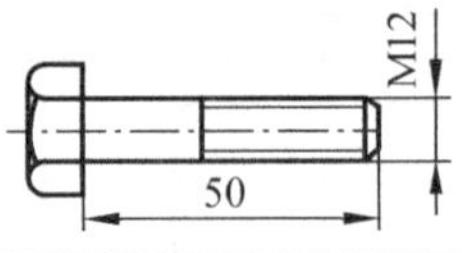 | 螺纹规格 $d$=M12，公称长度 $l$=50，性能等级为 8.8 级，表面氧化、杆身半螺纹，产品等级为 A 级的六角头螺栓：<br>螺栓 GB/T 5782 M12×50 |
| 双头螺柱（$b_m$=1.25$d$）<br>GB/T 897—1988<br>GB/T 898—1988<br>GB/T 897—1988<br>GB/T 900—1988 | 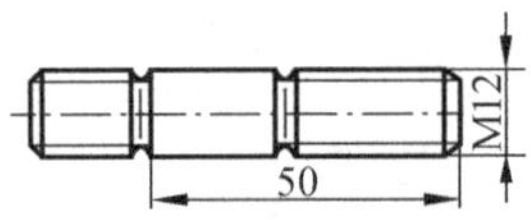 | 两端均为粗牙普通螺纹，螺纹规格 $d$=M12，公称长度 $l$=50，性能等级为 4.8 级，不经表面处理、A 型双头螺柱：<br>螺柱 GB/T 899 AM12×50 |
| 六角螺母<br>GB/T 6170—2000 | 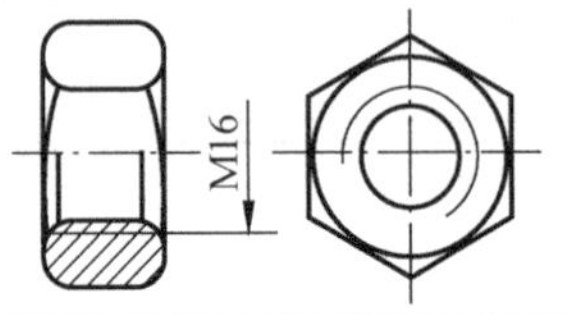 | 螺纹规格 $D$=M16，性能等级为 8 级，不经表面处理、产品等级为 A 级的六角螺母：<br>螺母 GB/T 6170 M16 |

续表

| 名称及标准代号 | 图例和标注 | 标记示例 |
|---|---|---|
| 平垫圈<br>GB/T 97.1—2002 | 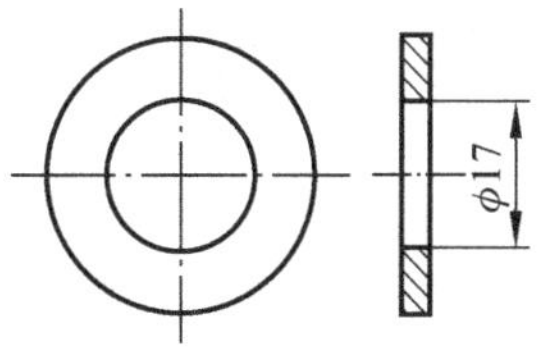 | 标准系列、规格 16mm，性能等级为 200HV 级，不经表面处理的平垫圈：<br>垫圈　GB/T 97.1 16 |
| 标准型弹簧垫圈<br>GB/T 93—1987 | 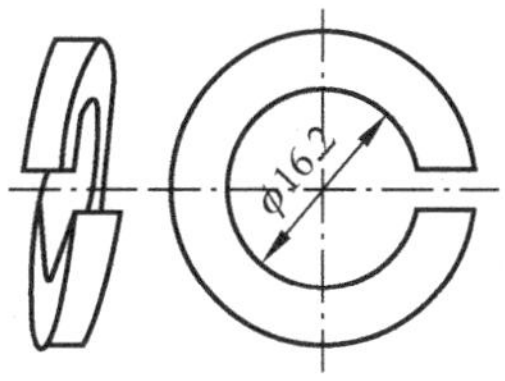 | 规格 16mm，材料为 65Mn、表面氧化的标准型弹簧垫圈：<br>垫圈　GB/T 93 16 |
| 开槽沉头螺钉<br>GB/T 68—2000 | 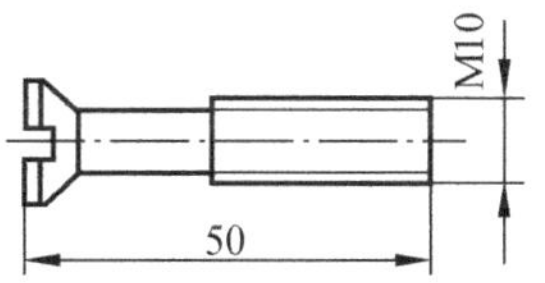 | 螺纹规格 $d$=M10，公称长度 $l$=50，性能等级为 4.8 级，不经表面处理的开槽沉头螺钉：<br>螺钉　GB/T 68 M10×50 |
| 开槽锥端紧定螺钉<br>GB/T 71—1985 | 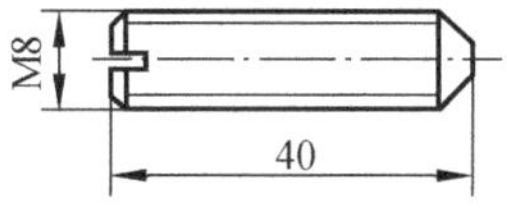 | 螺纹规格 $d$=M8，公称长度 $l$=40，性能等级为 4.8 级，不经表面处理的开槽盘头螺钉：<br>螺钉　GB/T 67 M8×40 |

2. 常用螺纹紧固件的画法

对于已经标准化了的螺纹紧固件，虽然一般不需要单独绘制其零件图，但是在装配图中经常需要它。因此，还必须掌握螺纹紧固件的画法。通常，螺纹紧固件的绘制方法按照其尺寸来源的不同，分为查表画法和比例画法两种。

1）查表画法

根据紧固件的标记，在标准中（附录）查得各有关尺寸后进行作图。例如，需要绘制下列六角头螺栓、六角螺母和平垫圈的视图时，可从附录的相应标准中查得其主要尺寸。

（1）螺栓 GB/T 5782M12×50

由 GB/T 5782—2000 中查得：螺栓直径 $d$=12，螺纹长度 $b$=30，螺栓杆部长 $l$=50，六角头的对角距 $e_{min}$=20.03，对边距 $s$=18，厚度 $k$=7.5。

（2）螺母 GB/T 6170M12

由 GB/T 6170—2000 中查得：螺纹规格 $D$=12，六角头的对角距 $e_{min}$=20.03，对边距 $s$=18，厚度 $m$=10.8。

（3）垫圈 GB/T 97.112

由 GB/T97.1—2000 中查得：规格为 12 的垫圈的内径 $d_1$=13，外径 $d_2$=24，厚度 $h$=2.5。

根据上述尺寸，即可绘制出它们的视图，如图 7.16 所示。

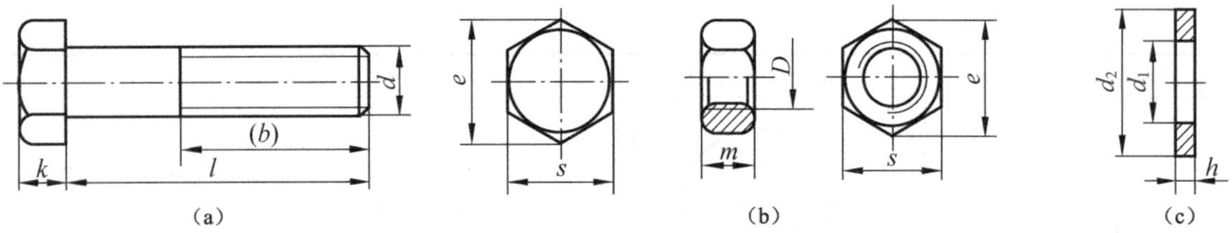


图 7.16　螺栓、螺母、垫圈的视图

2）比例画法

为了提高画图速度，在知道了紧固件的规格（直径 $d$、$D$）后，就可以按照一定的比例关系来进行画图，这种方法称为比例画法。采用比例画法时，紧固件的有效长度按被连接件的厚度决定，并且按照实际长度画出，如图 7.17 所示。

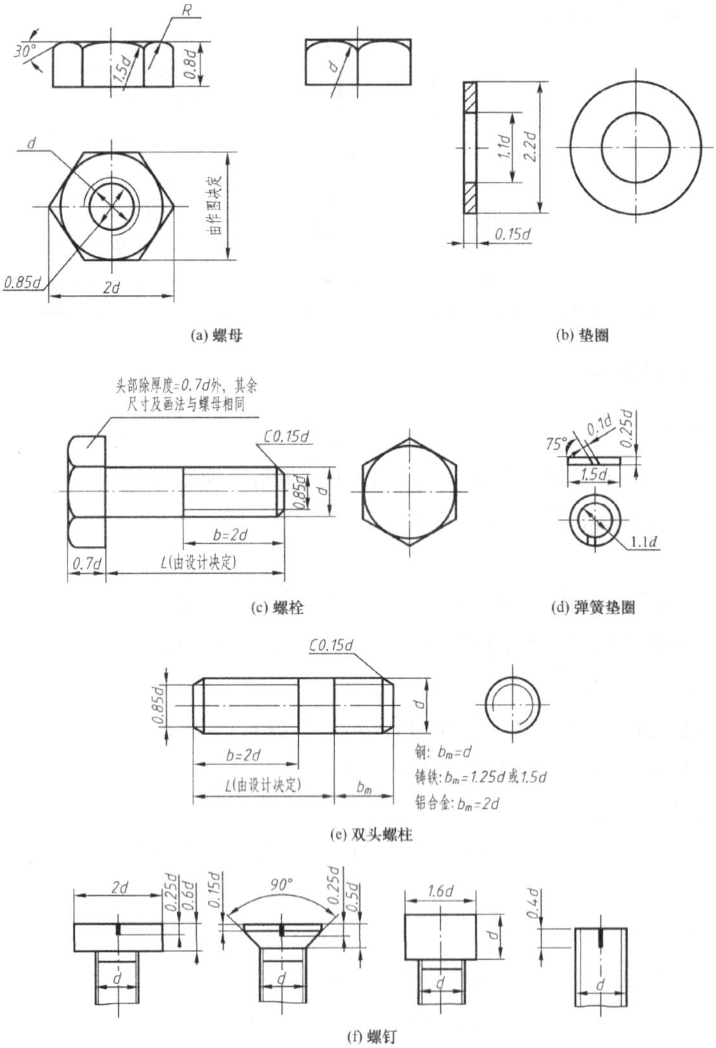


图 7.17　常见紧固件的比例画法

### 7.2.2 常用螺纹紧固件的连接画法

1. 螺栓连接

螺栓用来连接两个不太厚并能钻成通孔的零件。螺栓连接由螺栓、螺母、垫圈组成，图 7.18 所示为用螺栓连接两块板的装配示意图。螺栓连接的比例画法和简化画法见图 7.19（a）和图 7.19（b）所示。

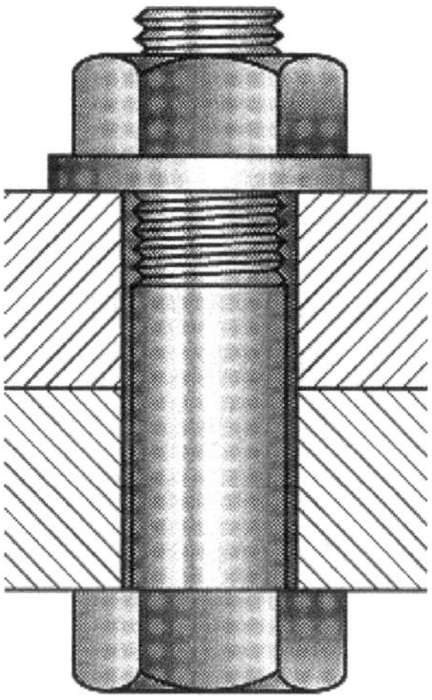

图 7.18 螺栓连接装配示意图

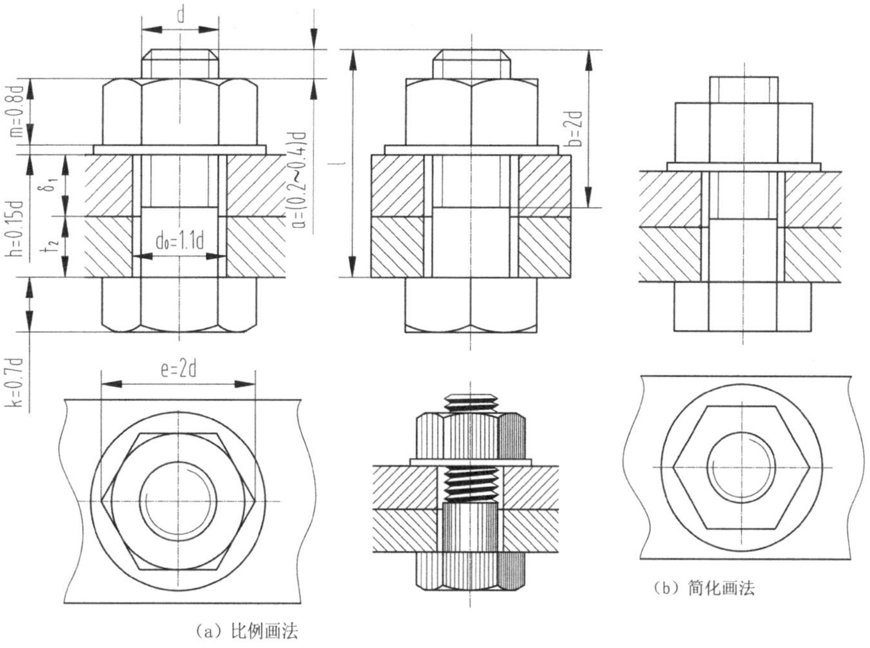


（b）简化画法

（a）比例画法

图 7.19 螺栓连接

绘制画螺栓连接时，应注意以下几点：

（1）两零件的接触表面只画一条线，并不得加粗。凡是不接触的表面，不论间隙大小，都应画出间隙（如螺栓和孔之间应画出间隙）。

（2）剖切平面通过螺栓轴线时，螺栓、螺母、垫圈可按不剖绘制，但仍要画出外形。必要时，可采用局部剖视。

（3）两零件相邻接时，不同零件的剖面线方向应相反，或者方向一致而间隔不等。

（4）螺栓长度 $L \geqslant \delta_1 + \delta_2 +$ 垫圈厚度 $h +$ 螺母厚度 $m + a$，根据上式的估计值，然后选取与估算值相近的标准长度值作为 $L$ 值。$a$ 是螺栓伸出螺母的长度，一般取 0.3 $d$（$d$ 为螺栓公称直径）

（5）被连接件上加工的螺栓孔直径稍大于螺栓公称直径 $d$，通常取 1.1$d$。

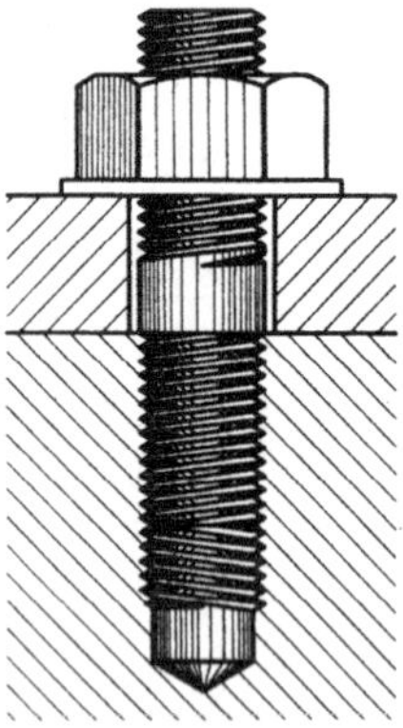

图 7.20　双头螺柱连接装配示意

2. 螺柱连接

当两个被连接件中有一个很厚，或者不适合用螺栓连接时，常用双头螺柱连接。双头螺柱连接由双头螺柱、螺母、垫圈组成，双头螺柱拧入被连接零件的一端称为旋入端；与垫圈、螺母连接称为紧固端，图 7.20 所示为双头螺柱连接装配示意。螺柱连接的比例画法和简化画法见图 7.21（a）和图 7.21（b）所示。

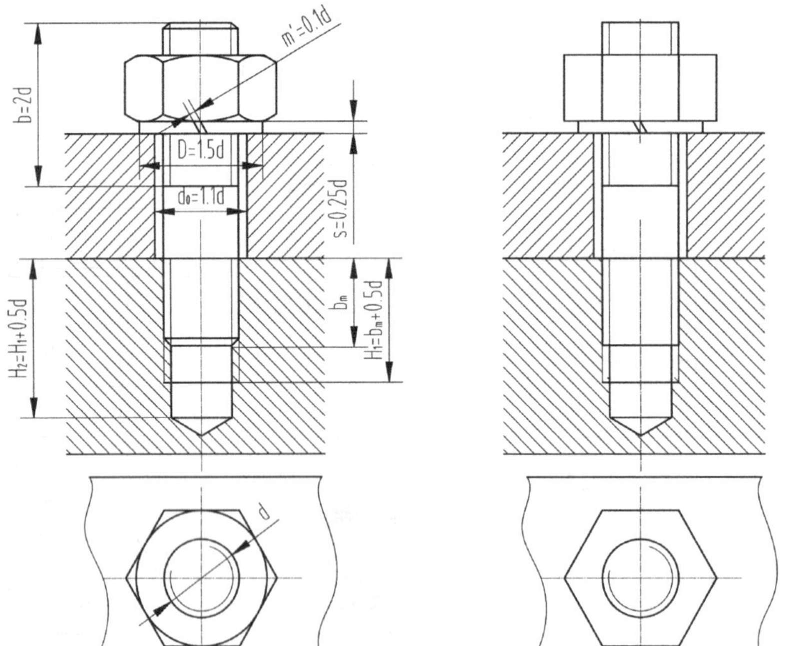


图 7.21　双头螺柱连接装配图画法

绘制双头螺柱连接时应注意以下几点：

（1）旋入端的螺纹终止线应与结合面平齐，表示旋入端已经拧紧。

（2）旋入端的长度 $b_m$ 要根据被旋入件的材料而定，被旋入端的材料为钢时，$b_m = 1d$（$d$

为螺柱公称直径，以下相同）；被旋入端的材料为铸铁或铜时，$b_m$= 1. 25$d$ 或 1. 5$d$；被连接件为铝合金等轻金属时，取 $b_m$ = 2$d$。

（3）旋入端的螺孔深度取 $b_m$+0.5$d$，钻孔深度取 $b_m$+$d$，如图 7.21 所示。

（4）螺柱的公称长度 $L \geq \delta$ +垫圈厚度 $h$+螺母厚度 $m$+$a$，$a$ 一般取（0. 2～0. 3）$d$，然后选取与估算值相近的标准长度值作为 $L$ 值。

3. 螺钉连接

螺钉按用途分为连接螺钉和紧定螺钉两类。

连接螺钉一般用于受力不大又不需要经常拆卸的场合。它的两个被连接件，较厚的零件加工出螺孔，较薄的零件加工出通孔；将螺钉穿过通孔拧入螺孔当中，靠螺钉头部的压紧使两个零件连接起来，如图 7.22（a）所示。

绘制螺钉连接，其旋入端与螺柱相同，被连接板的孔部画法与螺栓相同，被连接板的孔径取 1. 1$d$（$d$ 为螺柱公称直径）。螺钉的有效长度 $L$= $\delta$ +$b_m$，并根据标准校正。

绘制螺钉连接时应注意以下两点：

（1）螺钉的螺纹终止线不能与结合面平齐，而应画在盖板的范围内。

（2）具有沟槽的螺钉头部，在主视图中应被放正，在俯视图中规定画成 45° 倾斜。

螺钉连接的比例画法如图 7.22（b）所示。

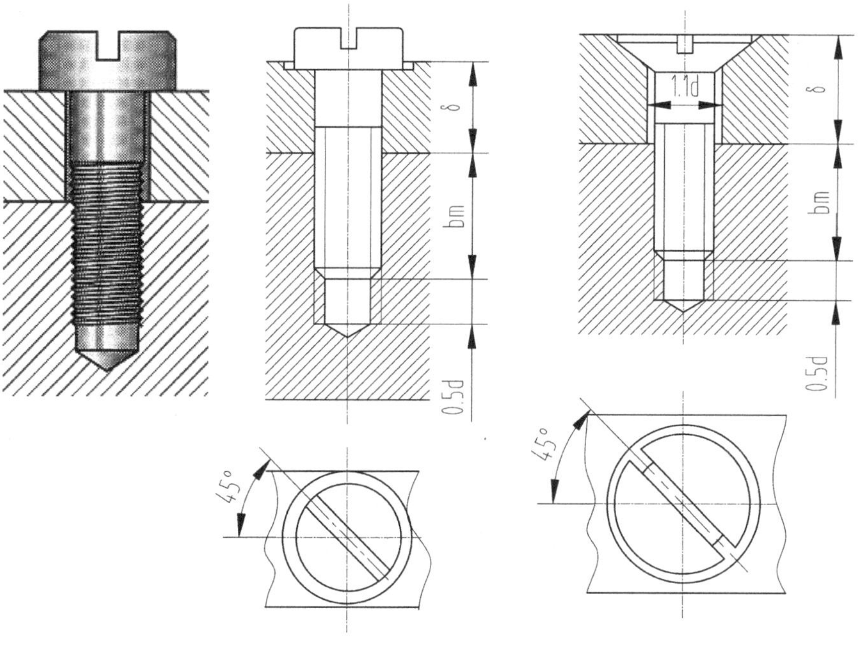


（a）　　（b）

图 7.22　螺钉连接的画法

紧定螺钉用来固定两零件的相对位置。如图 7.23 所示，要想将轴和轮固定在一起，可以先在轮毂的适当位置加工出螺孔，然后将轮和轴装配起来，以螺孔导入钻出锥坑，最后拧入紧定螺钉，使轮和轴的相对位置固定，以保证在运动时不产生轴向移动。

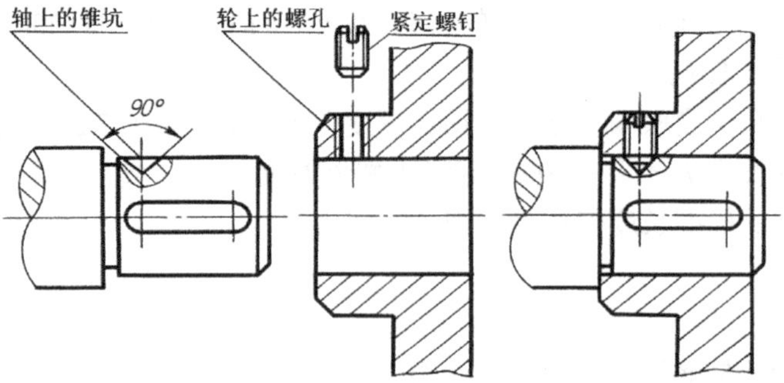


（a）连接前　　（b）连接后

图 7.23　紧定螺钉连接的画法

紧定螺钉的种类也比较多，一般按照落定的末端形式来划分，常见的紧定螺钉末端形式有倒角端、平端、圆柱端、锥端等。

## 7.3　键、销连接

### 7.3.1　键连接

键主要用于轴和轴上的零件（如带轮、齿轮等）之间的连接，起着传递扭矩的作用。如图 7.24 所示，将键嵌入轴上的键槽中，再将带有键槽的齿轮装在轴上，当轴转动时，因为键的存在，齿轮就与轴同步转动，以达到传递动力的目的。

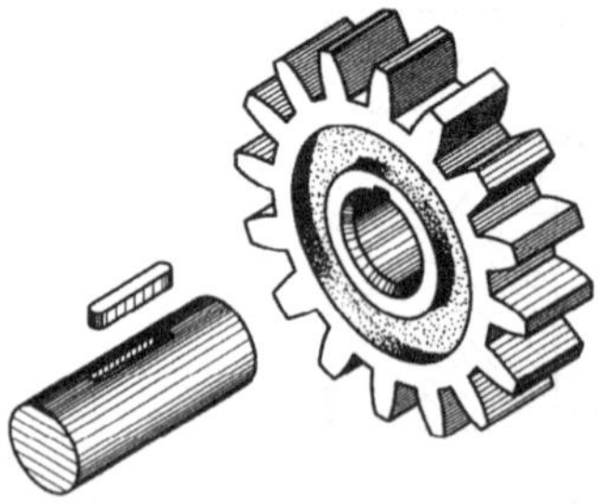

图 7.24　键连接

1. 键的种类和标记

键的种类很多，常用的有普通平键、半圆键和钩头楔键三种。其中普通平键最为常见，根据其头部结构的不同又可以分为圆头普通平键（A 型）、平头普通平键（B 型）和单圆头普通平键（C 型）三种型式。常用的键结构如图 7.25 所示。

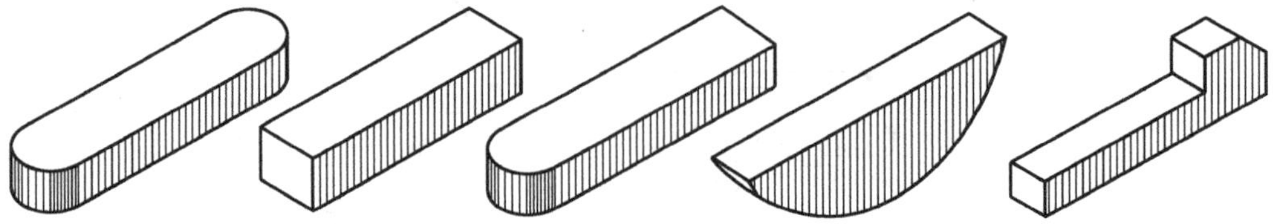

A 型平键　B 型平键　C 型平键　半圆键　钩头楔键

图 7.25　常用的几种键

各种键均属于标准件，它的尺寸和结构可从有关标准中查出，选用时可根据轴的直径查键的标准。表 7-4 列出了几种常用键的形式和标记示例。

表 7-4　常用键的形式和标记示例

| 名称 | 图例 | 标记示例 |
|---|---|---|
| 普通平键 | 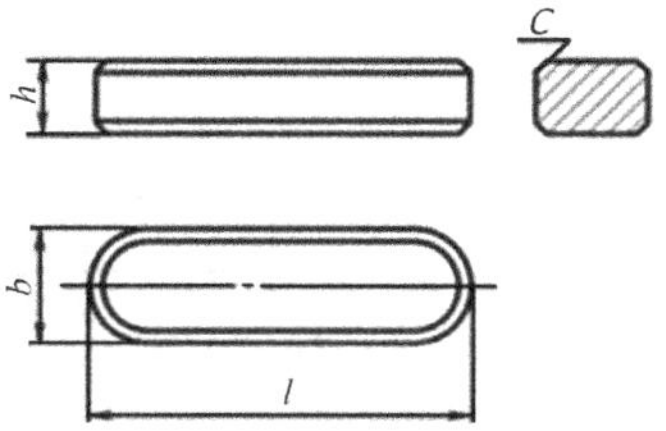 | $b$=16mm，$h$=10mm，$L$=50mm，方头普通平键（B 型）<br>标记：<br>键 B16×50 GB/T 1096—2003<br>（对于 A 型普通平键可以不标出 A） |
| 半圆键 | 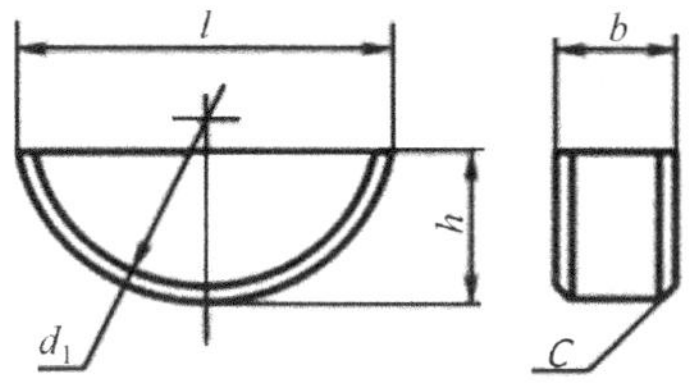 | $b$=10mm，$h$=13mm，$d_1$=32mm，$L$=31.4mm，半圆键<br>标记：<br>键 10×32 GB/T 1099—2003 |
| 钩头楔键 | 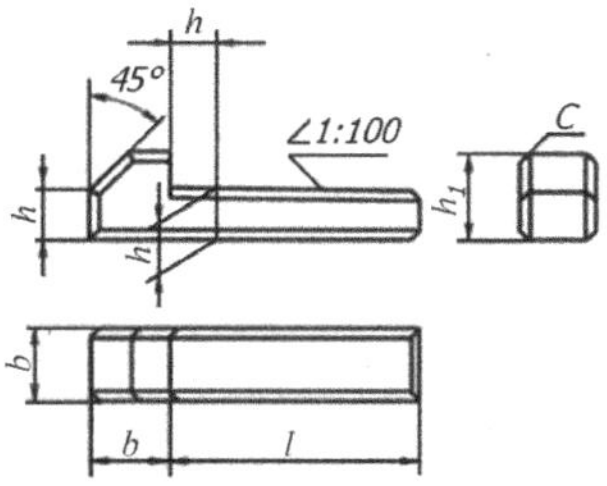 | $b$=18mm，$h$=11mm，$L$=50mm，钩头楔键<br>标记：<br>键 18×50 GB/T 1565—2003 |

2. 键连接的画法及尺寸标注

1）普通平键连接画法

采用普通平键连接时，键的长度 $L$ 和宽度 $b$ 要根据轴的直径 $d$ 和传递的扭矩大小从标准中选取适当值。轴和轮毂上的键槽的表达方法及尺寸标注如图 7.26 所示。在装配图上，普通平键的连接画法如图 7.27 所示。

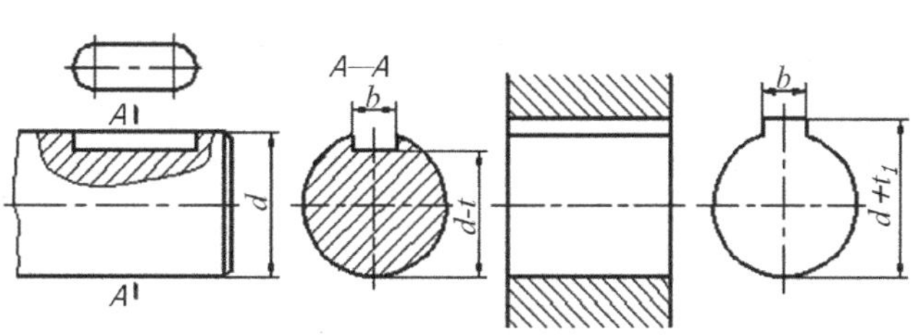


图 7.26　轴和轮毂上的键槽

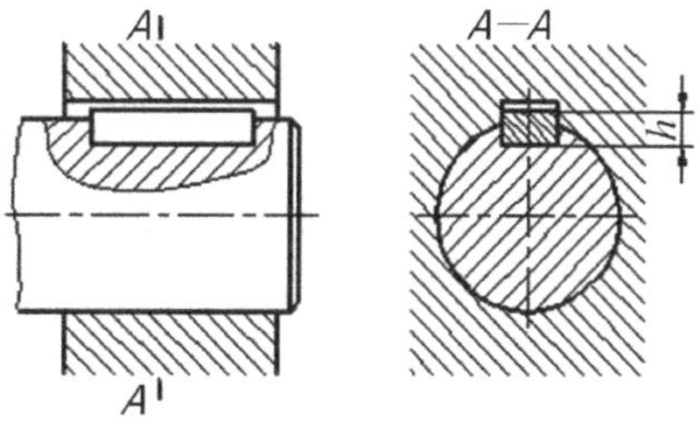


图 7.27　普通平键连接画法

普通平键连接画法的几点说明：

（1）普通平键和半圆键的两个侧面均为工作面，即键的两侧面与被连接零件接触。在装配图中，键和键槽侧面之间应不留间隙，接触面的投影处只画一条轮廓线。

（2）键的上表面和轮毂上键槽的底面为非接触面，即不接触，应留有间隙，画两条线。

（3）键是实心零件，当平行于键剖切时按不剖绘制，但当垂直于键剖切时按剖视绘制。

2）半圆键连接画法

半圆键连接常用于载荷不大的传动轴上，其画法与普通平键相似，键槽的表示方法和装配画法如图 7.28 所示。

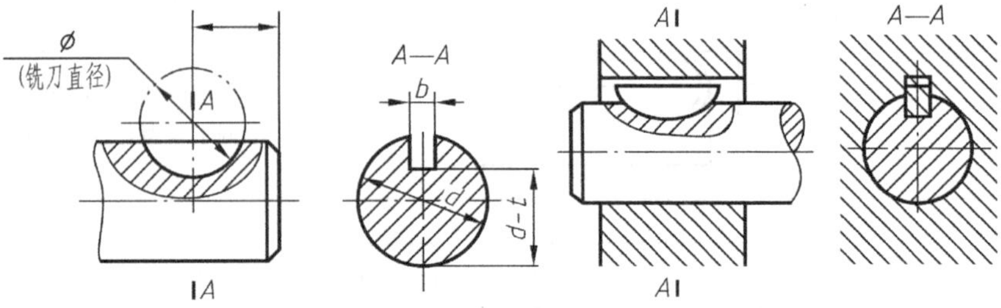


图 7.28　半圆键键槽表示及其连接画法

3）钩头楔键连接画法

钩头楔键的顶面有 1∶100 的斜度，键的顶面和底面同为工作面，两侧面为非工作面，但画图时侧面、槽底和槽顶都不留间隙，其装配图的画法如图 7.29 所示。

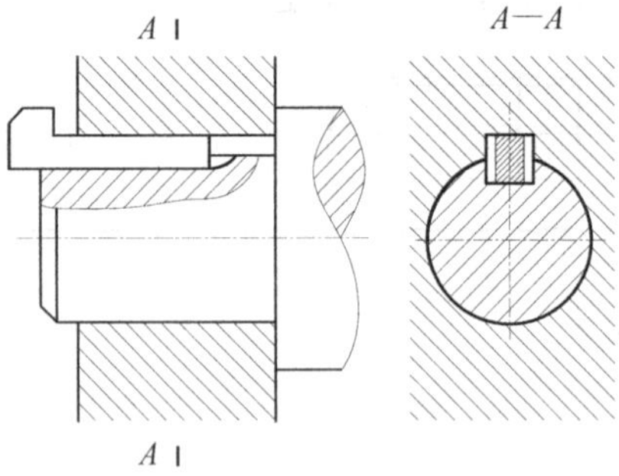


图 7.29　钩头楔键连接画法

### 7.3.2　销连接

销主要用来固定零件之间的相对位置，起定位作用，也可用于轴与轮毂的连接，传递不大的载荷，还可作为安全装置中的过载剪断元件。

常用的销有圆柱销、圆锥销和开口销等，如图 7.30 所示。它们的形式和尺寸都已经标准化，表 7-5 中列出了常见销的形式及其标记。

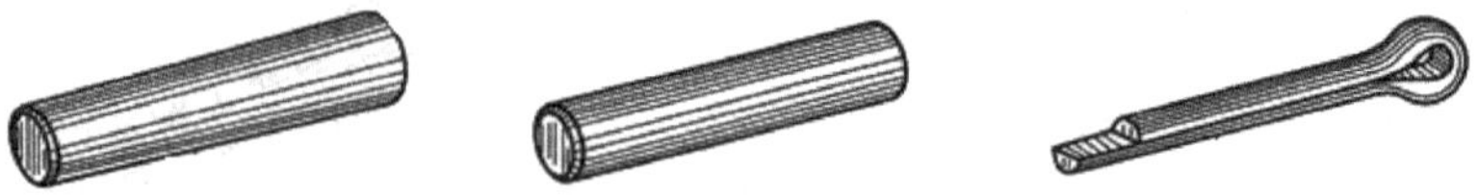

图 7.30　常见的销

表 7-5　常见销的形式及其标记

| 名称 | 标准号 | 图例 | 标记示例 |
| --- | --- | --- | --- |
| 圆柱销 | GB/T 119.1—2000 | 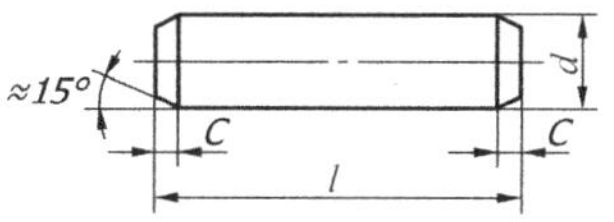 | 直径为 $d$=10mm，公差代号为 m6，长度 $l$=80mm，材料为钢，不经表面处理的圆柱销<br>销 GB/T 119.1 10m6×80 |
| 圆锥销 | GB/T 117—2000 | 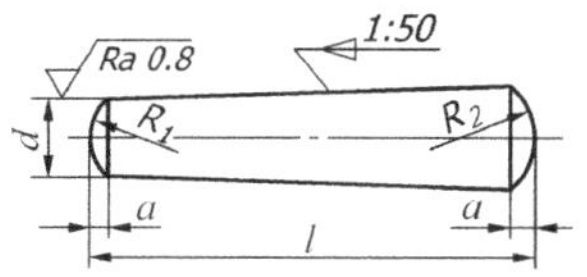 | 直径 $d$=10mm，长度 $l$=100mm，材料为 35 号钢，热处理硬度 28～38HRC，表面氧化处理的 A 型圆锥销<br>销 GB/T 117 10×100<br>圆锥销的公称尺寸是指小端直径 |
| 开口销 | GB/T 91—2000 | 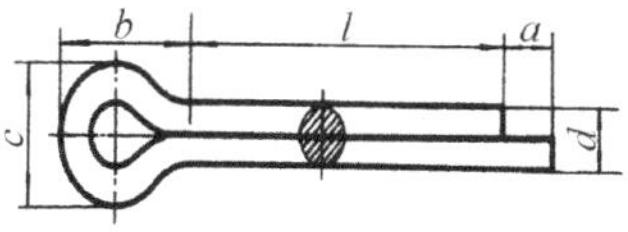 | 公称直径 $d$=4mm（指销孔直径），长度 $l$=20mm，材料为低碳钢，不经表面处理的开口销<br>销 GB/T 91 4×20 |

圆柱销和圆锥销可起定位和连接作用。圆柱销利用微量过盈固定在销孔中，经过多次装拆后，连接的紧固性及精度降低，故只宜用于不常拆卸处；圆锥销有 1∶50 的锥度，装拆比圆柱销方便，多次装拆对连接的紧固性及定位精度影响较小，因此应用广泛。

开口销常与六角开槽螺母配合使用，以防止螺母松动或限定其他零件在装配体中的位置。销连接的画法如图 7.31 所示。

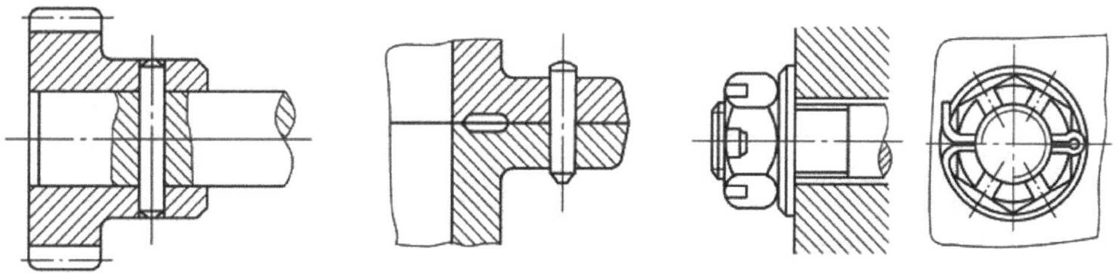

（a）圆柱销连接　　（b）圆锥销定位　　（c）开口销防止螺母松动

图 7.31　销连接的画法

## 7.4　滚动轴承

滚动轴承是用来支承旋转轴的部件，结构紧凑，摩擦阻力小，能在较大的载荷、较高的转速下工作，转动精度较高，在工业中应用十分广泛。滚动轴承的结构及尺寸已经标准化，由专业厂家生产，选用时可查阅有关标准。

### 7.4.1　滚动轴承的结构和种类

滚动轴承的结构一般由四部分组成，如图 7.32 所示。

外圈——装在机体或轴承座内，一般固定不动。

内圈——装在轴上，与轴紧密配合且随轴转动。

滚动体——装在内外圈之间的滚道中，有滚珠、滚柱、滚锥等类型。

保持架——用来均匀分隔滚动体，防止滚动体之间相互摩擦与碰撞。

滚动轴承按承受载荷的方向可分为以下三种类型：

向心轴承——主要承受径向载荷，常用的向心轴承如深沟球轴承。

推力轴承——只承受轴向载荷，常用的推力轴承如推力球轴承。

向心推力轴承——同时承受轴向和径向载荷，常用的如圆锥滚子轴承。

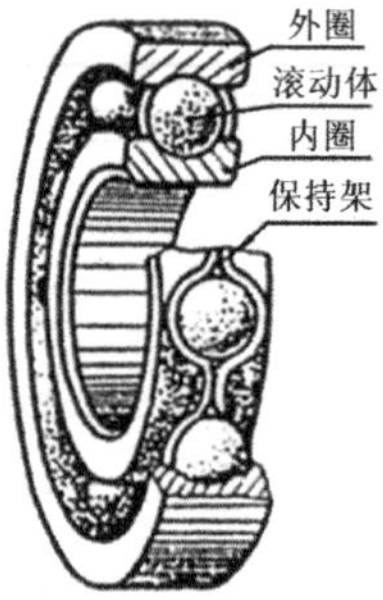


图 7.32　滚动轴承结构

### 7.4.2　滚动轴承的代号

滚动轴承的代号一般打印在轴承的端面上，由基本代号、前置代号和后置代号三部分组成，排列顺序如下：

前置代号　基本代号　后置代号

#### 1. 基本代号

基本代号表示滚动轴承的基本类型、结构及尺寸，是滚动轴承代号的基础。基本代号由轴承类型代号、尺寸系列代号和内径代号构成（滚针轴承除外），其排列顺序如下：

类型代号　尺寸系列代号　内径代号

1）类型代号

滚动轴承类型代号用阿拉伯数字或大写拉丁字母表示，其含义见表 7-6。

表 7-6　滚动轴承类型代号

| 代号 | 轴承类型 | 代号 | 轴承类型 |
|---|---|---|---|
| 0 | 双列角接触轴承 | 7 | 角接触球轴承 |
| 1 | 调心球轴承 | 8 | 推力圆柱滚子轴承 |
| 2 | 调心滚子轴承和推力调心滚子轴承 | N | 圆柱滚子轴承 |
| 3 | 圆锥滚子轴承 | NN | 双列或多列圆柱滚子轴承 |
| 4 | 双列深沟球轴承 | U | 外球面球轴承 |
| 5 | 推力球轴承 | QJ | 四点接触球轴承 |
| 6 | 深沟球轴承 | | |

2）尺寸系列代号

尺寸系列代号由滚动轴承的宽（高）度系列代号和直径系列代号组合而成，用两位数字表示。它主要用来区别内径相同而宽（高）度和外径不同的轴承。详细情况请查阅有关标准。

3）内径代号

内径代号表示轴承的公称内径。详细情况请查阅有关标准。

#### 2. 前置代号和后置代号

前置代号和后置代号是轴承在结构形状、尺寸、公差、技术要求等有改变时，在其基本代号左、右添加的补充代号。详细情况可查阅有关的国家标准。

轴承代号标记示例：

6208：第一位数 6 表示类型代号，为深沟球轴承。第二位数 2 表示尺寸系列代号，宽度系列代号 0 省略，直径系列代号为 2。后两位数 08 表示内径代号，$d$=8×5=40mm。

N2110：第一个字母 N 表示类型代号，为圆柱滚子轴承。第二、三两位数 21 表示尺寸系列代号，宽度系列代号为 2，直径系列代号为 1。后两位数 10 表示内径代号，内径 $d$=10×5=50mm。

### 7.4.3　滚动轴承的画法

国家标准 GB/T4459.7—1998 对滚动轴承的画法作了统一规定，有简化画法和规定画法，简化画法又分为通用画法和特征画法两种。

1. 简化画法

用简化画法绘制滚动轴承时，应采用通用画法或特征画法。但在同一图样中，一般只采用其中的一种画法。

1）通用画法

在剖视图中，当不需要确切地表示滚动轴承的外形轮廓、载荷特性、结构特征时，可用矩形线框以及位于线框中央正立的十字形符号来表示。矩形线框和十字形符号均用粗实线绘制，十字形符号不应与矩形线框接触，滚动轴承的通用画法见表 7-7。

**表 7-7　滚动轴承通用画法的尺寸比例示例**

| 一般通用画法 | 需表示外圈无挡边的通用画法 | 需表示外圈有挡边的通用画法 |
|---|---|---|
| 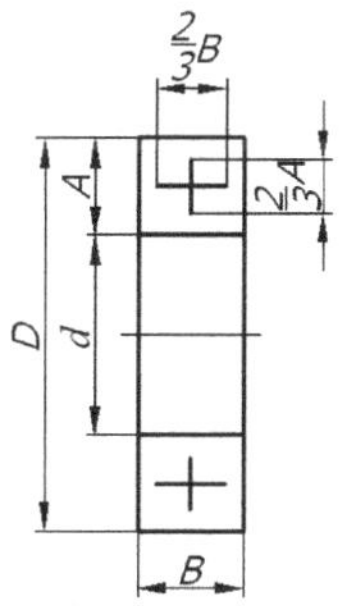 | 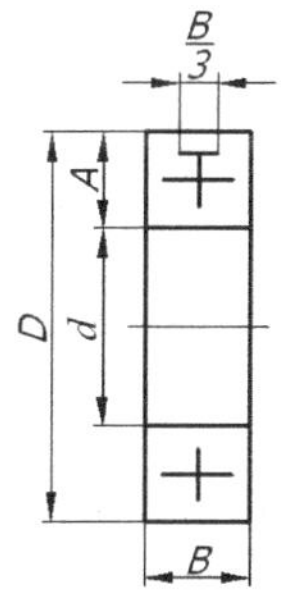 | 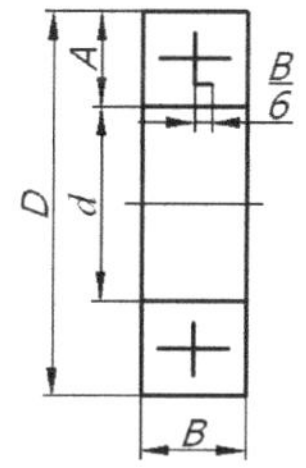 |

2）特征画法

在剖视图中，如果需要比较形象地表示滚动轴承的结构特征时，可采用在矩形线框内画出其结构要素符号的方法表示。特征画法的矩形线框、结构要素符号均用粗实线绘制。

2. 规定画法

必要时，滚动轴承可采用规定画法绘制。采用规定画法绘制滚动轴承的剖视图时，轴承的滚动体不画剖面线，其各套圈等可画成方向和间隔相同的剖面线，滚动轴承的保持架及倒角等可省略不画。规定画法一般绘制在轴的一侧，另一侧按通用画法绘制。规定画法中各种符号、矩形线框和轮廓线均用粗实线绘制。

常用轴承的特征画法、规定画法及装配画法见表 7-8。

表 7-8　常用轴承的特征画法、规定画法及装配画法

<table>
<tr><th rowspan="2">结构形式<br>和代号</th><th rowspan="2">类型名称<br>和标准号</th><th rowspan="2">查表主要<br>数据</th><th colspan="3">各种画法</th></tr>
<tr><th>特征画法</th><th>规定画法</th><th>装配画法</th></tr>
<tr><td>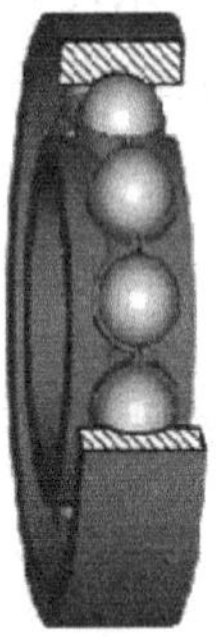</td><td>深沟球<br>轴承<br>GB/T<br>276—1994</td><td>D<br>d<br>B</td><td>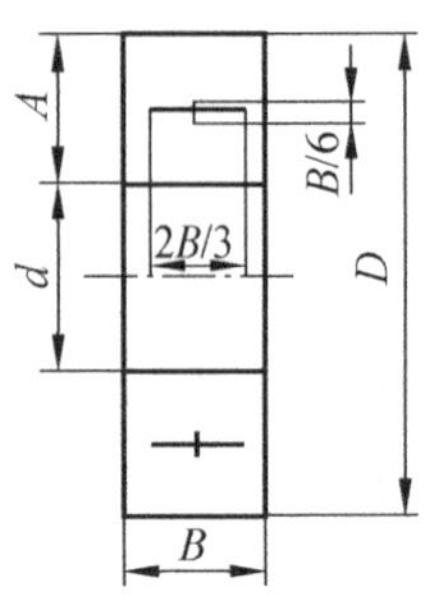</td><td>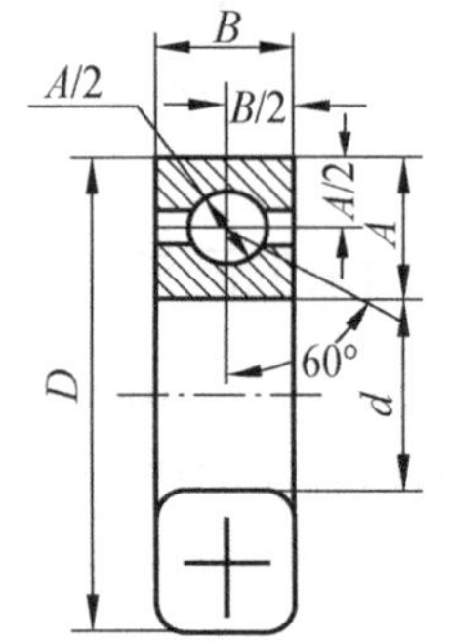</td><td>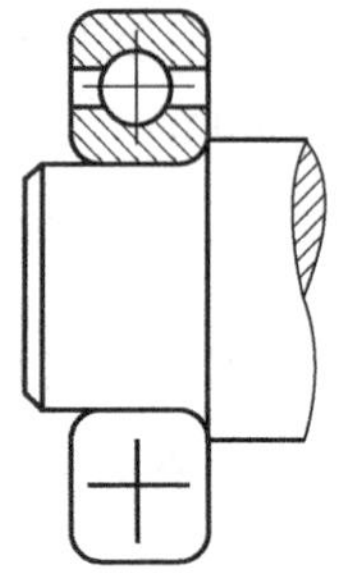</td></tr>
<tr><td></td><td>推力球<br>轴承<br>GB/T<br>301—1994</td><td>D<br>d<br>T</td><td>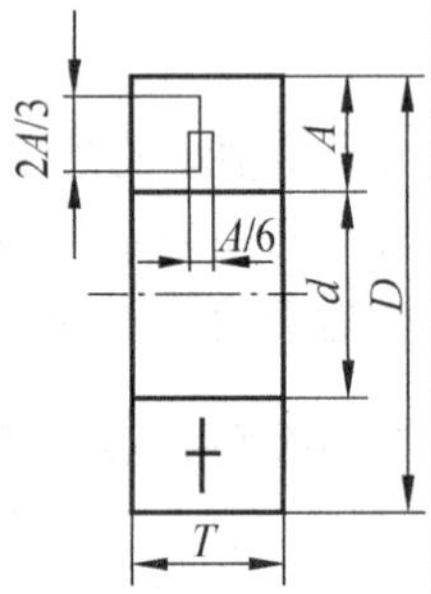</td><td>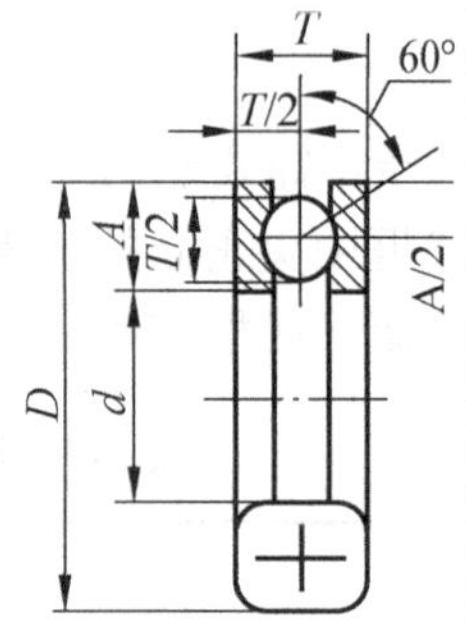</td><td>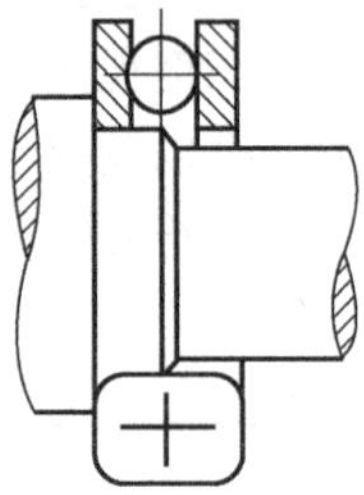</td></tr>
<tr><td></td><td>圆锥滚子<br>轴承<br>GB/T<br>297—1994</td><td>D<br>d<br>B<br>T<br>C</td><td>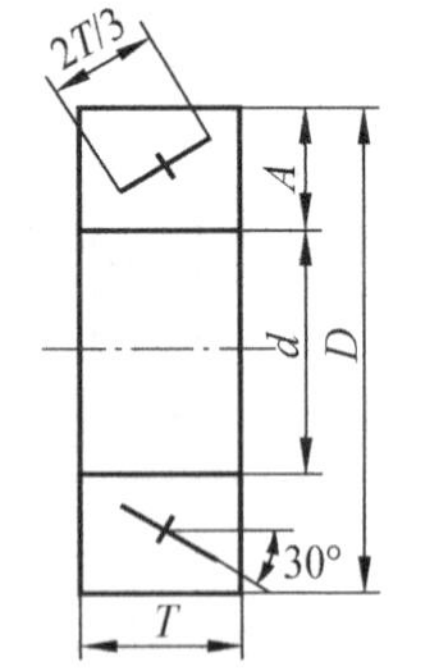</td><td>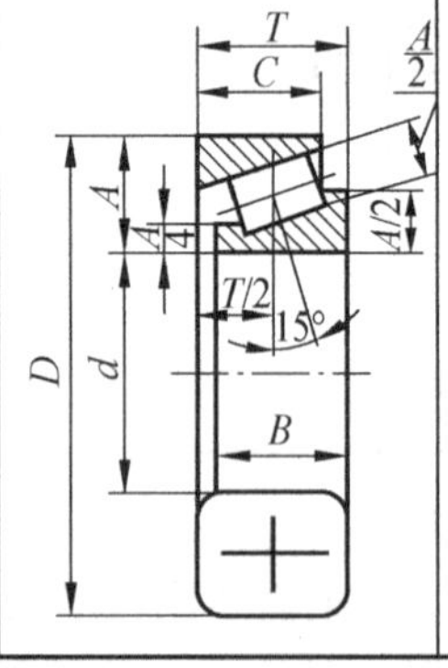</td><td>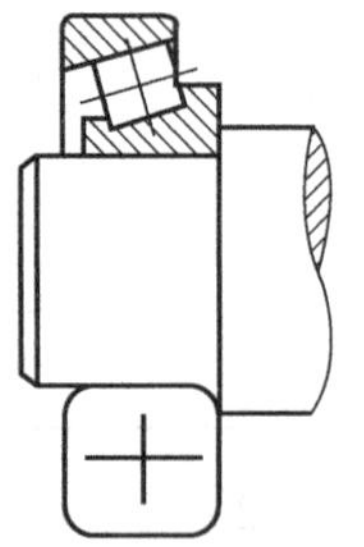</td></tr>
</table>

## 7.5 齿　　轮

齿轮是机器设备中应用十分广泛的传动零件，用来传递运动和动力，改变轴旋向和转速。常见的传动齿轮有三种：圆柱齿轮传动——用于两平行轴间的传动；圆锥齿轮传动——用于两相交轴间的传动；蜗杆蜗轮传动——用于两交错轴间的传动，如图 7.33 所示。

（a）圆柱齿轮　　（b）圆锥齿轮　　（c）蜗杆蜗轮

图 7.33　齿轮传动形式

### 7.5.1　圆柱齿轮

1. 标准直齿圆柱齿轮的各部分名称、符号及基本参数

标注直齿圆柱齿轮各部分的名称如图 7.34 所示。

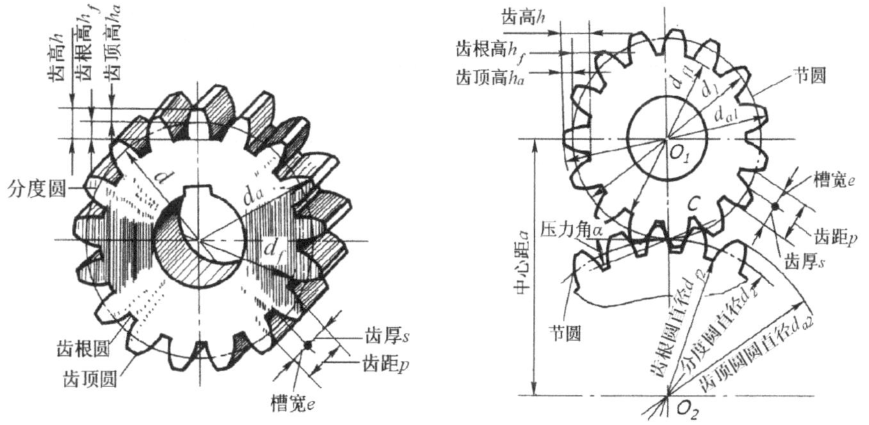


图 7.34　标注直齿圆柱齿轮各部分名称和代号

（1）齿数 $z$——齿轮上轮齿的个数。

（2）齿顶圆直径 $d_a$——通过齿顶的圆柱面直径。

（3）齿根圆直径 $d_f$——通过齿根的圆柱面直径。

（4）分度圆直径 $d$——分度圆直径是齿轮设计和加工时的重要参数。分度圆是一个假想的圆，在该圆上齿厚 $s$ 与槽宽 $e$ 相等，它的直径称为分度圆直径。

（5）齿高 $h$——齿顶圆和齿根圆之间的径向距离。

（6）齿顶高 $h_a$——齿顶圆和分度圆之间的径向距离。

（7）齿根高 $h_f$——分度圆与齿根圆之间的径向距离。

（8）齿距 $p$——在分度圆上，相邻两齿对应齿廓之间的弧长。

（9）齿厚 $s$——在分度圆上，一个齿的两侧对应齿廓之间的弧长。

（10）槽宽 $e$——在分度圆上，一个齿槽的两侧相应齿廓之间的弧长。

模数 $m$——由于分度圆的周长 $\pi d = pz$，所以 $d=(p/\pi)z$，$p/\pi$ 就称为齿轮的模数。模数以 mm 为单位，它是齿轮设计和制造的重要参数。为便于齿轮的设计和制造，减少齿轮成形刀具的规格及数量，国家标准对模数规定了标准值。渐开线圆柱齿轮模数见表 7-9。

表 7-9　渐开线圆柱齿轮模数（GB/T 1357—1987）

| | |
|---|---|
| 第一系列 | 1　1.25　1.5　2　2.5　3　4　5　6　8　10　12　16　20　25　32　40　50 |
| 第二系列 | 1.75　2.25　2.75　(3.25) 3.5　(3.75) 4.5　5.5　6.5　7　9　(11) 14　18　22　28　36　45 |

注：（1）选用圆柱齿轮模数时，应优先选用第一系列，其次选用第二系列，括号内的尽可能不用。

（2）对于斜齿圆柱齿轮，模数是指法向模数 $m_n$。

（12）压力角 α——相互啮合的一对齿轮，其受力方向（齿廓曲线的公法线方向）与运动方向之间所夹的锐角，称为压力角。同一齿廓的不同点上的压力角是不同的，在分度圆上的压力角，称为标准压力角。国家标准规定，标准压力角为 20°。

（13）中心距 $a$——两啮合齿轮轴线之间的距离。

### 2. 标准直齿圆柱齿轮的尺寸计算

在设计齿轮时要先确定模数 $m$ 和齿数 $z$，齿轮轮齿的其他参数均可按表 7-10 中的公式计算出来。

表 7-10　标准直齿圆柱齿轮各基本尺寸计算公式

| 基本参数：模数 $m$ 和齿数 $z$ | | | |
|---|---|---|---|
| 序号 | 名称 | 代号 | 计算公式 |
| 1 | 齿距 | $p$ | $p=\pi m$ |
| 2 | 齿顶高 | $h_a$ | $h_a=m$ |
| 3 | 齿根高 | $h_f$ | $h_f=1.25m$ |
| 4 | 齿高 | $h$ | $h=2.25m$ |
| 5 | 分度圆直径 | $d$ | $d=mz$ |
| 6 | 齿顶圆直径 | $d_a$ | $d_a=m(z+2)$ |
| 7 | 齿根圆直径 | $d_f$ | $d_f=m(z-2.5)$ |
| 8 | 中心距 | $a$ | $a=m(z_1+z_2)/2$ |

### 3. 标准直齿圆柱齿轮的规定画法

1）单个齿轮的画法

单个齿轮一般用两个视图表示。国家标准规定齿顶圆和齿顶线用粗实线绘制，分度圆和分度线用细点画线表示，齿根圆和齿根线用细实线绘制（也可以省略不画）。在剖视图中，齿根线用粗实线绘制，并不能省略。当剖切平面通过齿轮轴线时，轮齿一律按不剖绘制。单个齿轮的画法如图 7.35 所示。

2）一对齿轮啮合的画法

对于一对齿轮的啮合图，一般可以采用两个视图表达，在垂直于圆柱齿轮轴线的投影面视图中（反映为圆的视图），啮合区内的齿顶圆均用粗实线绘制，分度圆相切，如图 7.36（b）所示，也可用省略画法如图 7.36（d）所示；在不反映圆的视图上，啮合区的齿顶线无须画出，分度线用粗实线绘制，如图 7.36（c）所示。采用剖视图表达时，在啮合区内将一个齿轮的齿顶线用粗实线绘制，另一个齿轮的轮齿被遮挡，其齿顶线用虚线绘制，如图 7.36（a）和图 7.37 所示。

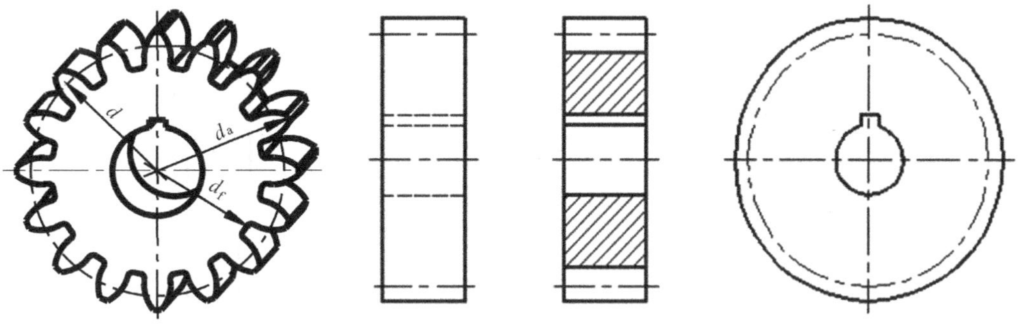


图 7.35 单个直齿圆柱齿轮的画法

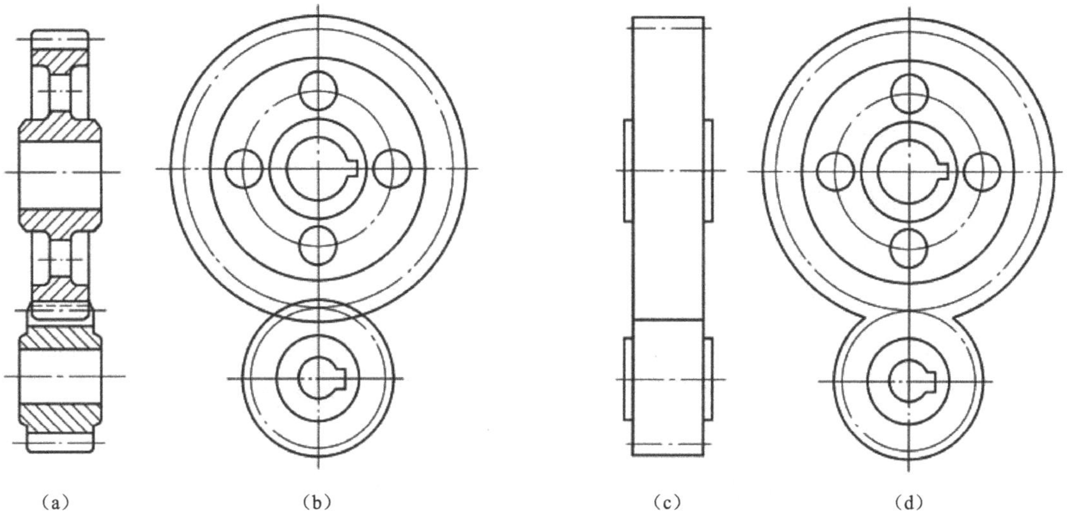


图 7.36 直齿圆柱齿轮的啮合画法

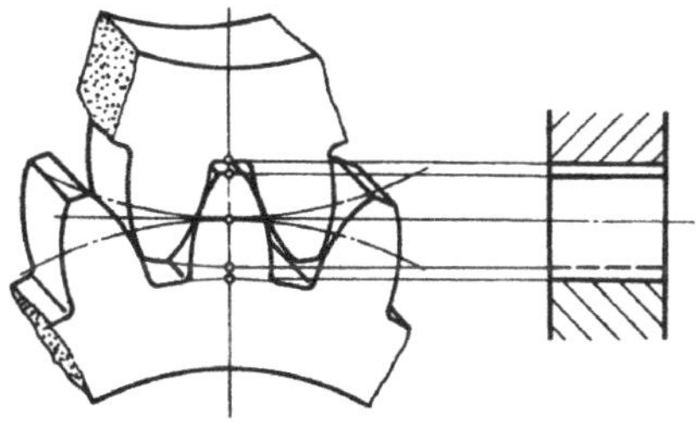

图 7.37 轮齿啮合区在剖视图中的画法

4. 斜齿圆柱齿轮

斜齿圆柱齿轮与直齿圆柱齿轮的区别在于其轮齿排列方向与齿轮轴线间有一个倾斜角 β，β 为螺旋角，如图 7.38（a）所示。斜齿圆柱齿轮的画法与直齿圆柱齿轮的画法类似，仅需在其非圆外形视图上画出三条互相平行，并与水平成 β 角的细实线（表示齿线的方向），如图 7.38（b）和图 7.38（c）所示。

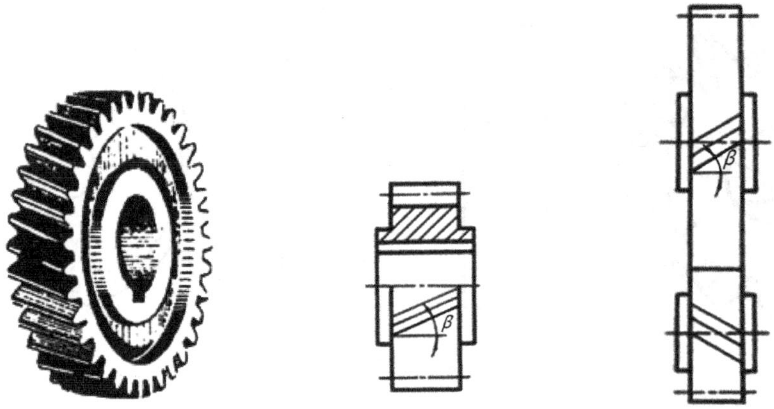


（a）斜齿圆柱齿轮　（b）单个斜齿轮　（c）斜齿轮啮合

图 7.38　斜齿圆柱齿轮及其画法

## 7.5.2　圆锥齿轮

### 1. 直齿圆锥齿轮各部分名称和符号

由于圆锥齿轮的轮齿加工在圆锥面上，所以圆锥齿轮在齿宽范围内有大、小端之分，如图 7.39（a）所示。为了计算和制造方便，国家标准规定以大端为准。在圆锥齿轮上，有关的名称和术语有齿顶圆锥面（顶锥）、齿根圆锥面（根锥）、分度圆锥面（分锥）、背锥面（背锥）、前锥面（前锥）、分度圆锥角 $\delta$、齿高 $h$、齿顶高 $h_a$ 及齿根高 $h_f$ 等，如图 7.39（b）所示。

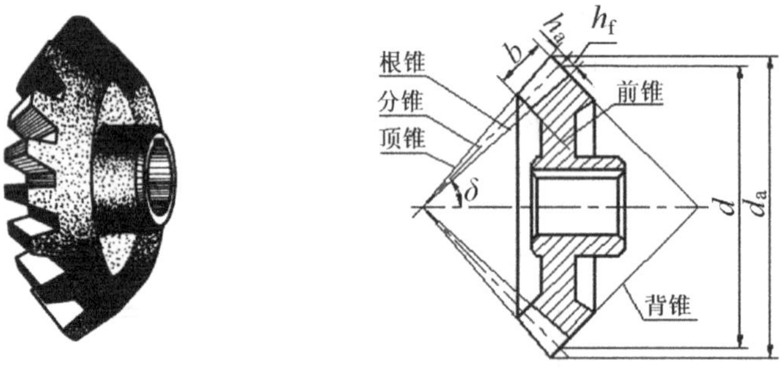


（a）　（b）

图 7.39　圆锥齿轮各部分名称

### 2. 直齿圆锥齿轮的画法

1）单个圆锥齿轮画法

直齿圆锥齿轮的画图步骤如图 7.40 所示。

2）圆锥齿轮的啮合图画法

一对准确安装的标准圆锥齿轮啮合时，它们的分度圆锥应相切，其啮合区的画法与圆柱齿轮类似，如图 7.41 所示。

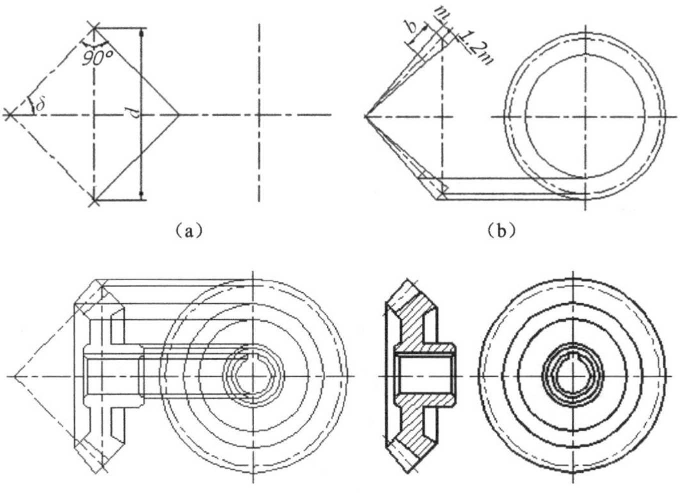


（a）　（b）

（c）　（d）

图 7.40　单个圆锥齿轮的画图步骤

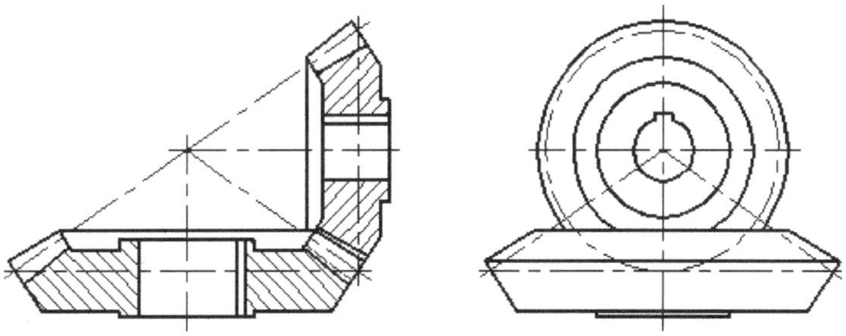

图 7.41　圆锥齿轮啮合图的画法

### 7.5.3　蜗杆蜗轮

蜗杆蜗轮是用来传递空间交叉两轴间的回转运动。最常见的是两轴交叉成直角，如图 7.42 所示。一般圆柱齿轮或锥齿轮的传动比在 1～10 的范围内，因此传动比越大，齿轮所占用的空间也就相对越大，而蜗杆蜗轮的传动比通常可达到 40～50，没有这个缺点，因而被广泛应用于传动比较大的机械传动中。但蜗杆蜗轮传动的缺点是摩擦大、发热多、效率低。

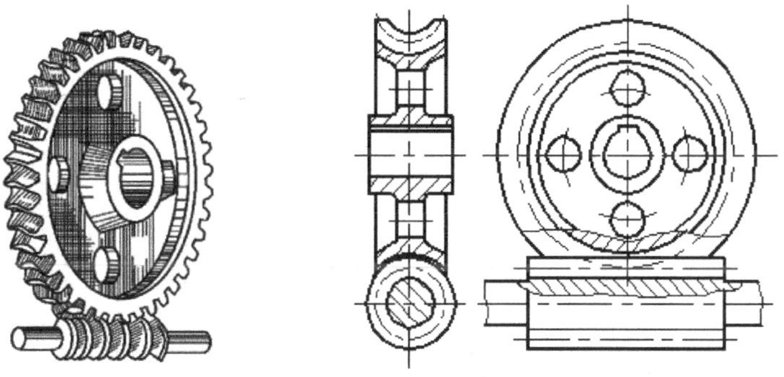

（a）蜗轮蜗杆　（b）蜗轮蜗杆画法

图 7.42　蜗杆蜗轮啮合图的画法

# 7.6 弹 簧

弹簧是机械、电器设备中一种常用的零件，主要用于减震、夹紧、储存能量和测力等。弹簧的种类很多，使用较多的是圆柱螺旋弹簧，如图 7.43 所示。本节主要介绍圆柱螺旋压缩弹簧的尺寸计算和规定画法。

(a) 压缩弹簧　(b) 拉伸弹簧　(c) 扭力弹簧

图 7.43 圆柱螺旋压缩弹簧

## 7.6.1 圆柱螺旋压缩弹簧各部分名称及尺寸计算

圆柱螺旋弹簧各部分名称及参数如图 7.44 所示。

(1) 簧丝直径 $d$——制造弹簧所用金属丝的直径。

(2) 弹簧外径 $D$——弹簧的最大直径。

(3) 弹簧内径 $D_1$——弹簧的内孔直径，即弹簧的最小直径，$D_1=D-2d$。

(4) 弹簧中径 $D_2$——弹簧轴剖面内簧丝中心所在柱面的直径，即弹簧的平均直径，$D_2=(D+D_1)/2=D_1+d=D-d$。

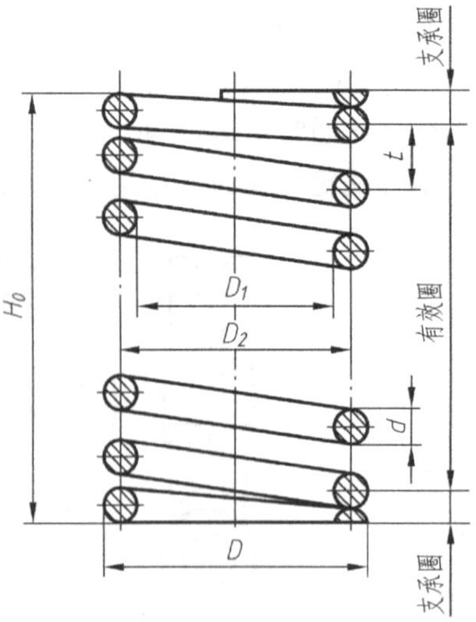


图 7.44 圆柱螺旋弹簧各部分的名称

（5）有效圈数 $n$ ——保持相等节距且参与工作的圈数。

（6）支承圈数 $n_2$ ——为了使弹簧工作平衡，端面受力均匀，制造时将弹簧两端的 0.75～1.25 圈压紧靠实，并磨出支撑平面。这些圈主要起支撑作用，因此称为支承圈。支承圈数 $n_2$ 表示两端支承圈数的总和。一般有 1.5，2，2.5 圈三种。

（7）总圈数 $n_1$ ——有效圈数和支承圈数的总和，即 $n_1=n+n_2$。

（8）节距 $t$ ——相邻两有效圈上对应点间的轴向距离。

（9）自由高度 $H_0$ ——未受载荷作用时的弹簧高度（或长度），$H_0=n_t+(n_2-0.5)d$。

（10）弹簧的展开长度 $L$ ——制造弹簧时所需的金属丝长度，$L\approx n_1\sqrt{(\pi D_2)^2+t^2}$。

（11）旋向——与螺旋线的旋向意义相同，分为左旋和右旋两种。

### 7.6.2　圆柱螺旋压缩弹簧的规定画法

1）弹簧的画法

GB/T 4459.4—2003 对弹簧的画法作了如下规定：

（1）在平行于螺旋弹簧轴线的投影面的视图中，其各圈的轮廓应画成直线。

（2）有效圈数在四圈以上时，可以每端只画出 1～2 圈（支承圈除外），其余省略不画。

（3）螺旋弹簧可画成右旋，但左旋弹簧不论画成左旋或右旋，均需注写旋向“左”字。

（4）螺旋压缩弹簧如要求两端并紧且磨平时，不论支承圈多少均按支承圈 2.5 圈绘制，必要时也可按支承圈的实际结构绘制。

弹簧的表示方法有剖视、视图和示意画法，如图 7.45 所示。

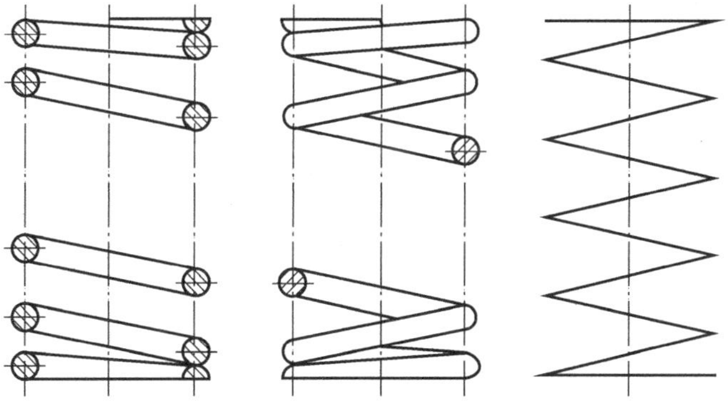

（a）剖视图　　（b）视图　　（c）示意图

图 7.45　圆柱螺旋压缩弹簧的表示法

圆柱螺旋压缩弹簧的画图步骤如图 7.46 所示。

2）装配图中弹簧的简化画法

在装配图中，弹簧被看作实心物体，因此，被弹簧挡住的结构一般不画出。可见部分应画至弹簧的外轮廓或弹簧的中径处，如图 7.47（a）和图 7.47（b）所示。

当簧丝直径在图形上小于或等于 2mm 并被剖切时，其剖面可以涂黑表示，如图 7.47（b）所示，也可采用示意画法，如图 7.47（c）所示。

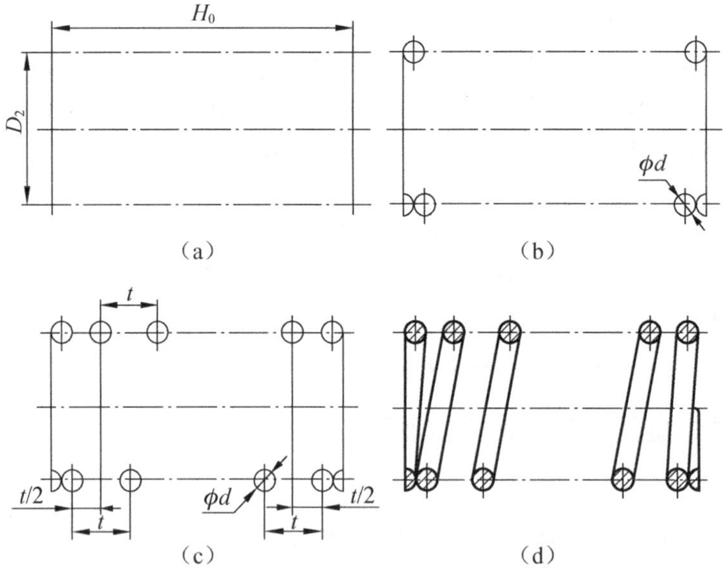


图 7.46　圆柱螺旋压缩弹簧的画图步骤

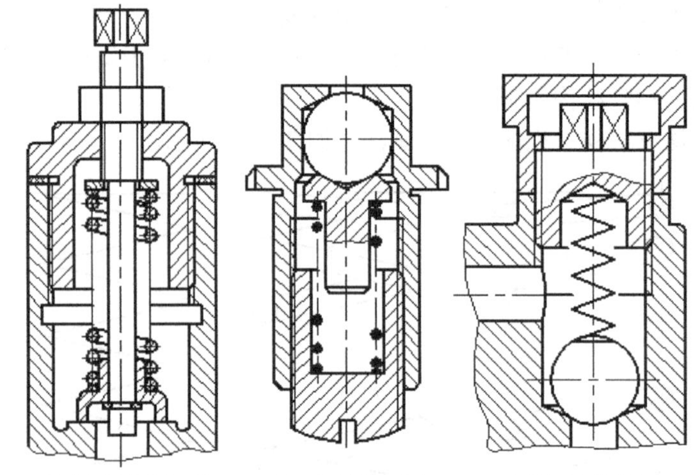


图 7.47　装配图中弹簧的画法

# 第8章 零件图

机器或部件是由若干个零件组成的，零件是组成机器和部件的基本制造单元。表达一个零件的结构、尺寸和技术要求的图样称为零件图。培养绘制和阅读零件图的基本技能是本课程的主要任务之一。本章主要介绍零件图的作用及内容，各类零件的视图表达及尺寸标注，零件上常见的工艺结构、技术要求及零件的测绘等有关的基本知识和技能。

## 8.1 零件图的作用和内容

各种各样的机器或部件都是有若干个零件按一定的装配关系和技术要求装配而成。零件设计的合理与否及加工制造质量的好坏，必然影响零件的使用效果乃至整台机器的性能。零件结构是指零件的各组成部分及其相互关系，而技术要求是指为保证零件功能在制造过程中应达到的质量要求。

### 8.1.1 零件图的作用

零件图是设计人员根据机器或零件对生产提出的要求而提供给生产部门的技术文件，是制造和检验零件是否合格的重要依据，因而零件图要准确地反映设计思想并提出相应的零件质量要求。图 8.1 所示为法兰盘零件图。

### 8.1.2 零件图的内容

如图 8.1 所示，可以看出，一张完整的零件图应包括以下基本内容。

（1）一组视图。根据零件的结构特点，选用适当的剖视、断面、局部放大和简化画法等表达方法，用一视图来表达零件的内部形状和结构。

（2）完整的尺寸。零件图中必须正确、完整、清晰、合理地标注出反映零件内部各部位形状大小及其相对位置的尺寸，且能满足设计意图，宜于制造生产，便于检验。

（3）技术要求。零件图上还需用一些规定的代（符）号、数字、字母或文字准确而简明地表示零件在制造和检验时，在技术指标上应达到的要求，例如表面粗糙度、尺寸公差、形位公差、热处理及表面处理等。

（4）标题栏。标题栏在零件图的右下角，用以填写零件的名称、数量、材料、作图比例、图号及设计、审核、批准人员的签名、日期等。

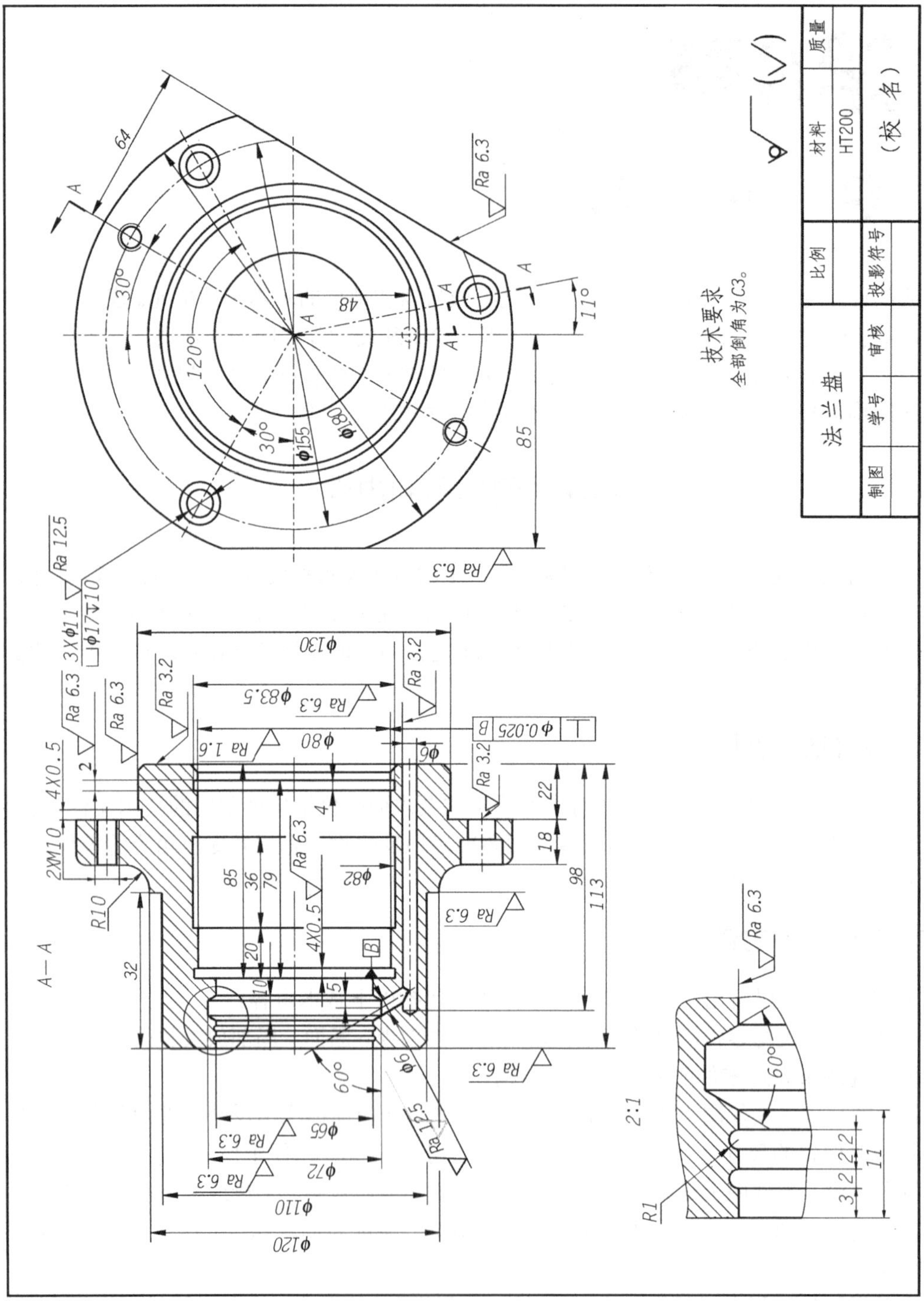


图 8.1 法兰盘零件图

## 8.2 零件图的视图选择

零件图的视图选择，应根据零件结构形状的特点，以及它在机器中所处的工作位置和机械加工位置等因素综合考虑，使选择的视图能够将零件的结构形状正确、完整、清晰地表达出来，达到便于读图和简化绘图目的。总之，零件的表达方案应是便于绘制和阅读零件图。

### 8.2.1 视图选择的要求

（1）正确——投影关系正确，图样画法和各种标注方法符合国家标准规定。

（2）完整——在尺寸的配合下，把零件整体和各部分的形体结构、形状、位置和相对关系表达得完全唯一确定，没有歧义。

（3）清晰、合理——图形清晰，便于阅读者较迅速的读懂、理解和进行空间想象。

（4）利于绘图和尺寸标注——便于画图，视图要为尺寸标注提供方便。

### 8.2.2 主视图的选择

主视图是零件图中最主要的试图。表达零件时，首先选好主视图，然后再确定其他视图。主视图选择的是否合理，直接影响到其他视图的选择，决定画图、读图是否方便。主视图一旦确定，就可以根据零件的具体结构选择其他视图。

1. 主视图的投射方向

主视图应选择最能反应零件的形状、结构特征，以及各形体间相互位置关系的方向为主视图的投射方向，如图8.2所示的端盖零件，将*A*向作为主视图的投射方向。

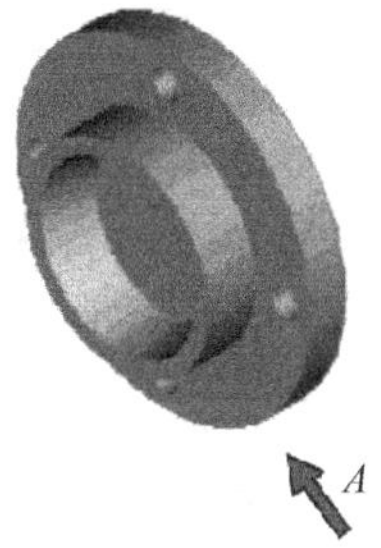

图8.2 端盖

2. 主视图的位置

在选择主视图时，一般应考虑以下原则。

（1）加工位置原则。按照零件在主要加工工序中的装夹位置选取主视图，便于制造者看图加工。如回转体（轴、盘）类零件因主要在车床和磨床上加工，不论其工作位置如何，一般均将轴线水平放置绘制主视图，这样可以便于工人加工时看图操作。

（2）工作位置原则。按工作位置选取，易想象零件在机器或部件中的作用，便于随着装配图进行作业。对加工方法和位置多样的零件，应尽量符合零件在机器上的工作位置和安装位置。例如支架、箱体类零件，按工作位置绘制主视图，有利于了解该零件在机器中的工作情况，便于安装。

（3）自然安放位置原则。当反映零件的加工位置或工作位置难以确定时应选择自然放置。

### 8.2.3 其他视图的选择

主视图确定后，根据零件内、外结构的特点，选择所需要的其他视图，来补充主视图尚未表达清楚的结构。图8.3所示为端盖零件图的主、左视图。在选择其他视图时应考虑以下原则。

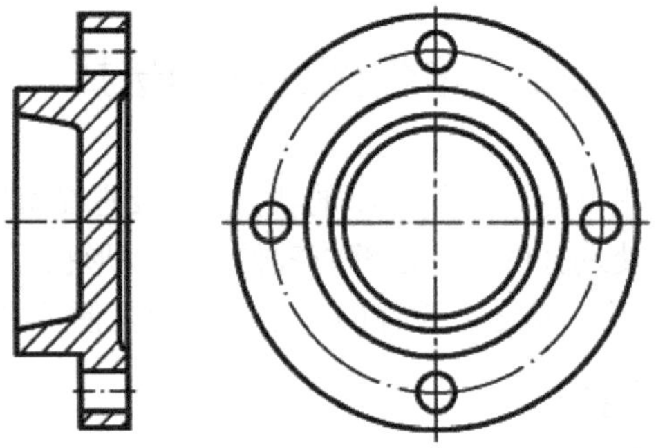

图 8.3　端盖零件图主、左视图

（1）配合主视图，视图数尽可能少。

（2）各个视图相互配合、相互补充，表达内容尽量不重复。

（3）根据零件的内部结构选择恰当的剖视图和断面图。

（4）表达清楚的局部形状和细小结构，补充必要的局部视图和局部放大图。

（5）能采用省略、简化画法表达的要尽量采用。

## 8.3　零件图上的尺寸标注

### 8.3.1　零件图上尺寸标注的要求

零件图中的尺寸是零件图的主要内容之一，是零件加工制造的主要依据。零件图的尺寸标注除了要符合组合体尺寸标注的要求，以及做到正确、完整和清晰，还必须做到合理。

（1）正确：尺寸标注要符合国家标准的有关规定。

（2）完整：按照形体分析的方法，将零件的各组成部分的定形尺寸和定位尺寸齐全，不遗漏，不重复的标注出来。

（3）清晰：尺寸的布局要整齐清晰，便于阅读，尽量避免尺寸线、尺寸界限、尺寸数字与其他图线相交。

（4）合理：所注尺寸既能保证设计要求，又能适合加工、装配、测量等生产工艺。

所谓尺寸标注合理，是指所注的尺寸既要满足设计要求，又要满足加工、测量和检验等制造工艺要求。为了能做到尺寸标注合理，必须对零件进行结构分析、形体分析和工艺分析，据此确定尺寸基准，选择合理的标注形式，结合零件的具体情况标注尺寸。

### 8.3.2　合理地选择尺寸基准

零件的尺寸基准是指零件在设计、加工、测量和装配时，用来确定尺寸起始点的一些点、线、面。通常选择零件上的一些重要平面（如工作面、对称平面、主要端面）及主要轴线作为尺寸基准。

1）按尺寸基准的几何形式

按尺寸基准的几何形式，基准可分为以下几类：

（1）点基准——以球心、顶点等几何中心为尺寸基准。

（2）线基准——以轴或孔的回转轴线为尺寸基准。

（3）面基准——以主要加工面、端面、装配面、支承面、结构对称中心面为尺寸基准。

如图8.3所示，凸轮的尺寸基准为几何中心，即点基准；轴承座的高度方向尺寸基准为安装面，长度方向尺寸基准为对称中心面，皆为面基准；阶梯轴的径向尺寸基准为轴线，即线基准，长度尺寸基准为端面。

2）根据尺寸基准的性质不同

根据尺寸基准的性质不同。基准可分为以下几种。

（1）设计基准——用于确定零件在机器或部件中位置而选定的基准。

（2）工艺基准——根据零件在加工、测量、安装时的要求而选定的基准。

如图8.3（b）所示，标注轴承座轴孔的中心高度 *d*，应以底面（安装面）为基准。因为一根轴要用两个轴承座支撑，为了保证轴线的水平位置，两个轴孔的中心应在同一轴线上。标注底板两螺钉孔的定位尺寸，长度方向以对称中心面为基准，以保证两螺钉孔与轴孔的对称关系。底面、对称中心面是设计基准。如图8.3（c）所示，右端面为工艺基准，以此为基准测量轴的长度比较方便。

3）根据尺寸基准的重要性不同

根据尺寸基准的重要性不同，基准可分为以下几类。

（1）主要基准——零件长、宽、高三个方向（或轴向、径向两个方向）主要尺寸的基准。

（2）辅助基准——除了主要基准外，为了加工和测量方便而附加的基准。

如图8.3（b）所示，设计基准和工艺基准又分别为主要基准和辅助基准。主要基准与辅助基准之间应有尺寸联系，如图8.3（b）中的高度尺寸 *f*；主要基准应尽量为设计基准同时也是工艺基准，辅助基准可为设计基准或工艺基准。

在标注尺寸时，最好把设计基准与工艺基准统一起来，这样，既能满足设计要求，又能满足工艺要求。当设计基准与工艺基准不一致时，应以保证设计要求为主，主要尺寸应从设计基准出发，一般尺寸应从工艺基准出发进行标注，以便进行加工和测量。

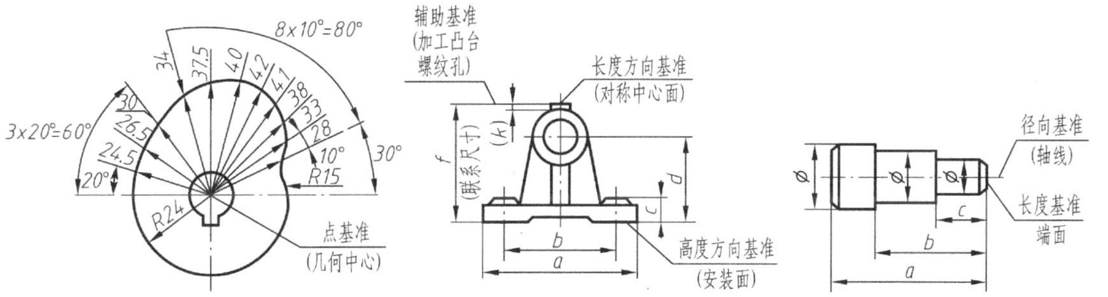


（a）凸轮　　（b）轴承座　　（c）阶梯轴

图8.3 点、线、面基准

### 8.3.3 尺寸的合理标注

#### 1. 功能尺寸直接注出

为了使零件的功能尺寸不受其他尺寸误差的影响，零件的重要尺寸应直接注出。

一般来说，设计中的重要尺寸是指以下几种。

（1）直接影响机件传动准确性的尺寸，例如齿轮的轴间距离等。

（2）直接影响机件性能的尺寸，例如车床的中心高等。

（3）两零件的配合尺寸，例如轴、孔的直径尺寸和导轨的宽度尺寸等。

（4）重要的安装位置尺寸，例如底板上的安装孔的中心距等。

如图 8.4（a）中轴孔的中心高度 *a* 是个重要尺寸，若按图 8.4（b）标注，则尺寸“*c*”和“*b*”的累计误差会使得孔中心高不能满足设计要求。另外，为了装配方便，图 8.8 中底板上两孔的中心距也应直接标注出来，图 8.4（b）标注了间距 *e*，确定 *L* 不能满足装配要求。

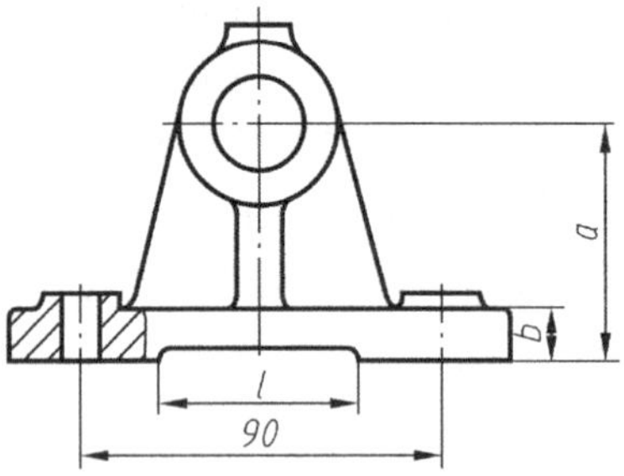


（a）合理

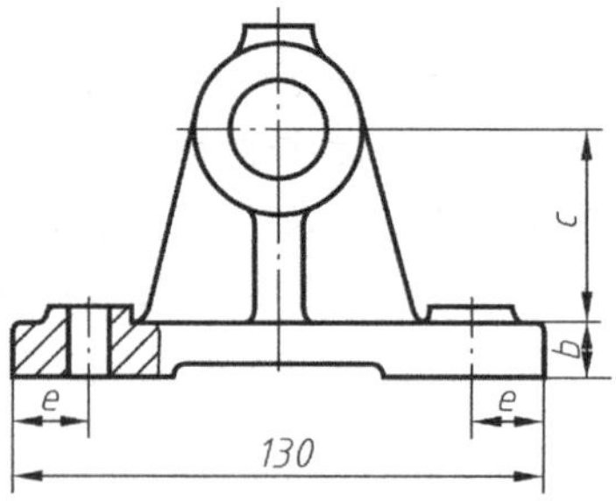


（b）不合理

图 8.4　直接注出重要尺寸

2. 避免出现封闭的尺寸链

如图 8.5 所示，轴长度方向的尺寸，除了标注总长度，又对轴的各段长度进行了标注，即注成了封闭尺寸链。对于这种标注，在四个尺寸 *A*、*B*、*C*、*L* 中，只能保证其中三个尺寸精度，但不一定能保证第四个尺寸精度。

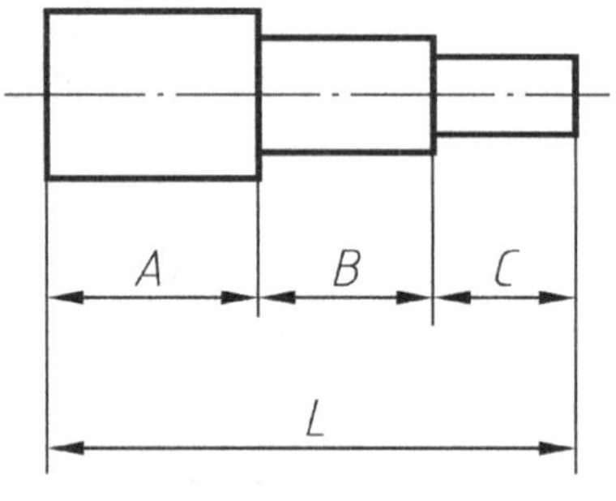


图 8.5　封闭尺寸链

3. 标注尺寸要便于加工和测量

加工零件各表面时，是按一定的先后顺序的。所标注的尺寸应尽量与零件的加工工序相一致，以便于加工和测量。

如图 8.6 所示，轴的加工顺序如下：

（1）按尺寸 35 定退刀槽的位置，加工退刀槽，如图 8.6（a）所示。

（2）车削 $\varphi20$ 的外圆和轴端倒角，如图 8.6（b）所示。图 8.10（c）所示的尺寸标注合理，图 8.10（d）所示的尺寸标注不合理。

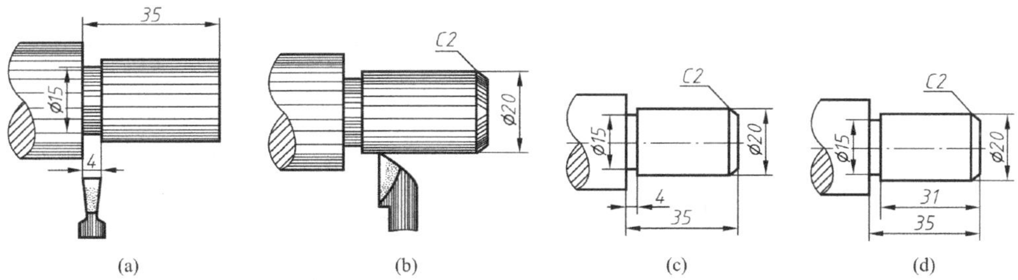


图 8.6 标注尺寸要便于加工

### 8.3.4 零件上常见结构的尺寸标注

设计时应查阅有关设计手册。表 8-1 列出了零件常见结构的尺寸标注。

**表 8-1 零件常见结构的尺寸标注**

| 种类 | 普通注法 | 旁注法 | 说明 |
|---|---|---|---|
| 光孔 | 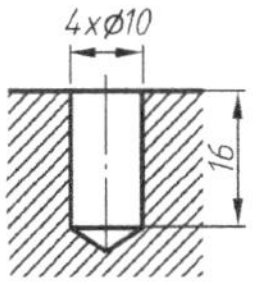 | 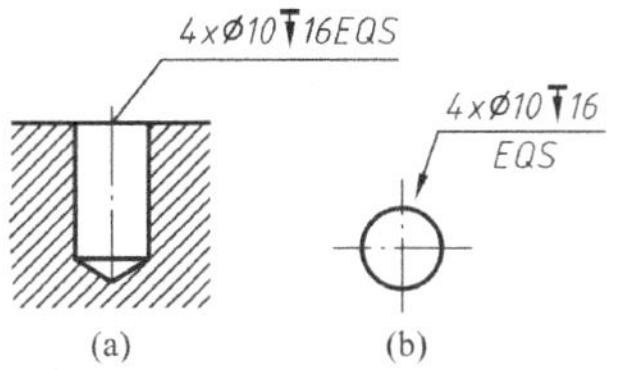 | 4 个直径为 10 的光孔，均布，孔深 16. ↓ 为孔深符号，“EQS”为“均布”缩写，“EQS”也可以省略不写。图（a）、（b）均可。（以下同） |
| 螺孔 | 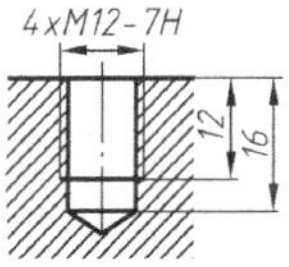 | 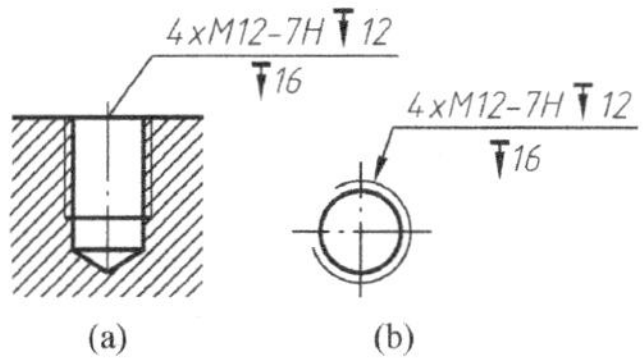 | 4 个螺纹大径为 M12 的螺纹孔，螺纹的公差等级为 7H，均布，螺孔深 12，钻孔深为 16。也可以不注钻孔深 |
| | 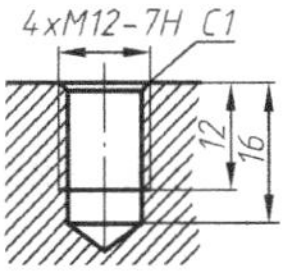 | 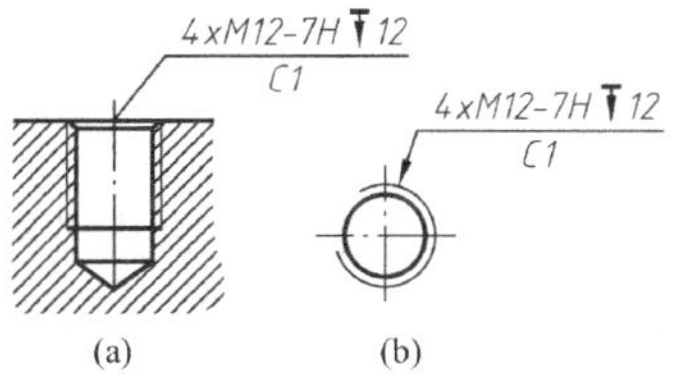 | 4 个螺纹大径为 M12 的螺纹孔，螺纹的公差等级为 7H，均布。螺孔深 12，钻孔深度可以不注，孔口的倒角为 C1 |
| | 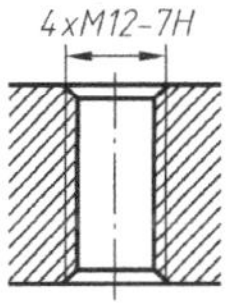 | 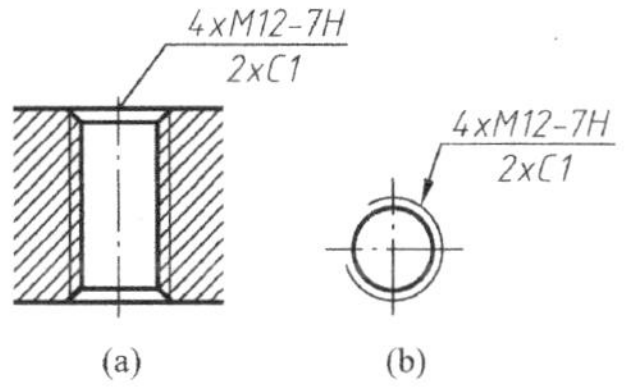 | 4 个螺纹大径为 M12 的螺纹孔，螺纹的公差等级为 7H，均布。通孔，两孔口的倒角均为 C1 |

续表

| 种类 | 普通注法 | 旁注法 | 说明 |
|---|---|---|---|
| 埋头孔 | 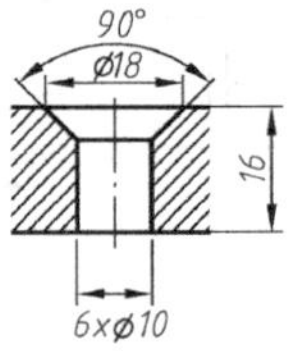 | 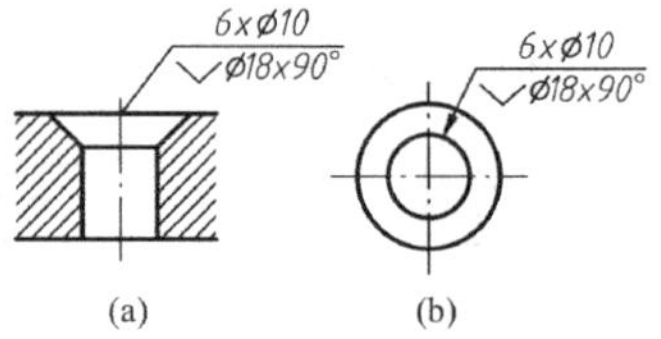 | 6 个直径为 10 的埋头孔，锥角为 90°。⌵为埋头孔的符号 |
| 沉孔 | 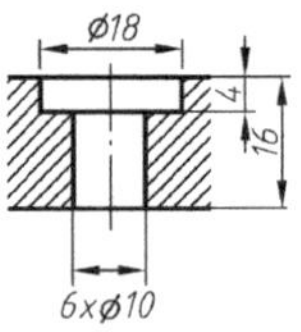 | 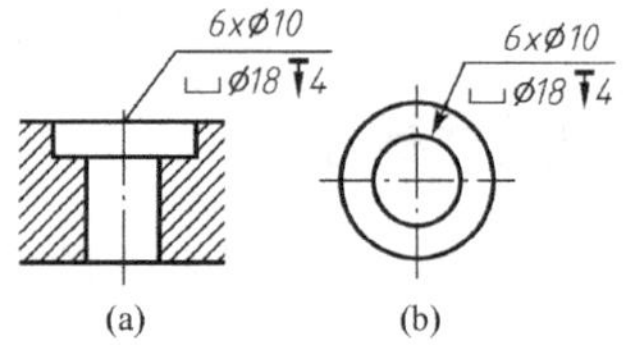 | 6 个直径为 10 的孔，其沉孔直径为 18，深度为 4。⌴为沉孔的符号 |
| 锪平 | 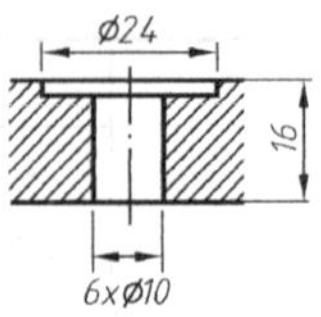 | 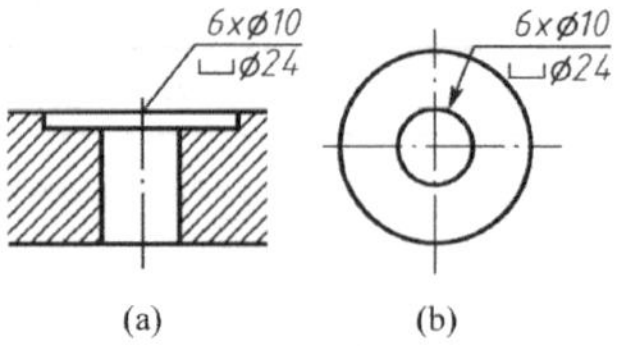 | 6 个直径为 10 的孔，其锪平孔直径为 24，深度不需标注，一般锪平到光面为止，⌴为锪平孔符号 |

## 8.4 零件图上的技术要求

在零件图上除图形和尺寸外，还应具备加工和检验零件的技术要求。零件图的技术要求主要有表面粗糙度、极限与配合、形状和位置公差、热处理及表面镀涂层、材料以及特殊加工和检验的说明等。这些内容分别用国家标准规定的代号或符号在图中标注，也可以用文字或数字说明。

### 8.4.1 表面粗糙度

1. *表面粗糙度的基本概念*

零件经过机械加工后的表面会留有高低不平的凸峰和凹谷，表面粗糙度就是指加工表面具有较小间距和谷峰所组成的微观几何形状特性，即表面的微观不平度（按相邻两波的峰或谷间距在 1mm 以下），如图 8.7 所示。表面粗糙度较确切地反映了工件表面微观几何形状的概念，它是指表面粗糙不平的程度。

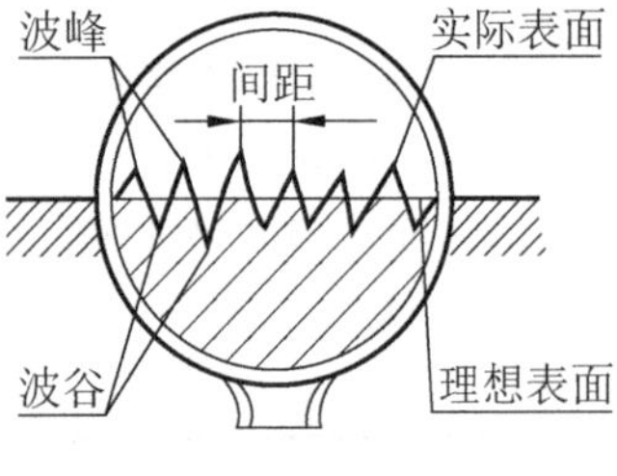


图 8.7　零件表面结构示意

表面粗糙度是评定零件表面质量的一项重要技术指标，对于零件的配合、耐磨性、抗腐蚀性及密封性等都有显著影响，是零件图中必不可少的一项技术要求。表面粗糙度与加工方法、刀刃形状和走刀量等各种因素都有密切关系。

零件表面粗糙度的选用，应该既满足零件表面的功用要求，又要考虑经济合理。一般情况下，凡是零件上有配合要求或有相对运动的表面，表面粗糙度参数值要小，参数值越小，表面质量越高，但加工成本也越高。因此，在满足使用要求的前提下，应尽量选用较大的参数值，以降低成本。

2. 表面粗糙度的评定参数

评定表面粗糙度的两个主要参数为算数平均偏差 *Ra* 和轮廓最大高度 *Rz*。

算数平均偏差 *Ra* 是指在一个取样长度内纵坐标值 *Z*（*x*）绝对值的算术平均值，如图 8.8 所示。*Ra* 与 *Rz* 的数值可参阅 GB/T 1031—2009。

轮廓最大高度 *Rz* 是指在同一取样长度内，最大轮廓峰高和最大轮廓谷深之和的高度，如图 8.14 所示。

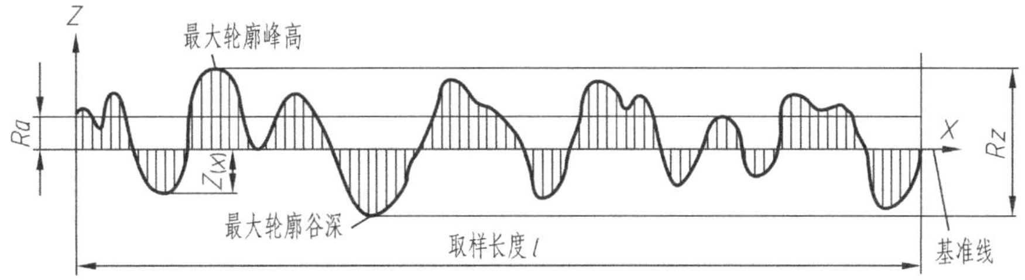


图 8.8 轮廓的算数平均偏差 *Ra* 和轮廓最大高度 *Rz*

2. 表面粗糙度的符号、代号及意义

表面粗糙度的代号由表面粗糙度符号、参数值及有关其他有关说明组成。它是指被加工表面完工后的要求，一般情况下只注出表面粗糙度符号及 *Ra* 的值。当选用 *Rz* 时，应同时注出 *Rz* 及参数值。对零件的表面功能有特殊要求时，可查有关资料注出。表面粗糙度符号的画法如图 8.9 所示，符号、代号及其意义见表 8-2 及表 8-3。

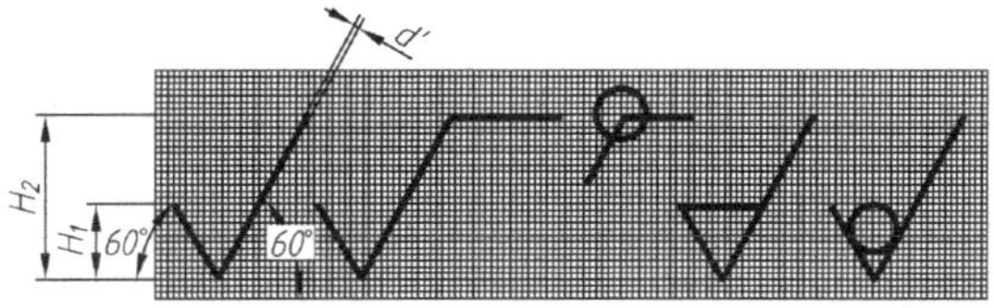


表面粗糙度符号的尺寸： mm

| | | | | | | | |
|---|---|---|---|---|---|---|---|
| 轮廓线的线宽 $b$ | 0.35 | 0.5 | 0.7 | 1 | 1.4 | 2 | 2.8 |
| 数字与字母的高度 $h$ | 2.5 | 3.5 | 5 | 7 | 10 | 14 | 20 |
| 符号的线宽 $d'$ 数字与字母的笔画宽度 $d$ | 0.25 | 0.35 | 0.5 | 0.7 | 1 | 1.4 | 2 |
| 高度 $H_1$ | 3.5 | 5 | 7 | 10 | 14 | 20 | 28 |
| 高度 $H_2$ | 8 | 11 | 15 | 21 | 30 | 42 | 60 |

图 8.9 表面粗糙度符号的画法

表 8-2　表面粗糙度的符号及意义

| 符号 | 意义及说明 |
| --- | --- |
|  | 基本符号，表示表面可用任何方式获得 |
|  | 基本符号加一短画，表示表面是用去除材料的方法获得 |
|  | 基本符号加一小圆，表示表面是用不去除材料方法获得 |
|  | 在上述三个符号的长边上均可加一横线，用于标注有关参数和说明 |
| 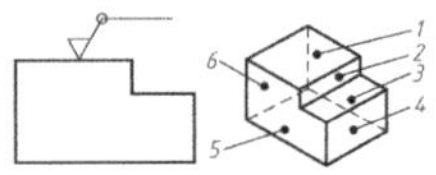  | 在完整图形符号上加一个圆圈，表示视图上构成封闭轮廓的各个表面具有相同的表面粗糙度要求，左图符号是指对图形中封闭轮廓的 6 个面的共同要求（不包括前后面） |

表 8-3　表面粗糙度代号的示例及意义

| 代号 | 意义及说明 |
| --- | --- |
| 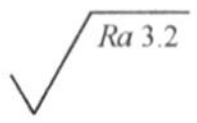  | 用任何方法获得的表面，*Ra* 的上限值为 3.2 μ m |
| 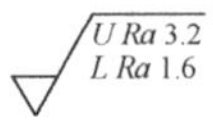  | 用去除材料的方法获得的表面，*Ra* 的上限值为3.2 μ m，*Ra* 的下限值为1.6 μ m |
| 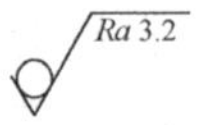  | 用不去除材料的方法获得的表面，*Ra* 的上限值为 3.2 μ m |
| 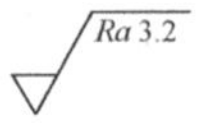  | 用去除材料的方法获得的表面，*Ra* 的上限值为 3.2 μ m |

4. 表面粗糙度在图样中的注法

（1）表面粗糙度代号对每个表面只标注一次，并尽可能注在相应尺寸及其公差的同一个视图上。除非另有说明，所注的表面粗糙度代号是对完工零件表面的要求。

（2）表面粗糙度的注写和读取方法与尺寸的注写和读取方法相同（见图 8.10）。

（3）表面粗糙度代号可标注在轮廓线上，其符号从材料外指向接触表面（见图 8.11）。必要时可用带箭头或黑点的指引线引出标注（见图 8.12）。

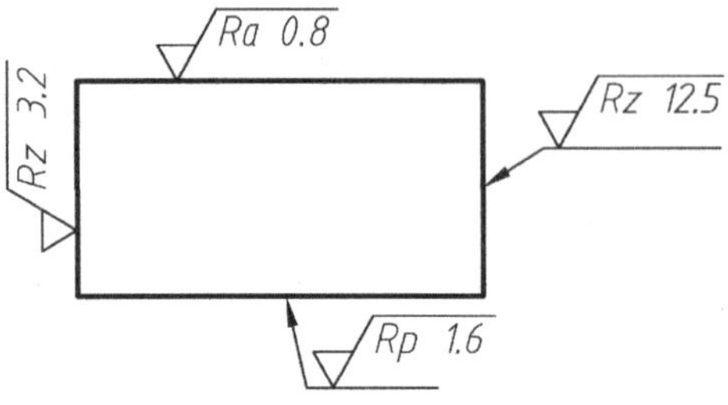


图 8.10　表面粗糙度代号的注写方向

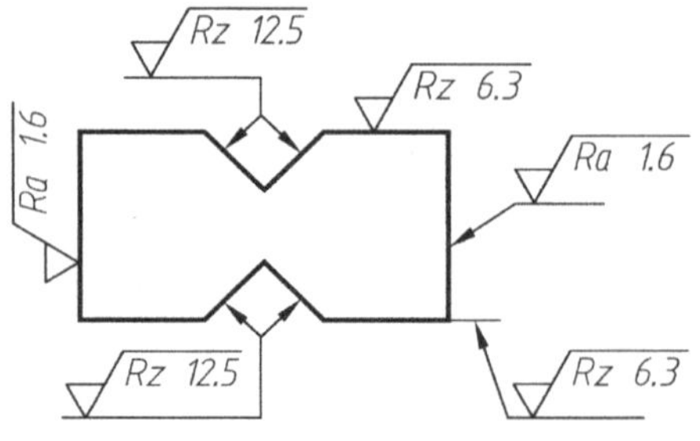


图 8.11　表面粗糙度代号在轮廓线上的标注

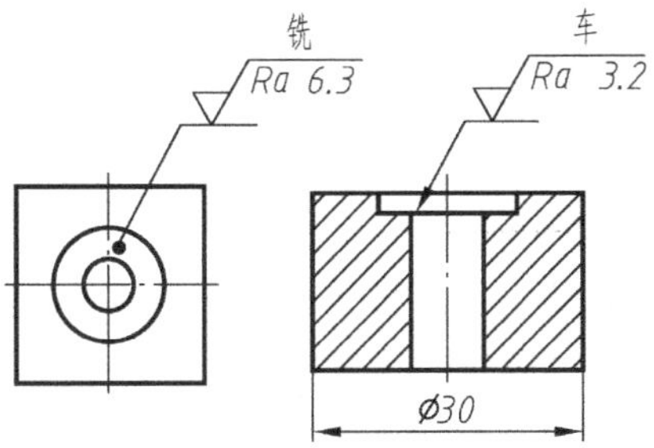


图 8.12　用指引线指出表面粗糙度代号

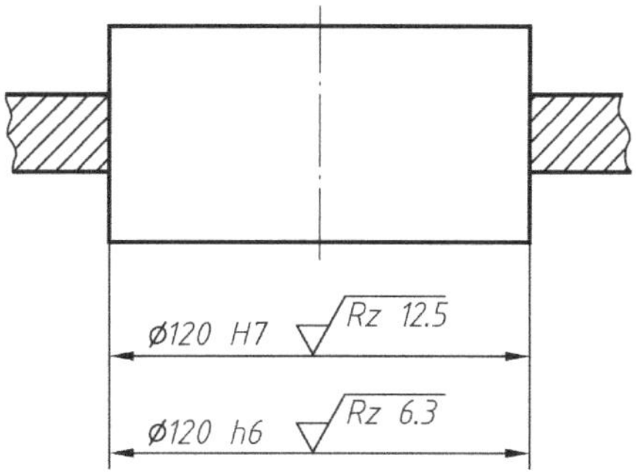


图 8.13　表面粗糙度代号标注在尺寸线上

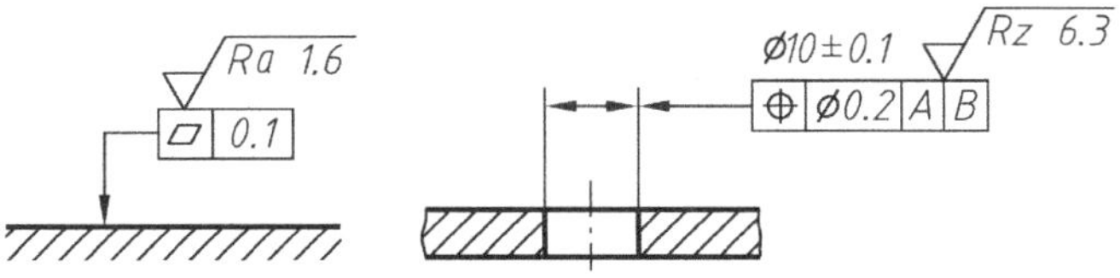


图 8.14　表面粗糙度代号标注在形位公差框格的上方

（4）在不致引起误解时，表面粗糙度代号可以标注在给定的尺寸线上，如图 8.13 所示；也可以标注在形位公差框格的上方，如图 8.14 所示。

（5）圆柱和棱柱的表面粗糙度代号只标注一次，如图 8.15（a）所示。 如果每个棱柱表面由不同的表面粗糙度要求，那么应分别单独标注，如图 8.15（b）所示。

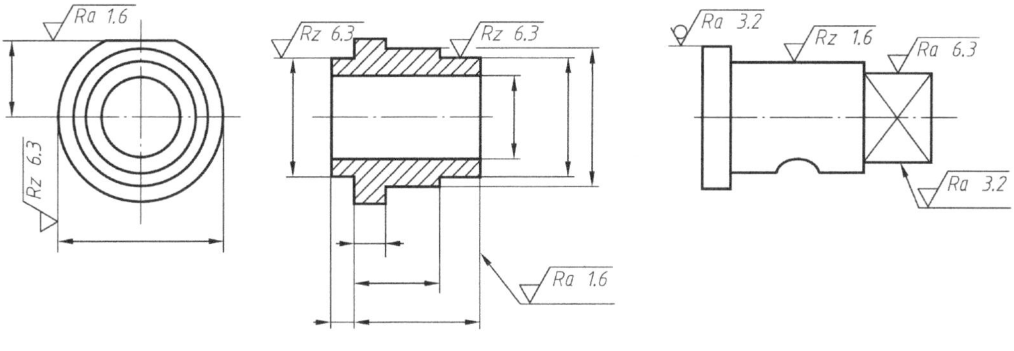


(a)　(b)

图 8.15　圆柱和棱柱表面的表面粗糙度标注

### 8.4.2　极限与配合

1. 互换性与极限配合

1）互换性的概念

现代化的大规模生产要求零件具有互换性，互换性是指在同一规格的一批零部件中，任取其中的一个零件，不经任何选择或修配就能装配到机器或部件上，并达到规定的使用要求的性质。

2）互换性与极限配合的关系

零件在制造的过程中，由于加工和测量等因素引起的误差，使得零件的尺寸不可能绝对准确。为了使零件具有互换性，必须限制零件尺寸的误差范围。同时，由于零件的使用要求不同，两个零件结合的松紧程度也不同。为此，国家制定了极限与配合的标准。

### 2. 尺寸公差

零件在加工过程中，由于刀具、机床精度等多种因素的影响，不可能也没有必要把零件的尺寸制造得绝对精确。为了使零件具有互换性，必须对尺寸限定一个变动范围，这个变动范围的大小称为尺寸公差（简称公差）。图 8.16 所示为孔和轴的尺寸公差。现以孔的尺寸公差为例，介绍说明有关公差的术语。

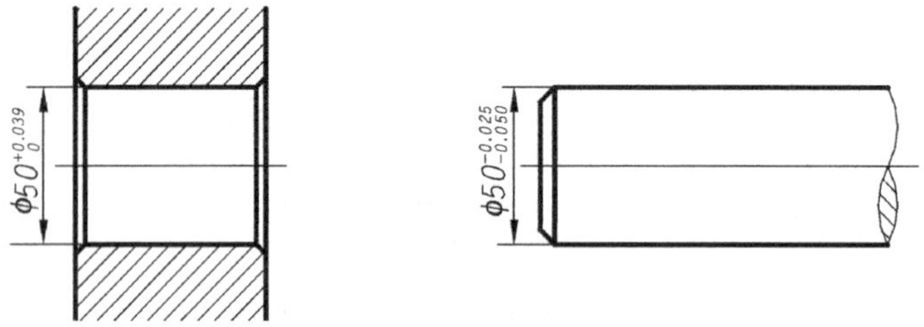


图 8.16　孔和轴的尺寸公差

1）公称尺寸

由图样规范确定的理想形状要素的尺寸，如图 8.16 中的 $\varphi$50。

通过公称尺寸应用上、下极限偏差可计算出极限尺寸；公称尺寸可以是一个整数或一个小数，例如 32，15，8，78，0.5 等。

2）实际尺寸

实际尺寸是指零件加工之后的实际测量尺寸。

3）极限尺寸

尺寸要素允许的尺寸的两个极端。它是以公称尺寸作为基数确定的，实际尺寸必须在极限尺寸的两个极限之间，否则为不合格零件。

（1）上极限尺寸。尺寸要素允许的最大尺寸，如图 8.16 中的 $\varphi$50.039 和 $\varphi$ 49.975。

（2）下极限尺寸。尺寸要素允许的最小尺寸，如图 8.16 中的 $\varphi$50.000 和 $\varphi$ 49.950。

4）尺寸偏差

尺寸偏差（简称偏差）某一尺寸减去其公称尺寸所得到的代数差。

（1）上极限偏差。上极限尺寸减去其公称尺寸所得的代数差，如图 8.16 中的+0.039，−0.025。

（2）下极限偏差。下极限尺寸减去其公称尺寸所得的代数差，如图 8.16 中的 0，−0.050。

上极限偏差和下极限偏差统称为极限偏差。

国家标准中规定：轴的上、下偏差分别用小写字母 es、ei 表示，孔的上、下偏差分别用大写字母 ES、EI 表示。偏差可以为正值也可以为负值和零。

5）尺寸公差

尺寸公差（简称公差）它是允许尺寸的变动量，公差值恒为正。

尺寸公差=上极限尺寸−下极限尺寸=上极限偏差−下极限偏差

6）公差带、公差带图和零线

将上、下偏差和基本尺寸关系按同一比例放大画成简图，如图 8.17 所示。

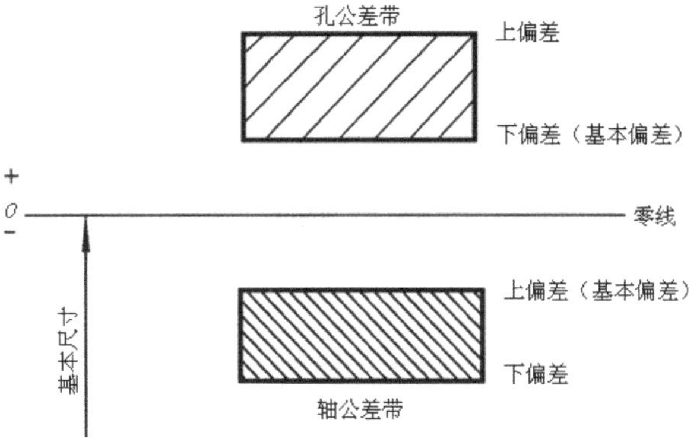


图 8.17　公差带图

零线在公差带图中，表示基本尺寸的一条直线。零线是确定偏差和公差的基准，通常沿水平方向绘制零线，正偏差位于其上方，负偏差位于其下方。

公差带是以基本尺寸为基准（零线），由代表上偏差和下偏差或最大极限尺寸和最小极限尺标尺寸的两条直线所确定的区域，由公差大小及相对零线的位置确定。

7）标准公差与基本偏差

标准公差是国家颁布的“标准公差数值表”（见附录）中用以确定公差带大小的任一公差值，用符号 IT 表示。标准公差代号由符号 IT 和标准公差等级组成。标准公差等级分为 20 个等级，即 IT01，IT0，IT1，IT2，…，IT18。其中 IT01 级的精度最高，然后依次降低，IT18 级精度最低。

选用公差等级的原则如下：在满足使用要求的前提下，尽可能选用较低的公差等级，以降低生产成本。由于孔比轴难加工，因此在配合中孔选择的公差等级比轴低一级。通常<IT12 的公差等级用于配合尺寸，IT12～IT18 用于非配合尺寸，非配合尺寸的公差带代号在图样中一般不必标出。

基本偏差是上、下偏差中相对比较靠近零线的那个偏差。当公差带在零线上方时，基本偏差为下偏差；公差带在零线下方时，基本偏差为上偏差，如图 8.17 所示。

8）公差带代号

根据实际需要，国家规定了基本偏差系列，孔和轴各有 28 种基本偏差，基本偏差代号用拉丁字母表示，大写字母表示孔的基本偏差代号，小写字母表示轴的基本偏差代号，如图 8.18 所示。

由基本偏差代号的字母和标准公差等级代号的数字组成。例如：$\varphi$50H7、$\varphi$50R6 表示的是公称尺寸为 $\varphi$50 的孔的公差代号；$\varphi$50h6、$\varphi$50s7 表示的是公称尺寸为 50 的轴的公差代号。孔和轴的公差带图如图 8.18 所示。

3. 配合

1）基本概念

配合是基本尺寸相同的相互结合的孔和轴的公差带之间的关系。

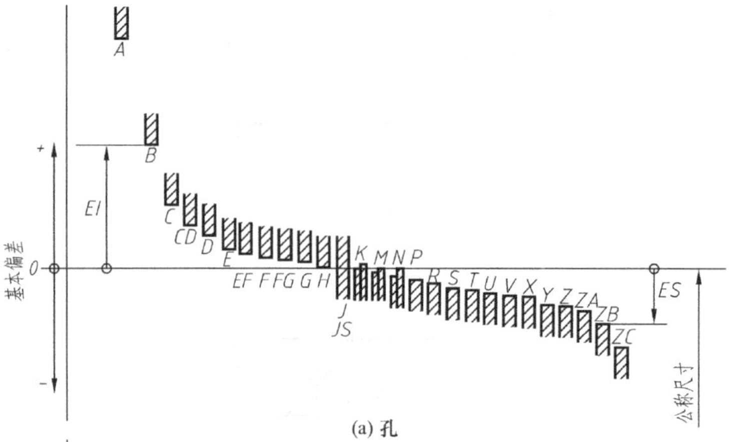


(a) 孔

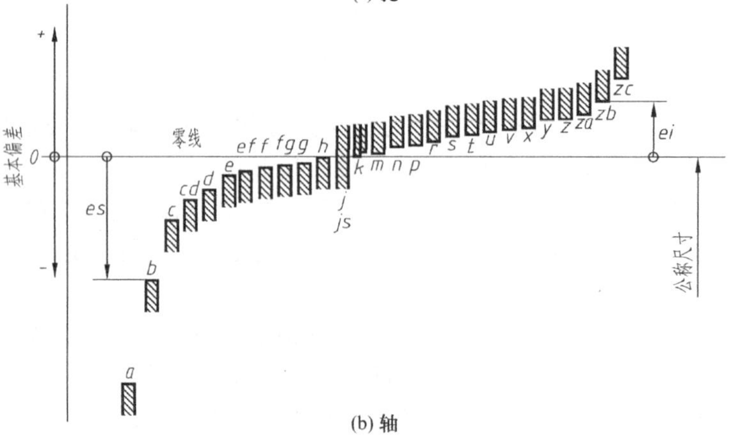


(b) 轴

图 8.18 孔和轴的基本偏差（公差带）

根据孔和轴公差带之间相对位置关系的不同，配合可分为间隙配合、过盈配合和过渡配合三种。

间隙配合是具有间隙（包括最小间隙为零）的配合。此时，孔的公差带在轴的公差带的上方，如图 8.19（a）所示。

过盈配合是具有过盈（包括最小过盈为零）的配合。此时，孔的公差带在轴的公差带的下方，如图 8.19（b）所示。

过渡配合是可能具有间隙或过盈的配合。此时，孔的公差带与轴的公差带相互交错，如图 8.19（c）所示。

2）配合制

配合制是指同一极限的孔和轴组合的一种制度。为便于设计和制造，实现配合标准化，国家规定了两种配合制度，即基孔制和基轴制。一般情况下，优先采用基孔制。

（1）基孔制配合。基孔制是基本偏差固定的孔的公差带与不同基本偏差的轴的公差带组成的各种配合制度。基孔制配合的孔称为基准孔，基准孔的基本偏差代号为 H。孔的公差带上极限偏差为正，下极限偏差为零，如图 8.20 所示。

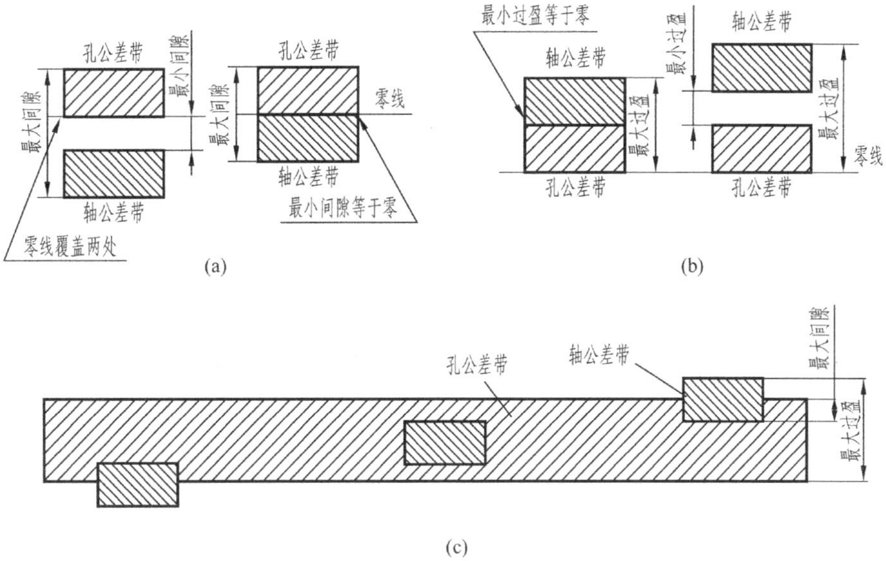


图 8.19 配合的尺寸公差带

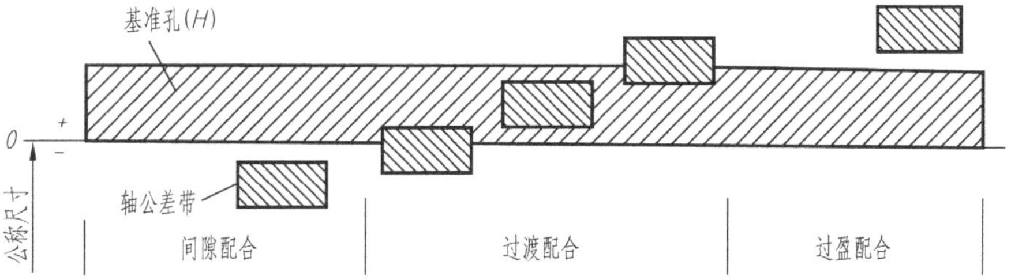


图 8.20 基孔制配合示意

（2）基轴制配合。基轴制是基本偏差固定的轴的公差带与不同基本偏差的孔的公差带组成的各种配合制度。基轴制中的轴称为基准轴，基本偏差代号为 h。轴的公差带上极限偏差为零，下极限偏差为负，如图 8.21 所示。

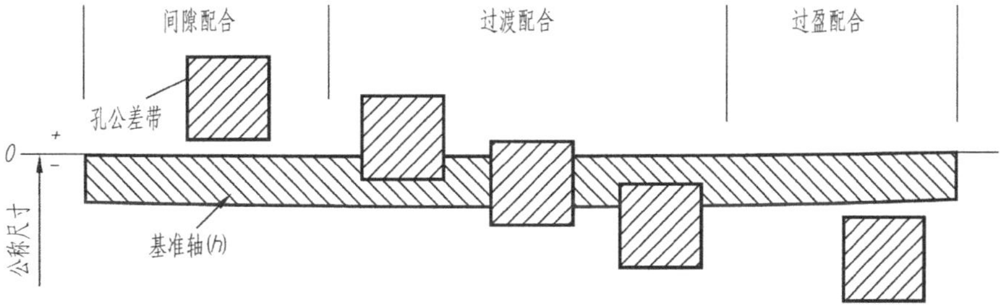


图 8.21 基轴制配合示意

在基孔制（基轴制）配合中，基本偏差 a～h（A～H）用于间隙配合，基本偏差 j～n（J～N）用于过渡配合，p～zc（P～ZC）用于过盈配合。

4. 极限与配合在图样上的标注

1）在零件图中的标注

（1）在用于大批量生产的零件图上，可只标注公差带代号，如图 8.22（a）所示。

（2）在用于小批量生产的零件图上，可只标注极限偏差，如图 8.22（b）所示。

（3）需要同时标注出公差带代号和对应的偏差值时，应在偏差值上加上圆括号，如图 8.22（c）所示。

2）在装配图中的标注

在装配图中，表示孔和轴配合的部位需要标注配合代号，配合代号用分式的形式表示：配合代号=孔的公差带代号 / 轴的公差带代号。在标注时，配合代号应标注在基本尺寸的右边，如图 8.23 所示。

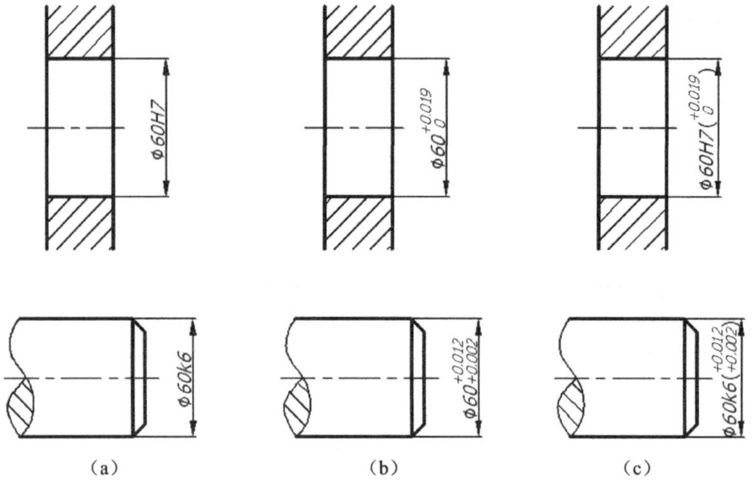


图 8.22　零件图上公差的标注

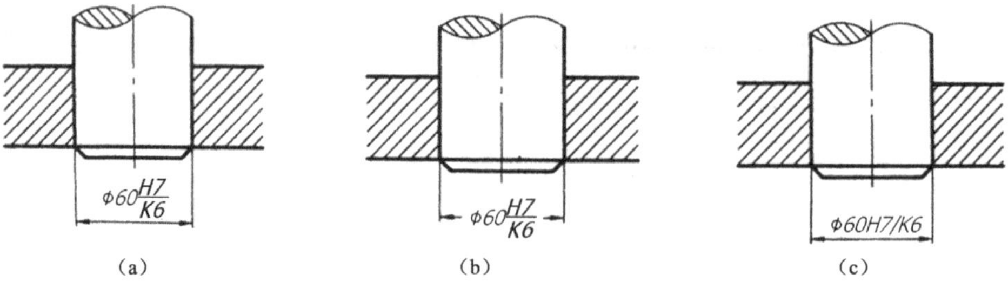


图 8.23　装配图中配合代号的标注

### 8.4.3　几何公差

1. 几何公差的基本概念

几何公差包括形状、方向、位置和跳动公差，是指零件的实际形状和位置对理想形状和位置的变动量。加工精度要求较高的零件时，不仅需要保证尺寸公差，还要保证其几何公差满足设计要求。

（1）理想要素。具有几何学意义的要素，即几何的点、线、面，它们不存在任何误差。图样上表示的要素均为理想要素，如图 8.24（a）所示。

（2）实际要素。零件上实际存在的要素。标准规定：测量时用提取要素代替实际要素，如图 8.24（b）所示。

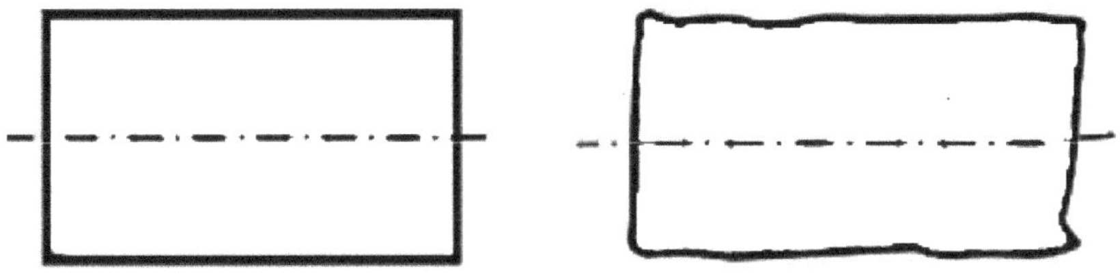

（a）　　　　（b）

图 8.24　几何要素的分类

（3）形状和位置公差。零件在制造过程中，由于种种因素的影响，不仅尺寸会产生误差，而且还会产生形状误差和位置误差，这种误差也是影响零件质量的一项技术指标。因此为了满足使用的要求，必须把这种误差控制在允许的范围内。上述两种误差所允许的变动量分别称为形状公差和位置公差，简称形位公差，如图 8.25 所示。

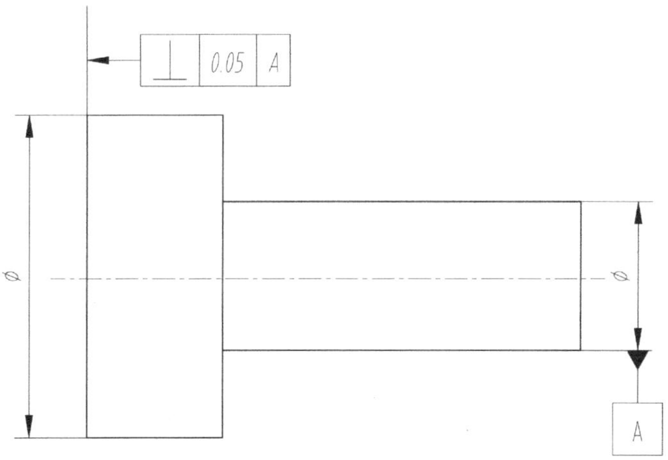


图 8.25　几何要素的分类

形位公差——零件表面的实际形状对理想形状所允许的变动量。

位置公差——零件表面、回转轴线或对称面的实际位置对理想位置所允许的变动量。

（4）被测要素。图样上给出了形位公差要求的要素，是被检测的对象。

（5）基准要素。零件上用来确定被测要素的方向或位置的要素，基准要素在图样有基准符号或基准代号。

2. 几何公差的几何特征及代号

形位公差的项目及符号，见表 8.4。公差框格用细实线画出，可画成水平或竖直的，框格的高度是图样中尺寸数值高度的 2 倍，框格中的内容从左到右分别填写公差特征符号、线性公差值（如公差带时圆形或圆柱形的，则在公差值前加“ $\phi$”；若是球形的，则加注“$S\phi$”），第三格及以后格为基准代号的字母和有关符号，框格的长度视需要而定，框格中的数字、字母和符号与图样中的数字高度一致。

**表 8-4　形位公差分类、特征项目及符号**

| 公差 | 项目 | 符号 | 公差 | | 项目 | 符号 |
|---|---|---|---|---|---|---|
| 形状公差 | 直线度 | — | 位置公差 | 定向 | 平行度 | // |
| | 平面度 | ▱ | | | 垂直度 | ⊥ |
| | | | | | 倾斜度 | ∠ |
| | 圆度 | ○ | | 定位 | 同轴度 | ◎ |
| | | | | | 对称度 | ⌯ |
| | 圆柱度 | ⌭ | | | 位置度 | ⌖ |
| 形状公差或位置公差 | 线轮廓度 | ⌒ | | 跳动 | 圆跳动 | ↗ |
| | 面轮廓度 | ⌓ | | | 全跳动 | ⌰ |

3. 几何公差在图样的标注

1）公差框格

标注形位公差时应用框格标注，如图 8.26 所示。

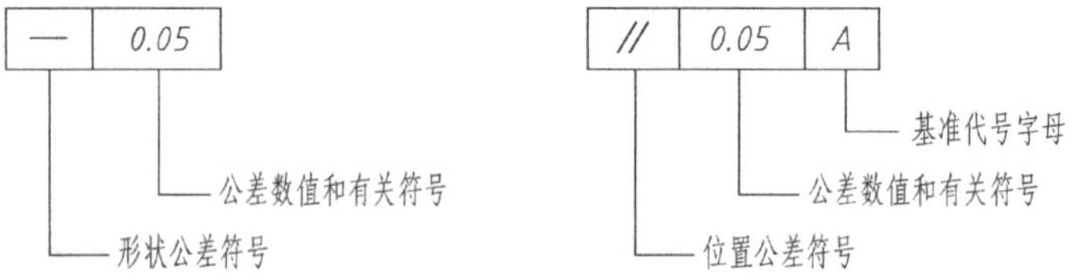


(a) 形状公差框格形式　　(b) 位置公差框格形式

图 8.26　框格形式

2）被测要素的标注

被测要素与公差框格之间用一带箭头的指引线相连。当被测要素为素线或表面时，指引线的箭头在靠近该要素的轮廓线或引出线上标注，并应明显的与尺寸线错开，如图 8.27 所示。

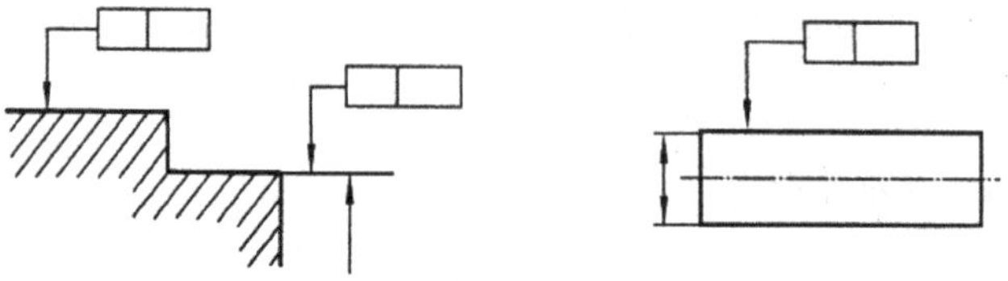

图 8.27　被测要素标注方式（一）

当公差涉及轴线或中心平面时，箭头应与尺寸线对齐，如图 8.28 所示。

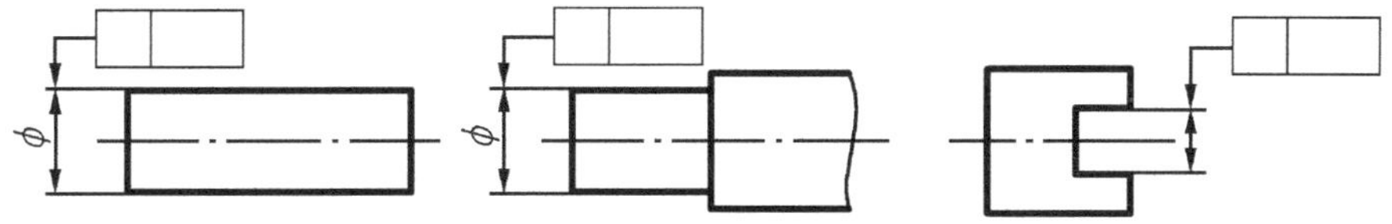


图 8.28 被测要素标注方式（二）

对几个表面有同一数值的公差带要求时，其表示法如图 8.29 所示。

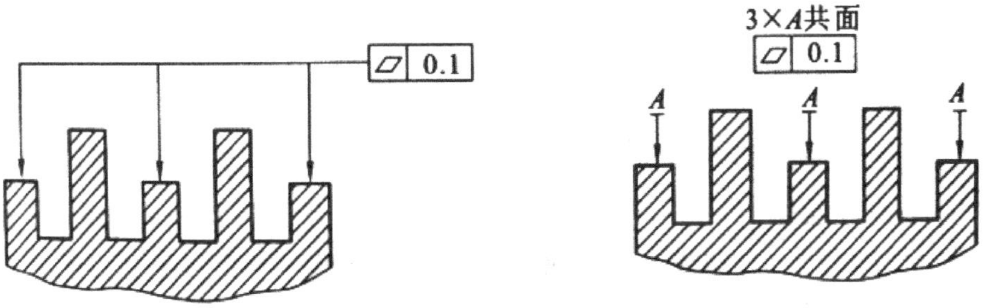


图 8.29 被测要素标注方式（三）

4. 基准要素的标注

（1）与被测要素相关的基准用一个大写字母表示。字母标注在基准方格内，与一个涂黑的或空白的三角形相连以表示基准，如图 8.30 所示。表示基准的字母还应标注在公差框格内。涂黑的和空白的基准三角形含义相同。

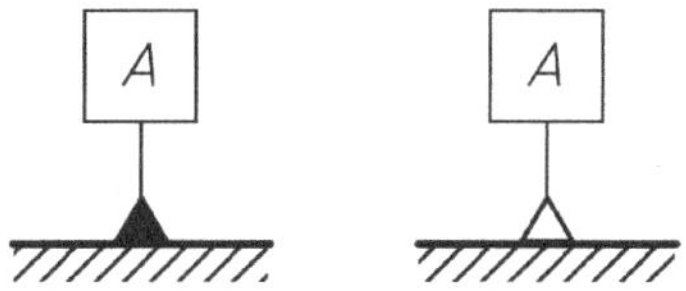


图 8.30 基准符号

（2）带基准的基准三角形应按如下规定放置。

当基准要素是轮廓线或轮廓面时，基准三角形放置在要素的外轮廓线或其延长线上，并应与尺寸线明显错开，如图 8.31（a）所示。基准三角形也可放置在该轮廓面引出线的水平线上，如图 8.31（b）所示。

（3）当基准是尺寸要素确定的轴线、中心平面或中心点时，基准三角形应放置在该尺寸的延长线上，如图 8.32（a）所示；如果没有足够的位置标注基准要素尺寸的两个尺寸箭头，则其中一个箭头可用基准三角形代替，如图 8.32（b）所示。

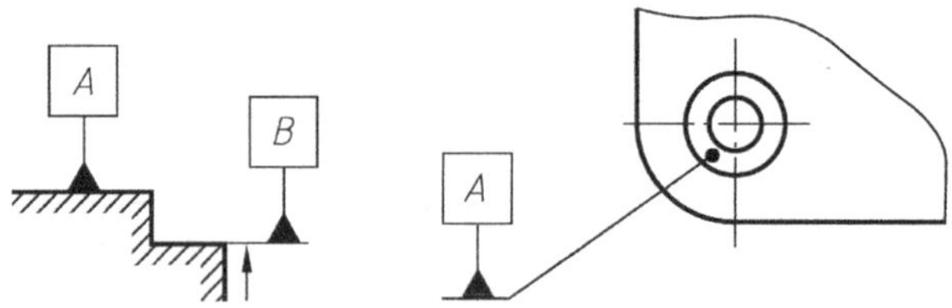


(a)　　(b)

图 8.31　基准要素的常用标注方法（一）

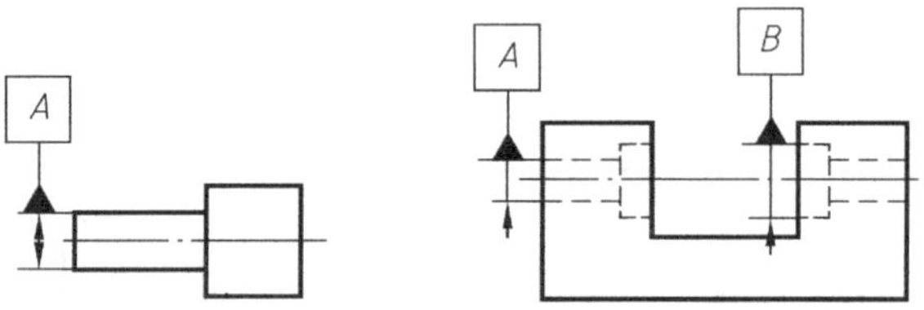


(a)　　(b)

图 8.32　基准要素的常用标注方法（二）

（4）以单个要素作基准时，在公差框格内用一个大写字母表示，如图 8.33（a）所示；以两个要素建立公共基准体系时，用中间加连字符的两个大写字母表示，如图 8.33（b）所示；以两个或三个基准建立基准体系（即采用多基准）时，表示基准的大写字母按基准的优先次序从左到右依次填写在各个框格内，如图 8.33（c）所示。

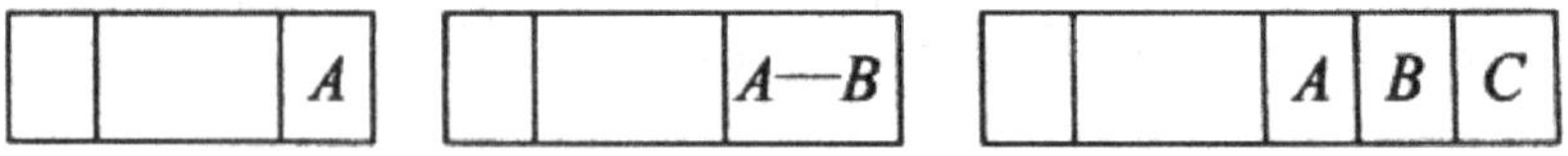


（a）　　（b）　　（c）

图 8.33　基准要素的常用标注方法（三）

## 8.5　常见的零件工艺结构

### 8.5.1　零件加工面的工艺结构

1．倒角和倒圆

为了去除零件加工表面转角处的毛刺、锐边和便于零件装配，一般在轴和孔的端部加工出 45° 倒角。为了避免阶梯轴轴肩的根部因应力集中而容易断裂，应在轴肩的根部加工出圆角，如图 8.34 所示。

2．退刀槽与砂轮越程槽

在车削或磨削时，为便于退出刀具或是砂轮可越过被加工的表面，常在被加工面的末端预先车出退刀槽和越程槽，如图 8.35 所示。其尺寸可按“槽宽×直径”或“槽宽×槽深”的形式注出，如图 8.35（a）所示。当槽的结构比较复杂时可画出局部放大图以标注尺寸，如图 8.35（b）所示。

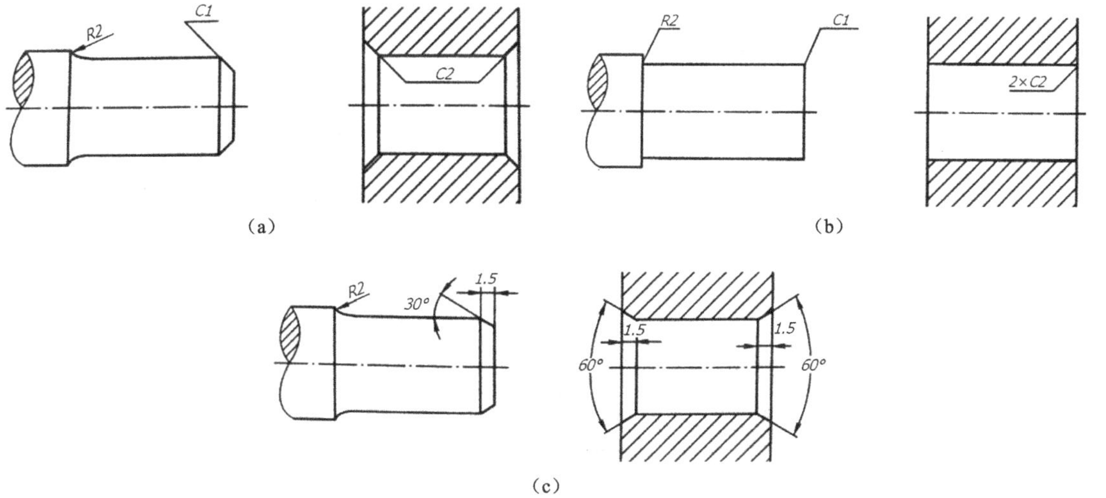


图 8.34 倒角和圆角及其尺寸注法

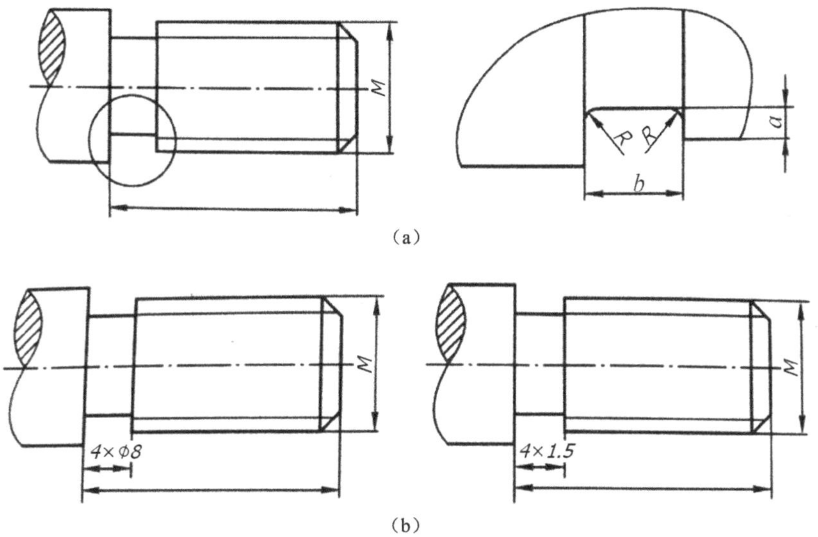


图 8.35 退刀槽、砂轮越程槽及其尺寸注法

3. 凸台和凹坑

零件上凡与其他零件接触的表面通常都要进行机械加工，为了减少加工面积并使零件的表面接触良好，常在零件上设计出凸台和凹坑等结构，如图 8.36 所示。

4. 孔结构

在钻孔时，为了钻头与钻孔端面垂直，对斜孔、曲面上的孔，应制成与钻头垂直的凸台或凹坑。对钻头钻透时的结构，要考虑到不使钻头单边受力，如图 8.37 所示。

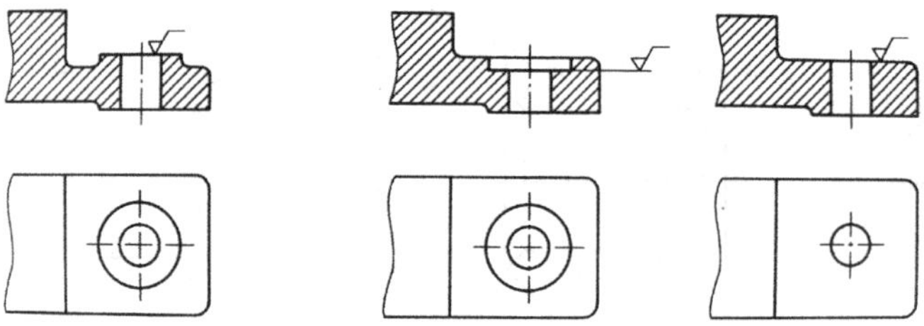

图 8.36　凸台与凹坑

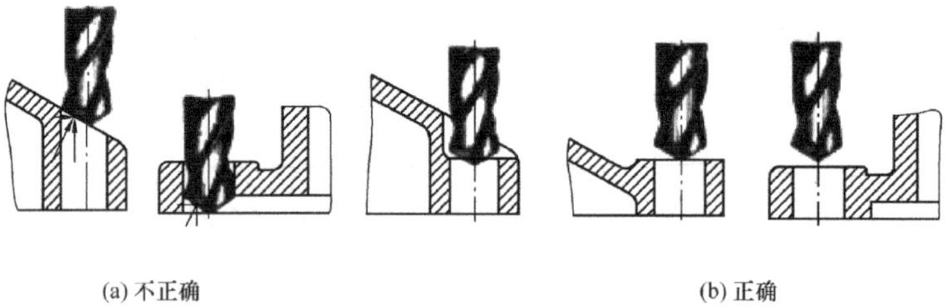


图 8.37　钻孔端面结构设计

## 8.5.2　铸造零件的工艺结构

1. 铸造圆角

为了便于铸件造型时拔模，避免铸件冷却时产生裂纹和缩孔，在铸件表面转折处应制成圆角，称为铸造圆角。但经过切削加工后的转折处则应画成尖角，因为此时圆角已被切削掉，如图 8.38（b）所示

铸造圆角半径一般取壁厚的 0.2～0.4 倍，可从有关标准中查出，同一铸件的圆角半径大小应尽量相同或接近。

2. 拔模斜度

在铸件造型时，为了方便取模，在铸件的内、外壁沿起模方向，应有 1∶20 的斜度，称为拔模斜度。铸造零件的拔模斜度在图中可不画、不标注，必要时可在技术要求中或图像中注明，如图 8.38（b）所示。

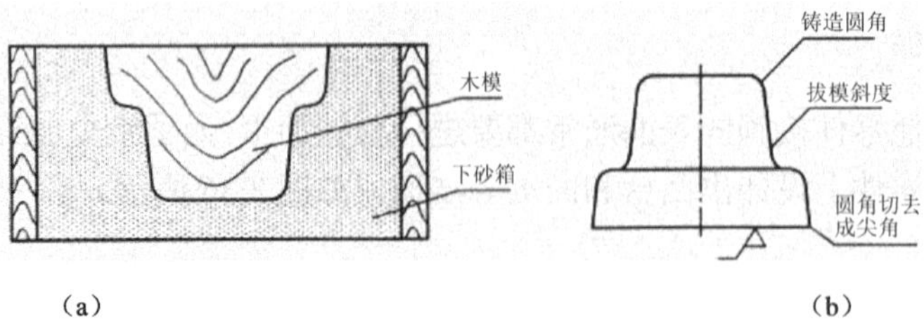


图 8.38 拔模斜度与铸造圆角

3）铸件壁厚

铸件壁厚若不均匀，液态金属的冷却速度就不一样，容易形成缩孔或产生裂纹，如图 8.39（a）所示。在设计铸件时，壁厚应尽量均匀或逐渐过渡，如图 8.39（b）和图 8.39（c）所示，为保

证铸件液态金属的流动性，铸件的壁厚不应小于 3～8mm。

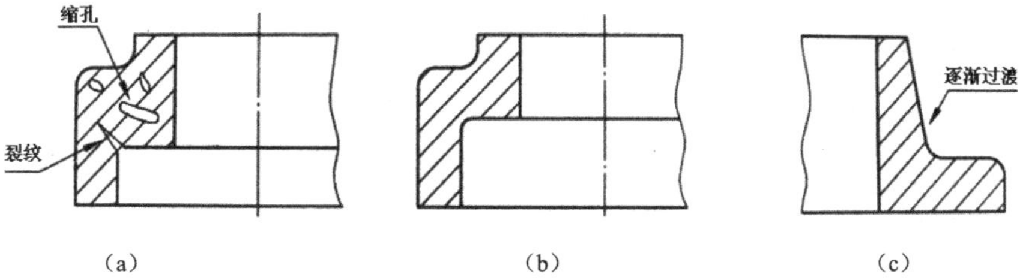


图 8.39　铸件壁厚

### 8.5.3　过渡线

由于铸件上有圆角，铸件表面的相贯线就不太明显了，为了区别不同表面，在零件图上仍要画出这条线，通常称这条线为过渡线。过渡线的画法与相贯线的画法基本相同，如图 8.40 所示为几种过渡线的画法。

（1）两曲面相交时，轮廓线相交处画出圆角，相贯线端部与轮廓线间留出空白，如图 8.40（a）所示。

（2）两曲面有相切部位时，切点附近要留空白，如图 8.40（b）所示。

（3）肋板与立板相交，肋板断面头部为长方形时，过渡线为直线，且平面轮廓线的端部稍向外弯，如图 8.40（c）所示。

（4）肋板与立板相交，肋板断面头部为半圆形时，过渡线为向内弯的曲线，如图 8.40（d）所示。

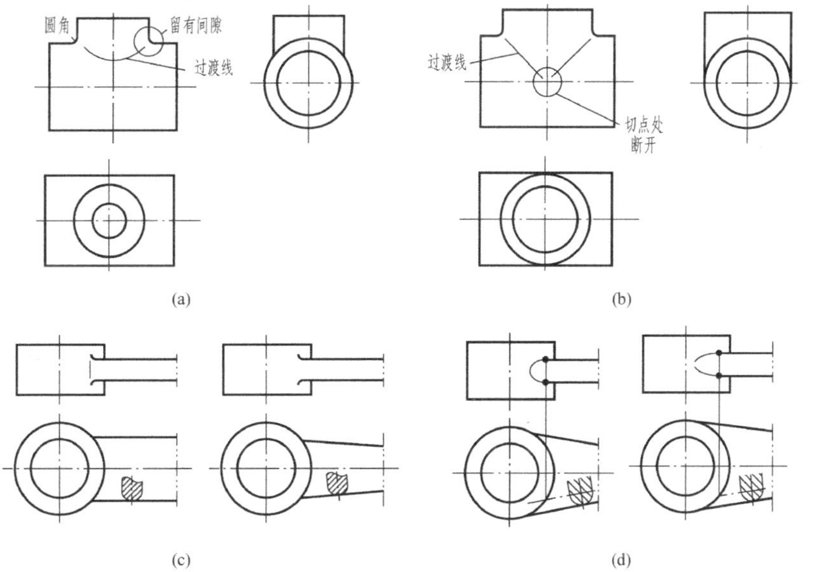


图 8.40　过渡线的画法

# 8.6 各类典型零件分析

## 8.6.1 轴套类零件

1）结构分析

轴套类零件在工作中常起着支承或传递动力的作用。轴套类零件多为回转体，其主要加工工序是车削和磨削。

2）表达方法

在机床上装夹时以轴线定位，三爪或四爪卡盘夹紧，所以该类零件的主视图常将轴线水平放置，因为轴线一般是实心的，所以主视图多采用不剖或局部剖视图，对轴上的沟槽、孔洞可采用移出断面或局部放大图。

3）尺寸标注

如图 8.41 所示为泵轴零件图，按照轴的工作情况和加工特点，左、右两个断面是长度方向的主要基准，设计基准和工艺基准是统一的，尺寸 22、26 是主要尺寸。按常见结构标注键槽、退刀槽和倒角等其他尺寸。

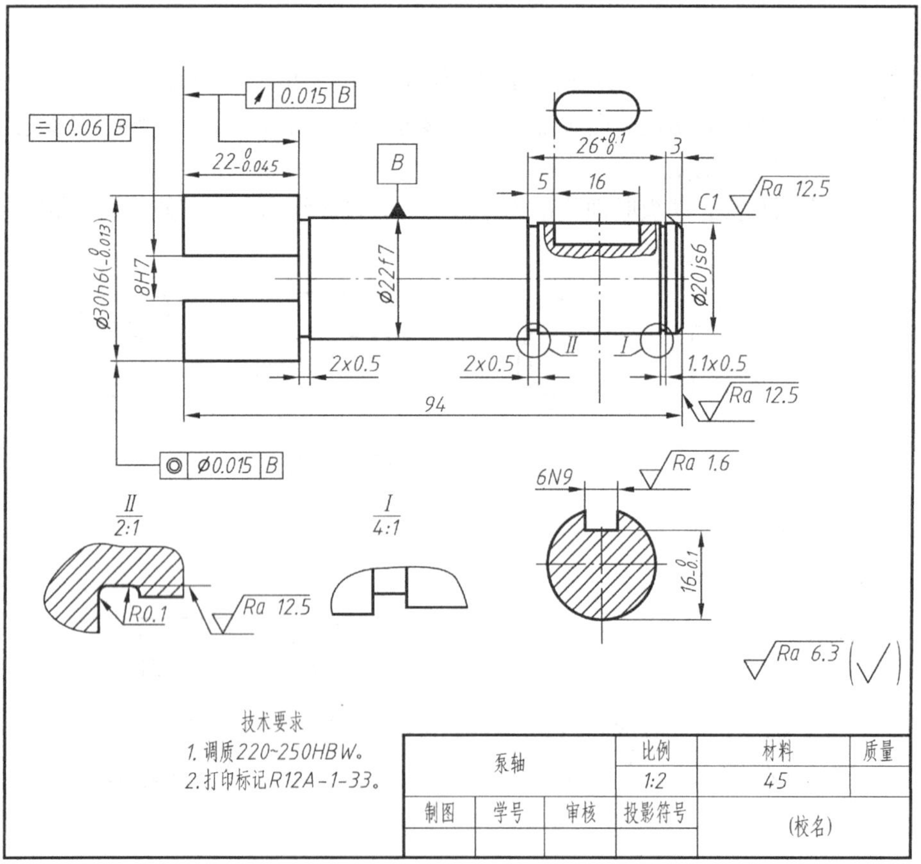


图 8.41　泵轴零件图

4）技术要求

应根据图中所标注的表面粗糙度代号、尺寸公差及几何公差等，弄清楚主要加工表现的加工要求、精度要求。

从技术要求的文字说明中可知，调制处理 220～225HBW，打印标记为 R12A-1-33。

### 8.6.2 轮盖类零件

1）结构分析

通常将齿轮、手轮、带轮、端盖等称为轮盘类零件，材料多为铸造和锻造件，轮盘类零件一般是空心的。

2）表达方法

零件主体形状也是共轴线回转体，这类零件为了与其他零件连接，常用孔、键槽、螺孔、销孔和凸台等结构，为增加强度，有的要增加肋板、轮辐。根据盘类零件的结构特点，其主视图一般按其加工位置放置，即将轴线水平放置，并画成剖视图；左（或右）视图表示零件的外形轮廓和各组成部分，如孔、肋、轮辐等的相对位置，如图 8.42 所示的阀盖零件图。

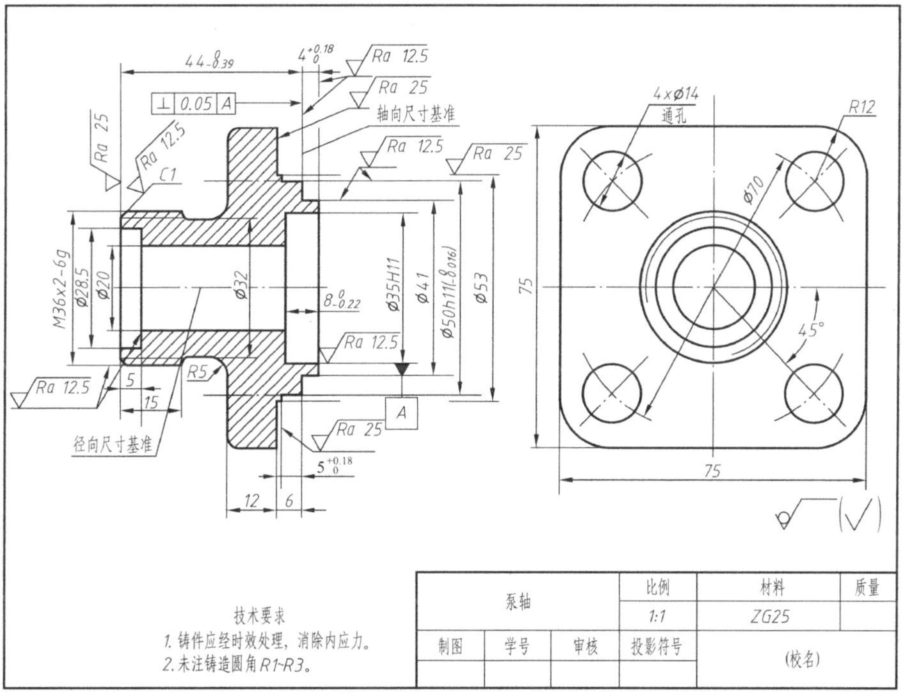


图 8.42　阀盖零件

3）尺寸标注

如图 8.42 阀盖零件图，按照阀盖的工作情况和加工特点，左、右两个断面是长度方向的主要基准，设计基准和工艺基准是统一的，尺寸 44、4 是主要尺寸。中心线为径向尺寸基准，尺寸 M36 和尺寸$\phi$50 是主要尺寸。按常见结构标注退刀槽和倒角等其他尺寸。

4）技术要求

应根据图中所标注的表面粗糙度代号、尺寸公差及几何公差等，弄清楚主要加工表现的加工要求、精度要求。

从技术要求的文字说明中可知，铸件应经时效处理，消除内应力，未注铸造圆角为 $R1$～$R2$。

## 8.6.3 叉架类零件

1）结构分析

通常把拨叉、连杆、支座等零件归纳为叉架类零件。此类零件形状差别较大，结构不规则，外形比较复杂，毛坯多为铸件或锻件，再经机械加工而成。

2）表达方法

根据叉架类零件的结构特点，其主视图常根据结构特征选择，以表达它的形状特征、主要结构和各组成部分的相互关系；再根据零件的复杂程度，选择确定其他视图，将其表达完整；零件上的一些局部结构常用局部剖视图、局部视图、斜视图、断面图等表示。

3）尺寸标注

如图 8.43 所示的支架零件图，按照支架的工作情况和加工特点，圆筒两端是长度的主要基准，设计基准和工艺基准是统一的，圆筒中心线为径向尺寸基准，尺寸 44、尺寸 $\phi72$ 是主要尺寸。按常见结构标注螺孔和倒角等其他尺寸。

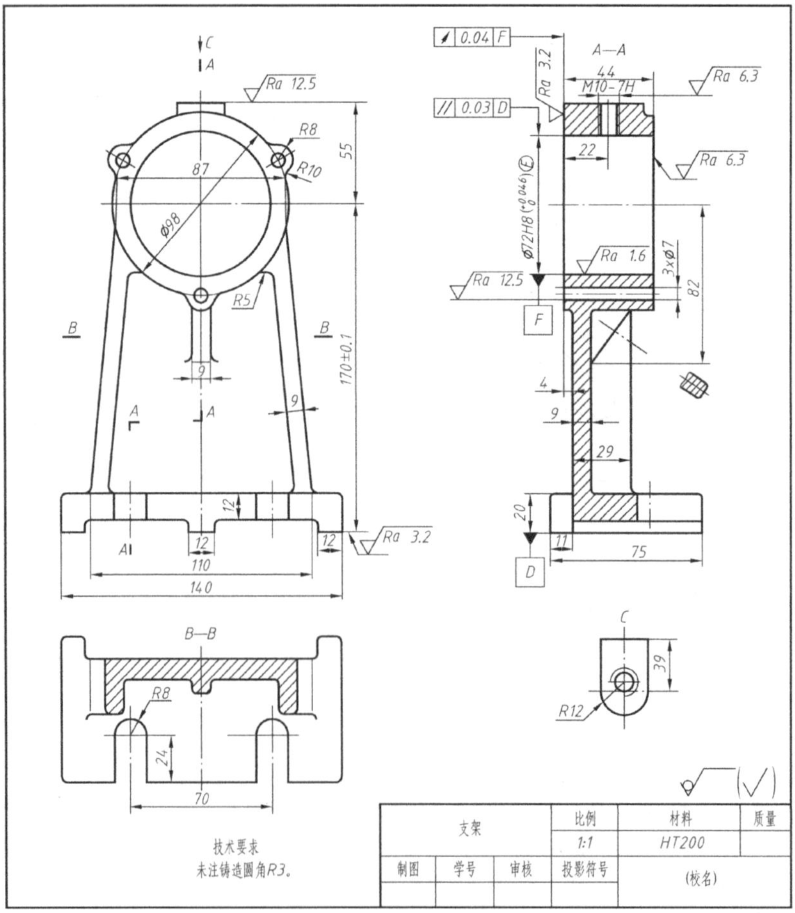


图 8.43　支架零件图

4）技术要求

应根据图中所标注的表面粗糙度代号、尺寸公差及几何公差等，弄清楚主要加工表现的加工要求、精度要求。

从技术要求的文字说明中可知，未注铸造圆角为 *R*3。

## 8.6.4　箱体类零件

1）结构分析

通常把机床床身、泵体、变速箱的箱壳等归纳为箱体类零件。箱体类零件用于支撑和容纳其他零件，其结构形状一般都比较复杂。分析图 8.44 可知，该壳体主要由上部的壳体、下部的安装底板及左右的凸块组成。除了凸块外，本体及底板基本上都是回转体。

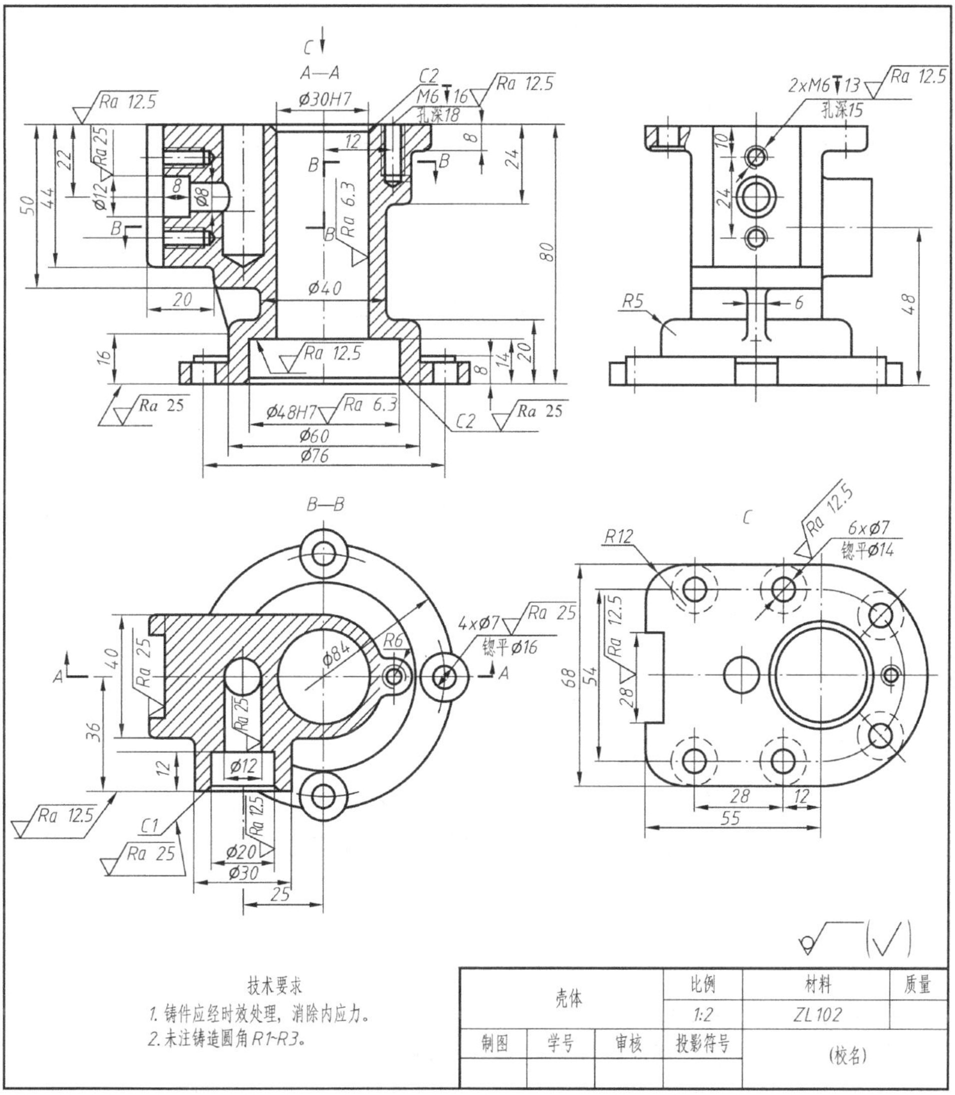


图 8.44　壳体零件图

2）表达方法

由于箱体类零件复杂， 常需要3个或3个以上的视图表达其内部结构形状，根据箱体类零件的结构特点，选择主视图时主要考虑形状特征和工作位置，通常采用通过主要轴孔的剖视图表示内部结构形状，对零件的外形也要常用一些相应的视图表达清楚，局部结构常用局部剖视图、局部视图、斜视图、断面图等表示，如图8.44所示壳体零件图。

3）尺寸标注

该壳体长度和宽度方向的尺寸基准分别是通过壳体的本体轴线的侧平面和正平面，高度基准是地板的底面。从这三个尺寸基准出发，再进一步看懂各部分的定位尺寸和定形尺寸，就可以完全读懂这个壳体的形状和大小。从图中可以看出，在这个壳体的顶板和安装底板中连接贯通的台阶孔$\phi$48H7、$\phi$30H7都有公差要求，其极限偏差数值可由公差带代号H7查表获得。

再看表面粗糙度，除主要的圆柱孔$\phi$30H7、$\phi$48H7为*Ra*6.3外，大部分加工面为*Ra*25，少数为*Ra*12.5，其余仍为铸件表面。由此可见，该零件对表面粗糙度的要求不高。

4）技术要求

再看表面粗糙度，除主要的圆柱孔$\phi$30H7、$\phi$48H7为*Ra*6.3外，大部分加工面为*Ra*25，少数为 *Ra*12.5，其余仍为铸件表面。由此可见，该零件对表面粗糙度的要求不高。用文字叙述的技术要求：铸件要经过时效处理后才能进行切削加工；图中未注尺寸的铸造圆角都是*R*1～*R*3。

## 8.7 读 零 件 图

### 8.7.1 读零件图的目的

在生产中，读零件图是一项经常的而且非常重要的工作。读零件图时，应当全面地了解该零件的形状结构及各部分结构的尺寸大小。同时还要弄清该零件的制造、检验的技术要求，考虑并研究该零件的加工制造过程。

### 8.7.2 读零件图的步骤

下面以如图8.44所示壳体零件图为例，具体说明读零件图的方法和步骤。

1. 读标题栏

从标题栏中可以知道零件的名称是泵体，属于箱体类零件。材料是铸铁，该零件为铸造件。根据比例可以估计出零件的实际大小。如果有装配图及其他有关资料时，可通过阅读进一步了解该零件的用途及其与其他零件之间的联系。

2. 读各试图

1）分析各视图之间的关系

首先找出主视图，再根据其他视图的位置及标注符号弄清各视图的名称、作用及相互位置和投影关系。对于剖视图、断面图，还要找到剖切平面的位置并了解剖切的目的。对于局部视图、斜视图，应找到投射部位及投射方向。如图8.44所示的壳体是用主视图、左视图、*B*—*B*

剖视图和 $C$ 局部视图来表达其结构形状的。主视图采用全剖视，以表达壳体的内部形状，$B—B$ 剖视图用以表达壳体的内部和底板的形状，而采用局部剖视的左视图和 $C$ 向局部视图是用来表达外形及顶面形状。

2）分析形体，明白结构形状

根据各视图间的投影关系，运用前面学过的形体分析、线面分析等方法，看懂组成零件各形体的结构形状及它们之间的相对位置，从而看懂整个零件的结构形状。分析图 8.44 可知，该壳体主要由上部的壳体、下部的安装底板及左右的凸块组成，除了凸块，本体及底板基本上都是回转体。顶部有 $\phi$30H7 通孔、$\phi$12 不通孔和 $M$6 螺孔；底部有 $\phi$48H7 与本体上 $\phi$30H7 通孔相连接的台阶孔，底板上还锪平 4×$\phi$16 的安装孔 4×$\phi$7。结合主、俯、左三个视图看，左侧为带有凹槽的 T 形凸块，在凹槽的左端面上有 $\phi$12、$\phi$8 阶梯孔，与顶部 $\phi$12 圆柱孔相通；在这个台阶孔的上方和下方分别有一个螺孔 M6。在凸块前方的圆柱形凸绷（从外径 $\phi$30 可以看出）上，有 $\phi$20、$\phi$12 阶梯孔，向后与顶部 $\phi$12 圆柱孔贯通。从采用局部剖视的左视图和向视图可以看出，顶部有六个安装孔 $\phi$7，并在它们的下端分别锪平成 $\phi$14 的平面。

通过上述分析，读零件图并想象出该零件的结构形状。

3. 度尺寸标注

从分析零件长、宽、高三个方向的尺寸基准出发，弄清哪些是重要尺寸；然后用形体分析的方法找出零件的定形、定位和总体尺寸，并进一步分析尺寸是否注全，是否符合设计要求和工艺要求。

该壳体长度和宽度方向的尺寸基准分别是通过壳体的本体轴线的侧平面和正平面，高度基准是地板的底面。从这三个尺寸基准出发，再进一步看懂各部分的定位尺寸和定形尺寸，就可以完全读懂这个壳体的形状和大小。从图中可以看出，在这个壳体的顶板和安装底板中连接贯通的台阶孔 $\phi$8H7、$\phi$30H7 都有公差要求，其极限偏差数值可由公差带代号 H7 查表获得。

4. 读技术要求

再看表面粗糙度，除主要的圆柱孔 $\phi$30H7、$\phi$48H7 为 $Ra$6.3 外，大部分加工面为 $Ra$25，少数为 $Ra$12.5，其余仍为铸件表面。由此可见，该零件对表面粗糙度的要求不高。用文字叙述的技术要求是：铸件要经过时效处理后才能进行切削加工；图中未注尺寸的铸造圆角都是 $R$1～$R$3。

5. 归纳总结

综合上述各项分析的内容，将图形、尺寸和技术要求等综合起来考虑并参阅相关资料，对零件有一个总体认识，达到读懂零件图的目的。

读零件图是一项复杂且技术性较高的工作，千万不能马虎大意，以免给生产造成损失。

# 第9章

# 装　配　图

机器或部件（统称装配体）是由若干个零件按照一定的装配关系和技术要求装配而成的。表示机器或部件等产品及其组成部分的连接、装配关系的图样称为装配图。表示一个部件的装配图称为部件装配图，表示一台完整机器的装配图称为总装配图。本章主要介绍绘制和阅读部件装配图的有关知识。

## 9.1　装配图的作用和内容

### 9.1.1　装配图的作用

装配图要能反映出机器部件的工作原理、性能结构，零件间的装配关系及必要的技术数据。在设计产品时通常是依据设计任务书，先画出符合设计要求的装配图，再根据装配图画出符合要求的零件图。在制造产品的过程中根据装配图制定装配工艺规程来进行装配、调试和检验产品。在使用和维修产品时，通过装配图了解其使用性能、传动路线和操作方法，以便操作使用正确、维修保养及时。因此，装配图是设计、制造、使用、维修和进行技术交流的重要文件。

### 9.1.2　装配图的内容

图 9.1 所示是滑动轴承的装配图，一张完整的装配图应包括以下五个方面的内容：

（1）一组视图。在装配图中，一组视图用来表达机器或部件的结构、工作原理，和零件之间的装配关系、连接关系和传动关系，以及主要零件的结构形状等方面的内容。

（2）必要的尺寸。在装配图中，需要标注上能用来表达机器或部件的性能、规格、装配和安装等方面的必要尺寸。

（3）技术要求。在装配图中，技术要求用来表达机器或部件在装配、调整、试验、性能和使用等方面的要求和应达到的指标等。

（4）零件序号和明细栏。在装配图中，必须对每种零件进行编号，并在标题栏上方的明细栏中依次列出零件序号、零件名称、数量和零件材料等主要信息，填写时由下向上排序。

（5）标题栏。在标题栏中，必须注明机器或部件的名称、图号、绘图比例，以及设计、制图、审核人员的签名等方面的内容。

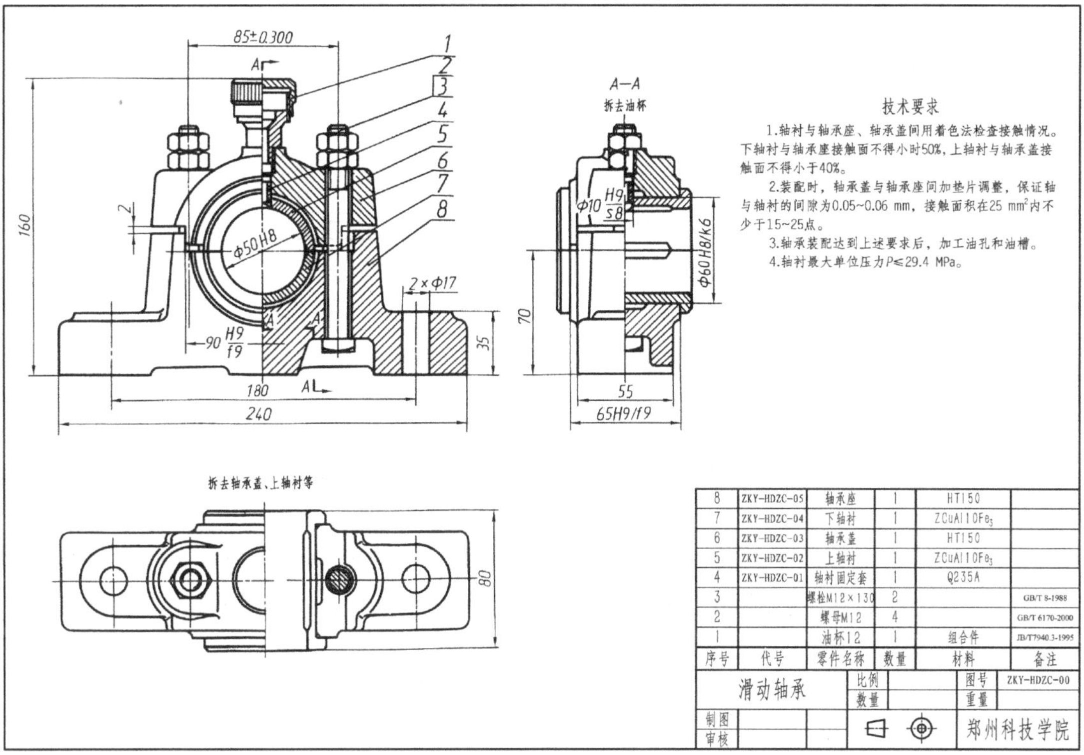


图 9.1 滑动轴承装配图

## 9.2 装配图的表达方法

装配图和零件图的表达方法基本相同，可采用各种视图、剖视图、断面图等以表达其结构形状，但它们之间也有不同之处，装配图需要表达的是机器（部件）的总体情况，特别是零件之间的装配关系，而零件图仅表达单个零件的结构形状。

### 9.2.1 装配图的规定画法

1. 相邻零件的轮廓线画法

1）接触面的画法

若相邻两个零件相接处或互相配合，则在接触地方只画一条线，如图 9.2（a）所示。

2）非接触面的画法

如果相邻两个零件是非接触面或非配合面，则应画两条线，表示各自的轮廓。相邻两零件的基本尺寸不相同时，即使间隙很小也必须画两条线，如图 9.2（b）所示。

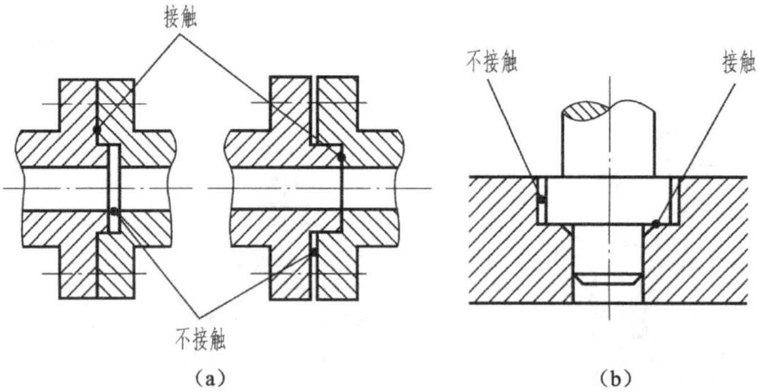


图 9.2　接触面与非接触面的画法

2. 相邻零件的剖面线画法

（1）在装配图中，相同零件在不同剖视图上的剖面线应完全相同，以便对照视图时分清和看懂零件。

（2）在同一张剖视图中，为了区分不同零件的范围，相邻两个零件的剖面线方向应相反。

（3）若几个相邻零件的剖面线同向，则应改变剖面线的间隔，或将两零件的剖面线错开以示区分，如图 9.3 所示。

3. 实心零件和标准件的画法

（1）在绘制实心零件（如轴、杆、滚珠等）和标准件时，若按纵向剖切，且剖切面通过这些零件的对称面或轴线，则按不剖绘图，如图 9.4 所示；若按横向剖切，则照常画出这些零件的剖面线。

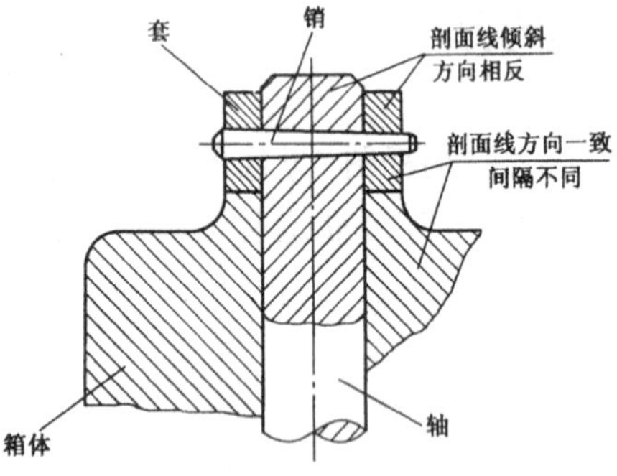


图 9.3　装配图中剖面线的画法

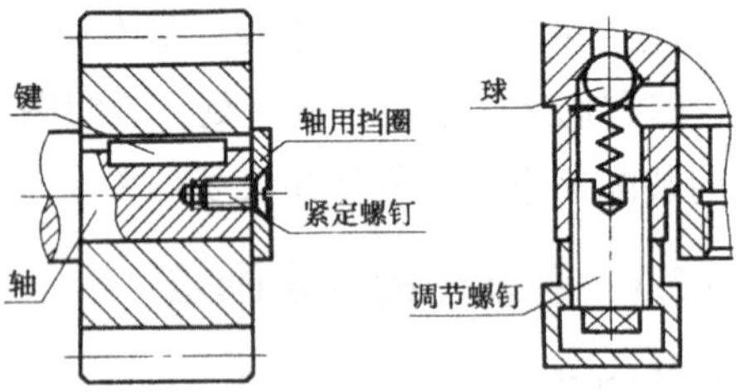


图 9.4　装配图中实心件和标准件的画法

（2）若要表现零件上的孔、槽、螺纹、键、销或该零件与其他零件的连接状况时，则可在零件上用局部剖视表示这类结构，如图 9.4 所示。

### 9.2.2　装配图的特殊表达方法

1. 拆卸画法和沿零件结合面剖切画法

1）拆卸画法

在装配图中，当有的零件遮住了需要表达的其他结构或装配关系，而它在其他视图中以表示清楚时，可假设将其拆去，只画出那些需要表达的部分视图，并在该视图上方加注“拆去××等”字样，这种画法称为拆卸画法。

2）沿零件结合面剖切画法

在装配图中，沿两零件的结合面剖切后进行投影，在该视图的结合面处不画剖面线，而那些被横向剖开的标准件则需要画出剖面线，如图 9.1 滑动轴承装配图所示，俯视图右半部分就是结合面剖切后的视图。

### 2. 单个零件视图的画法

在装配图中为说明某零件的重要结构，可用向视图方式单独画出该零件的视图，但必须在所画视图上方标注该零件的视图名称，在相应视图附近用箭头指明投射方向，并标注相同的字母，如图 9.5 所示，泵盖的 *B* 向视图。

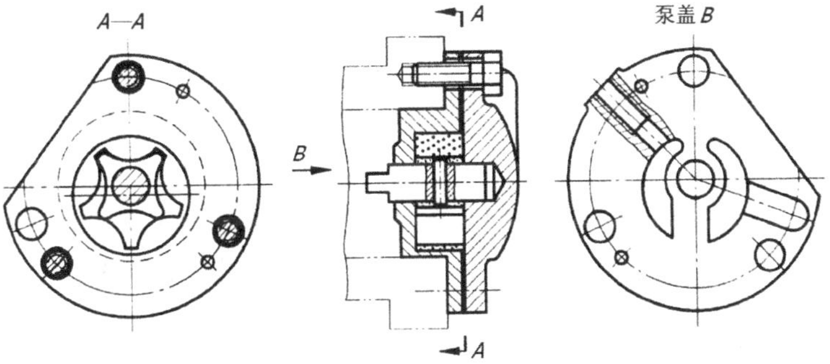


图 9.5 沿零件结合面剖切画法

### 3. 假想画法

在装配图中，当需要表达运动零件的工作位置、运动范围或极限位置时，可采用粗实线表达其中一个位置，然后用双点画线表示极限位置的轮廓形状和运动轨迹，如图 9.6 所示。

若一个零件不属于装配图中所要表达的部件，但却与该部件有相邻关系时，则可用双点画线来表示其轮廓形状，如图 9.8 中的主轴箱。

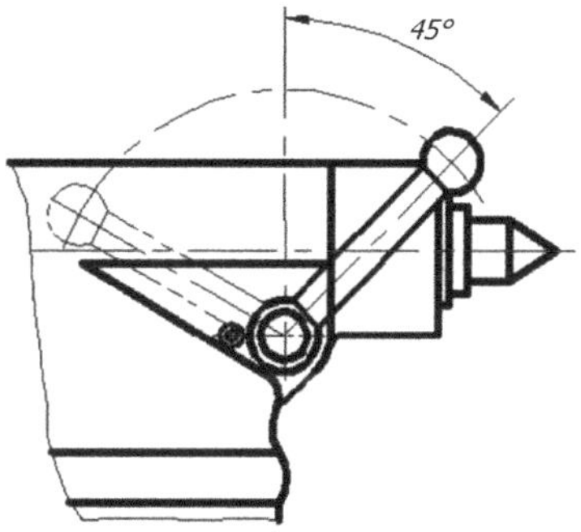


图 9.6 假想画法

### 4. 夸大画法

在装配图中，对于薄壁零件、细丝弹簧和微小间隙等结构，若很难在装配图中画出或明显表达出其实际尺寸时，则允许将它们不按比例适当夸大画出，如图 9.7 所示。

### 5. 简化画法

对于装配图中若干相同的零件组，例如螺栓连接等，可只详细画出一处或几处，其余的以点画线表示其中心位置。滚动轴承只须表达其主要结构，可采用示意画法。零件的工艺结构如倒角、圆角、退刀槽等，可不画出，如图 9.7 所示。

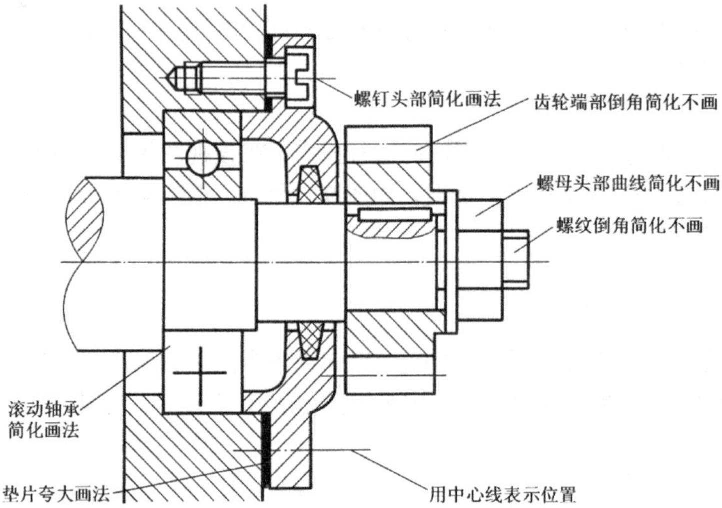


图 9.7　简化画法

6. 展开画法

为了表达传动机构的传动路线和装配关系，可假想按传动顺序沿轴线剖切，然后依次将各剖切平面展开在一个平面上，画出其剖视图。此时应在展开图的上方注明“ X—X展开”字样，如图 9.8 所示。

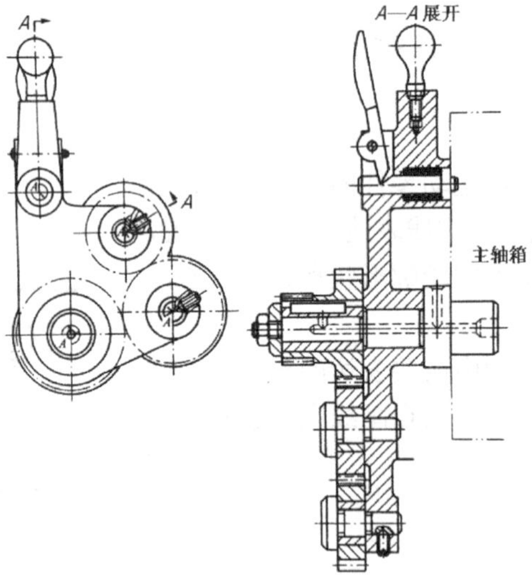


图 9.8　展开画法

## 9.3　装配图上的尺寸标注和技术要求

### 9.3.1　装配图的尺寸标注

对零件图来说，它要求标注出零件的全部尺寸。而装配图的作用是表达零/部件的装配关系，因此，不必标注出其每个零件的全部尺寸，一般只需标注规格尺寸、装配尺寸、安装尺寸、外形尺寸和其他重要尺寸。

（1）规格尺寸——说明部件规格或性能的尺寸，是设计和选用产品时的主要依据，如图 9.1 中的 φ50H8。

（2）装配尺寸——保证部件正确装配，并说明配合性质及装配要求的尺寸，如图 9.1 中 φ60H8/k6、65H9/f9 及连接螺栓中心距等。

（3）安装尺寸——将部件安装到其他零、部件或基础件上所需要的尺寸，如图 9.1 中地脚螺栓孔间的尺寸 180 等。

（4）外形尺寸——机器或部件的总长、总宽、总高尺寸，反映了机器或部件的体积大小，即该机器或部件在包装、运输和安装过程中所占空间大小，如图 9.1 中 240、160 和 80 等尺寸。

（5）其他重要尺寸。除以上四类尺寸外，在装配或使用中必须说明的尺寸，例如运动零件的位移尺寸等。

装配图上的某些尺寸有时兼有几种意义，而且每张图也不一定都具有上述五类尺寸。在标注尺寸时，必须明确每个尺寸的作用，对装配图没有意义的尺寸无须标注出。

### 9.3.2 装配图的技术要求

由于装配体的性能、用途各不相同，因此其技术要求也不同，拟定装配体技术要求时，应具体分析，一般应从以下几个方面考虑：

（1）装配要求——在装配过程中的注意事项和装配后应满足的要求，如保证间隙、精度要求、润滑和密封的要求等。

（2）检验要求——装配体基本性能的检验、试验规范和操作要求。

（3）使用要求——对装配体的规格、参数及维护、保养、使用时的注意事项及要求。

以上各项，不是每张装配图都要求全部注写，应根据具体情况而定。

## 9.4 装配图中的零/部件序号和明细栏

### 9.4.1 零/部件序号

为了便于生产、图纸管理、机器装配和看装配图，装配图上各零/部件都要编注序号和代号。序号是为了看图方便编制的，代号是该零件或部件的图号或国标代号。装配图中的零/部件的序号和代号要和明细栏中的序号和代号相一致。

1）一般规定

装配图中所有的零/部件都必须编注序号，规格相同的零件只编注一个序号，标准化组件如滚动轴承、电动机等，可看作一个整体编注。

2）序号的组成

装配图中的序号一般由指引线（细实线）、圆头（或箭头）、横线（或圆圈）和序号数字组成，如图 9.9 所示。具体要求如下：

（1）指引线不要与轮廓线或剖面线等图线平行，指引线之间不允许相交，但指引线允许弯折一次。

（2）指引线末端不便画出圆点时，可在指引线末端画出箭头，箭头指向该零件的轮廓线。

（3）序号数字比装配图中的尺寸数字大一号或两号。

3）零件组序号

对紧固件组或装配关系清楚的零件组，允许采用公共指引线，如图 9.10 所示。

4）序号的排列

零件的序号应沿水平或垂直方向按顺时针或逆时针方向排列，并尽量使序号间隔相等。

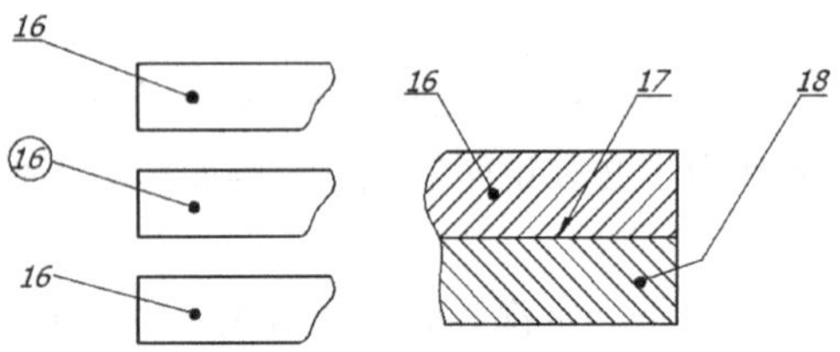


图 9.9　序号的组成

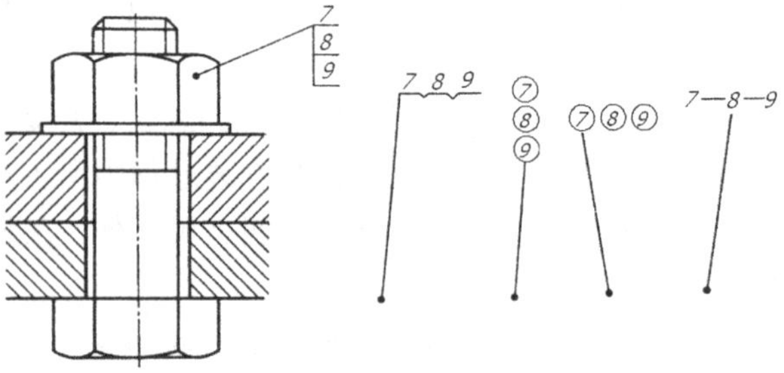


图 9.10　零件组序号

### 9.4.2　明细栏

明细栏通常画在标题栏的上方，假如位置不够，可将明细栏分段画在标题栏左方。国家标准规定的明细栏格式，如图 9.11（a）所示。学生作业用的标题栏建议采用图 9.11（b）所示格式。

绘制和填写明细栏的注意事项：

（1）明细栏和标题栏的分界线是粗实线，明细栏的外框竖线是粗实线，横线和内部竖线均为细实线（包括最上面的一条横线）

（2）明细栏中的序号应与图中的零件序号一致，并自下向上填写。若向上延伸位置不够，则可以在标题栏紧靠左边自下而上延续。

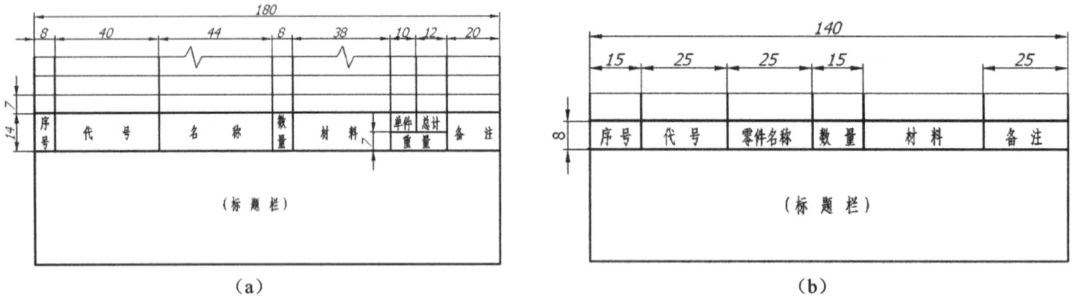


图 9.11　明细栏格式

## 9.5　装配工艺结构简介

为保证机器或部件能顺利装配，并达到设计规定的性能要求，而且拆、装方便，必须使零件间的装配结构满足装配工艺要求。所以，在设计绘制装配图时，应考虑装配工艺的合理性。

### 9.5.1 接触面与配合面的结构

（1）两零件在同一方向上（横线、竖向或径向）只能有一对接触面。这样既能保证接触良好，又能降低加工要求及加工成本。否则，将造成加工困难，并在装配时容易产生定位问题，如图 9.12 所示。

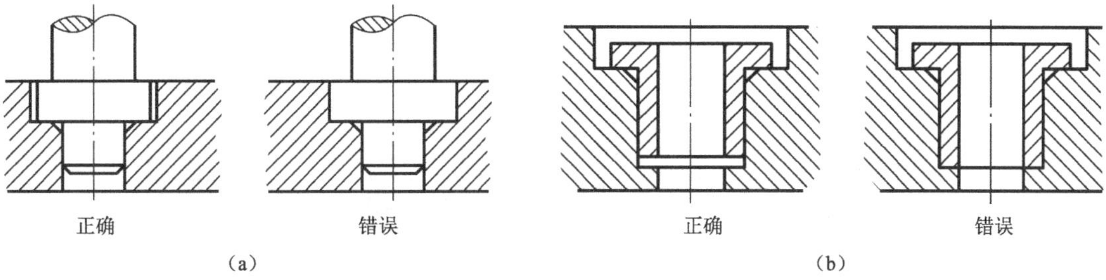


图 9.12 同一方向接触面合结构

（2）零件两个方向的接触面在转折处应做成倒角、圆角或凹槽，以保证两个方向的接触面接触良好。转折处不应都加工成直角或尺寸相同的圆角，因为这样会使装配时转折处发生干涉，以致接触不良而影响装配精度，如图 9.13 所示。

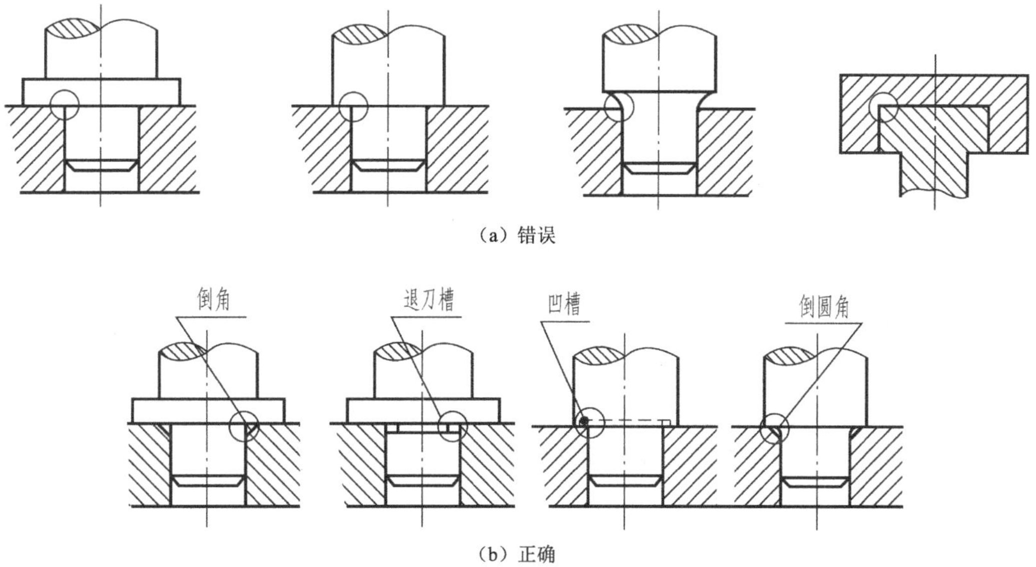


图 9.13 接触面转折处结构

### 9.5.2 方便拆卸的结构

（1）为了便于零件的装配与拆卸，必须保证有必要的安装、拆卸紧固件的空间位置或设置必要的工艺孔，如图 9.14 所示。

（2）滚动轴承若以轴肩或孔肩定位，则轴肩或孔肩的高度须小于轴承内圈或外圈的高度，或在轴肩与孔肩上加工出放置拆卸工具的槽、孔等，以保证维修时方便拆卸，如图 9.15 所示。

不合理　合理　　不合理　合理

(a)　　(b)

图 9.14　螺纹紧固件方便拆卸的结构

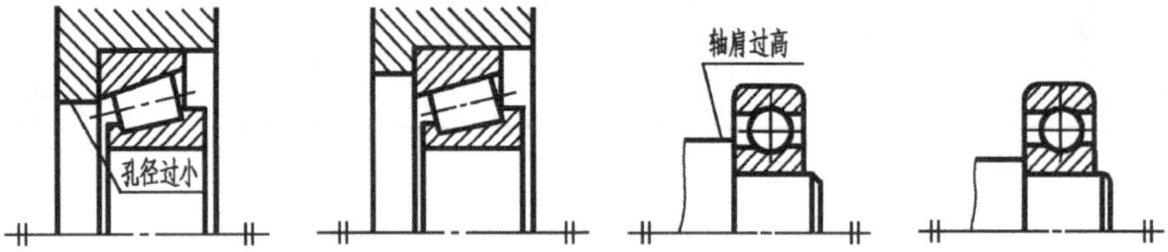


不合理　合理　不合理　合理

(a)　(b)

图 9.15　方便滚动轴承装拆的结构

（3）销连接中，为便于拆卸销钉，销孔常加工成通孔，如图 9.16 所示。

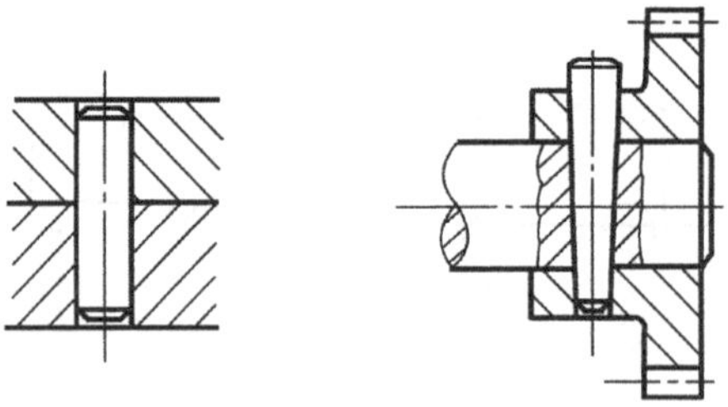

图 9.16　方便滚动轴承装拆的结构

## 9.5.3　防泄漏、密封结构

一般对于伸出机器之外的旋转轴、滑动杆，要求其上面必须有合理的密封装置，以防止工作液体或气体沿轴、杆泄漏，或外界灰尘杂质侵入机器内部。

最常见的处理方法是在旋转轴或滑动杆伸出处的机体上或压盖上加工出填料槽，并在槽内填入毛毡圈，如图 9.17 所示。

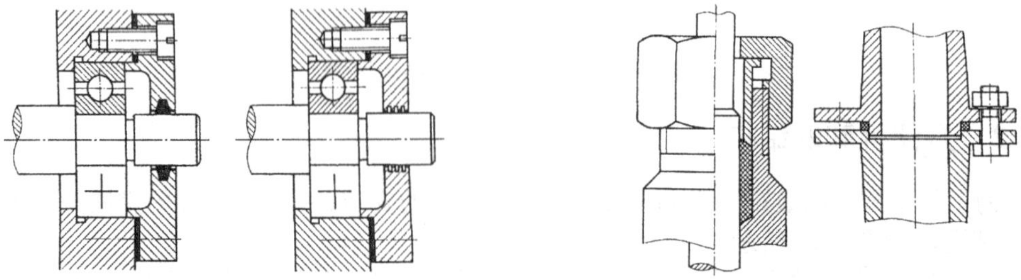

(a)　(b)

图 9.17　密封结构

# 9.6 装配图的画法

## 9.6.1 确定表达方案

在按规定画法画装配图之前，要以主视图的选择为中心来确定部件的表达方案。表达方案确定的依据是以表达清楚装配体的工作原理和零件间的装配、连接关系为原则。

### 1. 确定主视图

确定主视图时，要以最能反映出装配体的结构特征、工作原理、传动路线和主要装配关系的方向作为主视图的投射方向，并尽量使主视图的位置符合机器或部件的工作位置和习惯放置位置。如图 9.18（a）所示，铣床尾架根据上述原则选择主视图投射方向 *A*，尾架的四条装配干线都不在同一平面内。由图 9.18（a）可知，尾架的工作原理主要是顶紧工件，主要装配干线为顶紧机构，因此，主视图的投射方向应选择 *A* 向。由图 9.19 可知，主视图可表达夹紧、放松工件的顶紧机构装配关系。

### 2. 确定其他视图

主视图确定后，往往还需要选择其他视图和表达方法来进一步补充主视图未表达出来或未表达清楚的内容。要求所选的视图在作用上各有重点、互相配合、避免重复，其视图数量的多少，要视装配图的复杂程度而定。

如图 9.19 中左视图是通过定位螺杆 8 的轴线作的全剖视图，配合主视图突出表达升降机构的工作原理和各零件的装配关系；*B—B* 断面图突出表达了夹紧机构零件组的装配关系和夹紧原理；*C—C* 剖视图将顶尖在正平面内转动的角度表达清楚；*K* 向局部视图表明了锁紧螺栓 GB/T 5782 M10×35 活动的角度范围；俯视图表达了铣床尾架的外部形状，更重要的是突出标明定位板 11 与尾架体 5 通过螺栓 GB/T 5782 M10×35 的连接情况及其各装配线在水平面上的相对位置。

### 3. 确定比例和图幅

视图的表达方案确定后，应根据机器或部件的总体尺寸、复杂程度、视图的数量和大小，以及各视图间留出的空当来确定绘图的比例和图幅大小。还应保证在图幅的右下角有足够的位置画标题栏、明细栏和注写技术要求。

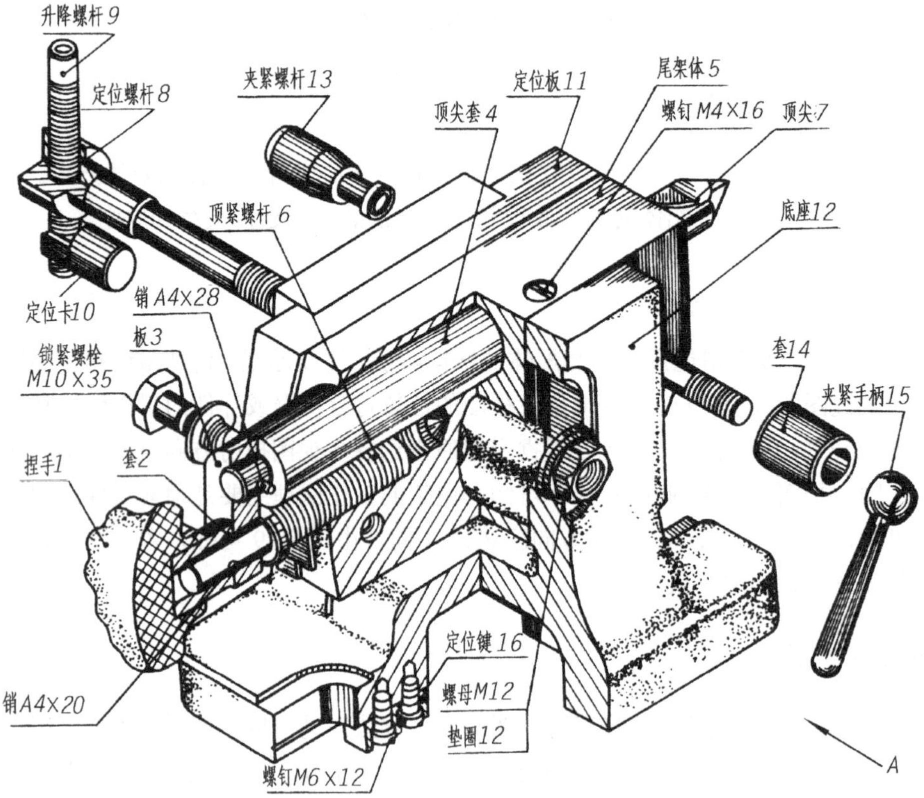


(a) 轴测图

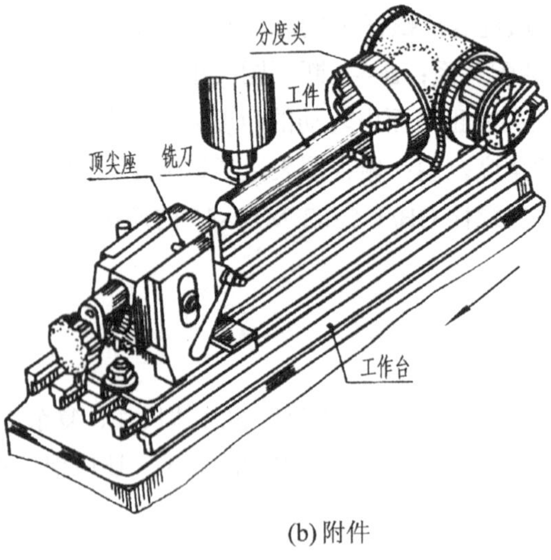


(b) 附件

图 9.18　铣床尾架轴测图及其附件

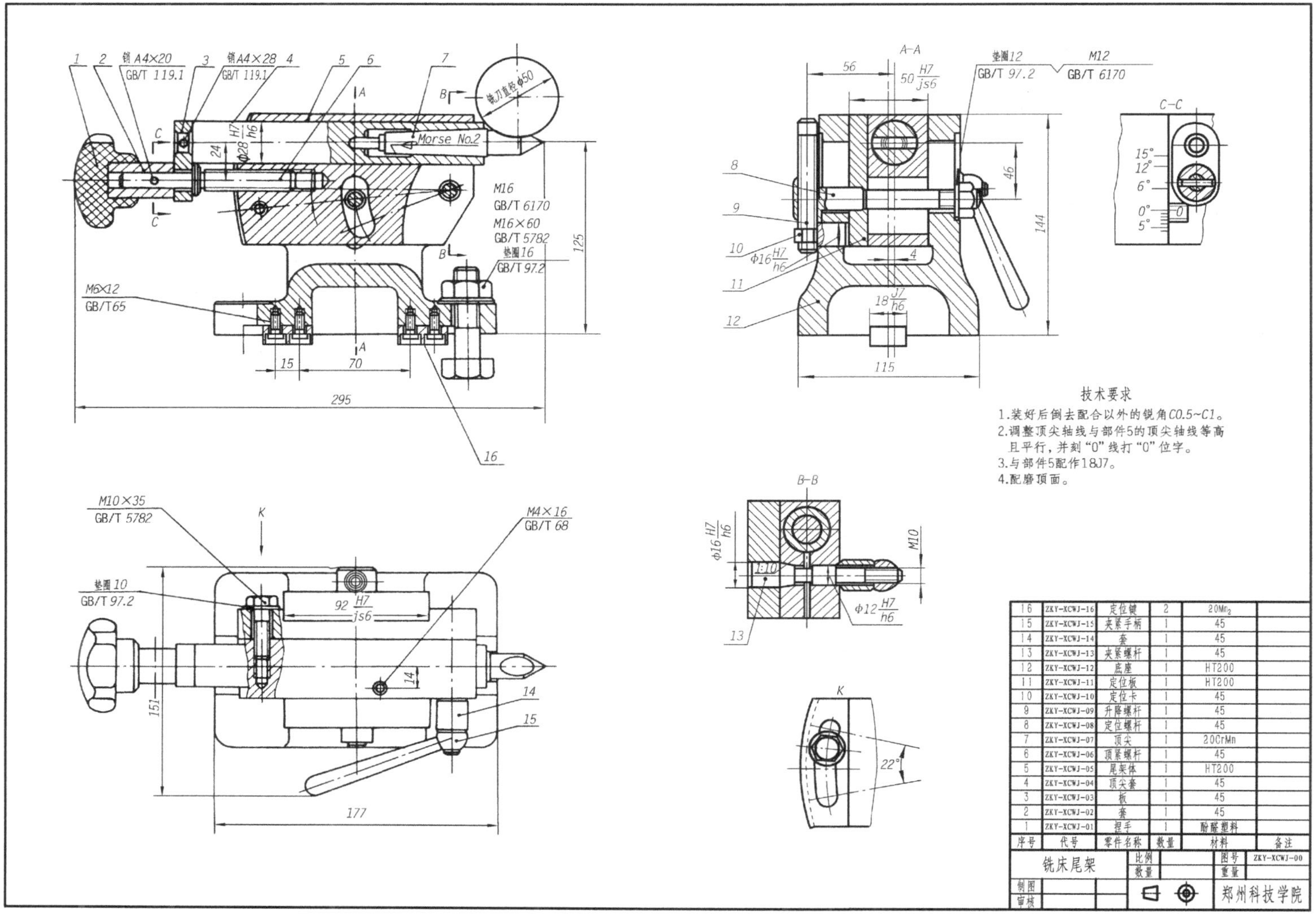


技术要求

1.装好后倒去配合以外的锐角C0.5~C1。
2.调整顶尖轴线与部件5的顶尖轴线等高且平行，并刻“0”线打“0”位字。
3.与部件5配作18J7。
4.配磨顶面。

| 序号 | 代号 | 零件名称 | 数量 | 材料 | 备注 |
|---|---|---|---|---|---|
| 16 | ZKY-XCWJ-16 | 定位键 | 2 | $20Mn_2$ | |
| 15 | ZKY-XCWJ-15 | 夹紧手柄 | 1 | 45 | |
| 14 | ZKY-XCWJ-14 | 套 | 1 | 45 | |
| 13 | ZKY-XCWJ-13 | 夹紧螺杆 | 1 | 45 | |
| 12 | ZKY-XCWJ-12 | 底座 | 1 | HT200 | |
| 11 | ZKY-XCWJ-11 | 定位板 | 1 | HT200 | |
| 10 | ZKY-XCWJ-10 | 定位卡 | 1 | 45 | |
| 9 | ZKY-XCWJ-09 | 升降螺杆 | 1 | 45 | |
| 8 | ZKY-XCWJ-08 | 定位螺杆 | 1 | 45 | |
| 7 | ZKY-XCWJ-07 | 顶尖 | 1 | 20CrMn | |
| 6 | ZKY-XCWJ-06 | 顶紧螺杆 | 1 | 45 | |
| 5 | ZKY-XCWJ-05 | 尾架体 | 1 | HT200 | |
| 4 | ZKY-XCWJ-04 | 顶尖套 | 1 | 45 | |
| 3 | ZKY-XCWJ-03 | 板 | 1 | 45 | |
| 2 | ZKY-XCWJ-02 | 套 | 1 | 45 | |
| 1 | ZKY-XCWJ-01 | 把手 | 1 | 酚醛塑料 | |

| | | | |
|---|---|---|---|
| 铣床尾架 | 比例<br>数量 | | 图号 ZKY-XCWJ-00<br>重量 |
| 制图<br>审核 | | | 郑州科技学院 |

图 9.19 铣床尾架装配图

### 9.6.2 绘制装配图的步骤

在画装配图之前，要对所绘制的机器或部件的工作原理、装配关系，以及主要零件的形状、零件与零件之间的相对位置、定位方式等作详细分析。

下面以图 9.1 所示的滑动轴承为例，说明画装配图的方法及步骤。

1. 确定表达方案

滑动轴承的主视图按工作位置选取，以表达各零件之间的连接装配关系，同时也表达了主要零件的结构形状，如图 9.1 所示。由于结构对称，故主视图采用了半剖，既清楚地表达了轴承座与轴承盖由螺栓连接，以及止口位置的装配关系，也表达了轴承座与轴承盖的外形结构。俯视图采用了沿轴承盖和轴承座结合面剖切的表达方法，其作用除了表达下轴衬与轴承座的关系，还表达了滑动轴承的外形。

2. 选择比例与图幅

根据部件实际大小和结构复杂程度，选择合适的比例和图幅。确定图幅和布图时，除了考虑各视图的位置，还要考虑标题栏、明细栏、零件序号、标注尺寸、注写技术要求的位置。

3. 画图步骤

画装配图时，一般先画出各视图的作图基准线（对称中心线、主要轴线和底座的底面基线），然后从主视图开始，分别画出各视图，如图 9.20 所示。

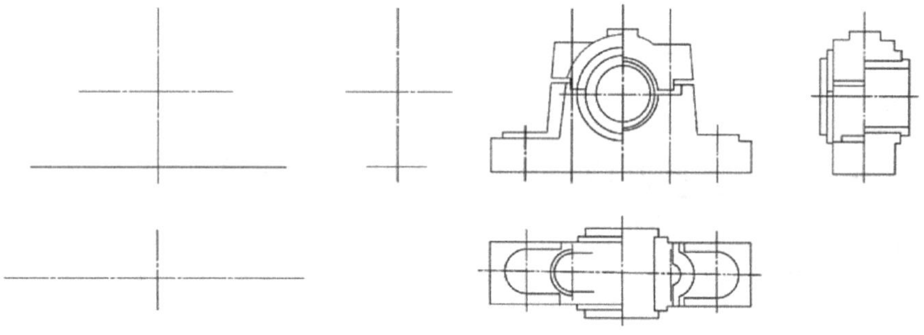

(a) (b)

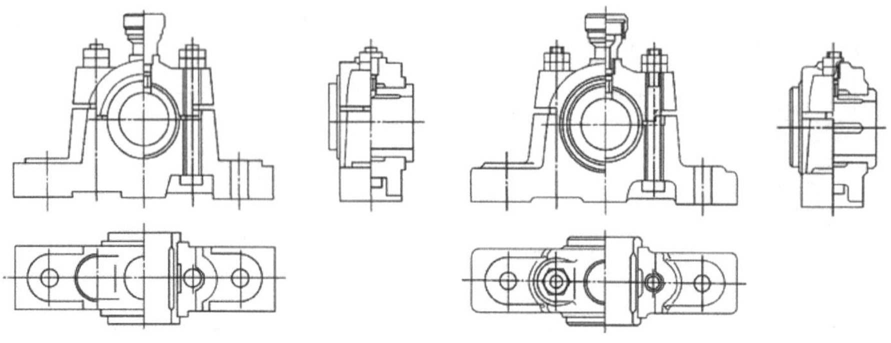

(c) (d)

图 9.20 滑动轴承的画图步骤

（1）画主要零件轮廓线。滑动轴承的主要零件是轴承座、轴承盖和上、下轴瓦。画出轴承座的主要轮廓线，接着画上、下轴瓦的轮廓线，再画轴承盖的轮廓线。

（2）画结构细节，完成底稿。主要零件的轮廓画好后，再继续画零件的细部结构，如螺栓连接、轴瓦的固定套、油杯等。

（3）校核整理，加深图线，标注尺寸，注写零件序号和技术要求，填写标题栏和明细栏，完成全图。

## 9.7　读装配图和由装配图拆画零件图

### 9.7.1　读装配图

#### 1. 读装配图的要求

在机器或部件的设计、装配、使用、维修和技术交流时，都要求工程技术人员能读懂机器或部件的装配图。因此，读装配图是工程技术人员必须具备的基本技能。

在读装配图时一般都需要达到以下要求：

（1）了解机器或部件的名称、用途、工作原理。

（2）了解零件间的相对位置、装配关系和装拆顺序。

（3）弄清每个零件的名称、数量、材料、作用和结构形状。

#### 2. 读装配图的方法和步骤

下面以图 9.21 所示的钻夹具为例，介绍读装配图的一般方法和步骤。

1）概括了解

通过对视图的浏览，了解装配图的表达情况及装配体的复杂程度；从标题栏里了解机器或部件的名称、绘图比例和大致用途；从明细栏里了解机械或部件上零件的数量、各零件的名称、零件所用材料和标准件规格，并在视图中找出所表示的相应零件及所在的位置；从绘图比例和外形尺寸了解部件的大小。

钻夹具是安装在钻床工作台上，用于夹持工件进行钻孔的机床夹具。从明细栏可以看出，钻夹具一共由 12 种零件组成。其中 6 种是标准件，6 种是非标准件。

2）分析视图

了解视图的数量、名称、投射方向、剖切方法，以及各视图的表达意图和它们之间的关系。

钻夹具装配图共有三个视图，主视图采用通过定位销 4 的轴线的正平面剖开，表达定位销轴系上各零件的连接装配关系、快换钻套 8 和衬套 7 之间及衬套与钻模板之间的装配关系，*B* 向视图表示钻夹具外形及用两个局剖表示销连接和螺钉连接的情况。俯视图表示各零件的位置关系。用这三个视图就可以把钻夹具的工作原理及各零件的连接装配关系表达清楚。

3）分析装配关系

先把不同的零件区分开，弄清每个零件的主要形状。除了利用图影关系想象出零件，还要充分利用机件的表达方法和绘制零件图的基本规定来区分不同的零件。

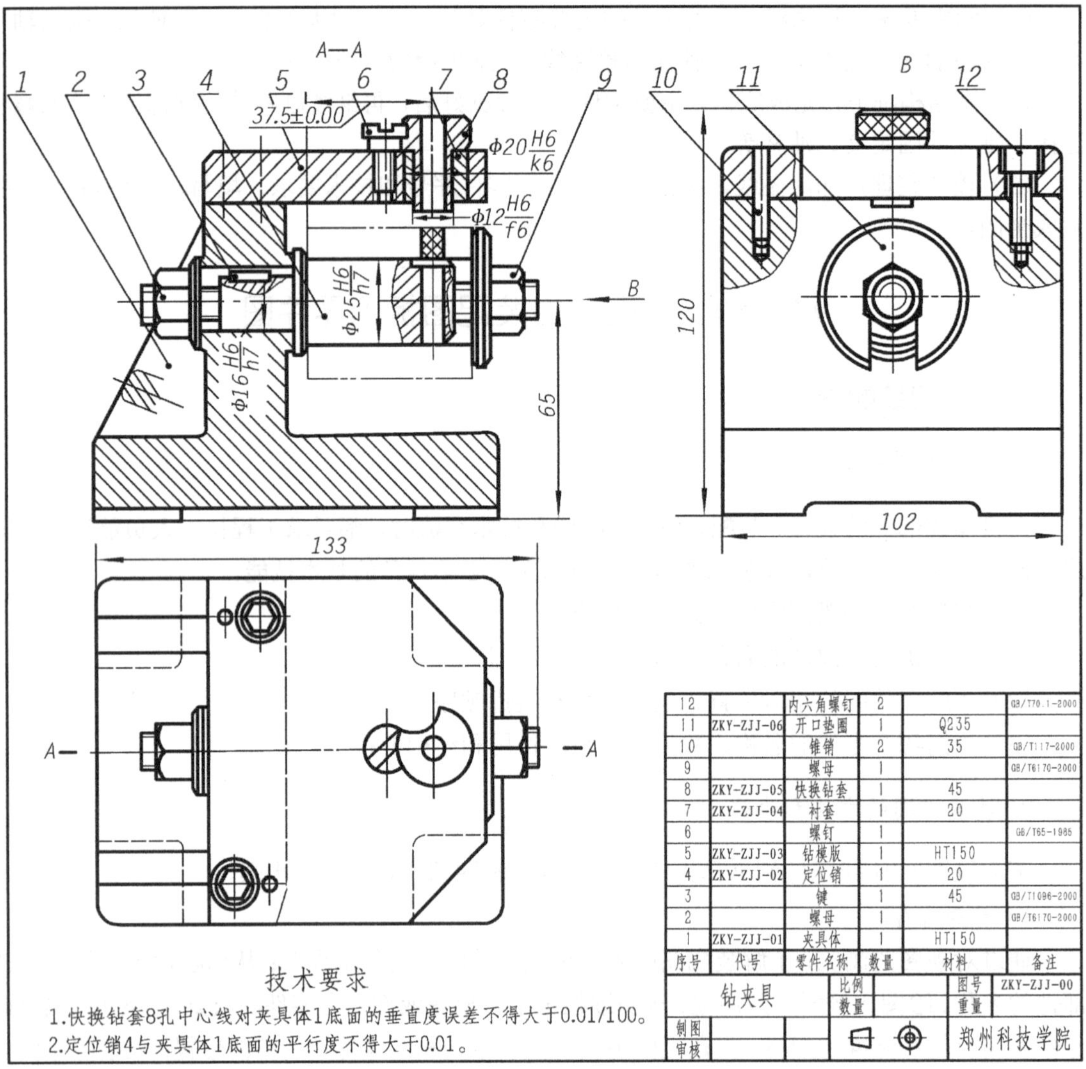


图 9.21　钻夹具装配图

常用的方法如下：

（1）利用剖面线的方向和间距的不同来分析。国标规定：同一零件的剖面线在各个视图上的方向和间距应一致。

（2）利用装配图的规定画法和特殊画法来区分零件。例如，利用标准件和实心件不剖的规定或区分螺钉、键等零件；利用常见结构的画法，可识别轴承、弹簧等零件。

（3）利用零件的编号对照明细表，找出零件数量、材料和规格等，帮助了解零件的形状、作用及确定零件装配图中的位置和范围。

钻夹具的装配关系：定位销 4 与夹具体 1 用键 3 连接，采用$\phi$16H6/h7 间隙配合，与工件之间是$\phi$25H6/h7 间隙配合，快换钻套与衬套之间是$\phi$12H6/f6 间隙配合，衬套与钻模板之间是$\phi$20H6/k6 过渡配合。

4）分析工作原理

在分析清楚装配关系之后，就能根据各零件之间的相对位置、装配关系和链接关系分析出装配体的工作原理。对比较复杂的部件，此过程可以结合说明书进行。分析时，应从机器或部件的传动路线或装配干线入手。钻夹具的工作原理是：主视图中细双点画线表示被加工零件，套在定位销 4 上，被加工零件用左端面和内孔定位，由开口垫圈 11 和螺母 9 夹紧工件，进行钻孔。钻孔结束后，先松开螺母 9，再拆下开口垫圈 11，就可以把工件拆下，再安装下一个工件。钻套和衬套起保护和引导作用。

5）分析装拆顺序

根据装配体的装配关系和工作原理，归纳出装配体上零件的装拆顺序。分析装拆顺序是进一步理解装配体，读懂装配图的有效途径。由于装配图反映的是装配体的整体结构，因此，一般首先分析装配体的拆卸顺序，再分析装配顺序。

6）归纳与总结

通过上述几步的分析可对机器和部件的结构、工作原理、零件结构形状等方面有一定的认识，从而对其使用时的操作过程有进一步了解。然后将各个视图综合进行考虑，进行投影关系的分析，即能完整、清晰地想象出机器和部件的完整结构形状。图 9.22 是该钻夹具的立体图。

### 9.7.2 由装配图拆画零件图

设计机器或部件时通常应先画装配图，然后根据装配图画出机器或部件上各个零件的零件图，这个过程称为根据装配图拆画零件图，简称拆图。拆图工作分为两种类型：一种是部件测绘过程中拆图，另一种是新产品设计过程中拆图。进行部件测绘中的拆图时，可根据画好后的装配图和零件草图进行；新产品设计中的拆图只能根据装配图进行。下面以拆画如图 9.21 所示的钻夹具的夹具体为例，介绍拆画零件图的步骤和注意事项。

1. 从装配图中分离出零件

装配图主要表达的是机器或部件的工作原理、零件间的装配关系，并不要求将每一个零件的结构形状都表达清楚，这就要求在拆画零件图时，首先要读懂装配图，根据零件在装配图中的作用及与相邻零件之间的关系，将要拆的零件从装配图中分离出来，再根据该零件在装配图中的投影及与相邻零件之间的关系想象零件的形状。图 9.23 所示为夹具体的立体图。

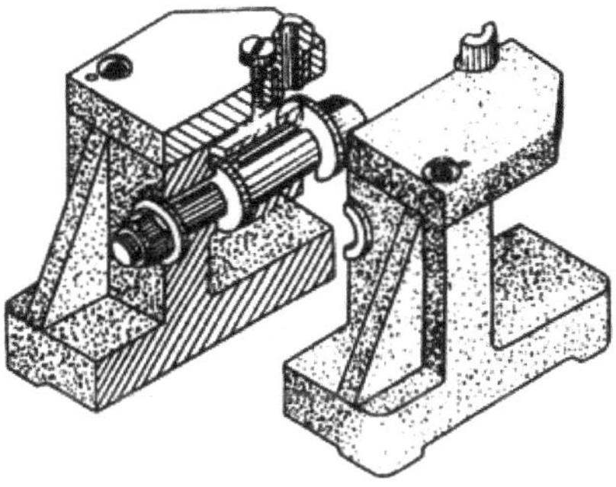

图 9.22 钻夹具的立体图

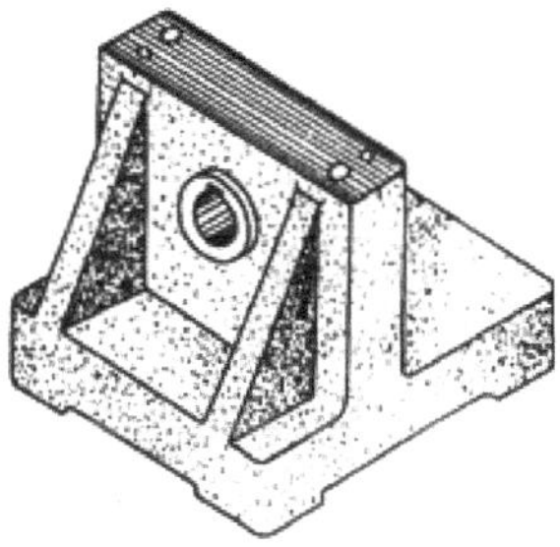

图 9.23 夹具体的立体图

2. 选择表达方案

零件图与装配图的表达重点不同，所以在拆画零件图时选择表达方案不应简单地照抄，而应对零件的结构形状特点进行分析，按照零件视图的选择原则重新考虑，其结果与装配图的表达方案可能相同也可能不同。在各视图中，应将装配图中省略的零件工艺结构补全，例如倒角、倒圆、退刀槽、越程槽、轴的中心孔等，如图 9.24 所示。

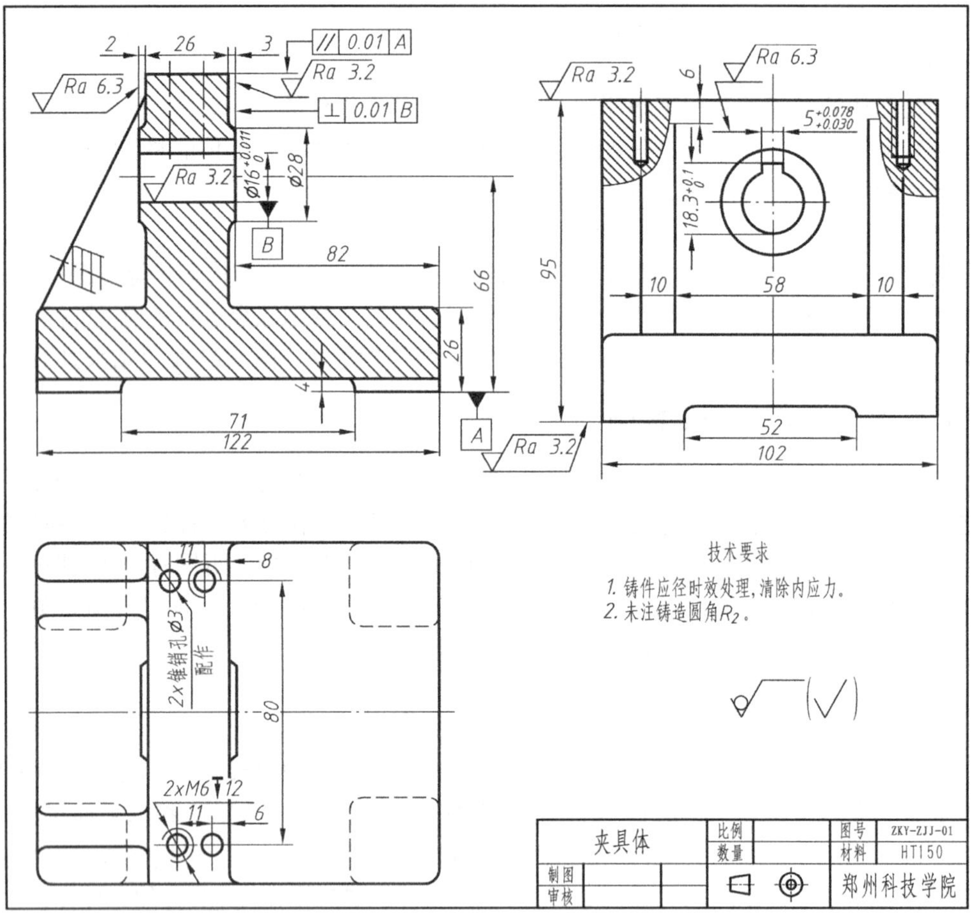


图 9.24　钻夹具的夹具体零件图

3. 标注尺寸

确定零件图中零件尺寸的方法主要有“抄注”、“查找”、“计算”、“量取”。

（1）抄注——将装配图上已经注出的相关尺寸，直接抄注在零件图上。

（2）查找——从明细栏或者有关国家标准中查询零件中标准的尺寸数值。

（3）计算——通过计算的方式得出零件上某些可以通过其他尺寸推算出来的尺寸。

（4）量取——可以直接在装配图中测量零件上未标注出的尺寸，并乘以比例系数，所得的数值按整数来算。

4. 确定零件的技术要求

在确定零件的技术要求时，有一部分可以根据装配图中已标注出的技术要求直接确定，例如零件的标准公差和形位公差等。剩余的技术要求则需根据零件表面的作用和该表面与其他零件之间的关系，采用类比法，参考同类产品的图样和资料来确定。

## 9.8 零/部件测绘

零/部件是一台机器的重要组成，了解每一个零/部件的重要性不言而喻。实际生产中，无论是仿制某种先进设备，还是对旧设备进行革新改造或修配，测绘工作总是必不可少的。因此，部件测绘是工程技术人员一项必备的技能。

零/部件测绘就是根据零部件的实物，利用各种视图的表示方法绘出零件草图，测量出各个零部件的尺寸，确定技术要求，最后完成零件工作图和装配图的过程。

本节将以图 9.25 所示的齿轮油泵为例说明零/部件测绘的方法与步骤。

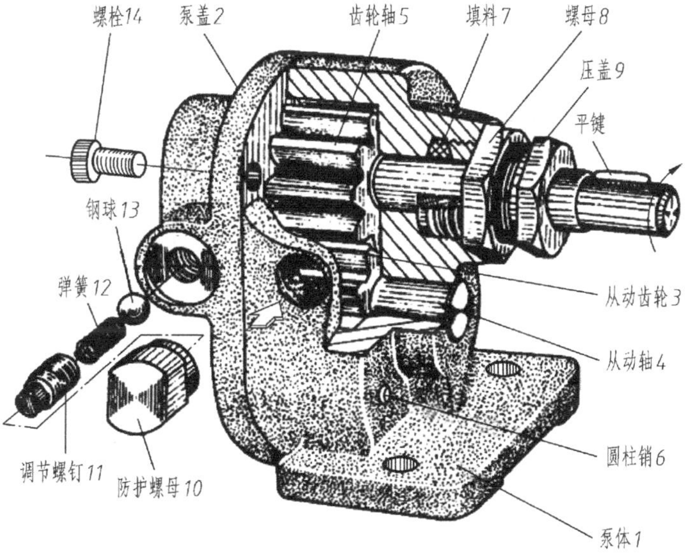


图 9.25 齿轮油泵立体图

### 9.8.1 零件测绘

零件测绘就是根据零件的实物，利用各种视图的表示方法绘出零件草图，测量出各个零件的尺寸，确定技术要求，最后完成零件工作图和装配图的过程。

测绘的过程是先通过观察和测量绘制出零件草图，然后通过整理画出零件工作图。当然，在这之前要很好地掌握各种视图的表示方法和各种量具的使用。

1. 零件测绘的方法和步骤

零件测绘是一项基础但又是很重要的技能，因此掌握其步骤和方法是很有必要的。本节以

图 9.25 中压盖 9 为例，说明零件草图的绘制步骤。

1）分析零件

了解零件在机器或部件中的位置和作用及其和其他部件之间的关系，然后通过形状分析法分析其结构形状和特点，这是做好零件测绘之前必做的工作。

图 9.25 中所示齿轮油泵的压盖，用来压紧密封填料，避免润滑油沿轮轴流出。

2）确定表达方案

根据已有零件实物，以清晰、完整表达零件为基准，选择合适的视图及表达方式。压盖属于轮盘类零件，应选择反映压盖主要加工位置和长度方向作为主视图投射方向，并采用全剖；为了反映压盖左端的外形结构，还需选用左视图。

3）绘制零件草图

由于绘制过程在实际生产过程中进行，因此不便于使用绘图工具，需要根据测量的尺寸绘制出零件草图。零件草图是绘制零件图的依据，必要时还可以直接应用与生产。因此，它必须包含零件图的全部内容。零件草图绝不能潦草。

具体绘制零件草图的步骤如下：

（1）布置视图。画图框、标题栏、基准线和中心线，布置视图时还要考虑标注尺寸的位置，如图 9.26 所示。

（2）目测比例，徒手绘图。从主视图入手，按投影关系完成各视图，如图 9.27 所示。

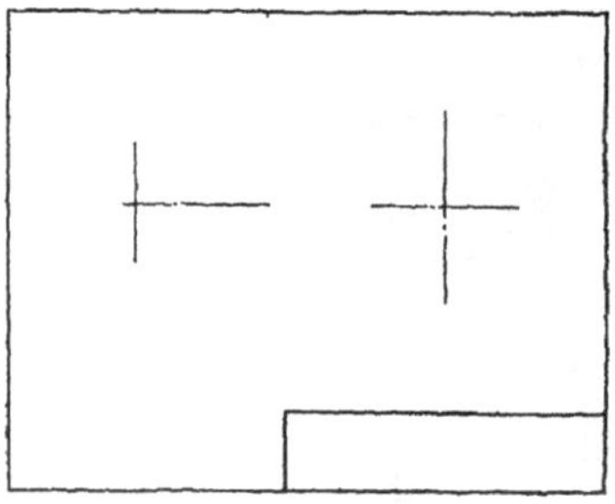

图 9.26　布置视图位置

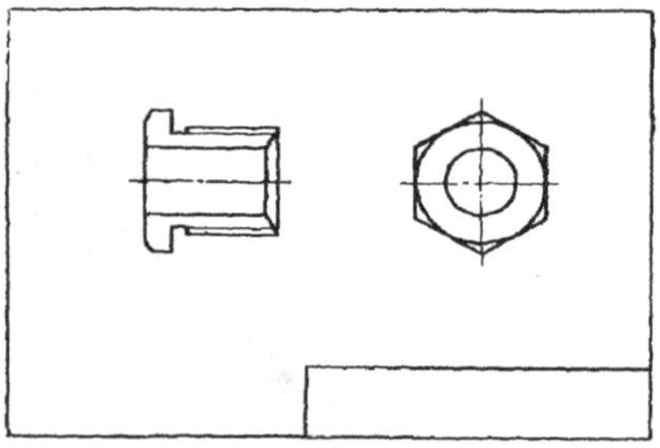

图 9.27　徒手完成视图绘制

（3）画剖面线、标注部分尺寸，如图 9.28 所示。

（4）完成零件图，测量并标注所有尺寸、表面粗糙度、尺寸公差等，填写技术要求和标题栏，如图 9.29 所示。

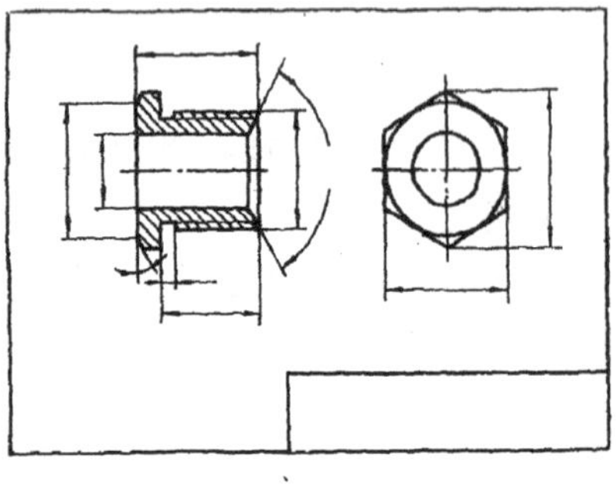

图 9.28　画剖面线并标注部分尺寸

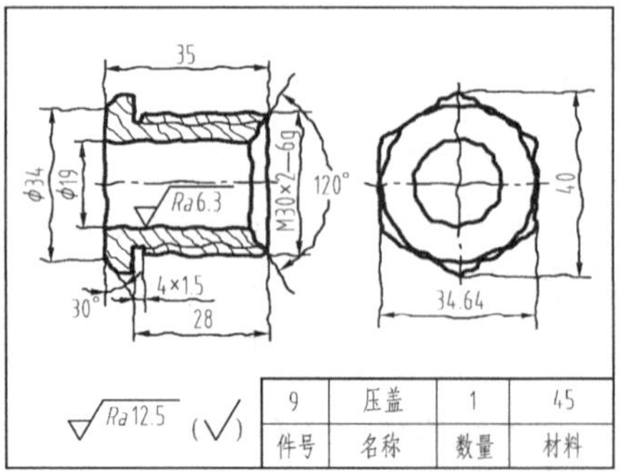


图 9.29　完成零件草图

2. 常用测量工具和使用方法

测绘零件中的关键步骤是测量零件的尺寸，如何选择合适的测量工具、正确地使用各种测量工具是十分重要的。

常用的测量工具有钢直尺、游标卡尺、千分尺和内/外卡钳等。

1）钢直尺

钢直尺一般用于测量长度、高度、深度等尺寸，使用方法如图 9.30 所示。

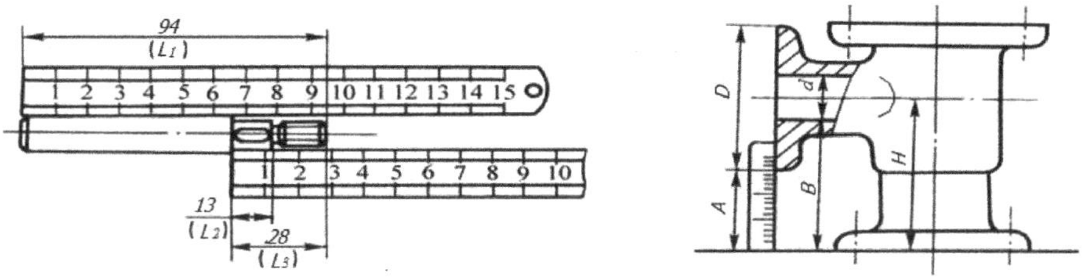


图 9.30 钢直尺的使用

2）游标卡尺

游标卡尺是比较精密的测量工具，兼有内/外卡钳、钢直尺的功能，可以直接量取外直径和内直径的大小，并可以利用尺背的细杆测量深度尺寸，其测量精度可以达到 0.02mm，使用方法如图 9.31 所示。

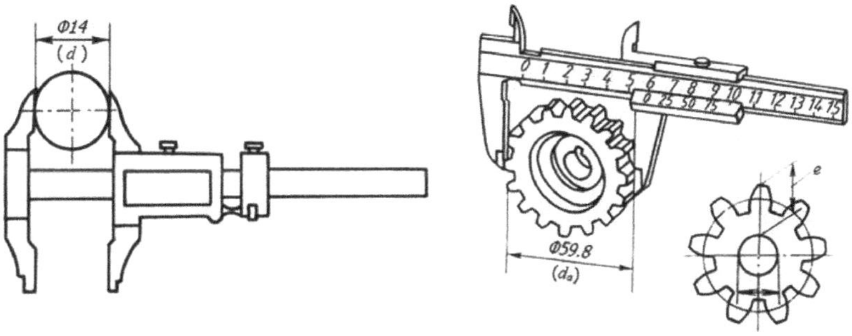


图 9.31 游标卡尺的使用

3）千分尺

千分尺用于精密外径尺寸的测量，其结构如图 9.32 所示。

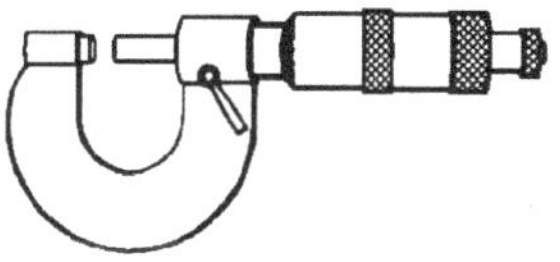

图 9.32 千分尺

4）内/外卡钳

内/外卡钳一般与钢直尺配合使用，主要用于精度不高或毛面的尺寸测量，使用方法是先用卡钳量取尺寸，再在钢直尺上去读取数据。内卡钳主要用于测量孔径；外卡钳主要用于测量回转体的外径。使用方法如图 9.33 所示。

5）螺纹规

主要用于螺纹的测量，逐个将螺纹规上的齿形与被测量螺纹比较，选择配合较好的齿形，读出读数即可。其用法如图 9.34 所示。

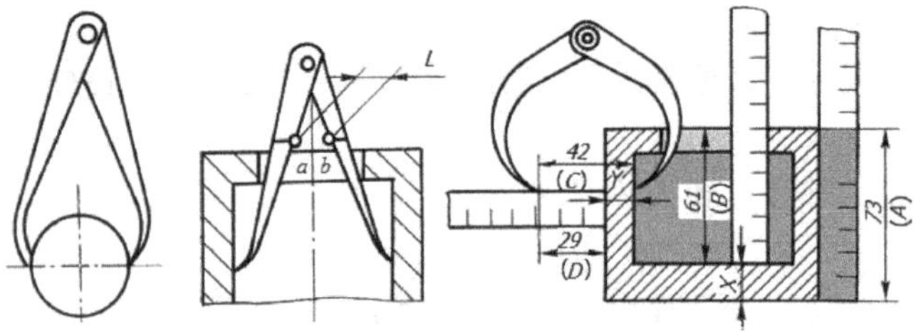


图 9.33　内/外卡钳的使用

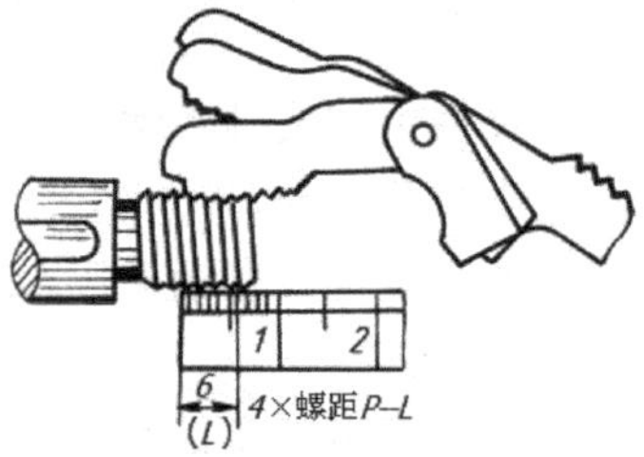


图 9.34　螺纹规的使用

3. 零件测绘应注意的问题

（1）零件的所有工艺结构如倒角、圆角、退刀槽等都应画出，但零件由于制造时产生的误差或缺陷不能画出。例如，对称形状不对称、圆形不圆及砂眼、缩孔、裂纹等都不应画在图上，有些应纠正后画出。

（2）对零件上的标准件结构要素（如螺纹、倒角、退刀槽、键槽等）的尺寸在测量以后，应查阅有关手册核对确定。

（3）对于零件上非加工面和非主要尺寸，测量后尽量化为整数，并符合标准尺寸系列。有些尺寸应计算求出（如齿轮部分尺寸、弹簧有关尺寸等）。

(4)对两个零件的配合尺寸和相互联系的尺寸,应在测量后同时填入相应两零件的草图中，以节约时间和避免差错。

（5）零件的技术要求如表面粗糙度、尺寸公差、热处理要求、材料牌号等，可根据零件的作用、工作要求等，凭观察和经验并参照同类产品的图样资料类比确定。

### 9.8.2　部件测绘

1. 概括了解测绘对象

通过阅读有关技术资料和现场调查，初步了解机器“活”部件的名称、用途、规格、工作原理及构造等情况，做到对测绘的零件胸有成竹。

如图 9.25 所示的齿轮油泵是液压传动和润滑系统中常见的部件，其工作原理如图 9.35 所示。当主动齿轮按顺时针方向旋转时，带动从动齿轮按逆时针方向旋转。这时，齿轮啮合区的右边压力降低，产生局部真空，油池中的润滑油在大气压力的作用下，由进油口进入齿轮泵低压区，随着齿轮的旋转，齿槽中的有不断地沿着箭头方向送至左边，把油经出油口压出去，送至机器的各润滑部位。

2. 画装配示意图并拆卸零件

在了解测绘对象的基础上，为了记录零件间相对位置、工作原理和装配关系，应先画出机器活部件的装配示意图。画装配示意图时应假想部件是透明的。既画外形轮廓，又画内部结构；凡有规定的符号的零件，应按照 GB/T 4460—2000 机构运动见图符号画出其示意图。若没有规定符号的零件，则用简单的线条，画出它的大致轮廓。这种用规定符号和简单线条画出的简图，称为装配示意图。齿轮油泵的装配示意图如图 9.36 所示。

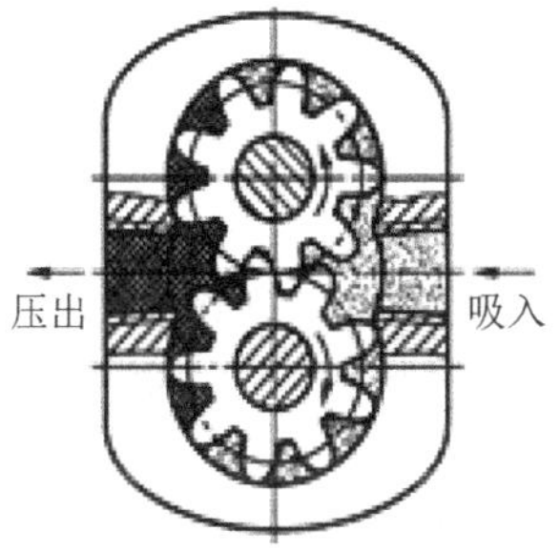


图 9.35　齿轮油泵工作原理

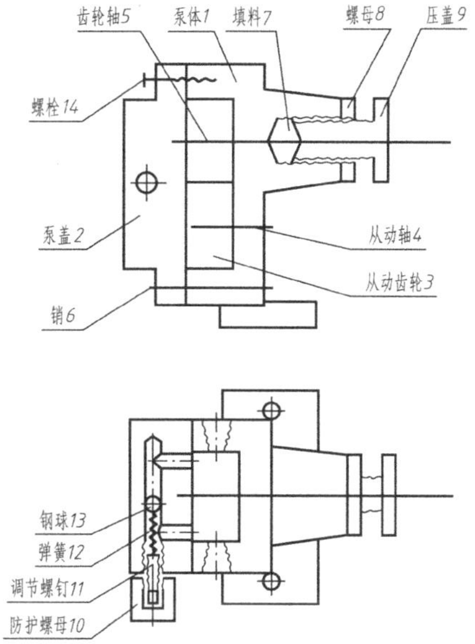


图 9.36　齿轮油泵装配示意图

装配示意图画好后，就开始拆卸零件。在拆卸零件时应该注意以下几点：

（1）选择合适的拆卸工具，注意拆卸顺序，严防乱敲乱打。对不可拆卸连接（如焊接、铆接等）一般不应拆开。对配合精度要求高的零件或过盈配合，尽量不要拆，以免破坏其配合精度，并可节省测绘时间。

（2）对拆下的零件要按顺序编号，并挂上相应的标签，妥善保管防止混乱和丢失，特别是提防螺钉、垫圈、键、销等小部件的丢失。

（3）对重要的、精度较高的零部件，要防止碰撞、变形和生锈，以便再装时仍能保证其性能要求。

### 3. 画零件草图

对于部件中的标准件，只要测量出其规格尺寸、确定种类型号，然后查阅有关手册，按规定标记列表登记就行了，不必画出草图。对于所有非标准件，都应画出零件草图，图 9.37 所示为齿轮油泵部分零件的草图。

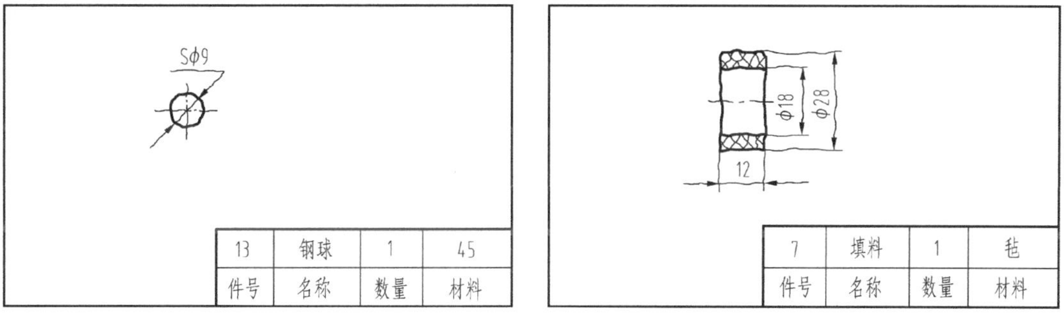


（a）　（b）

图 9.37　齿轮油泵部分零件草图

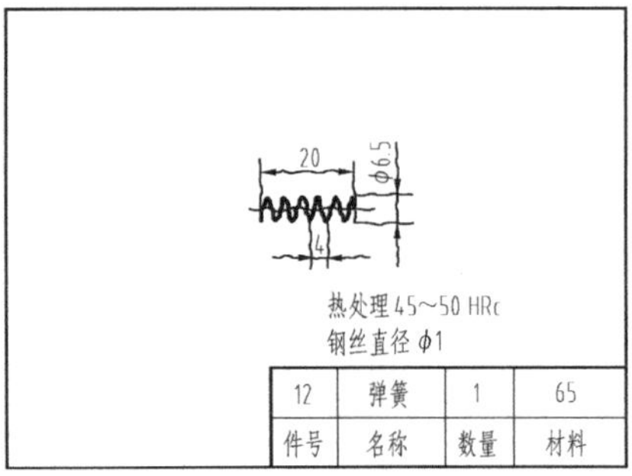


(c)

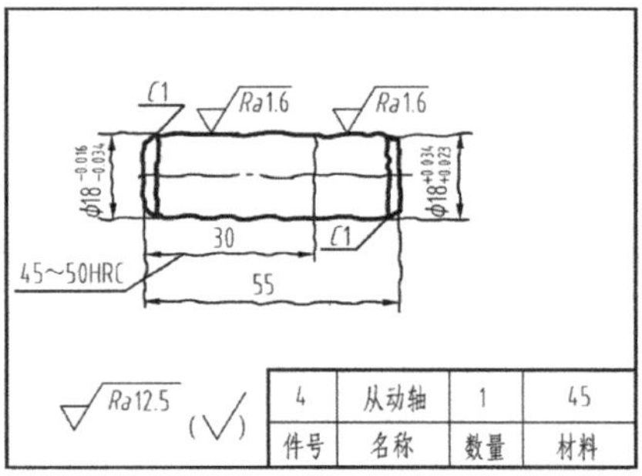


(d)

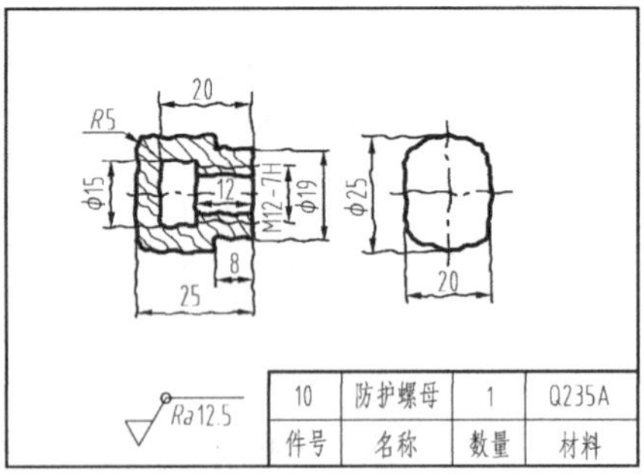


(e)

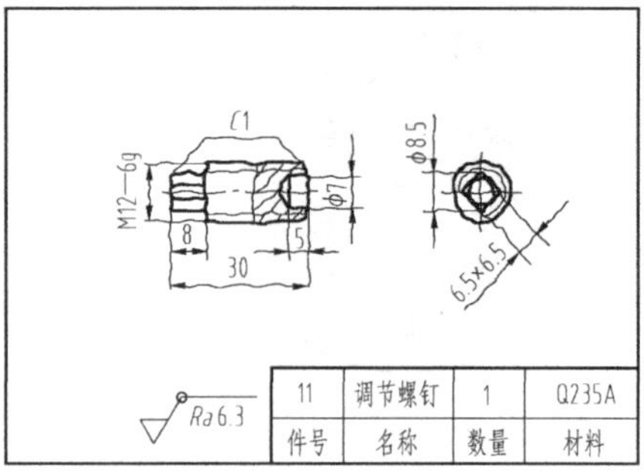


(f)

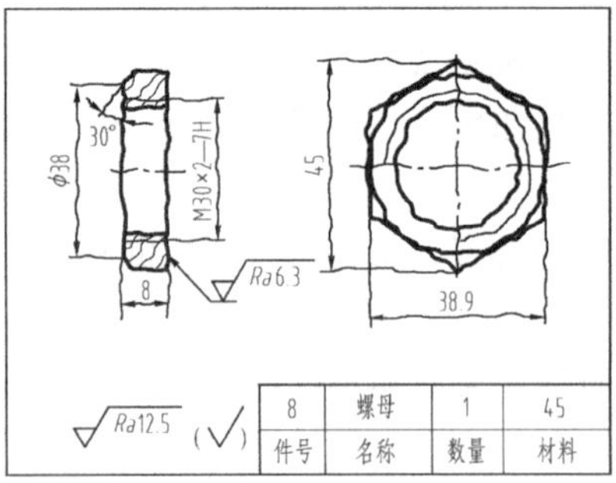


(g)

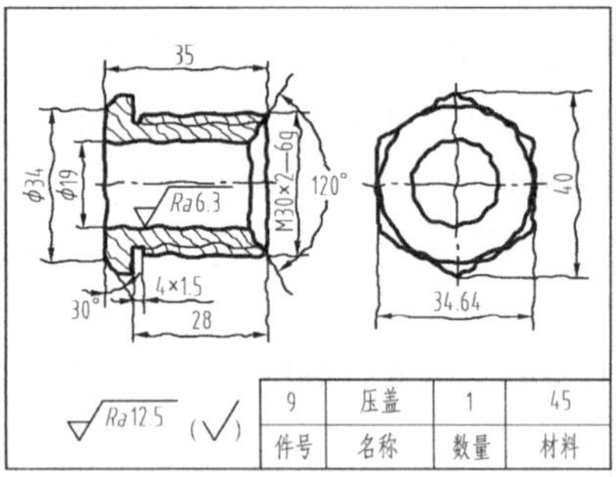


(h)

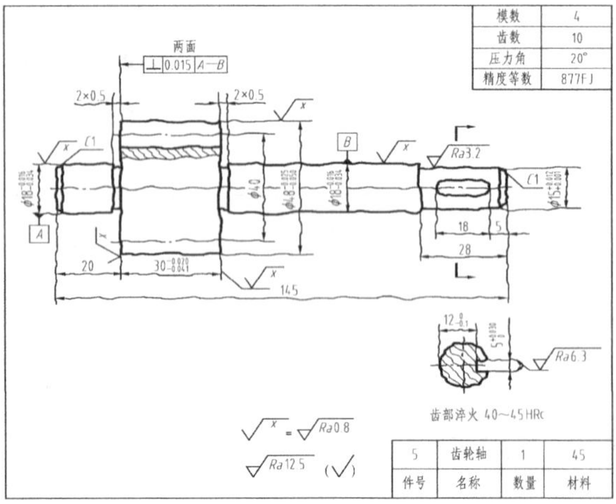


(i)

图 9.37　齿轮油泵部分零件草图（续）

4. 画装配工作图

根据装配示意图和零件草图，选定好主视投射方向，就可绘制其装配图，齿轮油泵装配图如图 9.38 所示。

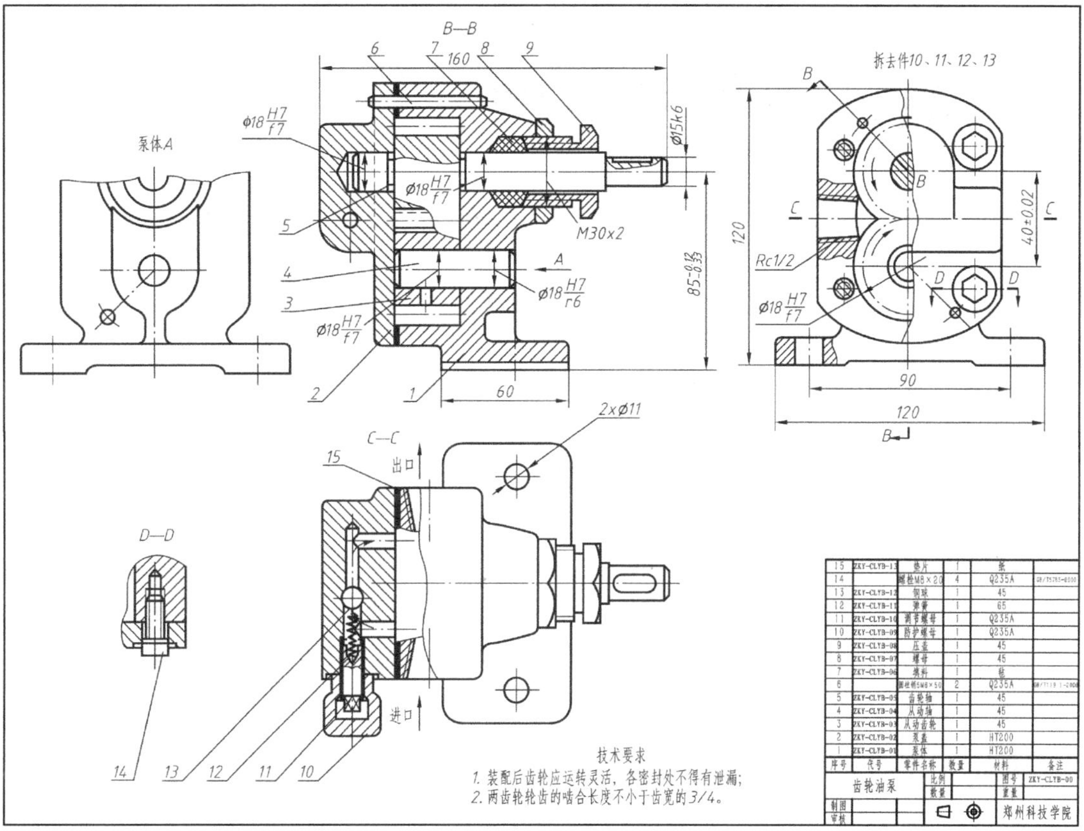


图 9.38 齿轮油泵装配图

5. 画零件工作图

根据装配图和零件草图，整理绘制除标准件外的全部零件工作图。画零件工作图时，视图选择尽量与装配图上该零件的表达一致。通过画装配图后发现零件草图中的问题，应在画零件工作图时加以更正。注意配合尺寸和零件相关尺寸应协调一致。零件的表面结构等技术要求，可参阅有关资料及同类或相近产品图样，结合生产条件及经验加以制订和标注。

# 第10章 展开图和焊接图

在生产和生活中经常遇到由金属板材制成的产品，如热力系统、煤粉系统中的给水、蒸汽、煤粉、烟、风管道等的弯管接头、变形接头，生产中的变形料斗，抽油烟机的外壳等。制造这类产品时，先要画出相应的展开图（即常说的“放样”），然后根据图样下料，经过弯、卷成形，最后将其焊接或铆接而成。

本章将重点介绍展开图和焊接图的绘制方法和读识图的方法。

## 10.1 展 开 图

将立体的表面按其实际形状和大小，依次摊平在同一个平面上，称为立体的表面展开，展开后所得到的图形称为立体的表面展开图。立体表面分为两类：可展表面和不开展表面。可按实形准确展开的表面称为可展表面，如平面立体表面，曲面立体中相邻两素线相互平行或相交的曲面。本书只介绍可展表面展开图的画法。

### 10.1.1 平面立体的表面展开

展开平面立体时，应根据平面立体的视图所表达的投影关系，求出平面立体各表面的真实形状和大小，用几何作图的方法，将各表面依次连续画在同一平面上。平面立体的各个表面都是平面多边形，因此，画平面立体的展开图实际上就是画出各多边形的实长。

1. 棱柱管的表面展开

棱柱管表面上的棱线相互平行，可借助这些平行线作展开图，这种展开方法称为“平行线法”。

**【例 10-1】**作斜口四棱柱管的表面展开图，如图 10.1 所示。

分析：在图 10.1（a）中，斜口四棱柱管的前后表面为直角梯形，左右表面为长方形。底面与水平面平行，水平投影反映各底边实长；棱线之间相互平行且垂直于底面，其正面投影反映各棱线实长。各侧面实形根据投影可直接画出，依次画出各侧面实形，即得表面展开图，

作图步骤：

（1）将下底面展开成一条直线，依次量取 *I II*=（1）（2）、*II III*=（2）（3）、*III IV*=（3）（4）、*IV I*=（4）（1）。

（2）过 *I*，*II*，*III*，*IV*，*I* 各点作棱线垂直于直线 *I II III IV I*，并在各垂线上分别量取 *IA*=1'a'，*IIB*=2' b'，*IIIC*=（3'）（c'），*IVD*=（4'）（d'）。

（3）顺次用直线连接 *A,B,C,D,A*，即得展开图，如图 10.1（c）所示。

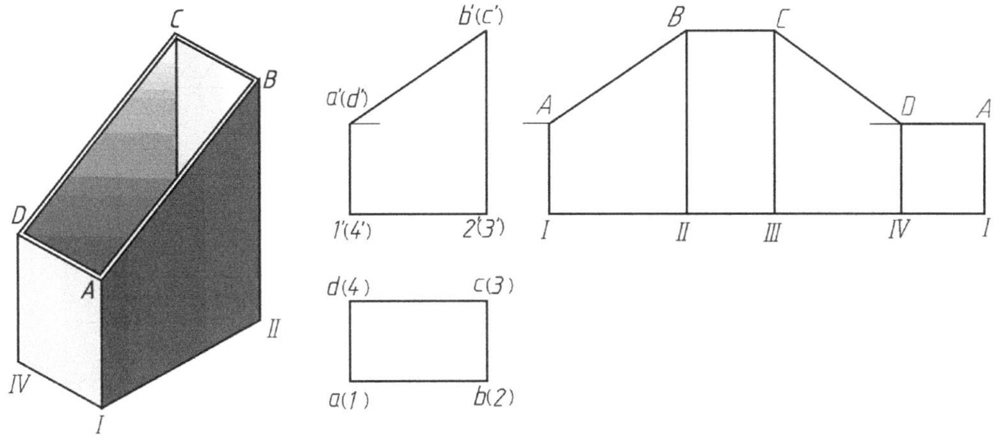


（a）轴测图　（b）投影图　（c）展开图

图 10.1　斜口四棱柱管的展开

2. 棱锥管的表面展开

棱锥管的表面上的棱线或素线均相交于一点，可借助其棱线或素线的实长作展开图，这种展开方法称为“放射线法”。用放射线法画展开图的实质：由于锥体表面由无数条交汇于锥顶的直素线构成，即锥体表面可看作由无限多个三角形平面组成的。因此，若把所有三角形平面不重叠、无折皱地依次铺平，则锥体表面也就被展开了。

**【例 10-2】**作平口四棱锥管的展开图，如图 10.2 所示。

分析：平口四棱锥管表面为四个等腰梯形，展开图依次画出这四个等腰梯形。将其四根棱线延长交于一点，就形成一个四棱锥。先按四棱锥展开，用棱线实长作扇形，再在扇形内作四个等腰梯形。

作图步骤：

（1）求取棱线实长。将正面投影视图棱线延长交于 $s'$，用旋转法求取棱线实长。以 $s$ 为圆心，$sa$ 为半径画圆与水平对称轴交于 $a_1$，过 $a_1$ 作铅垂线交过 $a'$作的水平线于 $a_1'$，连接 $s'a_1'$ 即得三角形腰 $SA$ 的实长。再过 $e'$作水平线与 $s'a_1'$交得 $e_1'$即可求得棱线 $AE$ 的实长。

（2）作等腰三角形。作腰 $SA=SB=s'a_1'$，底 $AB=ab$ 的等腰三角形 $SAB$；同理，作出另外三个。

（3）截取棱线实长。在各腰上分别截取四棱台棱线的实长，使 $AE=a_1'e_1'$，…得 $E$，$F$，…

（4）顺次用直线连接 $E$，$F$，$G$，$H$，$E$ 各点，即得展开图，如图 10.2（c）所示。

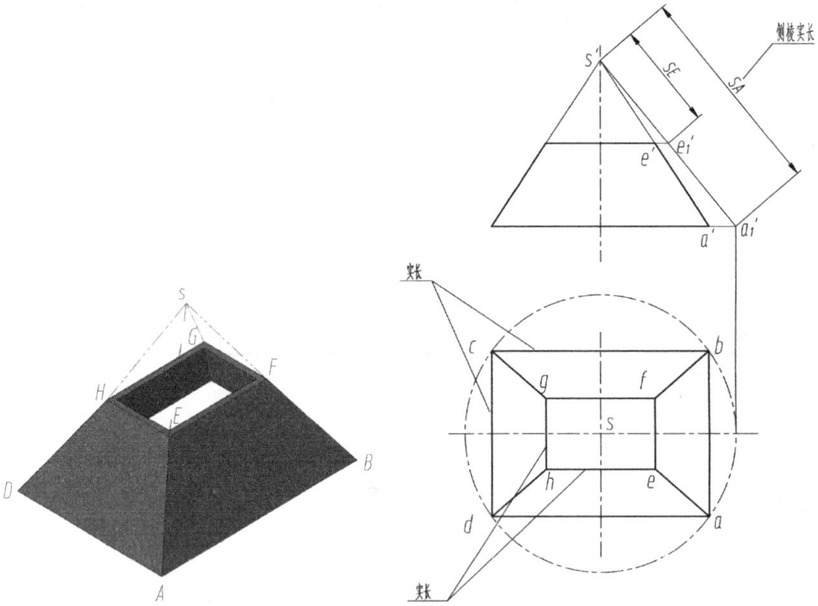


（a）轴测图　　　　（b）投影图

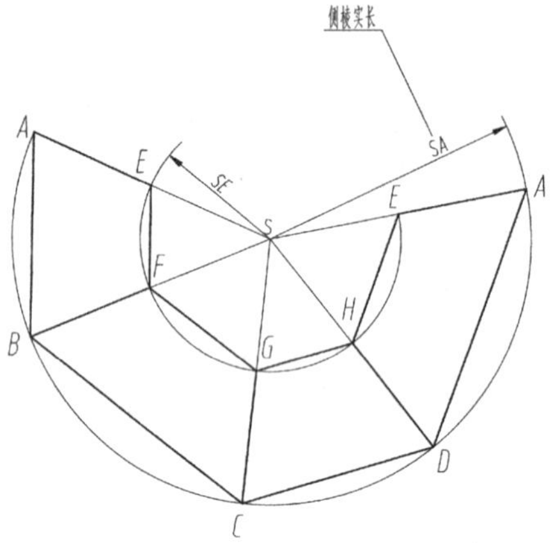


（c）展开图

图 10.2 平口四棱锥管的展开

## 10.1.2 曲面立体的表面展开

### 1. 正圆管的展开

【例 10-3】作正圆管的表面展开图，如图 10.3 所示。

分析：正圆管的相邻素线互相平行，正圆管的展开图为一矩形，矩形的一组对边为圆管的周长，另一组对边为圆柱素线的实长。

作图步骤：把俯视图中的水平圆周展开成一直线，并在两端点作垂线与圆柱等高，封闭图形即得展开图，如图 10.3（c）所示。

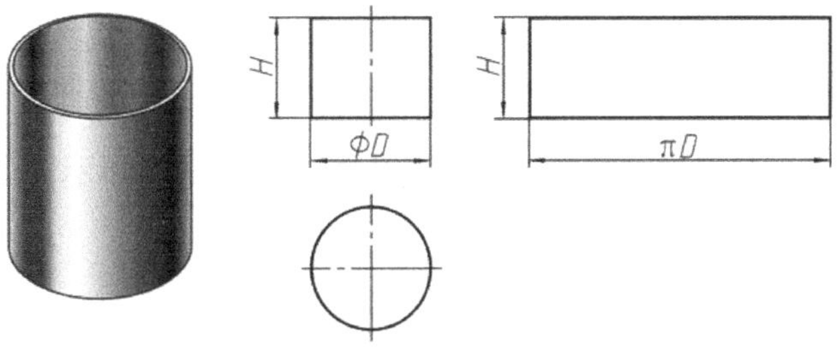


（a）轴测图　　（b）投影图　　（c）展开图

图 10.3　正圆管的展开

2. 斜口圆管的展开

【例 10-4】作斜口圆管的表面展开图，如图 10.4 所示。

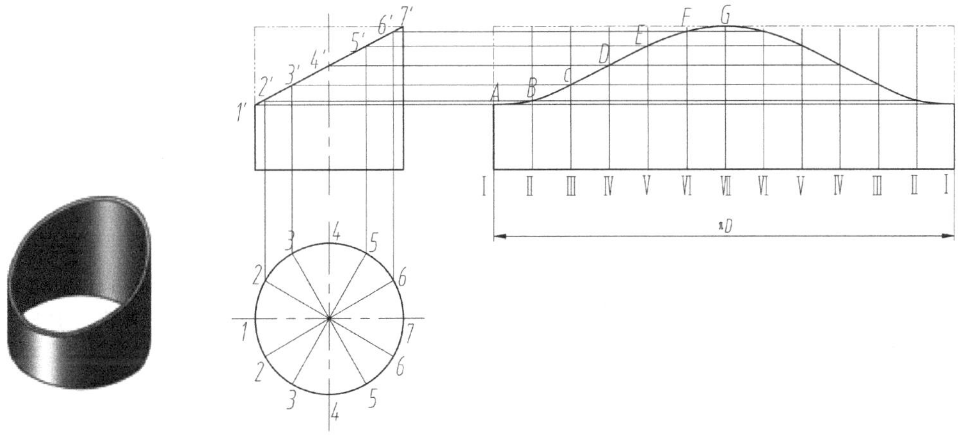


（a）轴测图　　（b）投影图　　（c）展开图

图 10.4　斜口圆管的展开

分析：斜口圆管表面素线相互平行且垂直于水平面，其水平投影为一圆；表面素线的长短虽然不同，但其正面投影均反映素线的实长。 完整的圆柱表面展开后为一矩形，将其底边周长（π$d$）及投影图中的圆分成相同份数，求得展开图中各等分线上的端点后，连接便得斜口圆柱管的展开图。

作图步骤：

（1）等分圆周。将圆柱管的水平投影圆分成 12 等分，过各等分点在主视图上作素线。

（2）圆周展开。在展开图中按圆柱底圆的周长πd 展开圆周成直线，并将其 12 等分。

（3）量取实长。过各等分点 *Ⅰ*，*Ⅱ*，*Ⅲ*，…作铅垂线，在各铅垂线上量取其素线的实长，分别得端点 $A$，$B$，$C$，…

（4）光滑连接各端点，即得展开图，如图 10.4（c）所示。

### 3. 异径直角三通管的展开

**【例 10-5】**作异径直角三通圆柱管的表面展开图，如图 10.5 所示。

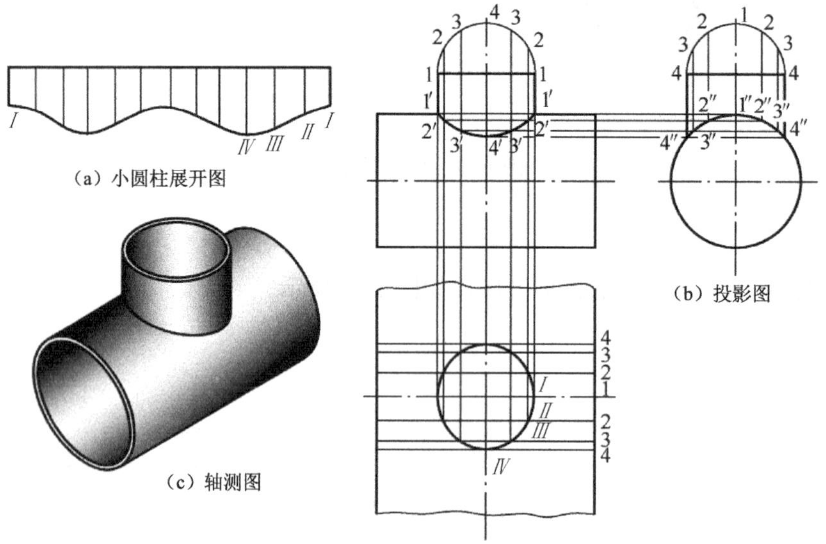


（a）小圆柱展开图

（b）投影图

（c）轴测图

（d）大圆柱展开图

图 10.5　异径直角三通圆柱管的展开

分析：异径直角三通圆柱管是由两个不同直径的圆柱管垂直相交而成。根据它的视图作展开图时，必须先在视图上准确地求出相贯线的投影，然后分别作大、小圆柱管的展开图。

作图步骤：

（1）小圆柱展开，与前例斜口圆柱管展开方法相同，如图 10.5（a）所示。

（2）大圆柱管展开，主要是求出相贯线展开后的图形。

延长大圆柱管孔口线，将大圆柱管展开成一个矩形（未画完整），在孔口线上量取 12=1″2″，23=2″3″，34=3″4″（取弦长代替弧长），过 1,2,3,4 各点引水平线，得圆柱素线展开，由主视图相贯线上点 1′,2′,3′,4′向下引铅垂线与素线的交点 *I*,*II*,*III*,*IV*及对称点。

（3）用光滑曲线连接点 *I*,*II*,*III*,*IV*及对称的各点，即得相贯线展开后的图形，如图 10.5（d）所示。

### 4. 等径直角弯管的展开

在管道设计中，等径直角弯管用来连接两根垂直相交且直径相等的圆管。由于圆环是不可展曲面，因此在设计弯管时，一般不采用圆环，而是采用多段圆柱组成。

**【例 10-6】**作四节等径直角弯管的表面展开图，如图 10.6 所示。

分析：图 10.6（a）为四节等径圆柱弯管，中间两节是双斜口圆柱管（称为全节），每节所对应的角度为 30°，中间节的长度和形状都相同，且中间节与各自中部的横截面相对称；两端的节为半节，是中间节的一半，为单斜口圆柱管，每节所对应的角度为 15°，该圆柱弯管共有 6 个半节（即 3 个全节）。已知四节等径直角圆柱弯管直径为 $d$，弯头中心半径为 $R$。

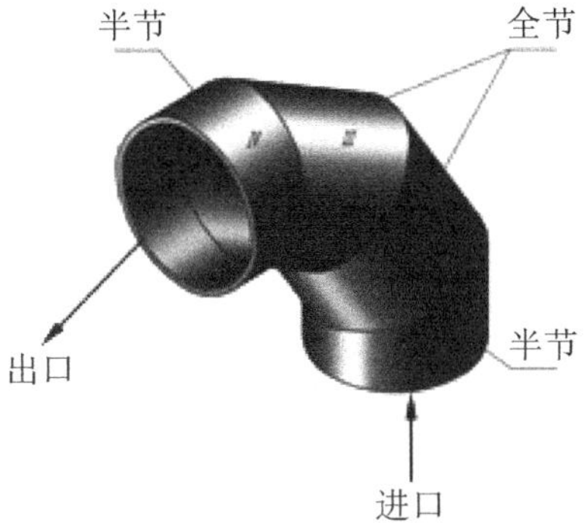


（a）轴测图

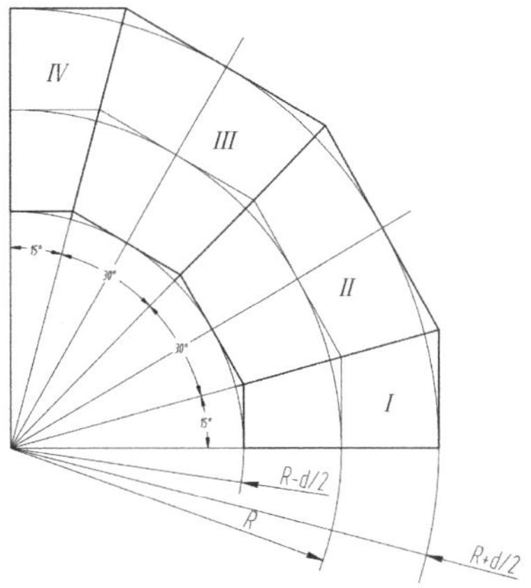


（b）投影图

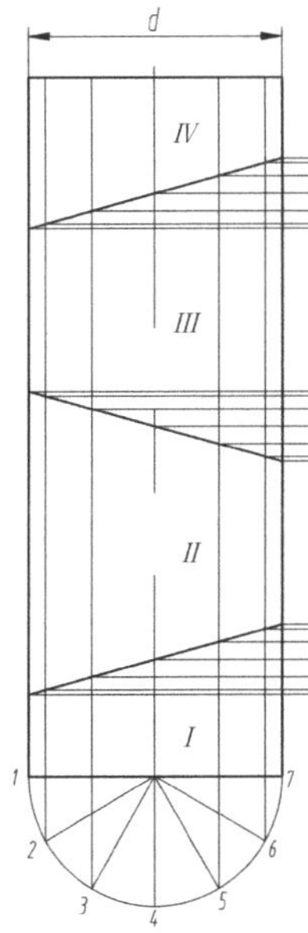


（c）圆柱管

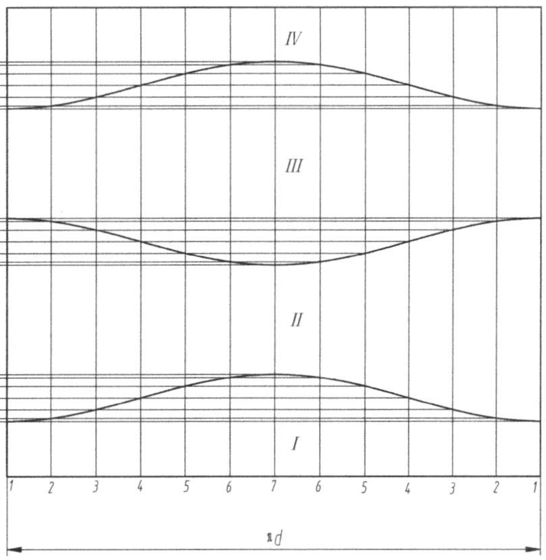


（d）展开图

图 10.6　等径直角弯管的展开

作图步骤：

（1）作相互垂直的两条直线，其交点为 *O*。以 *O* 为圆心，*R* 为半径画弯管中心圆，再分别以 *R*+*d* / 2、*R*−*d* / 2 为半径画圆弧，并画出弯管各节分界线，作与半径 *R*+*d* / 2、*R*−*d* / 2 相外切的各节切线，即得直角弯管的正面投影，如图 10.6（b）所示。

（2）将 *II*、*IV* 节绕轴线旋转 180° 后，与 *I*、*III* 节拼成一个圆柱管，如图 10.6（c）所示。

（3）作各节斜口圆柱管展开图，如图 10.6（d）所示。

5. 正圆锥的展开

【例 10-7】作正圆锥的表面展开图，如图 10.7 所示。

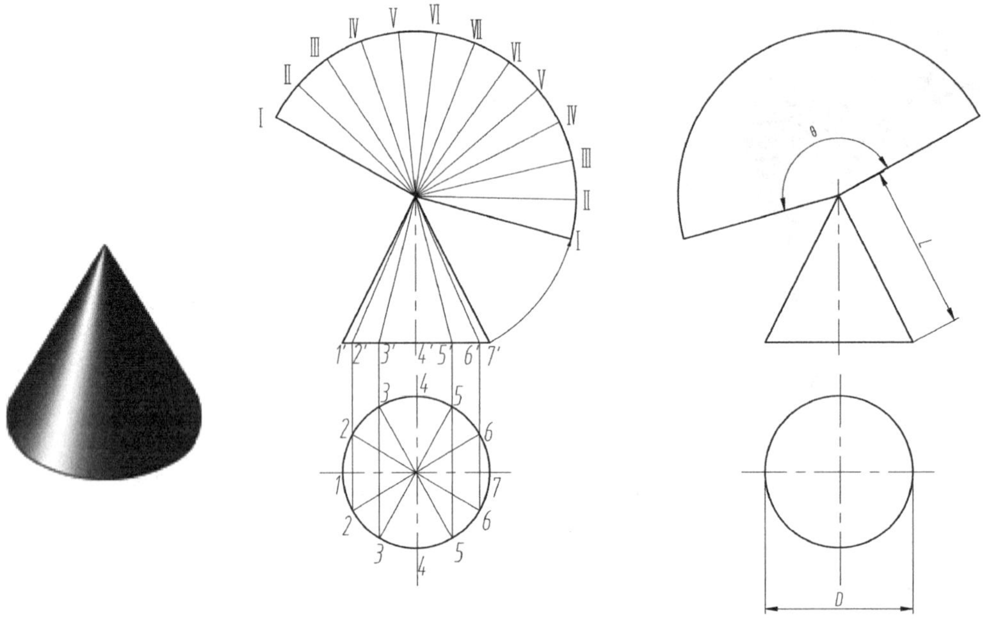


（a）轴测图　　（b）投影图和展开图　　（c）精确作图

图 10.7　正圆锥的展开

分析：由于圆锥轴线垂直底面且平行于正面，因此圆锥表面所有素线的实长相等；其中，最左和最右两条素线平行于正面，其正面投影反映素线的实长。

作图步骤：

（1）等分圆周。把正圆锥的水平投影圆分成 12 等分，过各分点在主视图上作相应素线 $s'1'$，$s'2'$，…

（2）以 $s'$为圆心，画以素线实长 $s'1'$为半径的圆弧，在圆弧上量取 $I\,II$=12，$II\,III$=23，…得一个扇形，即得正圆锥的展开图，如图 10.7（b）所示。

若要精确作图，设正圆锥的实长为 $L$，底圆直径为 $D$，则扇形中心角 $\theta=180°\times D/L$，其展开图如图 10.7（c）所示。

6. 斜口圆锥管的展开

【例 10-8】作斜口圆锥管的表面展开图，如图 10.8 所示。

分析：如图 10.8（a）和图 10.8（b）所示，一正圆锥被倾斜于轴线的平面截切，在锥面上形成一个椭圆。椭圆形切口在圆锥的展开图上为一曲线。作图的要点在于确定椭圆上各点在展开图上的位置。

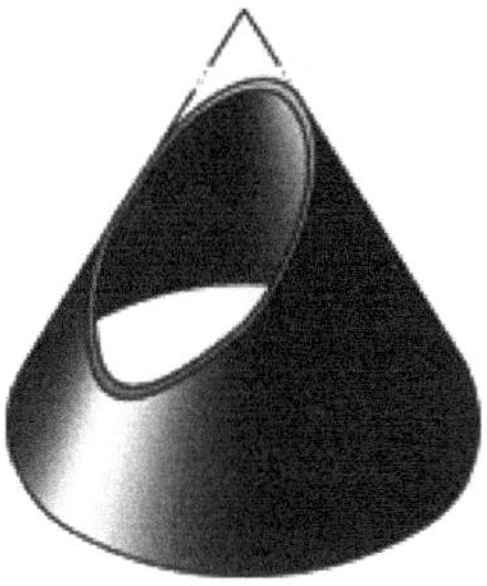

(a) 轴测图

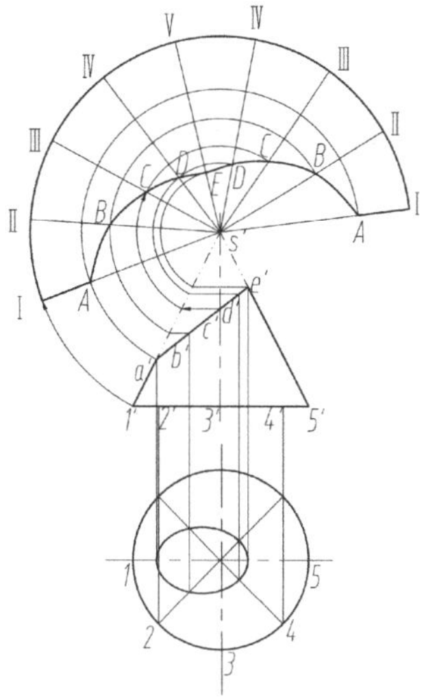

(b) 投影图和展开图

图 10.8　斜口圆锥管的展开

作图步骤：

(1) 作完整圆锥的表面展开图（为一扇形）。

(2) 将圆锥底圆及展开图中的扇形圆弧做相同等分（本例为 8 等分）。

(3) 在视图中求出等分素线被截断部分的实长后，量取在展开图中相应的等分线上。

(4) 依次光滑地连接各点，如图 10.8（b）所示。

7. 方圆过渡管的展开

当制件曲面不便或不能用平行线法或放射线法作展开图时，常把这种曲面划分为若干“三角形曲面”，然后把小的三角形曲面当成小的三角形平面作展开图。这种近似展开方法常称为“三角形法”。用三角形法画展开图的实质：若把立体表面划分成若干小三角形，然后把这些小三角形按原来的相对位置和顺序依次铺平，则立体表面也就被展开了。

**【例 10-9】**作方圆过渡管的表面展开图，如图 10.9 所示。

分析：如图 10.9（a）所示，该方圆过渡管由四个等腰三角形平面和四个相同的局部斜圆锥面围成。方圆过渡管的顶面和底面的水平投影反映实形和实长；三角形的两腰 *A Ⅰ*，*B Ⅰ*以及锥面上的所有素线均为一般位置直线，必须求出它们的实长，才能画出展开图。作图时，，先求出等腰三角形的实形；对每一锥面可分成若干小三角形，分别求出其实形，拼接在一起。将上述等腰三角形与锥面展开部分依次排列，即得方圆过渡管的展开图。

作图步骤：

(1) 将俯视图圆口的 1/4 圆弧分为三等份，得点 1，2，3，4，并求得主视图点 1′，2′，3′，4′，分别与 $b'$、$b$ 连线得斜椭圆锥素线的投影 $b1$，$b1'$和 $b2$，$b'2'$，…

(2) 用直角三角形法求素线实长，以 $H$ 为直角三角形高，$b1 = b4$ 和 $b2 = b3$ 为底边，作直角三角形，斜边 *BⅠ*，*BⅣ*（$m$）和 *BⅡ*，*BⅢ*（$n$）为素线实长，如图 10.9（b）所示。

（3）作等腰三角形平面及斜锥面展开：取 *BC*=*bc*，分别以 *B*，*C* 为圆心，*BI* 为半径画弧，交于 *I*，得到等腰三角形 *BCI*。再以 *B* 和 *I* 为圆心，分别以 *BⅡ*和 12 弧长为半径画弧，交于点 *Ⅱ*，得到等腰三角形 *BIⅡ*。

（4）用曲线依次光滑连接各点 *I*，*Ⅱ*，*Ⅲ*，*Ⅳ*，即可得一个等腰三角形和一个局部斜锥面的展开图。

（5）用相同方法可依次作出其余三部分斜椭圆面、二个等腰三角形和两个直角三角形。即得上圆下方过渡管展开图，如图 10.9（d）所示。

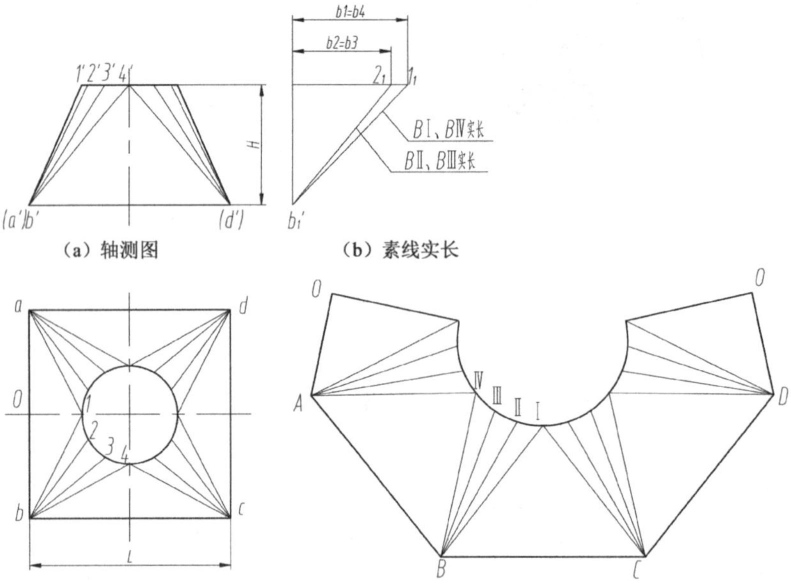


（a）轴测图　（b）素线实长

（c）投影图　（d）展开图

图 10.9　方圆过渡管的展开

## 10.2　焊接图

焊接是将需要连接的金属零件在连接处局部加热至熔化或半熔化状态后，用加压或在其间用熔化的金属填充等方法，使零件连接为一整体。常用的焊接方法有电弧焊、气焊等，焊接是不可拆的连接，被广泛应用于机械、造船、电子、化工和建筑等部门。焊接图则是焊接加工所用的图样。

常用的接头形式有对接、搭接、角接和 T 形接等。

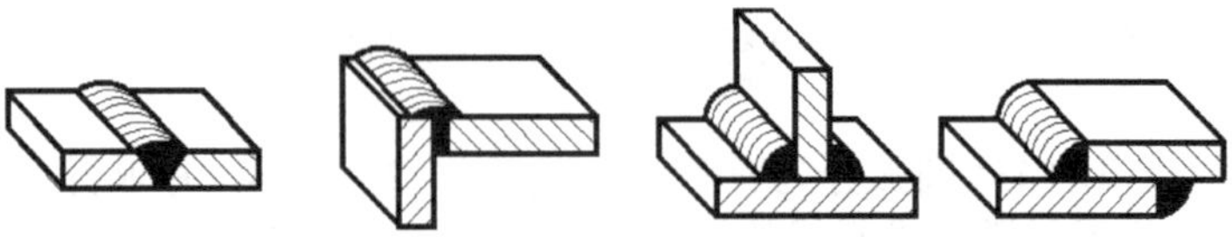

（a）对接接头　（b）角接接头　（c）T 形接头　（d）搭接接头

图 10.10　常用焊接的接头形式

### 10.2.1　焊缝的规定画法

工件经焊接后所形成的接缝称为焊缝。焊缝的形式主要有对接焊缝、角焊缝和点焊缝。

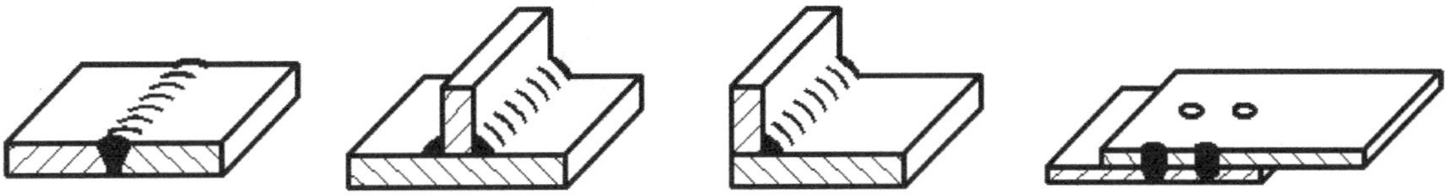

（a）对接焊缝　　（b）角焊缝　　（c）点焊缝

图 10.11　焊缝的形式

根据国家标准《GB/T 324—2008 焊缝符号表示法》及《GB/T 12212—2012 技术制图焊缝符号的尺寸、比例及简化表示法》规定，图样中表示焊缝的方法有图示法及标注法两种。

1. 图示法

当焊缝比较复杂时，采用图示法表示焊缝。用图示法时，除标注出焊缝代号外，还须按规定画出焊缝。

图示法中焊缝的规定画法：

（1）视图中，可见焊缝用与轮廓线相垂直的细实线表示，不可见焊缝则用粗实线或虚线表示，如图 10.12 所示。也可采用线宽为粗实线的 2～3 倍的图线表示可见焊缝，但在同一张图样中，只允许采用一种画法。

（3）在剖视图或断面图上，金属的熔焊区通常涂黑表示。

（4）在图样中，可采用视图、剖视图或断面图的画法表示焊缝，也可以用轴测图示意地表示。

（5）当需要详细地表示焊缝断面形状和尺寸时，可采用局部放大图，如图 10.13 所示。

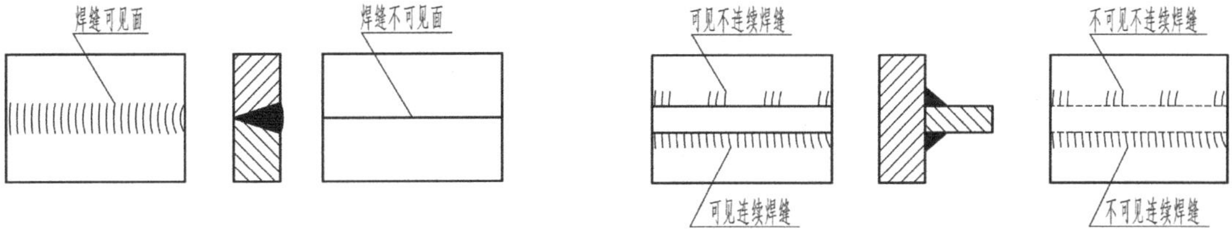


（a）　　（b）

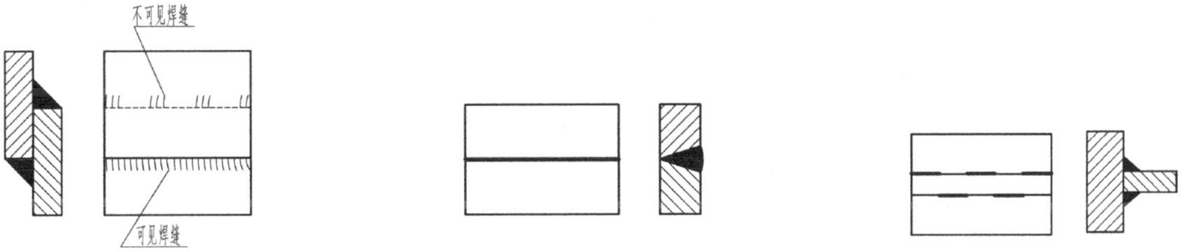


（c）　　（d）连接 V 形焊缝　　（e）断续交错焊缝

图 10.12　焊缝的规定画法

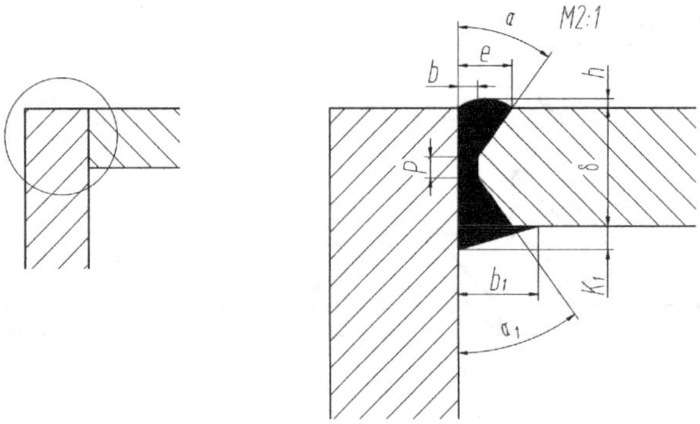


图 10.13　焊缝的局部放大图

2. 标注法

按规定画法在视图中表示焊缝后，一般仍应标注焊缝的符号，以便明确加工要求。

焊缝符号一般由基本符号和指引线组成，必要时还可以加上辅助符号、补充符号和焊缝尺寸符号。

1）基本符号

基本符号是表示焊缝横截面形状的符号，它采用近似于焊缝横截面形状的符号表示，并用 0.7*b* 的粗实线绘制（*b* 为图样中轮廓线的宽度）。常用基本符号的名称、画法及标注示例见表 10-1。

**表 10-1　常见焊缝基本符号及标注方法**

| 名称 | 符号 | 示意图 | 图示法 | 标注法 |
|---|---|---|---|---|
| I 形焊缝 | II | 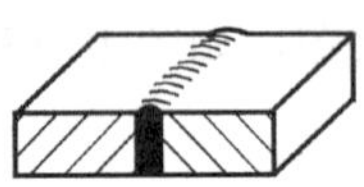 | 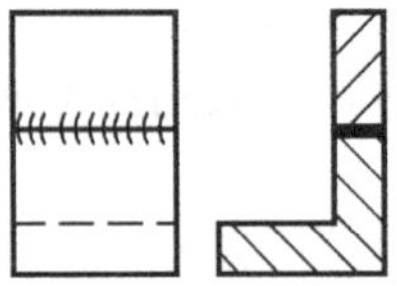 | 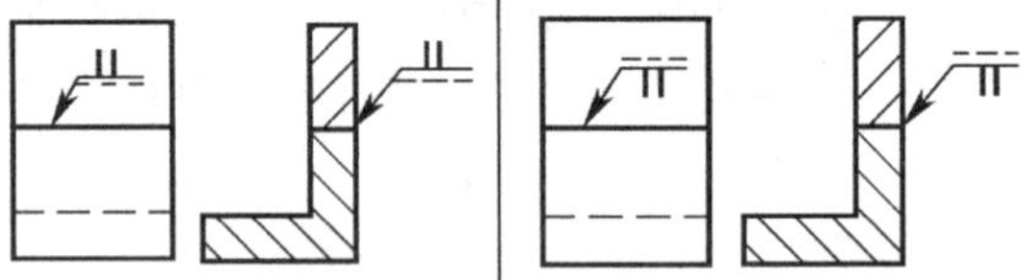 |
| V 形焊缝 | V | 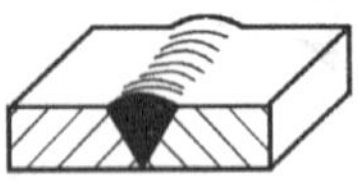 | 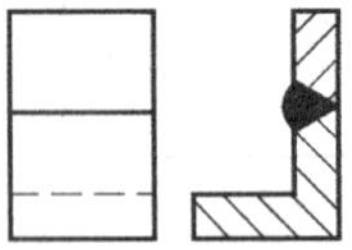 | 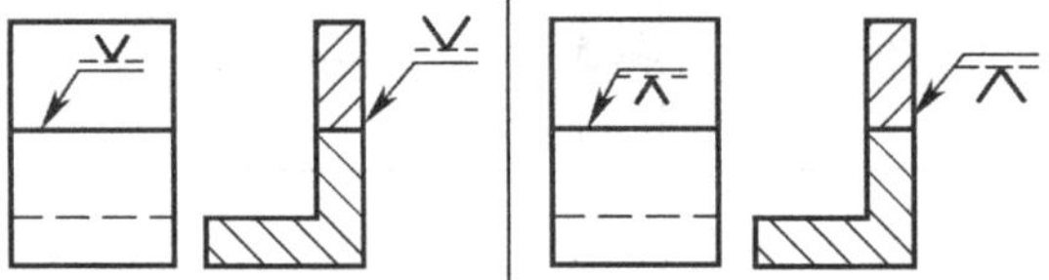 |
| 单边 V 形焊缝 | V | 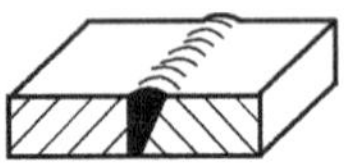 | 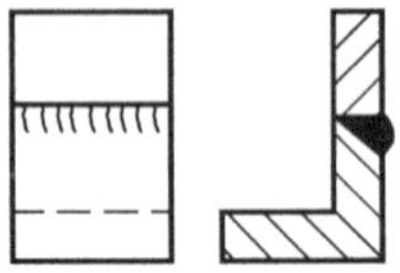 | 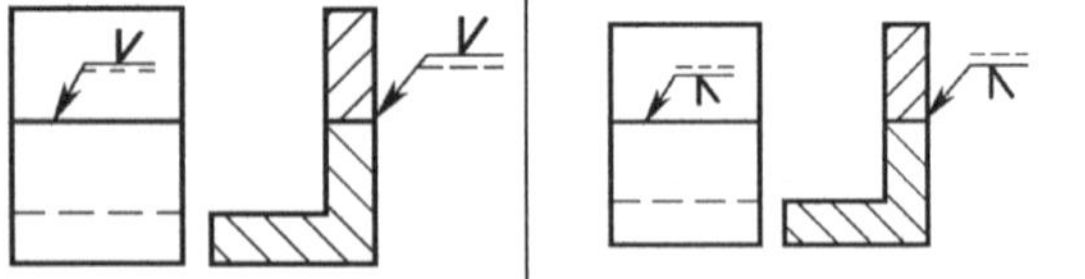 |
| 带钝边 V 形焊缝 | Y | 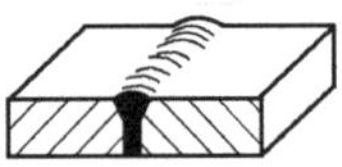 | 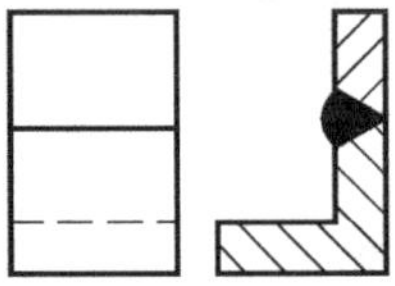 | 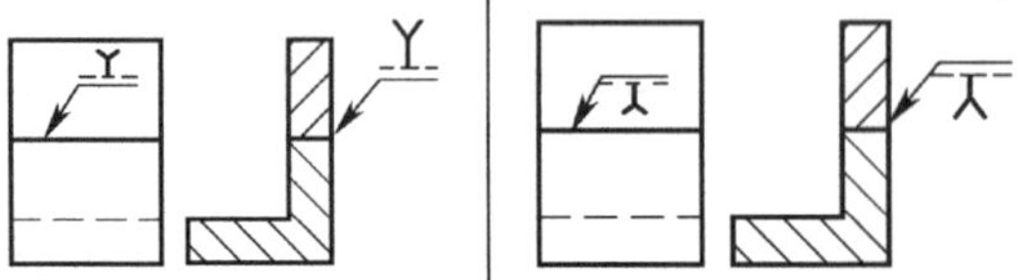 |

续表

| 名称 | 符号 | 示意图 | 图示法 | 标注法 | |
|---|---|---|---|---|---|
| 带钝边U形焊缝 |  |  | 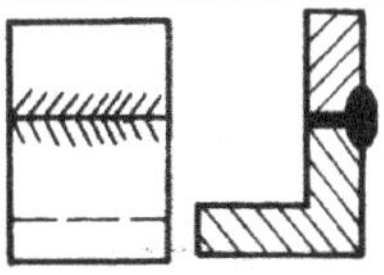 | 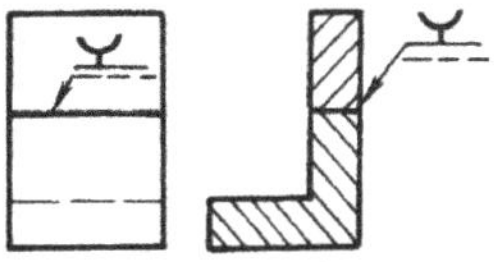 | 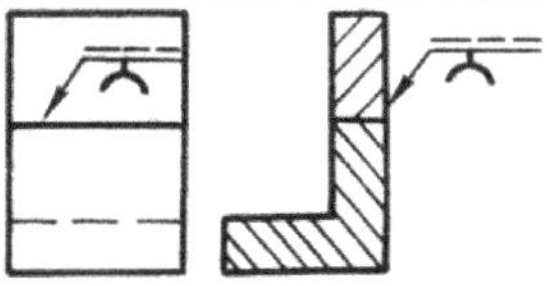 |
| 角焊缝 | ◺ | 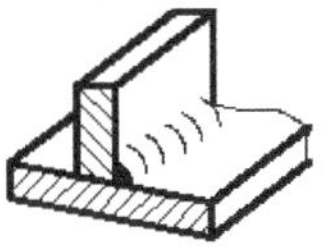 | 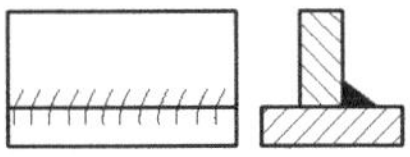 | 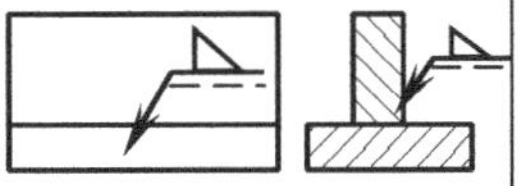 | 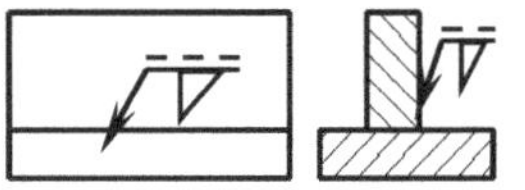 |
| 点焊缝 | ○ | 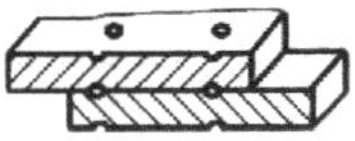 | 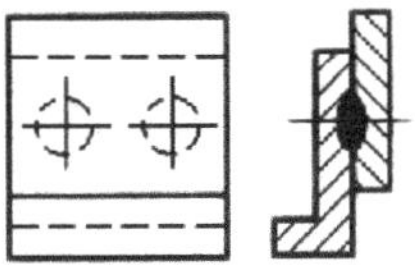 | 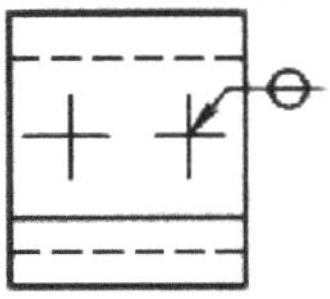 | 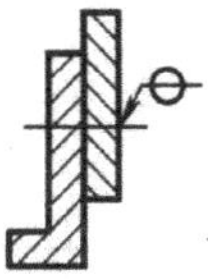 |

2）辅助符号

辅助符号是表示焊缝表面形状特征的符号，用 0.7*b* 粗实线绘制。常见辅助符号及标注示例见表 10-2。当不需要确切地说明焊缝的表面形状时，可不用辅助符号。

**表10-2 常见辅助符号及标注示例**

| 名称 | 符号 | 示意图 | 图示法 | 标注法 | 说明 |
|---|---|---|---|---|---|
| 平面符号 | — |  | 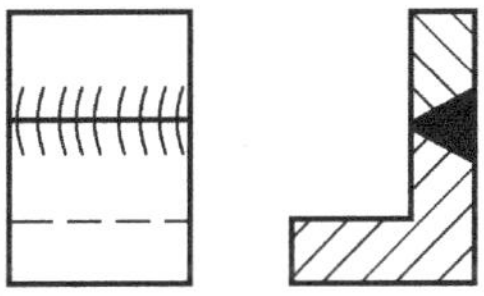 | 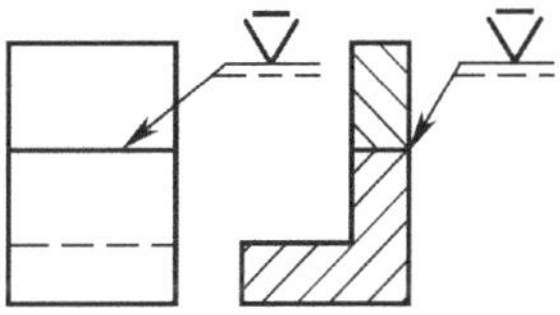 | 焊缝表面平齐（一般通过加工） |
| 凹面符号 | ⌣ | 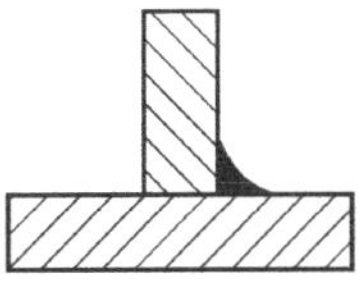 | 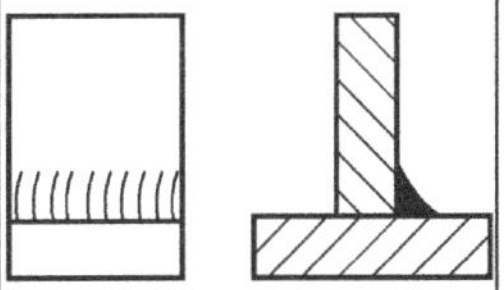 | 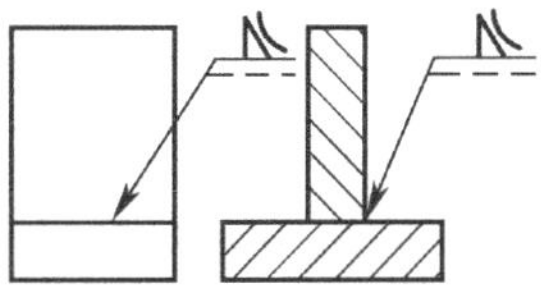 | 焊缝表面凹陷 |
| 凸面符号 | ⌒ |  | 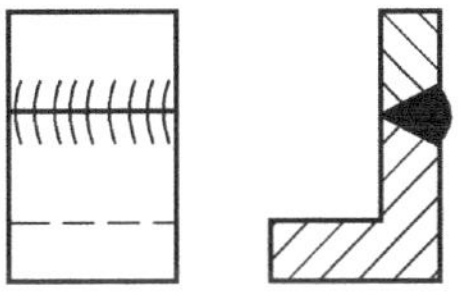 | 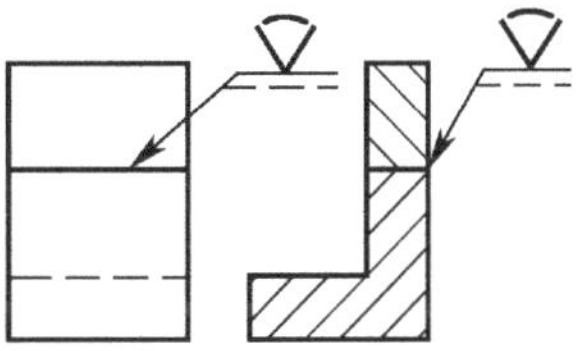 | 焊缝表面凸起 |

3）补充符号

补充符号用以补充说明焊缝或接头的某些特征而采用的符号，例如表面形状、衬垫、焊缝分布、施焊地点等。常用补充符号及标注示例见表 10-3。

**表 10-3　常用补充符号及标注示例**

| 名　称 | 符　号 | 示 意 图 | 标 注 示 例 | 说　明 |
|---|---|---|---|---|
| 带垫板符号 | ▭ | 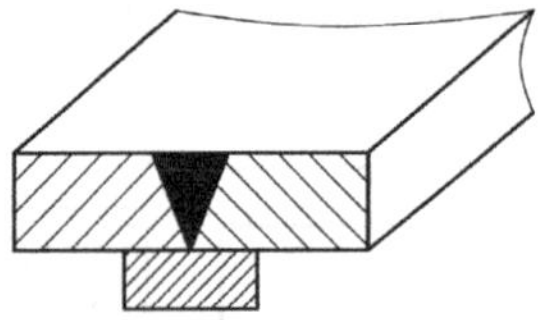 | 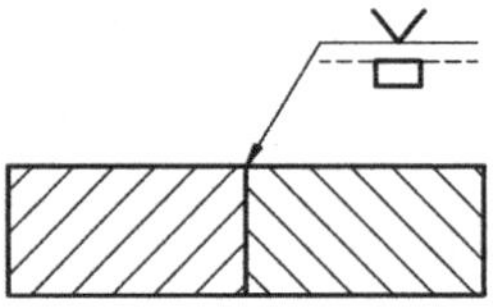 | 表示焊缝的底部有垫板 |
| 三面焊缝符号 | ⊏ | 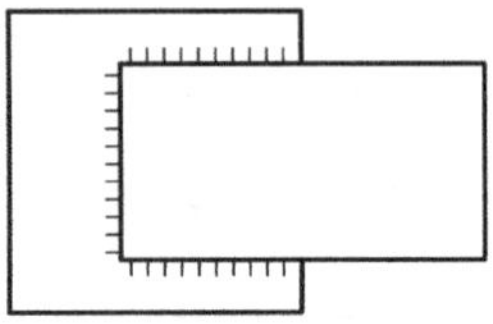 | 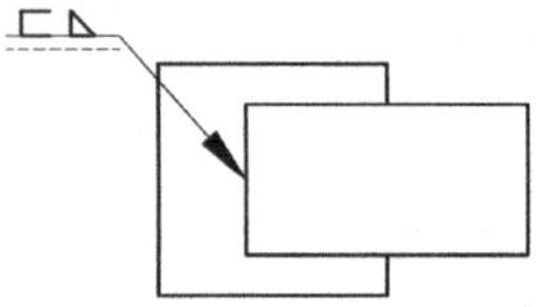 | 表示工件三面施焊，开口方向与实际方向一致 |
| 周围焊缝符号 | ○ | 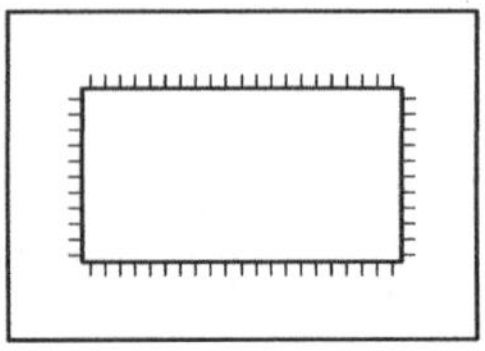 | 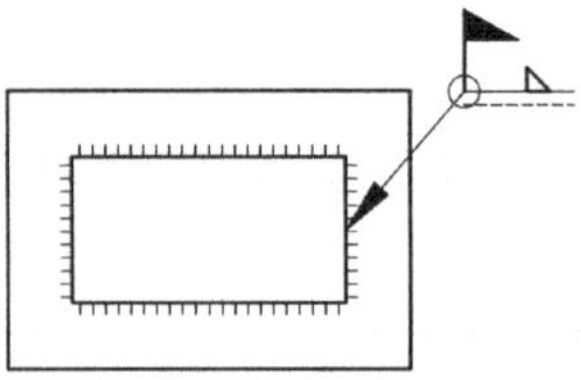 | 表示现场环绕工件周围施焊的角焊缝 |
| 现场符号 |  | — | | |
| 尾部符号 | < | — | 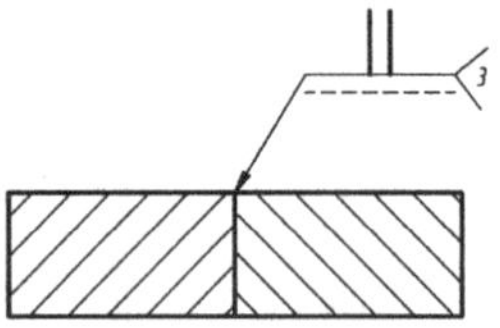 | 表示有三条相同的焊缝 |

4）指引线

指引线一般由带箭头的箭头线和两条平行的基准线两部分组成，如图 10.14 所示。基准线中一条为细实线，另一条为细虚线。基准线的虚线可以画在基准线的实线上侧或下侧。基准线一般与图样标题栏的长边平行，必要时也可与标题栏的场边垂直。

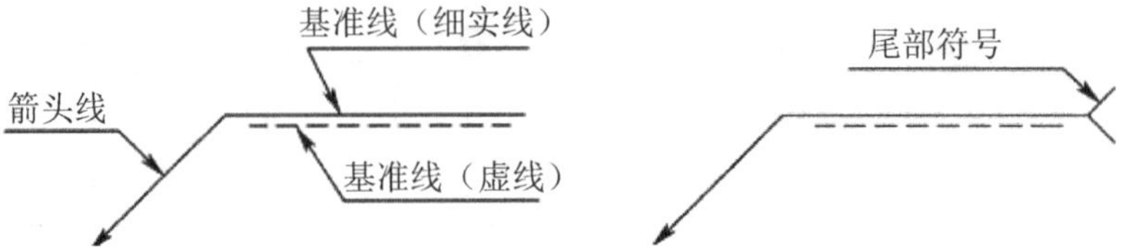


图 10.14　指引线

当需要说明焊接方法时，可在基准线的末端加一尾部符号，作为补充说明，如图 10.14 所示。

5）焊缝尺寸符号

对于无严格要求的焊缝，一般不必标注焊缝的尺寸。如需注明焊缝尺寸时，焊缝的基本符号可以附带尺寸数字。常用焊缝尺寸符号见表 10-4。

**表 10-4 常用焊缝尺寸符号**

| 名称 | 符号 | 示意图 | 标注示例 |
|---|---|---|---|
| 工件厚度 | $\delta$ | 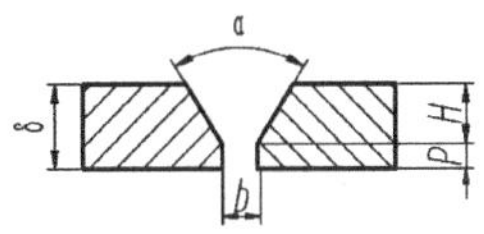 | 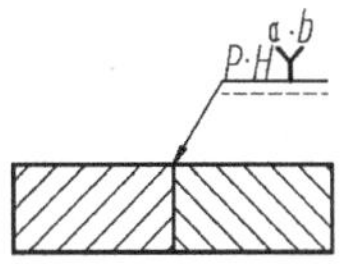 |
| 坡口角度 | $\alpha$ | | |
| 坡口深度 | $H$ | | |
| 根部间隙 | $b$ | | |
| 钝边高度 | $P$ | | |
| 焊缝段数 | $n$ | 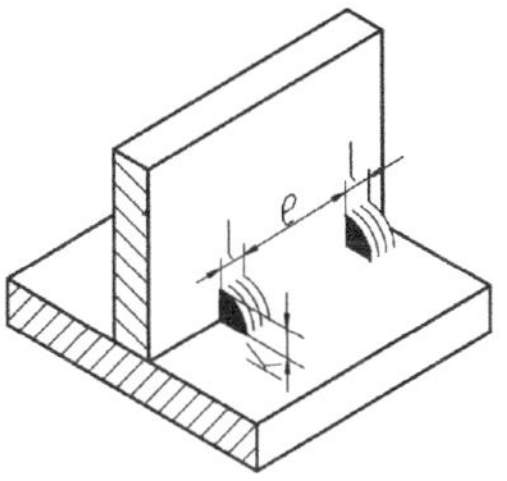 | 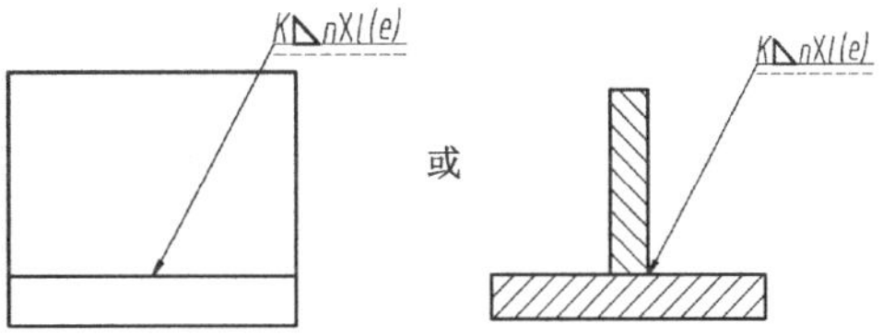 |
| 焊缝长度 | $l$ | | |
| 焊缝间距 | $e$ | | |
| 焊角尺寸 | $K$ | | |
| 熔核直径 | $d$ | 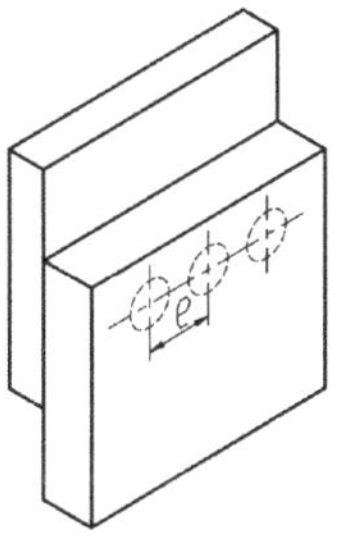 | 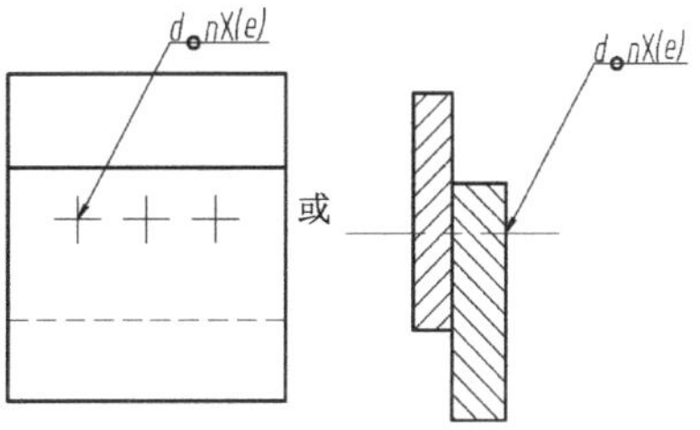 |
| 相同焊缝数量符号 | $N$ | — | — |

## 10.2.2 焊缝的标注

### 1. 箭头线与焊缝位置关系

箭头线与焊缝位置在没有特殊要求的情况下，箭头线可以标注在有焊缝一侧。如图 10.15（a）所示，也可以标注在没有焊缝的一侧，如图 10.15（b）所示。但在标注 V 形、Y 形焊缝时，箭头指引线应指向带有坡口一侧。

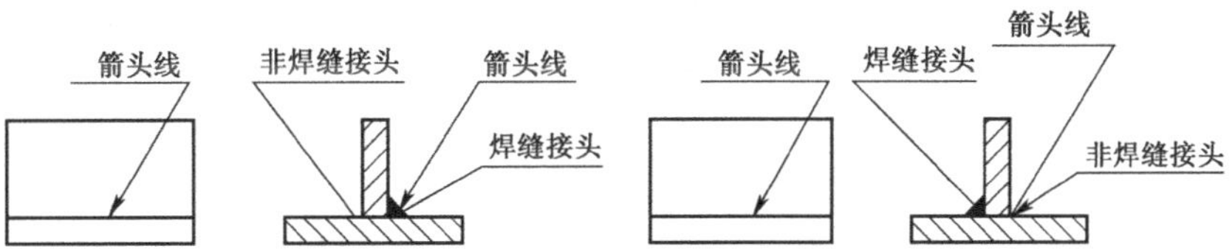


图 10.15 箭头线的位置

### 2. 基本符号在指引线上的位置

为了能在图样上明确焊缝的位置，对基本符号相对于基准线的位置，按图 10.16 所示作如下规定。

（1）如果焊缝在接头的箭头一侧，基本符号应标在基准线的细实线一侧，上、下方均可，如图 10.16（a）所示。

（2）如果焊缝在接头的非箭头一侧，则将基本符号标在基准线的虚线一侧，上、下方均可，如图 10.16（b）所示。

（3）若是对称焊缝或双边焊缝时，基准线中的虚线一侧可省略，如图 10.16（c）所示。

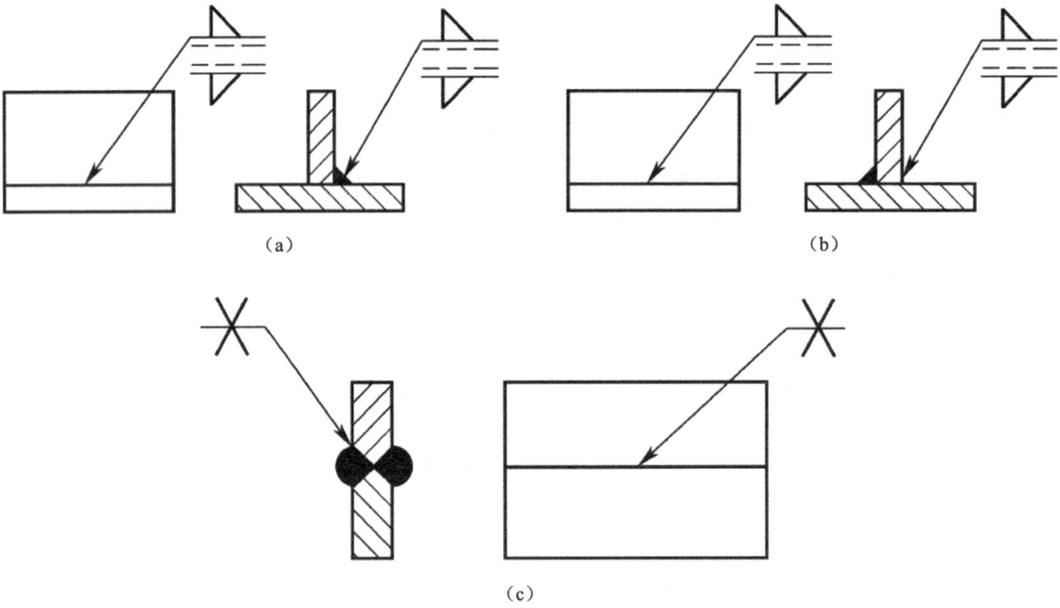


图10.16 基本符号的位置

### 3. 焊接尺寸符号和数据的标注

焊缝尺寸符号和数据的标注原则如图 10.17 所示。

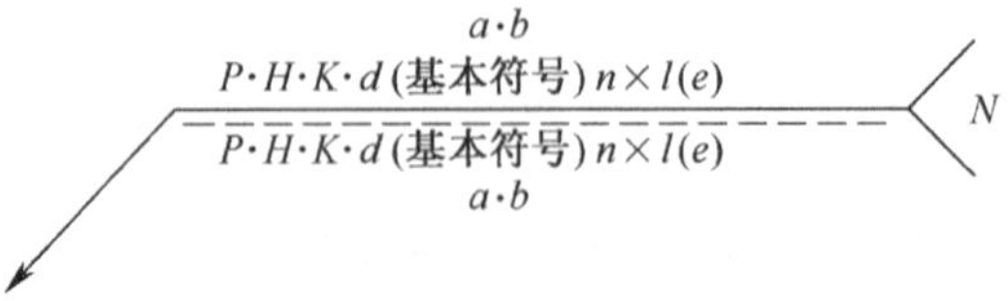


图 10.17　焊缝尺寸符号及数据的标注位置

（1）焊缝横截面上的尺寸，标在基本符号的左侧。

（2）焊缝长度方向的尺寸，标在基本符号的右侧。

（3）坡口符号 $\alpha$、坡口面角度 $\beta$、根部间隙 $b$，标在基本符号的上侧或和下侧。

（4）相同焊缝数量及焊接方法代号标在尾部。

（5）当需要标注的尺寸数据较多又不易分辨时，可在数据前面增加相应的尺寸符号。

（6）箭头线的方向与尺寸位置无关。

当若干条焊逢相同时，可用公共基准线进行标注，如图 10.18 所示。

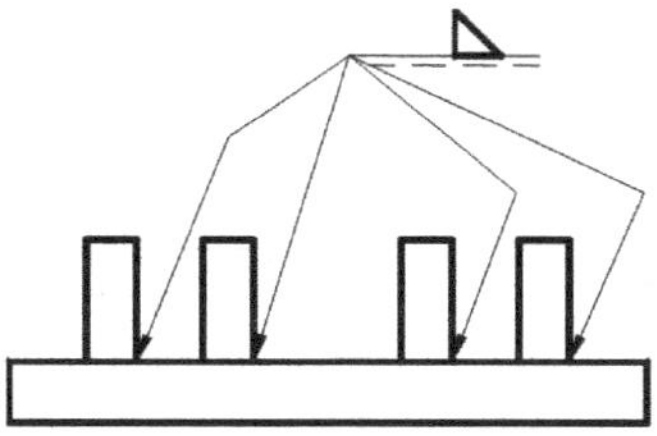

图 10.18　相同焊缝的标注方法

### 4. 焊接方法的数字代号

焊接方法很多，常用的有电弧焊、接触焊、电渣焊、点焊和钎焊等。其中，以电弧焊最为广泛。焊接方法可用文字在技术要求中注明，也可用数字代号直接注写在“尾部”符号中。常用焊接方法及数字代号见表 10-5。

**表 10-5　常用焊接方法及数字代码**

| 焊接方法 | 数字代号 | 焊接方法 | 数字代号 |
|---|---|---|---|
| 手工电弧焊 | 111 | 激光焊 | 751 |
| 埋弧焊 | 12 | 氧-乙炔焊 | 3 |
| 电渣焊 | 72 | 硬钎焊 | 91 |
| 电子束焊 | 76 | 点焊 | 21 |

### 5. 焊缝标注的示例

表 10-6 所示为常见焊缝标注示例及说明。

**表10-6　常见焊缝标注示例及说明**

| 接头形式 | 焊缝形式 | 标注示例 | 说　明 |
|---|---|---|---|
| 对接接头 | 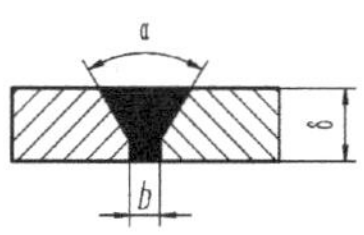 | 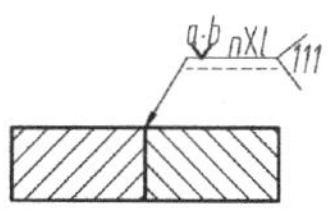 | V 形焊缝，*111* 表示用手工电弧焊，坡口角度为 $\alpha$，根部间隙为 $b$，有 $n$ 段焊缝，焊缝长度为 $l$ |
| T 形接头 | 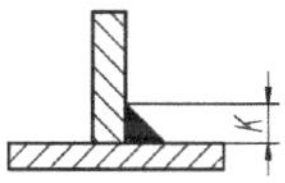 | 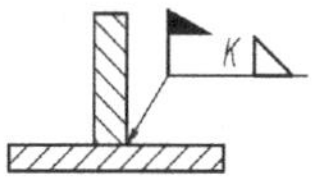 | 在现场装配时进行焊接的双面角焊接，焊角尺寸为 $K$ |
| | 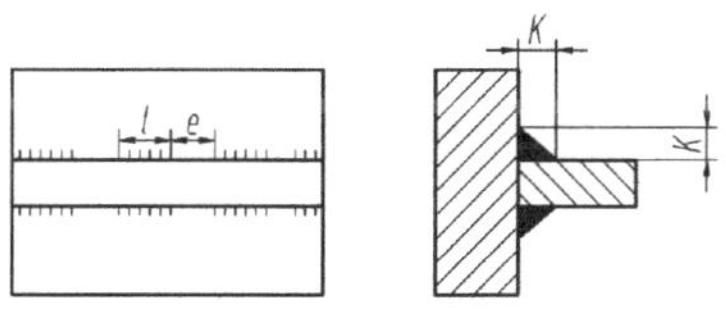 | 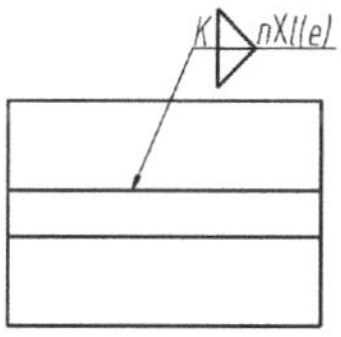 | 对称断续焊缝。$n$ 表示焊缝段数，$l$ 表示每段焊缝长度，$e$ 表示焊缝段的间距，$K$ 表示焊角尺寸。对称断续焊缝的尺寸只允许在基准上标注一次 |

续表

| 接头形式 | 焊缝形式 | 标注示例 | 说　明 |
|---|---|---|---|
| T形接头 | 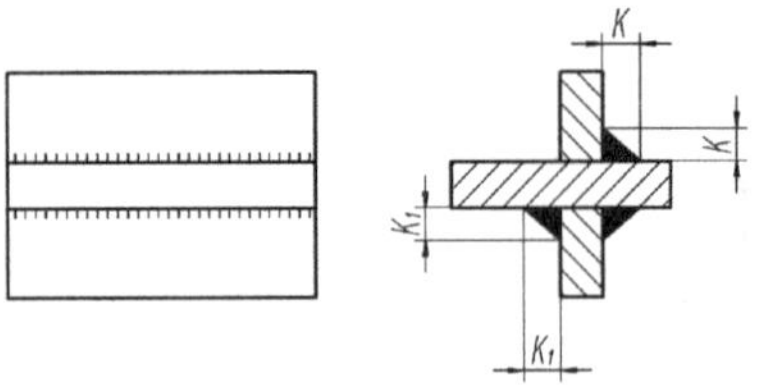 | 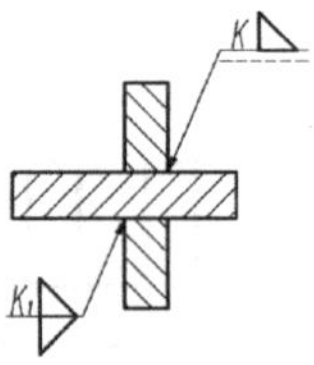 | 接头上侧为单面角焊缝，焊角尺寸为 $K$；接头下侧为对称角焊缝，焊角尺寸为 $K_1$ |
| 角接接头 | 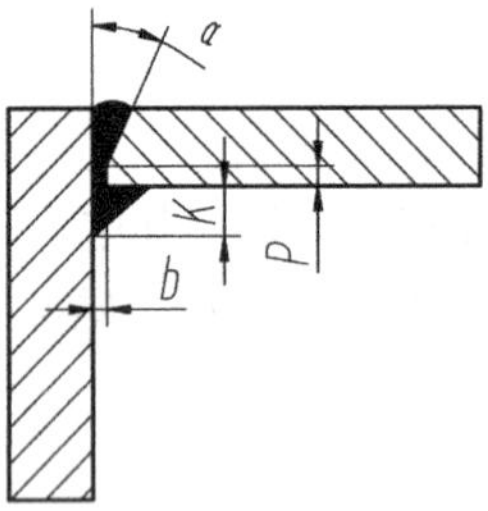 | 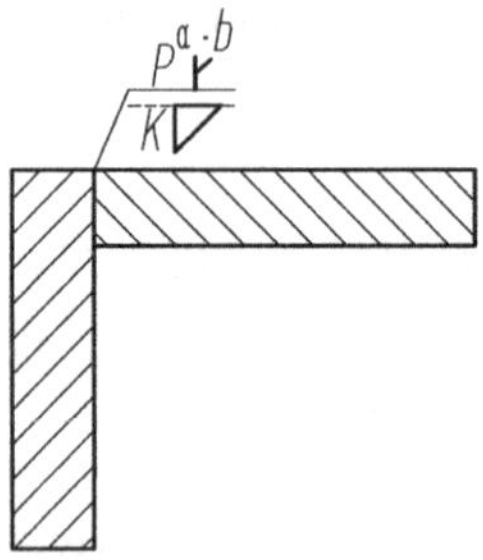 | 双面焊缝。接头上侧为带钝边单边 V 形焊缝，坡口角度为 $\alpha$，根部间隙为 $b$，钝边高度为 $P$；接头下侧为角焊缝，焊角尺寸为 $K$ |
| 搭接接头 | 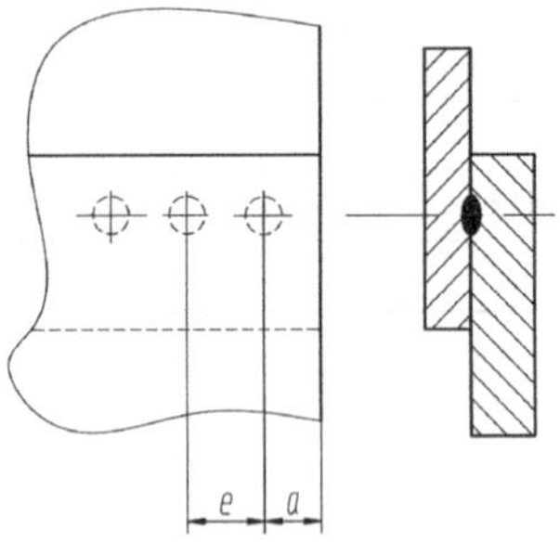 | 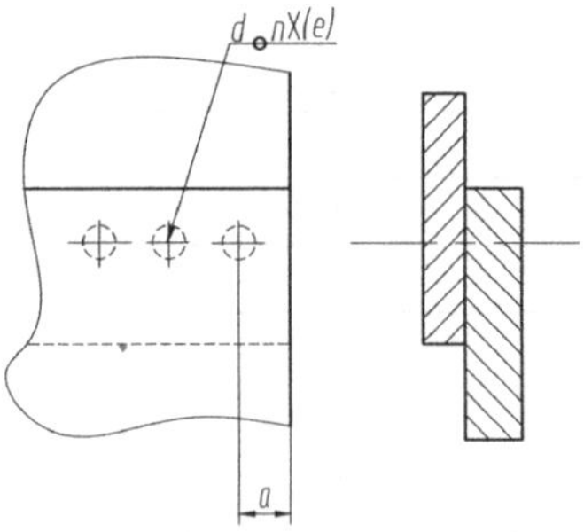 | 点焊缝。$d$ 表示焊点直径，$e$ 表示焊点的间距，$a$ 表示焊点至板边的间距 |

## 10.2.3　焊接图示例

焊接图除具有完整的零件图内容外，还须有焊接的有关内容（焊接要求、焊缝的尺寸等）的说明、标注和每个构件的明细栏。

读焊接图时，除了想象焊接件各组成部分的形状、数量外，还要读懂焊接符号。图 10.19 所示为挂架焊接图。

主视图中的焊缝符号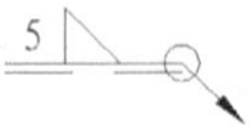表示环绕 $\phi$40mm 圆筒周围焊接的角焊缝，焊角高 4mm。左视图中的焊缝符号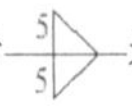表示立板与肋板、立板与横板之间的焊缝是双面连续角焊缝，焊角高度为 5mm。左视图中的焊缝符号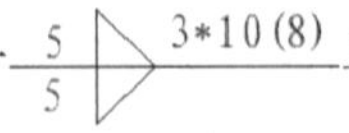与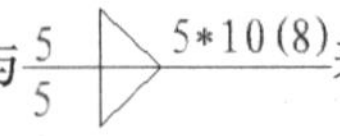表示双面断续角焊缝，焊角高度为 5mm，焊缝长 10mm，焊缝间距 8mm，焊缝段数分别为 5 和 3。

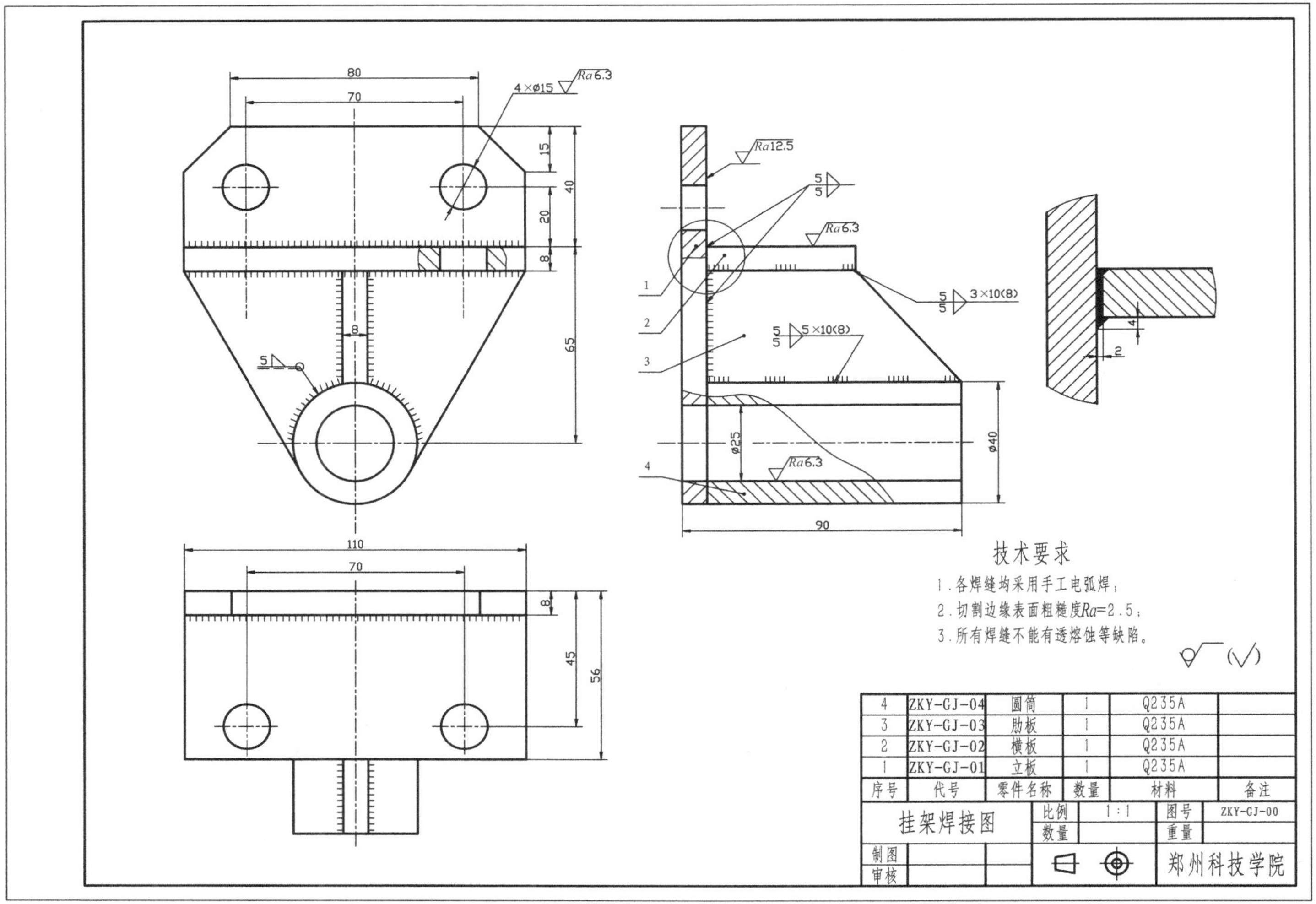
80
70
4×ø15
Ra6.3
15
40
20
8
65
5
110
45
56
Ra12.5
Ra6.3
3×10(8)
5×10(8)
4
2
ø25
ø40
90
1
2
3
4
技术要求
1.各焊缝均采用手工电弧焊；
2.切割边缘表面粗糙度Ra=2.5；
3.所有焊缝不能有透熔蚀等缺陷。
4 ZKY-GJ-04 圆筒 1 Q235A
3 ZKY-GJ-03 肋板 1 Q235A
2 ZKY-GJ-02 横板 1 Q235A
1 ZKY-GJ-01 立板 1 Q235A
序号 代号 零件名称 数量 材料 备注
挂架焊接图
比例 1:1
数量
图号 ZKY-GJ-00
重量
制图
审核
郑州科技学院

图 10.19 挂架焊接图

# 第11章

# 计算机绘图基础

随着计算机技术的不断普及和提高，计算机绘图技术也得到了飞速地发展。计算机绘图具有出图速度快、作图效率高等特点，而且便于检索、保存、修改和再利用。计算机绘图是利用计算机及其外围设备绘制各种图样的技术，使人们逐渐摆脱了繁重的手工绘图，使无纸化生产成为可能，从而提高工作效率，缩短设计周期。

目前，用于个人计算机的绘图软件很多，其中应用最为广泛的是美国 Autodesk 公司开发的 AutoCAD。由于它具有完善的图形绘制和强大的图形编辑功能，且有易学易用、体系结构开放等诸多优点，AutoCAD 现在已广泛地应用于建筑、机械、造船、纺织、地质、气象等各个领域。本章主要介绍 AutoCAD 2010 中文版的基本知识以及绘图、编辑、文本标注等基本操作。

## 11.1　计算机绘图基本知识

### 11.1.1　AutoCAD 软件的启动

AutoCAD2010 安装完毕后，可以通过以下两种方式启动 AutoCAD 2010：

（1）双击计算机桌面的 AutoCAD 2010 - Simplified Chinese 快捷方式图标。

（2）依次执行 Windows 任务栏上的【开始】→【程序】→【Autodesk】→【AutoCAD 2010 Simplified Chinese】→【AutoCAD 2010】命令。

初次启动会弹出“AutoCAD 2010—初始设置”对话框，如图 11.1 所示。

可以通过不同的选择进入不同的绘图环境，单击“跳过”忽略这一设置。选择“机械、电气和给排水（MEP）（P）”选项，单击“下一页”按钮，根据需要选择“优化你的默认空间”的选项，如图 11.2 所示。然后，单击“下一页”按钮，根据需要设置“指定图形样板文件”中的参数，如图 11.3 所示。单击“启动 AutoCAD 2010 （s）”按钮后显示“新功能专题研习”对话框，如图 11.4 所示。

**注意**

（1）如果不小心跳过了图 11.1 所示的界面，可以依次单击【工具】→【选项】→【用户系统配置】→【初始设置】命令，即可重新调出“AutoCAD 2010 初始设置”对话框。

（2）为避免“新功能专题研习”对话框重复出现，我们选择图 11.4 中的“不，不再显示此信息”选项后单击“确定”按钮，进入“AutoCAD 初始工作界面”，如图 11.5 所示。

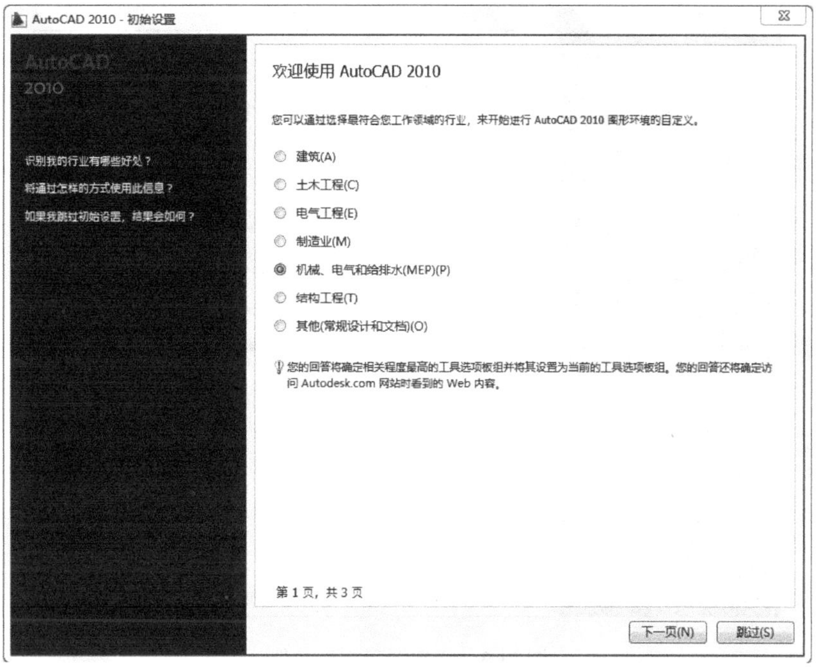


图 11.1 “AutoCAD 2010 初始设置”对话框

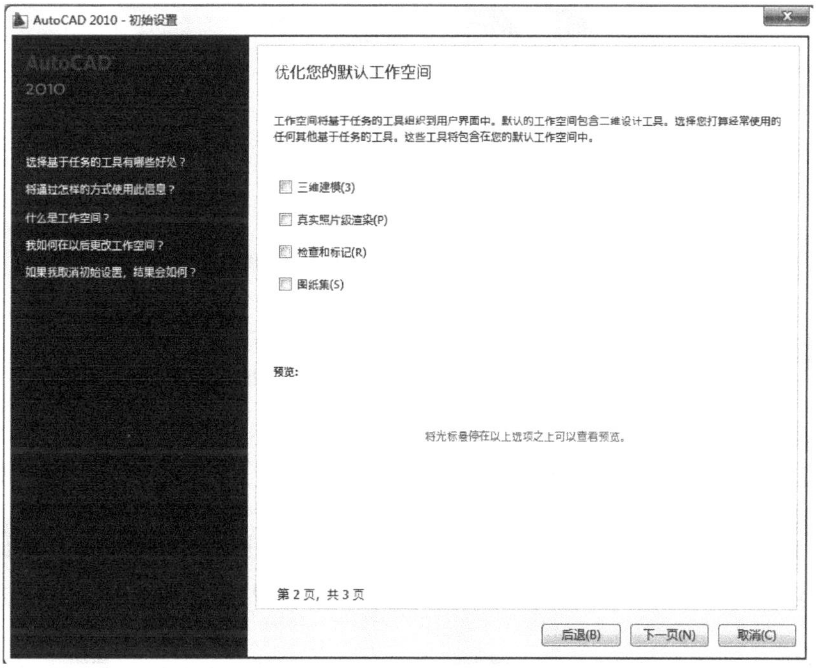


图 11.2　优化你的默认空间

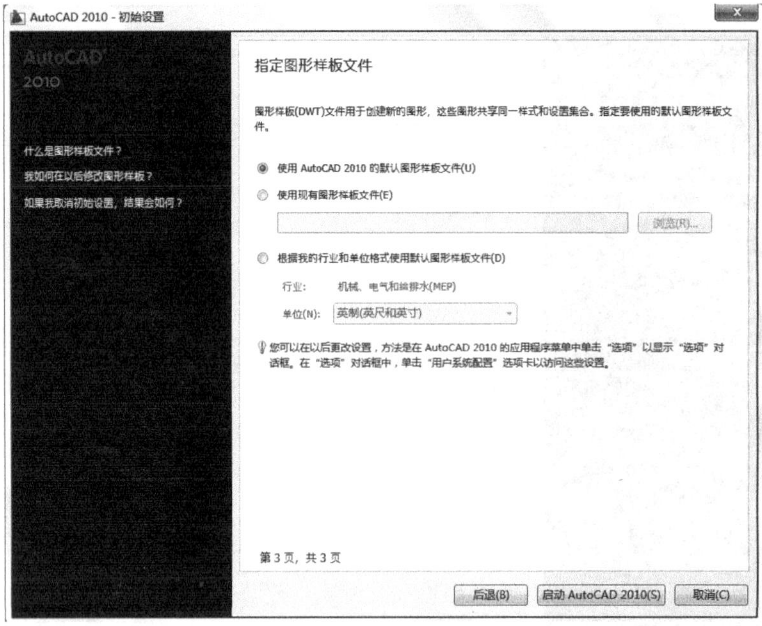


图 11.3　指定图形样板文件

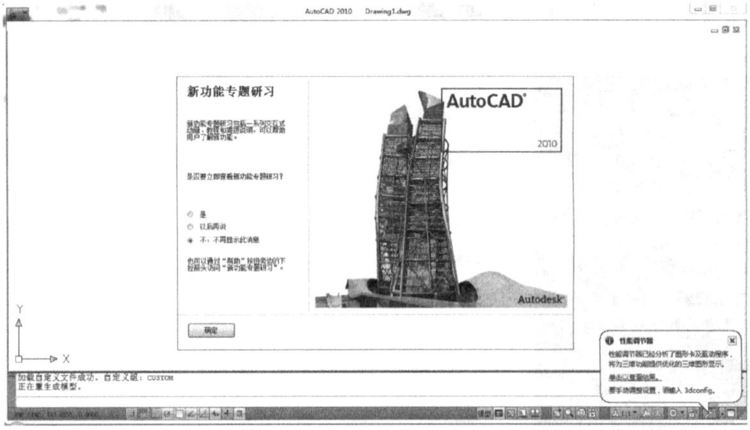


图 11.4　新功能专题研习

### 11.1.2　AutoCAD 2010 经典工作界面

单击图 11.5 右下角的“切换工作空间”按钮，在弹出的菜单中选择“AutoCAD 经典”命令即可由 AutoCAD 初始工作界面切换到“AutoCAD 2010 经典界面”，如图 11.6 所示。

**注意**

（1）依次执行【工具】→【选项】→【显示】→【颜色】→【黑】→【应用并关闭】→【确定】命令，可以将绘图区的背景颜色修改为黑色。

（2）为了让工作区域的充分显示以利于画图，切换到“AutoCAD 2010 经典界面”后可以关闭“工具选项板”和“平滑网络”两个工具栏。

（3）“标注”工具栏在画图过程中经常用到，可以通过把光标放在任意工具栏上→单击右键→选中“标注”的方法使其加载出来。此方法同样适合加载其他工具栏。

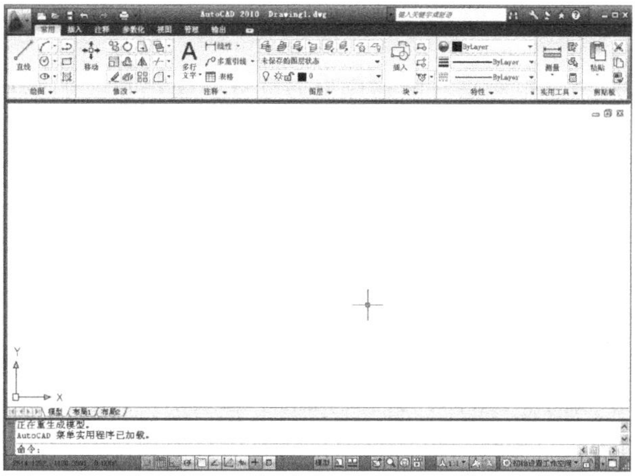

图 11.5　AutoCAD 初始工作界面

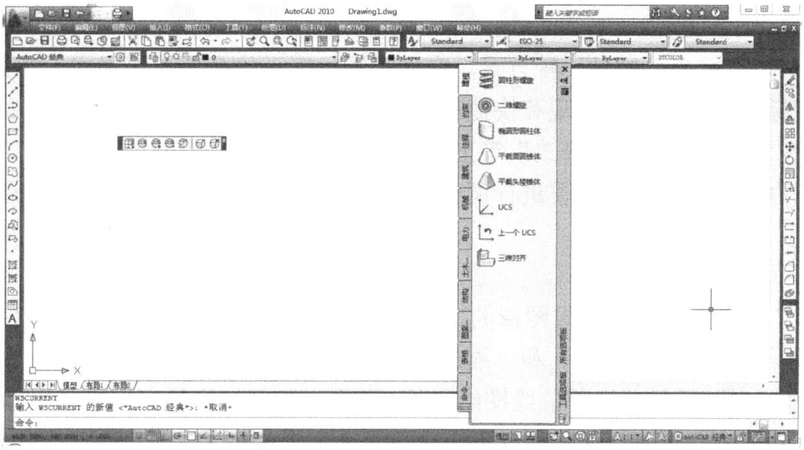

图 11.6　AutoCAD 2010 经典界面

调整后的界面如图 11.7 所示。

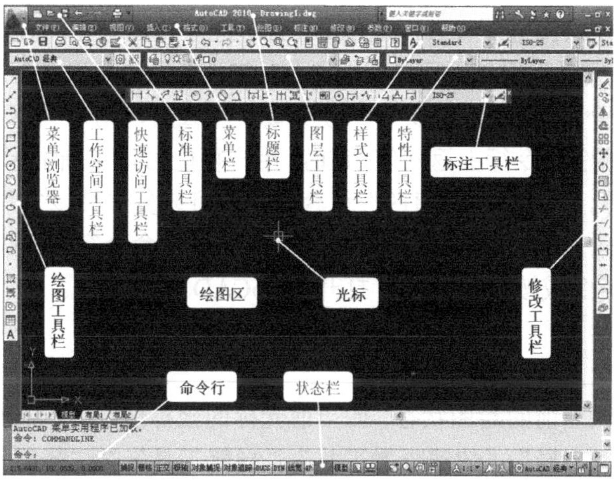


图 11.7　调整后的经典界面

1. 标题栏

“标题栏”用于显示当前正在运行的程序名及文件名等信息，如果是 AutoCAD 默认新建的图形文件，那么其名称为 Drawing1.dwg。单击标题栏最右端的按钮，可以实现最小、最大或关闭应用程序窗口。

2. 菜单栏

“菜单栏”位于标题栏的下方，由“文件”、“编辑”、“视图”、“插入”、“格式”、“工具”、“绘图”、“标注”、“修改”、 “参数”、“窗口”、“帮助”等下拉菜单组成，几乎包括了所有的绘图及编辑命令。单击“菜单”项即可打开对应的下拉菜单，再沿着下拉菜单找到要调用的命令，单击就能执行该命令。若某些下拉菜单项目的右边有黑色的小三角形，则说明该菜单项目具有下一级菜单。

3. 工具栏

“工具栏”是调用命令的另一种方式，有许多图标表示的命令按钮组成。在绘图过程中，使用工具栏图标启动命令较为直观和快捷。默认情况下，常用的“标准”、“样式”、“工作空间”、“图层”、“特性”、“绘图”和“修改”等工具条处于打开状态。为使界面美观，便于操作，可以采用拖动的办法对工具栏的位置进行调整。但是，初学者慎用，以免将界面调得错乱不堪。

4. 绘图区

“绘图区”是用户绘图和编辑图形的工作区域，所有的绘图结果都反映在这个窗口中。如果图纸比较大，可以通过“平移”和“缩放”来查看图形未显示的部分。

在“绘图区”中除了显示当前的绘图结果外，还显示当前使用的坐标系类型以及坐标原点，*X* 轴、*Y* 轴、*Z* 轴的方向等。默认情况下，坐标系为世界坐标系（WCS）。绘图窗口的下方有“模型”和“布局”选项卡，单击其标签可以在模型空间和图纸空间进行转换。

5. 命令行与文本窗口

“命令行”窗口位于绘图区的底部，是 AutoCAD 进行人机交互、命令输入、显示相关信息的区域。显示信息可以帮助用户按提示进行操作，对初学者显得尤为重要。依次执行【工具】→【命令行】→【是】命令，“命令行”窗口将被隐藏。隐藏后，用户仍然可以输入命令。但是，某些命令和系统变量将在命令行上返回值，这时，用户可能希望重新显示命令行。再次执行【工具】→【命令行】命令，或者用“Ctrl+9”组合键，即可恢复“命令行”窗口。

“文本窗口”是记录 AutoCAD 命令的窗口，是放大的“命令行”。可以选择【视图】→【显示】→【文本窗口】命令或按“F2”键，打开 AutoCAD 文本窗口。

6. 状态栏

“状态栏”用来反映当前的绘图状态，如当前光标的坐标值，往右依次是“辅助绘图工具”、“快捷特性”、“模型”、“布局”、“快速查看工具”、“导航工具”、“注释工具”、“工作空间”、“锁定”与“全屏显示”。“辅助绘图工具”包括“捕捉”、“栅格”、“正交”、“对象捕捉”等功能。当其呈天蓝色时表示起作用，呈灰色时表示不起作用。在默认状态下，“辅助绘图工具”以图标显示，右键单击任一按钮后，通过“使用图标”命令可以切换文字显示。

### 11.1.3　退出 AutoCAD 2010

可以使用以下方法退出 AutoCAD 2010：

（1）标题栏：单击“标题栏”右侧的“关闭”按钮。

（2）菜单浏览器：单击“退出 AutoCAD 2010”按钮。

（3）菜单命令：【文件】→【退出】命令。

（4）键盘输入：“exit↙”或者“quit↙”。

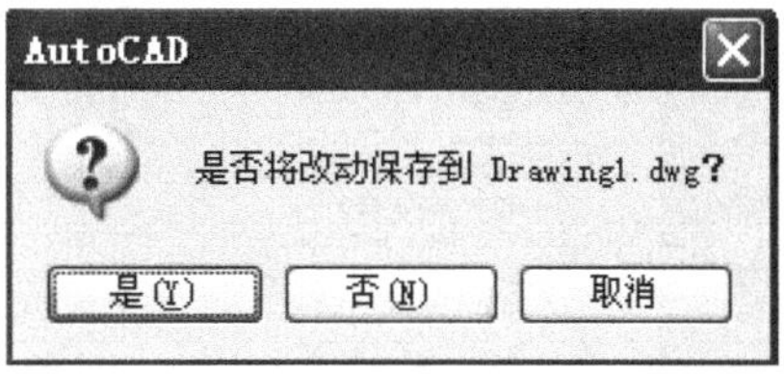


图 11.8　退出 AutoCAD 时的警告对话框

**注意**

若用户对图形所做修改尚未保存，则会弹出如图 11.8 所示警告对话框，提示用户保存文件。

“是（Y）”：保存并关闭 AutoCAD 系统。

“否（N）”：不保存，直接关闭 AutoCAD 系统。

“取消”：取消退出 AutoCAD，继续作图。

## 11.2　AutoCAD 2010 的基本操作

### 11.2.1　管理图形文件

图形文件管理包括新建新图形文件、保存图形文件、打开已有的图形文件、关闭图形文件及创建、恢复备份文件等操作。

1. 新建图形文件

1）功能

创建一个新的图形文件。

2）执行方法

（1）工具栏：单击“快速访问工具栏”或“标准工具栏”上的“新建”按钮。

（2）菜单浏览器：“新建”→“图形”。

（3）菜单命令：【文件】→【新建】。

（4）键盘输入：“new↙”或“qnew↙”。

（5）快捷键：“Ctrl+N”。

执行“新建”图形文件命令后，系统将弹出“选择样板”对话框，如图 11.9 所示。在“选择样板”对话框中的“名称”列表框中选中某一样板文件后，单击“打开”按钮，将以选中的样板文件为样板创建新图形。

**注意**

（1）AutoCAD 默认的样板文件不符合国家标准，读者可以按照最新的国标规定创建样板图。

（2）如果创建不带样板的新文件，点击“打开”按钮右侧的按钮，在弹出的下拉菜单中选择“无样板打开—公制（M）”选项，此时，将创建一个没有使用任何样板文件的新图形。

（3）为了创建新图形时显示“创建新图形”对话框（见图 11.10），可以依次执行“startup↙”→“1↙”命令。默认状态下，在“创建新图形”对话框中单击“确定”按钮即可创建不带样板的新文件。此外，还可以在在该对话框中选择“使用样板”或“使用向导”创建新文件。

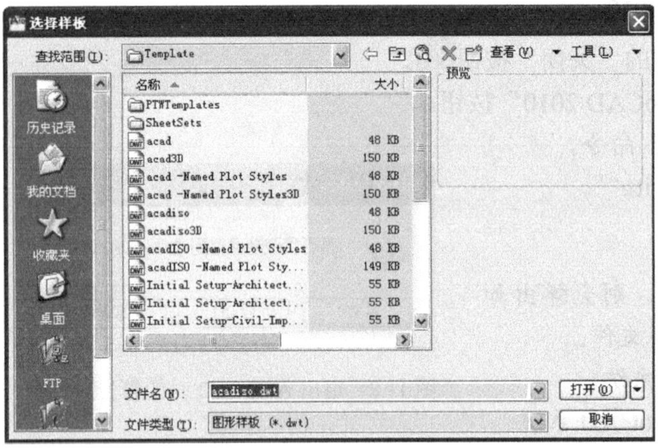


图 11.9 “选择样板”对话框

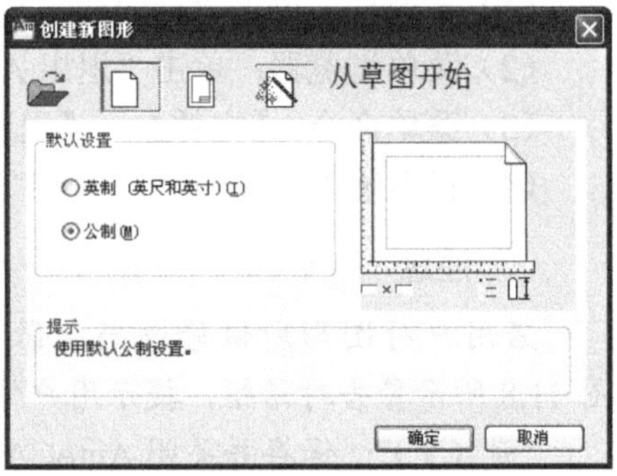


图 11.10 “创建新图形”对话框

2. 保存图形文件

1）功能

将所当前的图形文件存入硬盘，以方便今后再次使用。

2）执行方法

（1）工具栏：单击“快速访问工具栏”或“标准工具栏”上的“保存”按钮。

（2）菜单浏览器：“保存”命令。

（3）菜单命令：【文件】→【保存】。

（4）键盘输入：“save↙”或“qsave↙”。

（5）快捷键：“Ctrl+S”。

若当前文件曾经保存过，则直接使用当前文件名称保存在原路径下；若是首次执行“保存”图形文件命令，则系统将打开“图形另存为”对话框（见图 11.11），用户可输入“文件名”和指定保存路径后单击“保存”按钮。

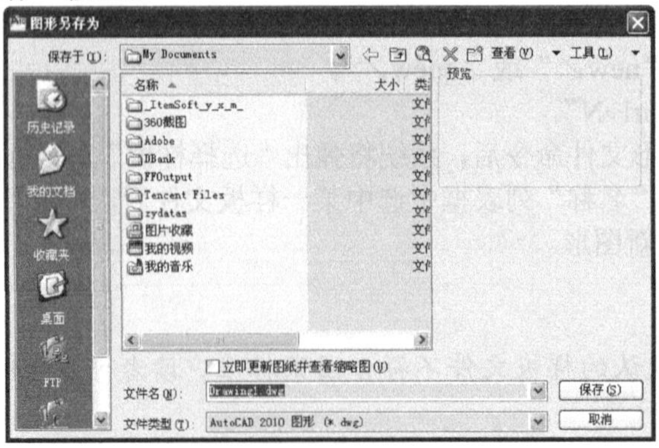


图 11.11 “图形另存为”对话框

若想修改已经保存过的当前图形文件的文件名、保存路径、文件类型，则可执行“另存为”命令，执行方法如下。

（1）菜单浏览器：“另保存”→“AutoCAD 图形”。

（2）菜单命令：【文件】→【另保存】。

（3）键盘输入：“saveas↙”。

**注意**

（1）默认情况下，文件以“AutoCAD 2010 图形（*.dwg）”格式保存。若当前文件需要在较低版本的 AutoCAD 中使用，则可在“文件类型”下拉列表中选择其他格式，如“AutoCAD 2007/LT2007 图形( * .dwg)”格式，使图形文件可以在 AutoCAD 2007 版以上的版本打开使用。

（2）“保存”和“另存为”的区别：初次编辑文件的时，“保存”和“另存为”没有什么区别，都是保存；如果是编辑一个已有的文件，“保存”时会覆盖旧文件，而“另存为”会生成一个新文件，对旧文件没有影响，并且新文件将成为当前编辑的文件。在绘制图形时，建议读者不断地按组合键“Ctrl+S”及时进行保存。

3. 打开图形文件

1）功能：打开已保存的图形文件以进行编辑。

2）执行方法

（1）工具栏：单击“快速访问工具栏”或“标准工具栏”上的“打开”按钮。

（2）菜单浏览器：“打开”→“图形”。

（3）菜单命令：【文件】→【打开】。

（4）键盘输入：“open↙”。

（5）快捷键：“Ctrl+O”。

执行“打开”图形文件命令后，系统将弹出“选择文件”对话框，如图 11.12 所示。选择需要打开的图形文件，单击“打开” 打开(O) 按钮，打开图形文件；也可以单击“打开”按钮右侧的下拉按钮，选择不同的方式打开。

另外，找到图形文件的存盘位置后，以双击的方式也可以打开图形文件。

4. 关闭图形文件

1）功能

关闭当前的图形文件。

2）执行方法

（1）菜单栏：单击菜单栏右侧的关闭按钮。

（2）菜单浏览器：【关闭】→【当前图形】/【所有图形】，或者直接双击菜单浏览器按钮。

（3）菜单命令：【文件】→【关闭】。

（4）键盘输入：“close↙”。

执行“关闭”图形文件命令后，如果当前的图形没有保存，那么系统将弹出图 11.13 所示对话框以提示保存当前的图形文件。各选择项含义如下：

“是（Y）”：表示将当前图形文件保存后关闭。

“否（N)”：表示关闭当前图形文件，但不保存改动。

“取消 ”： 表示取消关闭当前图形文件的操作，既不保存也不关闭当前图形文件。

如果当前的图形文件没有命名，单击“是（Y)”按钮后，将会出现“图形另存为”对话框（见图 2.3)，要求用户确定图形文件存放的位置和名称。

**注意**

以上操作只是关闭当前的图形文件，但还没有退出 AutoCAD 系统，仍可以继续 AutoCAD 的其他操作。

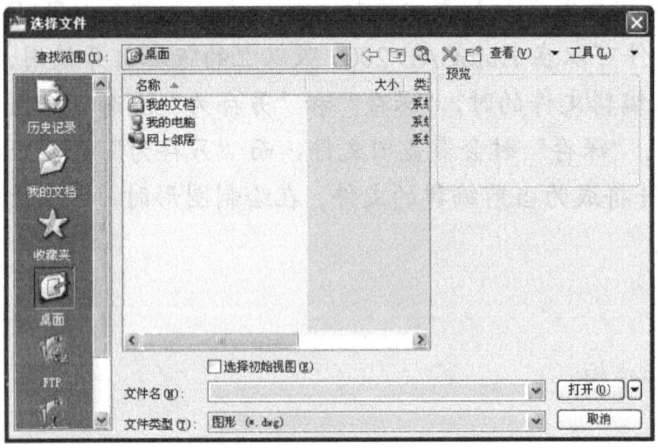


图 11.12 “选择文件”对话框

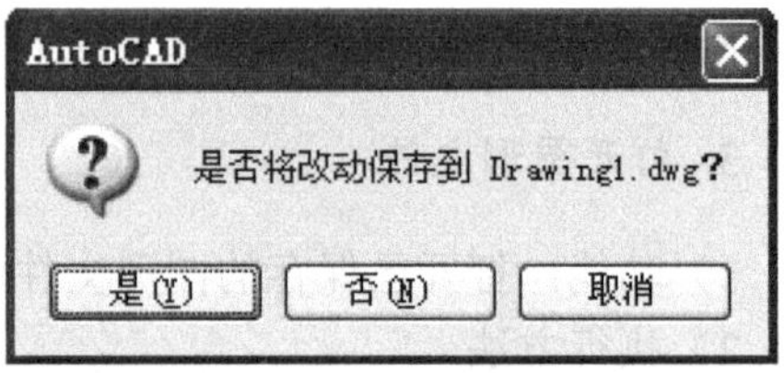


图 11.13 “保存文件”提示对话框

5. 创建、恢复备份文件

因操作失误等意外原因可能导致图形文件出现错误。若设置了备份文件，则可以通过恢复备份文件降低损失。

备份文件设置的步骤：【工具】→【选项】→【打开和保存】→选择“自动保存”和“每次保存时均创建备份副本”复选框→【确定】。这样，每次保存图形文件时，都将保存一个具有相同名称后缀为.bak 的备份文件。

从备份文件恢复的方法：通过重命名的方式将.bak 改为.dwg。

**注意**

若文件的后缀.bak 没有显示，可依次执行双击“我的电脑”→【工具】→【文件夹选项】→【查看】→单击“隐藏已知文件类型的扩展名”，使其处于未选中状态→【确定】。

### 11.2.2 命令的操作

1. 命令的启动

命令的启动方式如下。

（1）菜单栏启动。在“菜单栏”中，单击某个菜单项，打开下拉菜单。然后将光标移至需要的菜单命令并单击，执行该命令。如图 11.14 所示，单击下拉菜单【绘图】→【直线】，启动“直线”命令。

（2）工具栏启动。在工具栏中单击某个图标按钮，启动相应命令。例如，单击“绘图”工具栏中的 图标按钮，启动“直线”命令。

图 11.14 启动命令的三种方式

（3）命令行启动。在命令提示符“命令:”后，输入命令名（或命令别名：也就是通常所说的快捷键，常用快捷键如表 11-1 所示）并按回车键确认，执行该命令。然后，以命令提示为向导进行相应操作。例如“直线”命令，可以输入“line”或“l”。

**表 11-1 常用快捷键**

| 快捷键 | 执行命令 | 命令说明 | 快捷键 | 执行命令 | 命令说明 |
|---|---|---|---|---|---|
| A | ARC | 圆弧 | REC | RECTANG | 绘制矩形 |
| AR | ARRAY | 阵列 | RO | ROTATE | 旋转 |
| B | BLOCK | 创建块 | S | STRETCH | 拉伸 |
| BH | BHATCH | 绘制充填图案 | SC | SCALE | 比例缩放 |
| BR | BREAK | 打断 | T | MTEXT | 多行文字输入 |
| C | CIRCLE | 圆 | TR | TRIM | 修剪 |
| CHA | CHAMFER | 倒角 | W | WBLOCK | 写块 |
| CO/CP | COPY | 复制 | X | EXPLODE | 分解 |
| D | DIMSTYLE | 标注样式设置 | XL | XLINE | 构造线 |
| DT | TEXT | 单行文字 | Z | ZOOM | 缩放视口 |
| E | ERASE | 删除对象 | Esc | — | 取消命令执行 |
| ED | DDEDIT | 编辑单行文字 | F1 | — | 帮助 |
| EL | ELLIPSE | 椭圆 | F3 | — | 对象捕捉（开/关） |
| EX | EXTEND | 延伸 | F5 | — | 等轴测平面切换（上/左/右） |
| F | FILLET | 圆角 | F8 | — | 正交模式（开/关） |
| H | HATCH | 图案填充 | F10 | — | 极轴追踪（开/关） |
| HE | HATCHEDIT | 编辑图案填充 | F12 | — | 动态输入（开/关） |

续表

| 快捷键 | 执行命令 | 命令说明 | 快捷键 | 执行命令 | 命令说明 |
|---|---|---|---|---|---|
| I | INSERT | 插入块 | Ctrl+0 | — | 全屏显示（开/关） |
| J | JOIN | 合并 | Ctrl+9 | — | 命令行（开/关） |
| L | LINE | 画直线 | Ctrl+C | — | 复制 |
| M | MOVE | 移动对象 | Ctrl+V | — | 粘贴 |
| MI | MIRROR | 镜像对象 | Ctrl+X | — | 剪切 |
| ML | MLINE | 绘制多线 | Ctrl+N | — | 新建文件 |
| MT | MTEXT | 多行文字 | Ctrl+O | — | 打开文件 |
| O | OFFSET | 偏移复制 | Ctrl+S | — | 保存文件 |
| P | PAN | 实时平移 | Ctrl+Q | — | 离开 AutoCAD |
| PO | POINT | 绘制点 | Ctrl+Y | — | 取消上一次的 Undo 操作 |
| POL | POLYGON | 绘制正多边形 | Ctrl+Z | — | 取消上一次的命令操作 |

**注意**

命令行提示信息中的各符号的含义：

/：各个命令选项的分隔符号。

( )：圆括号中的字母为该选项的代号，输入该字母并按回车键即可选择该选项。

< >：尖括号中的内容为默认选项（值），若用户没有输入新选项（值）直接按回车键，则系统按默认选项（值）执行操作。

（4）右键快捷菜单启动。将光标置于“绘图区”，单击鼠标右键，AutoCAD 弹出快捷菜单，在快捷菜单中选择命令即可执行相应的命令。

2. 命令的终止、重复、放弃和重做

1）重复命令

使用命令的重复方式能快速调用刚执行完的命令，可以提高作图效率。“重复”命令的执行方式有以下几种。

（1）快捷键：按空格键或回车键。

（2）鼠标操作：在“绘图区”中单击鼠标右键，从弹出的快捷菜单中选择“重复××”选项。用户也可以在命令行窗口单击鼠标右键，在弹出的快捷菜单中选择“近期使用的命令”选项，选择最近使用过的 6 个命令之一。

2）终止命令

“终止”命令即中断正在执行的命令，回到等待命令状态。“终止”命令的执行方式有以下几种。

（1）快捷键：按键盘左上角的“Esc”键。

（2）鼠标操作：在“绘图区”中单击鼠标右键，从弹出的快捷菜单中选择“取消”选项。

（3）调用另一命令：命令执行过程中，用户在下拉菜单或工具栏调用另一命令，将自动终止正在执行的命令。

3）放弃命令

“放弃”命令可以实现从最后一个命令开始，逐次取消前面已经执行的命令。“放弃”命令的执行方式有以下几种。

（1）工具栏：单击“快速访问工具栏”上的“放弃”按钮，或单击“标准工具栏”上的“放弃”按钮。

（2）快捷键：“Ctrl+z”。

（3）键盘输入：“undo↙”或“u↙”。在命令行中输入 undo 命令，然后再输入要放弃的命令的数目，可一次撤销前面输入的多个命令。例如要撤销最后的 6 个命令，可进行如下操作。

在命令行键入 undo 命令并回车，系统提示：

输入要放弃的操作数目或 [自动(A)/控制(C)/开始(BE)/结束(E)/标记(M)/后退(B)] <1>: 6↙

（4）菜单命令：【编辑】→【放弃××】。

4）重做命令

“重做”命令可以恢复刚执行的“放弃”命令所放弃的操作。“重做”命令的执行方式如下。

（1）工具栏：单击“快速访问工具栏”上的“放弃”按钮，或单击“标准工具栏”上的“放弃”按钮。

（2）菜单命令：【编辑】→【重做××】。

（3）键盘输入：“redo↙”。

#### 3. 透明命令

透明命令是指 AutoCAD 中在不中止当前命令的前提下，在当前命令运行的过程中暂时调用的另一条命令。透明命令执行完毕后继续执行当前命令。插入透明命令是为了更方便地完成第一个命令。例如，“对象捕捉”的开启与关闭就是透明命令，在绘制某个图形的过程中要捕捉图形对象的特征点的时候就可以开启“对象捕捉”功能，然后再接着执行绘制图形的命令。常见的透明命令有“视图缩放”、“视图平移”、“帮助”等。

### 11.2.3　点坐标的输入方法

#### 1. 命令行中输入点的坐标值

1）坐标系

由于 AutoCAD 提供了一个很大的作图空间，要精确地绘制工程图，必须以某个坐标系作为参照。AutoCAD 采用两种坐标系：世界坐标系（WCS）与用户坐标系（UCS）。

（1）世界坐标系。世界坐标系(World Coordinate System，WCS)，又称为通用坐标系。AutoCAD 默认的世界坐标系 $X$ 轴正向水平向右，$Y$ 轴正向垂直向上，$Z$ 轴与屏幕垂直，正向由屏幕向外。 绘制图形时多数情况下都是在这个坐标系统下进行的。

（2）用户坐标系。用户坐标系(User Coordinate System，UCS)，是一种相对坐标系。用户可根据绘图需要将坐标原点设置在相对于世界坐标系的任意位置，也可以任意方向为 $X$ 轴的正方向。

2）命令行中输入点的坐标值

点的坐标可以用绝对直角坐标、绝对极坐标、相对直角坐标和相对极坐标 4 种表示方法。绘制平面图时，可以暂时不考虑点的 $Z$ 坐标。

绝对坐标是当前点相对于坐标原点来说的，即直接给出点在当前坐标系中的坐标值。

相对坐标是当前点相对于前一点（最近输入的点）的坐标，即给出相对于某一点的增量值。

（1）绝对直角坐标。格式：“X，Y”，*X* 表示点的 *X* 轴坐标值，*Y* 表示点的 *Y* 轴坐标值。如图 11.15 所示，C 点的绝对直角坐标为“30，52”。

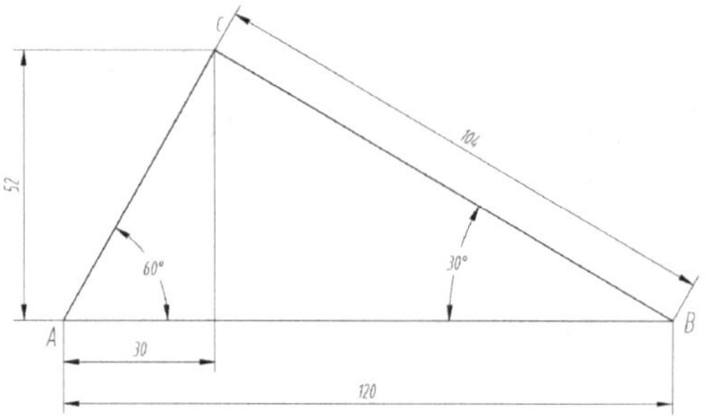


图 11.15　三角形 ABC

（2）绝对极坐标。格式：“$\rho<\theta$”，$\rho$ 表示当前点相对坐标原点的距离，$\theta$ 表示表示当前点和坐标原点连线与 *X* 轴正向的夹角。“<”的输入方法：“Shift 键”+“，”。如图 11.15 所示，C 点的绝对极坐标为“60<60”。

**注意**

这里的“<”并不表示大小关系，只是一个连接符号，以下相同。

（3）相对直角坐标。格式：“@X，Y”，@表示相对坐标，*X*、*Y* 分别指当前点相对于前一点的 *X* 轴、*Y* 轴的坐标增量。符号@的输入方法：“Shift 键”+“2”。如图 11.15 所示，*B* 点相对于 *C* 点的相对直角坐标为“@90，-52”。

（4）相对极坐标。格式：“@$\rho<\theta$”，$\rho$ 表示当前点与下一点（即将要输入的点）连线的长度，$\theta$ 表示表示当前点与下一点的连线与 *X* 轴正向的夹角。如图 11.15 所示，*B* 点相对于 *C* 点的相对极坐标为“@104<-30”。

2. 动态栏中输入点的坐标

单击状态栏上的 DYN 按钮，打开动态输入功能。默认设置下，“指定第一点”时，输入的坐标为绝对直角坐标，第二个点和后续点为相对极坐标，不需要输入@符号。如图 11.16 所示，指定长度与角度值即可确定直线的端点。长度与角度文本框之间可以通过单击 Tab 键切换。

**注意**

对于初学者来说，通常要看命令行的提示以明确系一步的操作，因此，建议初学者绘图时最好关掉 DYN。否则，既要看命令行的提示又要看动态输入的文本框。

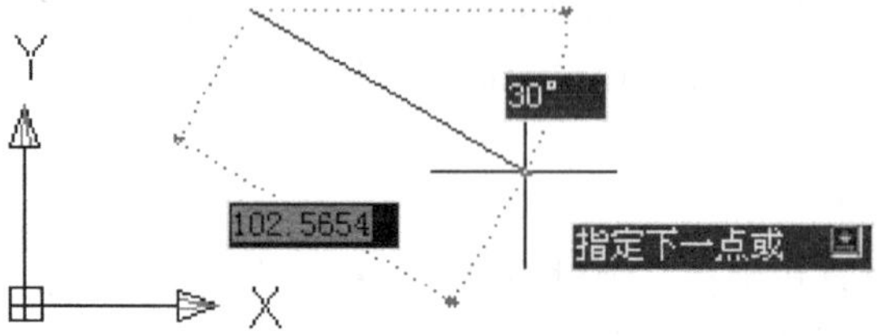


图 11.16　动态输入栏

3. 点坐标的其他输入方法

1）鼠标拾取方式

在绘图区移动光标至指定的位置（AutoCAD 会在状态栏动态地显示出光标的当前坐标）后，直接单击拾取点。这种定点方法非常方便快捷，但不能用来精确定点。

2）“对象捕捉”方式

利用 AutoCAD 提供的“对象捕捉”功能，可使用户准确地捕捉到一些特殊点，如端点、中点、圆点、节点、象限点、交点、延伸、插入点、垂足、切点、最近点等。

（1）打开/关闭方法。

方法一：单击状态栏中的“对象捕捉”按钮。

方法二：按快捷键 F3。

（2）设置“对象捕捉”。

在状态栏的“对象捕捉”按钮处点击右键，选择“设置”，打开“草图设置”对话框，如图 11.17 所示。

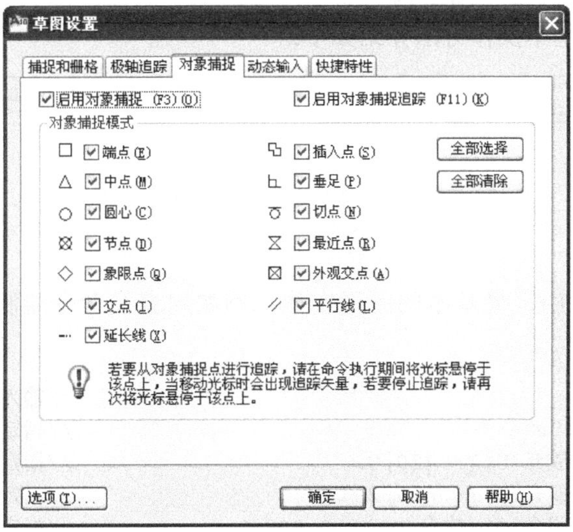


图 11.17 “草图设置”对话框：对象捕捉

3）“对象捕捉”和“对象追踪”结合

（1）“对象追踪”。“对象追踪”可以沿着某些“对象捕捉”点的辅助线方向定位某些特殊点，也可以指定与其他图形的相对位置关系等。

（2）“对象追踪”的打开/关闭方法。

方法一：点击状态栏中的“对象追踪”按钮。

方法二：按快捷键 F11。

（3）“对象捕捉”和“对象追踪”的联合使用。用光标以对象捕捉点为对象拖拉出放射性的虚线确定横平竖直线的交点，图 11.18 为找矩形的中心点的方法。

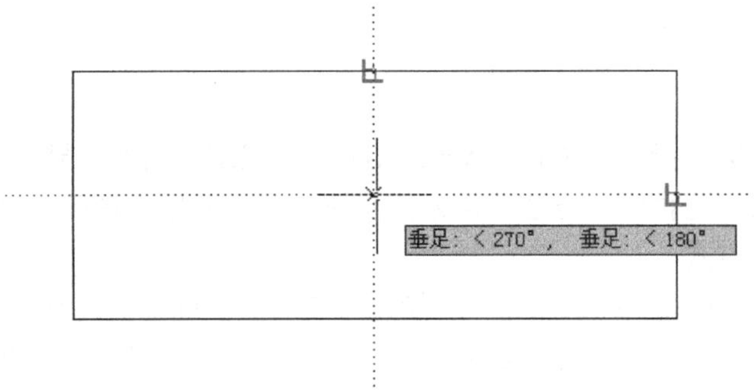


图 11.18　找矩形的中心

## 11.3　常用绘图命令

中文版 AutoCAD 2010 的主要绘图命令有绘制直线、构造线、多段线、正多边形、矩形、圆弧、圆、样条曲线、椭圆、椭圆弧、点等。这些基本的图形绘制工具在绘图工具栏上，如图 11.19 所示，现将基本操作方法介绍如下：

图 11.19　绘图工具栏

### 1. 直线 

直线是绘图中最常用、最基本的图形实体，例如用直线命令绘制 A3 图纸的边框，操作如下。

```
命令: Line↙                                         //输入直线命令
指定第一点: 0,0↙                                     //指定起始点
指定下一点或 [放弃(U)]: 420,0↙                        //指定右下角点
指定下一点或 [放弃(U)]: 420,297↙                      //指定右上角点
指定下一点或 [闭合(C)/放弃(U)]: 0,297↙                //指定左上角点
指定下一点或 [闭合(C)/放弃(U)]: c↙                    //闭合
```

### 2. 构造线 

```
命令: Xline↙
指定点或 [水平(H)/垂直(V)/角度(A)/二等分(B)/偏移(O)]:
```

### 3. 多段线 

```
命令: Pline↙
指定起点:
当前线宽为 0.0000
指定下一个点或 [圆弧(A)/半宽(H)/长度(L)/放弃(U)/宽度(W)]:
```

4. 多边形

```
命令：Polygon↙
输入边的数目 <4>:
指定正多边形的中心点或 [边(E)]:
输入选项 [内接于圆(I)/外切于圆(C)] <I>:
指定圆的半径:
```

在输入选项时，根据提示输入多边形的边数（3 到 1024 之间的数值）以及按中心点方式（默认）或是多边形上一条边的两个端点的方式（E）来绘制多边形。当知道正边形中心到顶点的距离时选择内接于圆；当知道正多边形中心到对边中点的距离时，选择外切于圆。

5. 矩形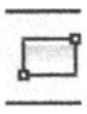

```
命令：Rectang↙
指定第一个角点或 [倒角(C)/标高(E)/圆角(F)/厚度(T)/宽度(W)]:
```

在输入选项时，可根据提示输入两对角点后即可得到一个矩形；另外还可以绘制带圆角（输入 F 项及圆角半径）或者倒直角（输入 C 项及直角边长度）的矩形。

6. 圆弧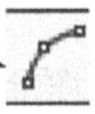

```
命令：Arc↙
```

圆弧的绘制可分为以下几种方式：
【三点】；
【起点、圆心、端点】；
【起点、圆心、角度】；
【起点、圆心、长度】；
【起点、端点、角度】；
【起点、端点、方向】；
【起点、端点、半径】；
【圆心、起点、端点】；
【圆心、起点、角度】；
【圆心、起点、长度】。
单击相应的菜单项或工具条按钮或输入“Arc”命令后按 Enter 键，根据提示即可完成圆弧的绘制。

7. 圆

```
命令：Circle↙
```

圆的绘制可分为以下几种方式：
【圆心、半径】；
【圆心、直径】；
【两点】；

【三点】;

【切点、切点、半径】;

【切点、切点、切点】。

单击相应的菜单项或工具条按钮或输入“Circle”命令后按 Enter 键，根据提示进行绘图。

8. 样条曲线

```
命令：Spline↙
指定第一个点或 [对象(O)]:
指定下一点:
指定下一点或 [闭合(C)/拟合公差(F)] <起点切向>:
指定起点切向:
指定端点切向:
```

9. 椭圆

```
命令：Ellipse↙
指定椭圆的轴端点或[圆弧(A)/中心点(C)]:      //（若绘制椭圆弧选择 A）
指定轴的另一个端点:
指定另一条半轴长度或[旋转(R)]:
```

单击相应的菜单工具条按钮或输入“Ellipse”命令后回车，根据提示绘制椭圆或椭圆弧。绘制椭圆有如下几种方式：

（1）根据椭圆某轴上的两个端点的位置以及另一轴的半轴长绘制椭圆；

（2）根据椭圆一根轴上的两个端点的位置以及一定转角绘制椭圆；

（3）根据椭圆的中心坐标，一根轴的一个端点的位置及另一轴的半轴长绘制椭圆；

（4）根据椭圆的中心坐标，一根轴上的一个端点位置及一定转角绘制椭圆。

10. 点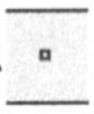

```
命令：Point↙
```

利用菜单可以按以下几种方式绘制点：

（1）绘制单点；

（2）绘制多点；

（3）绘制定数等分点；

（4）绘制定距等分点。

可以利用“格式”菜单中的“点样式”设置点的显示样式及大小。单击相应的菜单项或工具条或输入“Point”命令后回车，根据提示绘制点。

11. 图案填充

```
命令：Bhatch↙
```

单击相应的菜单项或工具条按钮或输入“Bhatch”命令后回车，出现如图 11.20 所示的对话框，现将该对话框及其选项卡主要内容介绍如下：

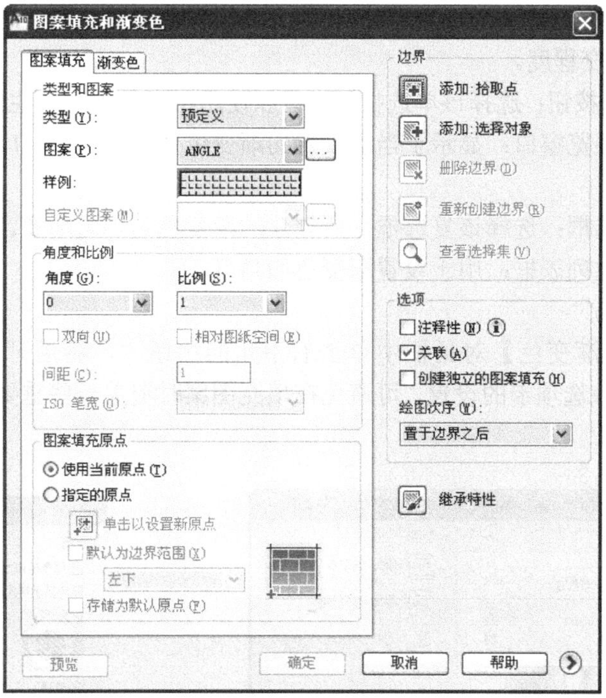


图 11.20 “图案填充和渐变色”选项卡

1）图案填充和渐变色选项卡

如图 11.20 所示，用图案填充选项卡可以快速进行图案填充。

(1)“拾取点”按钮：用拾取内部点的方式确定填充边界。

(2)“选择对象”按钮：以选择边界的方式确定填充边界。

(3)“删除边界”按钮：单击该按钮可以取消系统自动选取或用户选取的边界，从而形成新的填充区域。

(4)“继承特性”按钮：该项可以将已有的图案填充参数作为当前填充参数。

(5)“预览”按钮：预览填充效果。

(6)“关联”按钮：该单选按钮打开，图案填充与填充边界保持着关联关系，在填充边界发生变化时，填充图案也随之变化；若不选中该项，则创建的填充图案与填充边界不关联。

(7)“图案”：打开该区域后面的倒三角号，可以按名称选择预定义的图案；单击后面“...”按钮，将显示填充图案选项板对话框，通过选择 ANSI、ISO、其他预定义、自定义按钮来选择剖面图案。

(8)“样例”按钮：以图像框显示当前选择的填充图案。

(9)“角度”下拉列表框：显示或修改图案旋转角度。

(10)“比例”下拉列表框：显示或修改图案填充比例。

2)“渐变色”选项卡

“渐变色”选项卡如图 11.21 所示，利用该选项卡，可以用一种或两种颜色形成的渐变色来填充图形。

(1)“单色”单选按钮：选择该单选按钮，可以由一种颜色产生的渐变色来填充图形。用户可以通过单击其后的颜色框“…”，在打开的“选择颜色”对话框中选择所需要的渐变色，以及调整渐变色的渐变程度。

（2）“双色”单选按钮：选择该单选按钮，可以使用由两种颜色产生的渐变色来填充图形。

（3）“渐变色”预览窗口：显示了当前设置的渐变色效果，从图 11.21 中可以看出共有 9 种效果。

（4）“居中”复选框：选择该复选框，所创建的渐变色为均匀渐变。

（5）“角度”下拉列表框：用于设置渐变色的角度。

3）设置填充孤岛

在【图案填充和渐变色】对话框中单击右下角的按钮，将展开【孤岛】选项组，如图 11.22 所示。利用该选项卡的设置，可避免在填充图案时覆盖一些重要的文本注释或标记等属性。

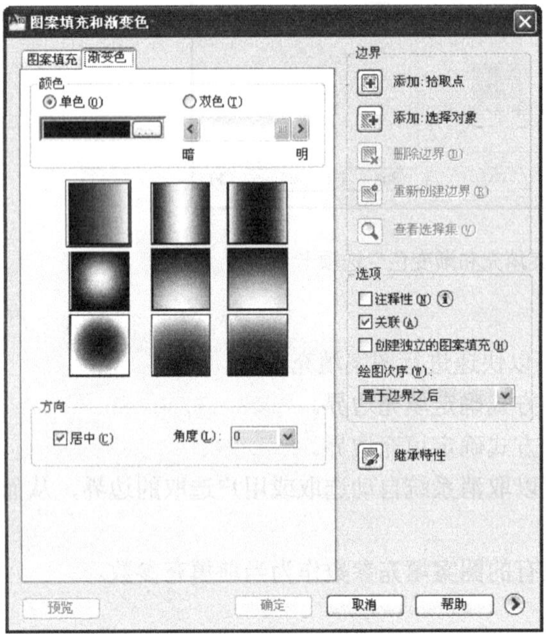


图 11.21 “渐变色”选项卡

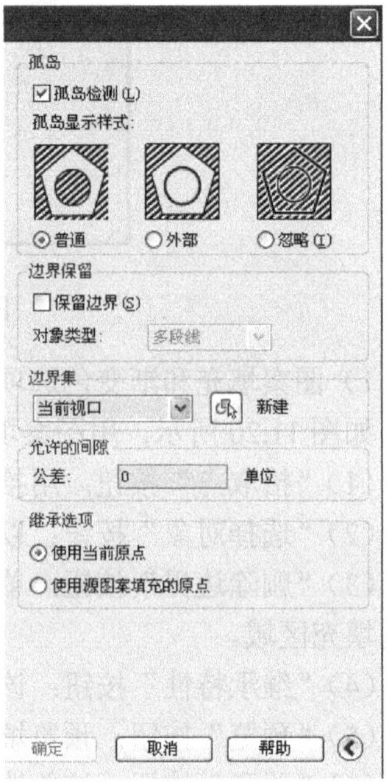


图 11.22 “孤岛”选项组

（1）“孤岛检测”选项区域。

“普通”按钮：从最外边界向里画填充线，遇到与之相交的内部边界时断开填充线，再遇到下一个内部边界时再继续绘制填充线。

“外部”按钮：从最外边界向里画填充线，遇到与之相交的内部边界时断开填充线，不再继续往里绘制填充线。

“忽略”按钮：忽略边界内的对象，所有内部结构都被填充线覆盖。

（2）“对象类型”选项区域。

“保留边界”：该复选框选中时，将填充边界以对象的形式保留。

“边界类型”：保留边界复选框选中时，该下拉列表框才可选，其共有两个选项：多段线、面域。

（3）“边界集”选项区域。

用于定义填充边界的对象集，即 AutoCAD 将根据哪些对象来确定填充边界。

在进行图案填充时要注意的是，作为边界的对象在当前屏幕上必须全部可见，且边界封闭。否则，会产生错误。

## 11.4　常用编辑命令

AutoCAD 2010 的主要修改命令有删除、复制、镜像、偏移、阵列、移动、旋转、比例缩放、拉伸、修剪、延伸、倒角、圆角等。这些图形修改工具在修改工具栏上，如图 11.23 所示，现将主要操作方法介绍如下。

图 11.23　修改工具栏

### 1. 删除 

```
命令：Erase↙
选择对象：                                //选择要删除的对象
选择对象：↙                              //也可以继续选择要删除的对象
```

按提示选择要删除的对象后，按回车键，即可将这些对象删除。

### 2. 复制 

```
命令：Copy↙
选择对象：找到 1 个
选择对象：
指定基点或位移：
```

### 3. 镜像 

```
命令：Mirror↙
选择对象：找到 1 个
选择对象：
指定镜像线的第一点：指定镜像线的第二点：
是否删除源对象？[是(Y)/否(N)] <N>: n      //如果要删除源对象则选择“Y”选项
```

### 4. 偏移 

偏移对象是在距现有的对象指定的距离处创建新的实体，即创建一个与选定对象类似的实体。可以等距的实体有直线、圆弧、圆、二维多义线、椭圆、椭圆弧、构造线和平面样条曲线等。

```
命令：Offset↙
指定偏移距离或 [通过(T)] <1.0000>: 20          //指定偏移距离
选择要偏移的对象或 <退出>:
指定点以确定偏移所在一侧：                       //选择偏移所在侧的任意点
```

5. 阵列

可以在环形或矩形阵列（图案）中复制对象或选择集。对环形阵列，可以控制副本对象的数目和决定是否旋转对象；对于矩形阵列，可以控制行和列的数目及它们之间的距离以及行与水平方向的夹角。

命令：Array↙

（1）“选择对象”按钮：选择将要被阵列的对象。

（2）“矩形阵列”和“环形阵列”按钮：执行矩形阵列或环形阵列。

（3）“矩形阵列”：如图 11.24 所示。

“行（列）”文本框用于设定矩形阵列时的行（列）数目；

“行（列）偏移”文本框用于设定矩形阵列时的行（列）距离；

“阵列角度”选项用于设定矩形阵列时行与水平方向的角度。

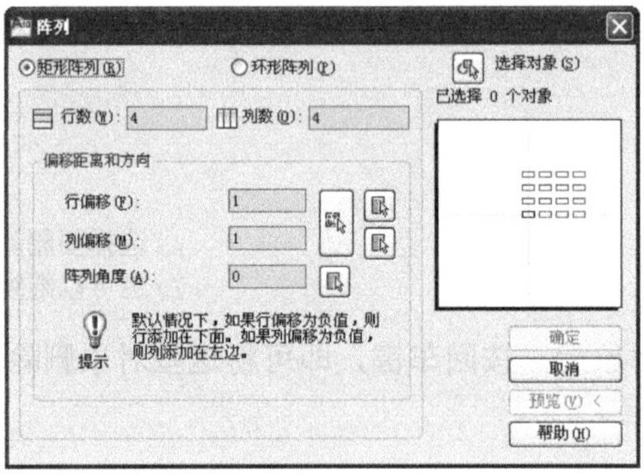


图 11.24　矩形阵列

（4）“环形阵列”：如图 11.25 所示。

“中心点”选项用于设定环形阵列的中心点的 *X* 和 *Y* 坐标；

“方法和值”选项组中的方法下拉列表框有三个选项可供选择：“项目总数”选项用于指定环形阵列后的数目（包含源对象）；“填充角度”是指作环形阵列的总角度（逆时针为正，顺时针为负）；“项目间角度”是指作阵列时两相邻图形间的角度；“复制时旋转项目”复选框选中时，阵列的对象阵列后保持与阵列中心相对位置关系不变。

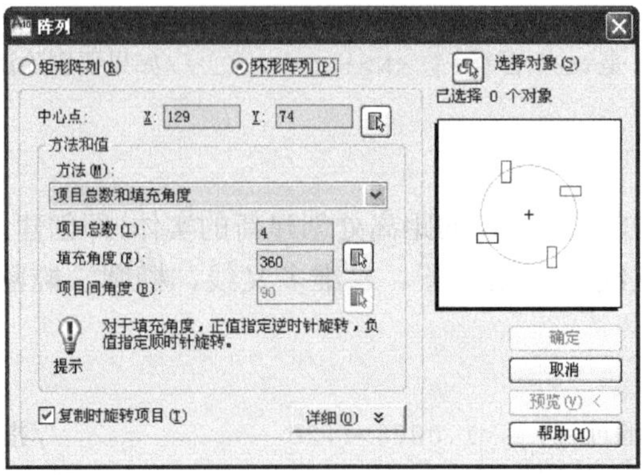


图 11.25　环形阵列

6. 移动

```
命令：Move↙
选择对象：找到 1 个                                    //选择要移动的对象
选择对象：↙                                            //可以继续选择要移动的对象
指定基点或位移：
如果在该提示下确定一点，AutoCAD 提示指定位移的第二点或 <用第一点作位移>：
```

在此提示下再确定一点，AutoCAD 将对象从当前位置按给定两点确定的位移矢量移动；如果直接按回车键，AutoCAD 将第一点的各坐标分量作为移动位移量移动对象。

如果在“指定基点或位移:”提示下直接给出位移量，那么在“指定位移的第二点或<用第一点作位移>:”提示下直接按 Enter 键，AutoCAD 会按给定的位移量移动对象。

7. 旋转对象

```
命令：Rotate↙
UCS 当前的正角方向：  ANGDIR=逆时针   ANGBASE=0
选择对象：找到 1 个                                    //选择要旋转的对象
选择对象：↙                                            //也可以继续选择要旋转的对象
指定基点：                                              //确定旋转基点
指定旋转角度或 [参照(R)]： 90                          //输入旋转角度
```

8. 比例缩放

```
命令：scale↙
选择对象：指定对角点：找到 1 个
选择对象：↙
指定基点：↙
指定比例因子或 [复制(C)/参照(R)] <1.0000>：  2↙       //给定缩放比例
```

9. 拉伸

```
命令：stretch↙
以交叉窗口或交叉多边形选择要拉伸的对象...
选择对象：指定对角点：找到 1 个
选择对象：
指定基点或位移：
指定位移的第二个点或 <用第一个点作位移>：
```

**注意：**在选择对象时，必须以交叉窗口方式或交叉多边形方式选择要拉伸的对象，否则该命令无效。

10. 修剪

```
命令：Trim↙
当前设置:投影=UCS，边=无
选择剪切边...
选择对象：找到 1 个                          //选择被剪切对象的边界线
选择对象：↙                                  //回车结束选择，也可以继续选择剪刀线
选择要修剪的对象，或按住 Shift 键选择要延伸的对象，或 [投影(P)/边(E)/放弃(U)]：
//选择要修剪的边
```

```
选择要修剪的对象，或按住 Shift 键选择要延伸的对象，或 [投影(P)/边(E)/放弃(U)]：↙
//回车结束命令
```

若 AutoCAD 提示选择剪切边时，直接按“空格”键，然后即可选择待修剪的对象。AutoCAD 修剪对象将使用最靠近的对象作为剪切边界。

11. 延伸对象

```
命令：extend↙
当前设置：投影=UCS，边=无
选择边界的边...
选择对象：找到 1 个                         //选择边界
选择对象：↙                                 //也可以继续选择边界
选择要延伸的对象，或按住 Shift 键选择要修剪的对象，或 [投影(P)/边(E)/放弃(U)]：
选择要延伸的对象，或按住 Shift 键选择要修剪的对象，或 [投影(P)/边(E)/放弃(U)]：↙
```

12. 倒角

```
命令：Chamfer↙
（“修剪”模式）当前倒角距离 1 = 0.0000，距离 2 = 0.0000
选择第一条直线或 [放弃(U)/多段线(P)/距离(D)/角度(A)/修剪(T)/方式(E)/多个(M)]：d↙
指定第一个倒角距离 <0.0000>：5↙
指定第二个倒角距离 <5.0000>：3↙
选择第一条直线或 [放弃(U)/多段线(P)/距离(D)/角度(A)/修剪(T)/方式(E)/多个(M)]：t↙
输入修剪模式选项 [修剪(T)/不修剪(N)] <修剪>：↙
选择第一条直线或 [放弃(U)/多段线(P)/距离(D)/角度(A)/修剪(T)/方式(E)/多个(M)]：m↙
```

13. 圆角

```
命令：Fillet↙
当前设置：模式 = 不修剪，半径 = 0.0000
选择第一个对象或 [多段线(P)/半径(R)/修剪(T)/多个(U)]：
```

倒角和圆角中各选项的含义如下。

（1）多段线：对多段线对象进行倒角或圆角过渡，可以一次将多段线的各拐角处都进行过渡。

（2）距离、角度和半径：设置倒角过渡的距离和圆角过渡时的半径。

（3）修剪：是指在进行倒角或圆角过渡时是否进行修剪操作。

（4）多个：是指一次进行多处具有相同形状的过渡。

14. 拉长对象

```
命令：lengthen↙
选择对象或 [增量(DE)/百分数(P)/全部(T)/动态(DY)]：
```

各选项的含义如下。

（1）增量：指定延长量。

（2）百分数：指定延长量为原长的百分数。

（3）全部：指定要延长对象的总长。

（4）动态：不指定延长量，根据所选择的点来确定延长后的位置。

# 11.5 文本和尺寸标注

## 11.5.1 文本标注

1. 设置文字样式

文字对象是 AutoCAD 是机械制图中不可缺少的组成部分。一个完整的图样，通常都会用文字注释来标注一些非图形信息，例如，机械工程图样中的技术要求、装配说明、尺寸标注及标题栏的文字填写等。

文字样式是对文字特性的一种描述，包括字体、高度、宽度比例、倾斜角度以及排列方式等。为使所写文字的字体、大小等符合要求，在写文字前要设置、选择文字样式，然后再输入文字。工程图样中所标注的文字往往需要采用不同的文字样式，因此，在注写文字之前首先应设置所需要文字样式。

设置文字样式的方法如下。

（1）下拉菜单：【格式】→【文字样式（S）】。

（2）工具栏：单击“样式”工具栏上的“文字样式”图标。

（3）键盘输入：“ style↙ ”或“st↙ ”。

执行以上命令后，打开“文字样式”对话框，如图 11.26 所示。如要生成新的文字样式，可在该对话框中单击“新建”按钮，打开“新建文字样式”对话框，在“样式名”编辑框中输入“5 号”，点击“确定”按钮，则新建了“5 号”的文字样式；在“字体名”下拉列表中选“gbenor.shx”，选择“使用大字体”复选框并从“大字体” 下拉列表中选择“gbcbig.shx”，“高度”设置为 5，“宽度因子” 设置为 0.67，如图 11.26 所示；然后依次单击“应用”、“关闭”按钮。

以上是创建字高为 5 号的文字样式的步骤，按上述方法步骤操作可再创建出机械图样中常用的 7 号字、3.5 号字（为了省事，可直接将“Standard”样式的字高设置为 3.5）和用于标注的“标注文字”（字高设置为 0）。

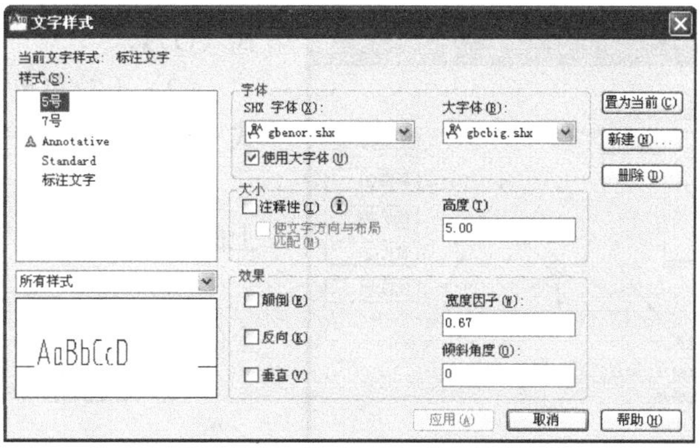


图 11.26 “文字样式”对话框

**注意：**

（1）gbenor.shx 用于标注正体字母和数字，gbeitc.shx 用于标注斜体字母和数字。

（2）“垂直”复选框只有在SHX字体下才能展示出效果。

2. 标注文字

图形中的文字表达了重要的信息。可以在标题栏中使用文字，还可以用文字标记图形的各个部分，提供说明或进行注解。

AutoCAD 2010提供了多种创建文字的方法。对简短的输入项使用单行文字，对带有内部格式的较长的输入项使用多行文字。虽然所有输入的文字都使用当前文字样式建立缺省字体和格式设置，但也可自定义外观。

1）标注单行文字

命令：Text↙

输入命令后，根据提示进行当前文字样式、高度、文字起点的选择，并输入文字。

2）标注多行文字

命令：Mtext↙

输入命令后，根据提示输入两个角点以确定文本放置区域后，出现多行文字编辑器的对话框，在其中输入文字并确定即可标注多行文本。

## 11.5.2 尺寸标注

1. 设置标注样式

在工程设计中，图形用以表达机件的结构形状，而机件的真实大小由尺寸确定。尺寸是工程图样中不可缺少的重要内容，必须满足正确、完整、清晰的基本要求。尺寸是一个复合体，由尺寸线、尺寸界线、尺寸数字、箭头等组成，在AutoCAD中，它以块的形式存储在图形中。

尺寸样式用于控制尺寸标注的格式和外观，在标注尺寸前，一般都要预先创建符合国家标准的标注样式。

1）修改基础样式“ISO-25”

设置标注样式的方法如下。

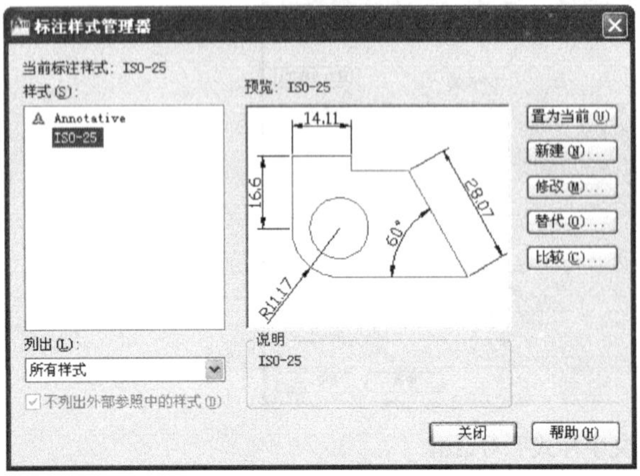


图11.27　“线”选项卡的设置

（1）下拉菜单：【格式】→【标注样式（D)】。

（2）下拉菜单：【标注】→【标注样式（S)】。

（3）工具栏：单击“样式”工具栏上的“标注样式”图标。

（4）工具栏：单击“标注”工具栏上的“标注样式”图标。

（5）键盘输入：“dimstyle↙”或“ddim↙”。

执行以上命令后，打开“标注样式管理器”对话框，如图11.27所示。在AutoCAD中是基于“基础样式”来创建新的标注样式的，新创建的标注样式参数默认与“基础样式”完全一致，默认基础样式为

"ISO-25"。在图 11.27 中选中"ISO-25"，然后单击"修改"按钮，分别对"线"、"符号和箭头"、"文字"和"主单位"等选项卡进行修改，步骤如下：

（1）单击"线"按钮，对"线"中的选项进行修改；基线间距"8"，超出尺寸线"2"，起点偏移量"0"，如图 11.28 所示。

（2）单击"符号和箭头"按钮，对"符号和箭头"中的选项进行修改：箭头大小"3"，圆心标记："直线"、长度为"5"，如图 11.29 所示。

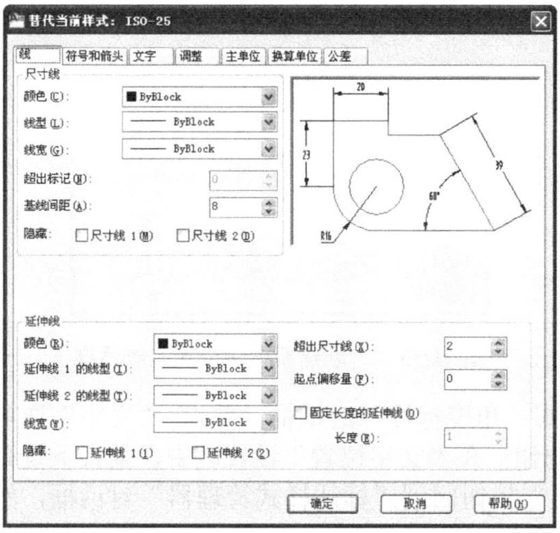


图 11.28　"文字样式"对话框

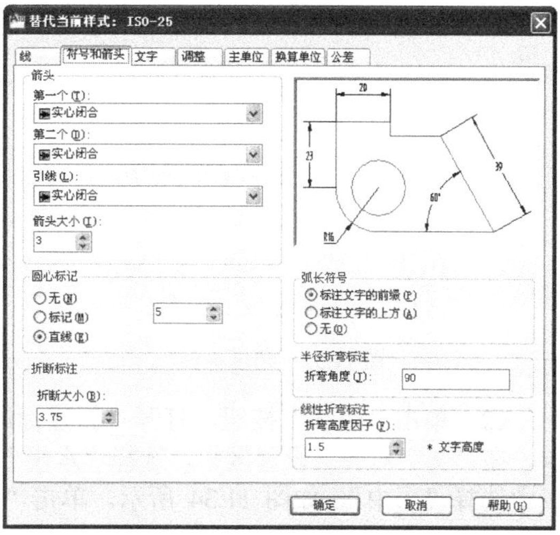


图 11.29　"线"选项卡的设置

（3）单击"文字"按钮，对"文字"中的选项进行修改：文字样式"标注文字"，文字高度"3.5"，从尺寸线偏移"1"，如图 11.30 所示。

（4）单击"主单位"按钮，对"主单位"中的选项进行修改：精度"0"，小数分隔符"句点"，最后单击"确定"按钮，如图 1.31 所示，完成"ISO-25"样式的设置。

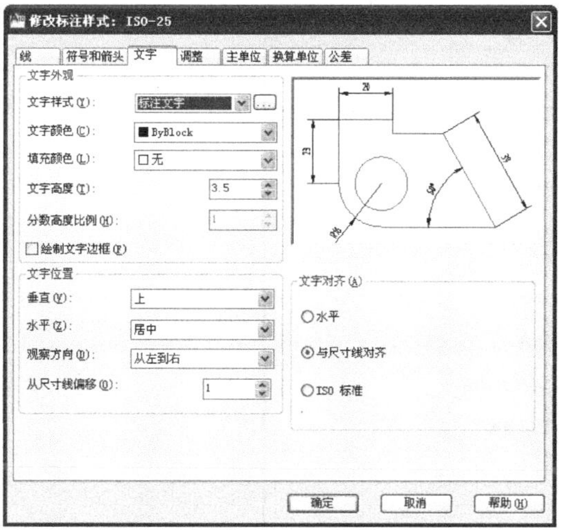


图 11.30　"线"选项卡的设置

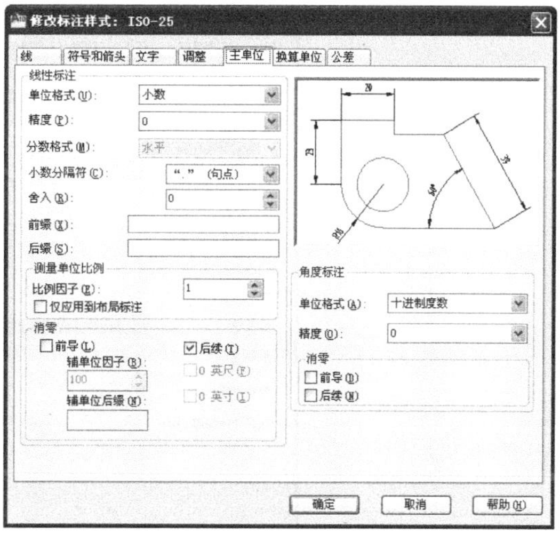


图 11.31　"线"选项卡的设置

2）设置“角度标注”样式

在机械制图中，国家标准中要求角度的数字一律水平写，注在尺寸线中断处，必要时可以写在尺寸线上方或外边，也可以引出，如图 11.32 所示。

为了使标注效果达到国家标准规定的要求，用户在使用 AutoCAD 进行“角度标注”标注前需创建角度标注样式，步骤如下：

（1）在“标注样式管理器”（见图 11.27）中单击“新建”按钮，打开“创建新标注样式”对话框，在“新样式名”中输入“角度标注”，如图 11.33 所示。

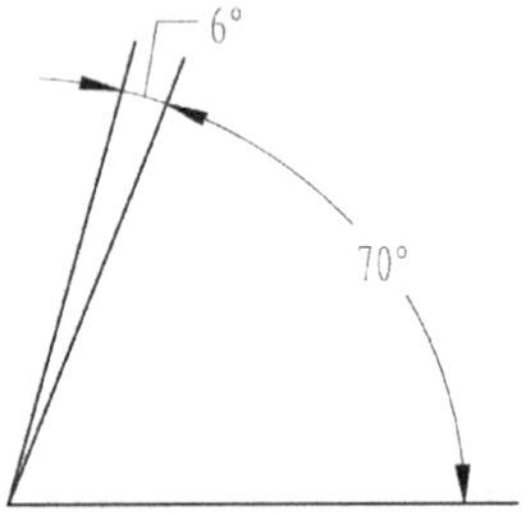


图 11.32　角度标注

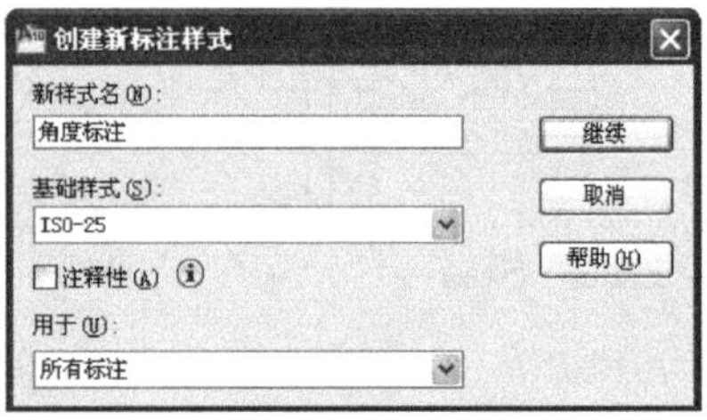


图 11.33　“创建新标注样式”对话框

（2）单击“继续”按钮，打开“新建标注样式：角度标注”对话框。单击 “文字”选项卡，在“文字对齐”设置区中，选择“水平”单选钮；在“文字位置”设置区中，垂直下拉列表中选择“居中”，如图 11.34 所示。单击“确定”按钮回到“标注样式管理器”对话框，然后单击“关闭”。

按照以上步骤，将标注样式的公共参数进行了设置。在具体标注尺寸时，有些特殊样式的尺寸需要另外一些设置，例如“调整”、“公差”等选项卡的设置。

2. 常用标注类型

AutoCAD 2010 安装之后，自动提供的 “标注”工具栏如图 11.35 所示。

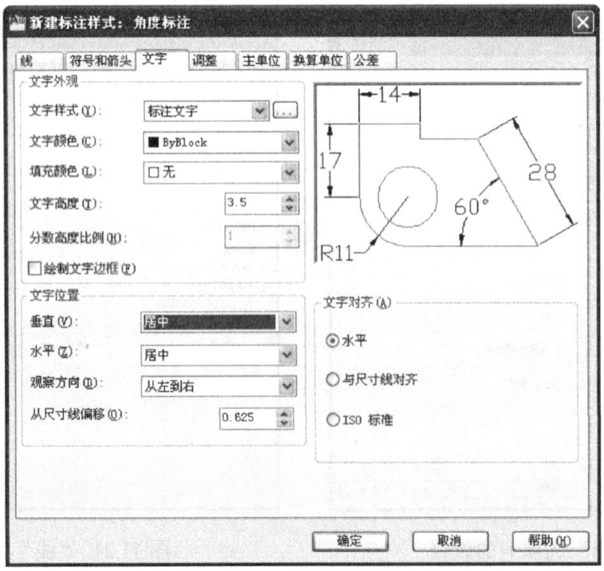


图 11.34　“创建新标注样式”对话框

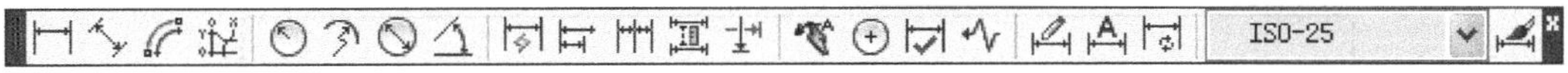


图 11.35　标注工具栏

（1）“线性标注”：标注两点间的直线距离。包括的选项可以创建水平、垂直或旋转线性标注。

（2）“对齐标注”：创建尺寸线平行于尺寸界线原点的线性标注。

（3）“弧长标注”：创建弧线段或多段线圆弧段的弧长标注。

（4）“坐标标注”：显示从给定的原点测量出来的点的 *X* 轴或 *Y* 轴坐标。

（5）“半径标注”：标注圆或圆弧的半径。

（6）“折弯标注”：为圆和圆弧创建折弯标注。

（7）“直径标注”：标注圆或圆弧的直径。

（8）“角度标注”：标注角度。

（9）“闪电标注”：从选定对象快速创建一系列标注。

（10）“基线标注”：创建一系列线性、角度或坐标标注，都从相同原点出发的尺寸。

（11）“连续标注”：创建一系列连续的线性、对齐、角度或坐标标注。每个标注都从前一个或最后一个选定标注的第二个尺寸界线处创建，共享公共的尺寸界线。

（12）“引线标注”：创建注释和引线，标识文字和相关的对象。

（13）“圆心标注”：标注圆和圆弧的圆心。

## 11.6　工程图绘制实例

### 11.6.1　绘制零件图

与传统的手工绘图相比，计算机绘图有其独特的优越性。图形及环境的调用、整体和局部比例的可变性、块及其插入、尺寸标注功能及图形编辑功能等等，所有这些，都为绘制零件图和装配图创造了极为便利的条件。用 AutoCAD 2010 绘制零件图时，首先应建立一个标准图幅的绘制环境，以保证画出的图形符合国家标准的有关规定和便于作图。绘图时常采用 1∶1 的比例，这样可以避免尺寸换算，提高绘图速度。需要时，AutoCAD 2010 可以快捷地改变图形比例。

例如，绘制如图 11.36 所示的零件图，其步骤如下：

（1）调用标准图幅绘图环境。用打开命令调用标准图幅绘图环境。标准图幅绘图环境是用户根据自己的需要，将绘图所需要的绘图界限、绘图单位等内容提前设置好，保存成一个文件，用时直接调用即可。

（2）设置图层。考虑到要由零件图拼画装配图，所以应将零件图的内容画在不同的图层上，并以颜色来区分。例如，将粗实线画在“0”层上，线型用缺省线型“Continuous”，颜色为“白”，另外还可以为虚线、中心线、标注线等建立不同的图层和颜色。将虚线、中心线、尺寸等绘制在各自的图层上，为以后图形的编辑和输出打下基础。

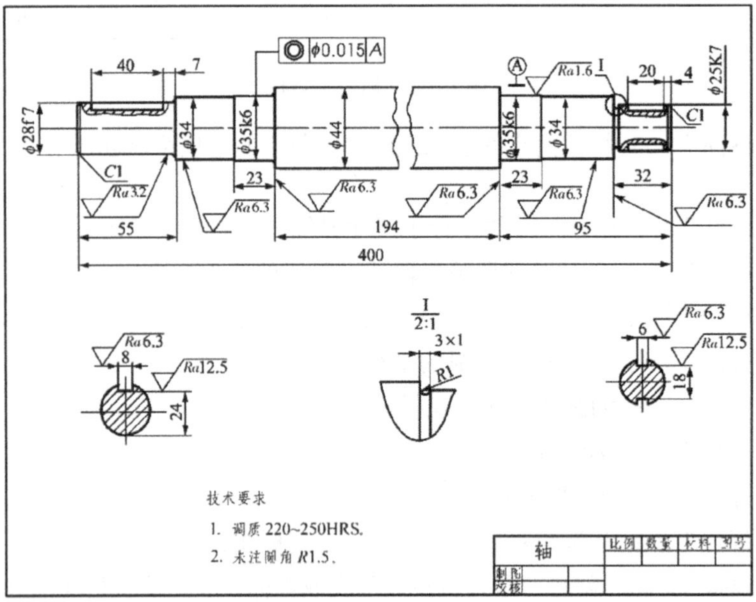


图 11.36　轴的零件图

（3）画视图。先画基准线、定位线，然后画轮廓线。当图形位置不合适时，可用 Move 命令移动，当图形尺寸不便于画图时可鼠标滚动中键将图形局部放大。

（4）标注尺寸。用 Layer 命令将标注线层置为当前层，然后在该层上标注尺寸。

（5）标注表面粗糙度和形位公差。用 Wblock 命令制作带属性的块，如图 11.37 所示，这样在标注时，可用 Insert 命令标注各表面粗糙度。

图 11.37　粗糙度块

形位公差可利用 qleader 命令进行标注。

（6）填写标题栏。通常采用多行文字命令填写标题栏，以便于调整对正方式。

（7）将画好的零件图存盘。

### 11.6.2　绘制装配图

绘制装配图通常采用两种方法。一种是直接利用绘图及图形编辑命令，按手工绘图的步骤，结合对象捕捉、极轴追踪等辅助绘图工具绘制装配图。这种方法不但作图过程繁杂，而且容易出错，只能绘制一些比较简单的装配图。第二种绘制装配图的方法是“拼装法”。即先绘出各零件的零件图，然后将各零件以图块的形式“拼装”在一起，构成装配图。下面以千斤顶的装配图为例，如图 11.38 所示，介绍“拼装法”绘制装配图的方法。

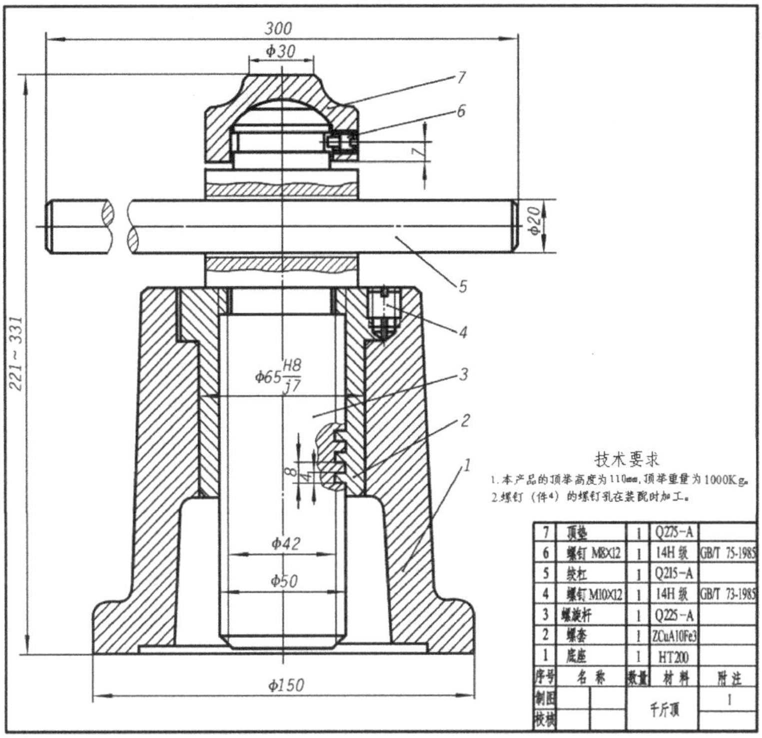


图 11.38　千斤顶装配图

（1）利用“设计中心”插入各个零件图。选择“工具”→“设计中心”选项，或单击工具栏按钮，打开设计中心选项板。在文件列表中找到千斤顶零件图的存储位置，在“内容区”选择要插入的图形文件，如底座.dwg，按住鼠标左键不放，将图形拖入绘图区空白处，释放鼠标左键，则底座零件图便插入到绘图区，如图 11.39 所示。

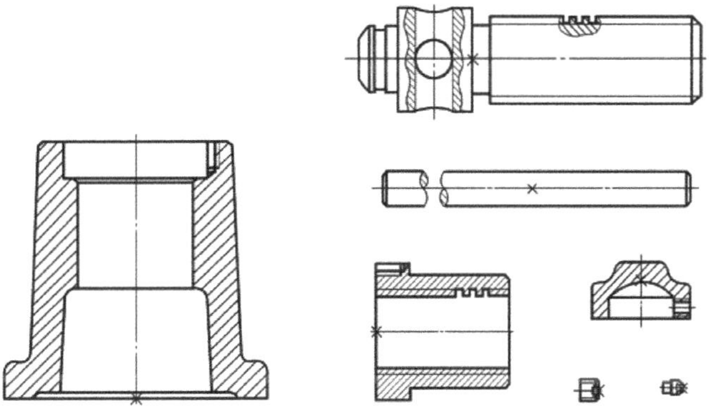

图 11.39　千斤顶各零件图形

（2）利用“拼装法”绘制装配图。选择“修改”→“三维操作”　→“对齐”命令，按照装配连接关系将各个零件拼装在一起。

（3）修改、编辑图形。

（4）标注尺寸。装配图的尺寸标注一般只标注性能、装配、安装、总体和其他一些重要尺寸，如图 11.38 所示。

（5）编写零件序号。装配图中的所有零件都必须编写序号，其中相同的零件采用同样的序号，且只编写一次。装配图中的序号应与明细表中的序号一致，如图 11.38 所示。

（6）绘制、填写明细栏和标题栏。

（7）注写技术要求。

# 附　　录

## 附录 A（摘录）　螺纹

附表 1　普通螺纹的直径与螺距（摘自 GB/T 193—2003　GB/T196—2003）　单位：mm

标记示例：

M10——粗牙普通外（或内）螺纹，公称直径 *d*（或 *D*）=10、右旋、中径及顶径公差带代号均为 6g（或 6H）、中等旋合长度

M10×1LH——细牙普通内（或外）螺纹，公称直径 *D*（或 *d*）=10、螺距 *P*=1、左旋、中径及顶径公差带代号均为 6H（或 6g）、中等旋合长度

| 公称直径 *D*、*d* | | | 螺距 *P* | | 公称直径 *D*、*d* | | | 螺距 *P* | |
|---|---|---|---|---|---|---|---|---|---|
| 第一系列 | 第二系列 | 第三系列 | 粗牙 | 细牙 | 第一系列 | 第二系列 | 第三系列 | 粗牙 | 细牙 |
| 1 | | | 0.25 | 0.2 | | | 15 | | 1，1.5 |
| | 1.1 | | 0.25 | 0.2 | 16 | | | 2 | 1，1.5 |
| 1.2 | | | 0.25 | 0.2 | | | 17 | | 1，1.5 |
| | 1.4 | | 0.3 | 0.2 | | 18 | | 2.5 | 1，1.5，2 |
| 1.6 | | | 0.35 | 0.2 | 20 | | | 2.5 | 1，1.5，2 |
| | 1.8 | | 0.35 | 0.2 | | 22 | | 2.5 | 1，1.5，2 |
| 2 | | | 0.4 | 0.25 | 24 | | | 3 | 1，1.5，2 |
| | 2.2 | | 0.45 | 0.25 | | | 25 | | 1，1.5，2 |
| 2.5 | | | 0.45 | 0.35 | | | 26 | | 1.5 |
| 3 | | | 0.5 | 0.35 | | 27 | | 3 | 1，1.5，2 |
| | 3.5 | | 0.6 | 0.35 | | | 28 | | 1，1.5，2 |
| 4 | | | 0.7 | 0.5 | 30 | | | 3.5 | 1，1.5，2，(3) |
| | 4.5 | | 0.75 | 0.5 | | | 32 | | 1.5，2 |
| 5 | | | 0.8 | 0.5 | | 33 | | 3.5 | 1.5，2，(3) |
| | | 5.5 | | 0.5 | | | 35 | | 1.5 |
| 6 | | | 1 | 0.75 | 36 | | | 4 | 1.5，2，3 |
| | 7 | | 1 | 0.75 | | | 38 | | 1.5 |
| 8 | | | 1.25 | 0.75，1 | | 39 | | 4 | 1.5，2，3 |
| | | 9 | 1.25 | 0.75，1 | | | 40 | | 1.5，2，3 |
| 10 | | | 1.5 | 0.75，1，1.25 | 42 | | | 4.5 | 1.5，2，3，4 |
| | | 11 | 1.5 | 0.75，1 | | 45 | | 4.5 | 1.5，2，3，4 |
| 12 | | | 1.75 | 1，1.25，1.5 | 48 | | | 5 | 1.5，2，3，4 |
| | 14 | | 2 | 1，1.25，1.5 | | | 50 | | 1.5，2，3 |

附表 2　55° 非密封管螺纹（摘自 GB/T 7307—2001）　单位：mm

标记示例：$G1_{1/2}$- LH——尺寸代号 $1_{1/2}$，左旋内螺纹

$G1_{1/4}A$——尺寸代号 $1_{1/4}$，A 级右旋外螺纹

G2B- LH——尺寸代号 2，B 级左旋外螺纹

| 尺寸代号 | 每 25.4 mm 内的牙数 *n* | 螺距 *P*（mm） | 基本尺寸 | | 尺寸代号 | 每 25.4 mm 内的牙数 *n* | 螺距 *P*（mm） | 基本尺寸 | |
|---|---|---|---|---|---|---|---|---|---|
| | | | 大径 *D*、*d*（mm） | 小径 $D_1$、$d_1$（mm） | | | | 大径 *D*、*d*（mm） | 小径 $D_1$、$d_1$（mm） |
| 1/8 | 28 | 0.907 | 9.728 | 8.566 | $1_{1/2}$ | 11 | 2.309 | 47.803 | 44.845 |
| 1/4 | 19 | 1.337 | 13.157 | 11.445 | $1_{3/4}$ | 11 | 2.309 | 53.746 | 50.788 |
| 3/8 | 19 | 1.337 | 16.662 | 14.950 | 2 | 11 | 2.309 | 59.614 | 56.656 |
| 1/2 | 14 | 1.814 | 20.955 | 18.631 | $2_{1/4}$ | 11 | 2.309 | 65.710 | 62.752 |
| 5/8 | 14 | 1.814 | 22.911 | 20.587 | $2_{1/2}$ | 11 | 2.309 | 75.184 | 72.226 |
| 3/4 | 14 | 1.814 | 26.441 | 24.117 | $2_{3/4}$ | 11 | 2.309 | 81.534 | 78.576 |
| 7/8 | 14 | 1.814 | 30.201 | 27.877 | 3 | 11 | 2.309 | 87.884 | 84.926 |
| 1 | 11 | 2.309 | 33.249 | 30.291 | $3_{1/2}$ | 11 | 2.309 | 100.330 | 97.372 |
| $1_{1/8}$ | 11 | 2.309 | 37.897 | 34.939 | 4 | 11 | 2.309 | 111.030 | 110.072 |
| $1_{1/4}$ | 11 | 2.309 | 41.910 | 38.952 | $4_{1/2}$ | 11 | 2.309 | 125.730 | 122.772 |

附表 3　梯形螺纹直径与螺距系列（摘自 GB/T 5796.2—2005）　单位：mm

标记示例：

Tr40 ×7-7H——单线梯形内螺纹，公称直径 *D*=40、螺距 *P*=7、右旋、中径公差带代号为 7H、中等旋合长度

Tr60 ×18（*P9*）LH-8e-L——双线梯形外螺纹，公称直径 *d*=60、导程 *S*=18、螺距 *P*=9、左旋、中径公差带代号为 8e、长旋合长度

| 公称直径 | | 螺距 | 公称直径 | | 螺距 | 公称直径 | | 螺距 |
|---|---|---|---|---|---|---|---|---|
| 第一系列 | 第二系列 | | 第一系列 | 第二系列 | | 第一系列 | 第二系列 | |
| 8 | | 1.5 | 20 | | 2，4 | 36 | | 3，6，10 |
| | 9 | 1.5，2 | | 22 | 3，5，8 | | 38 | 3，7，10 |
| 10 | | 1.5，2 | 24 | | 3，5，8 | 40 | | 3，7，10 |
| | 11 | 2，3 | | 26 | 3，5，8 | | 42 | 3，7，10 |
| 12 | | 2，3 | 28 | | 3，5，8 | 44 | | 3，7，12 |
| | 14 | 2，3 | | 30 | 3，6，10 | | 46 | 3，8，12 |
| 16 | | 2，4 | 32 | | 3，6，10 | 48 | | 3，8，12 |
| | 18 | 2，4 | | 34 | 3，6，10 | | 50 | 3，8，12 |

# 附录 B（摘录） 常用件与标准件

## 附表 4 双头螺柱各部分尺寸

单位：mm

GB/T 897—1988（$b_m=d$）

GB/T 898—1988（$b_m=1.25d$）

GB/T 899—1988（$b_m=1.5d$）

GB/T 900—1988（$b_m=2d$）

标记示例：两端均为粗牙普通螺纹，$d$=10mm、$l$=50mm、性能等级为 4.8 级、不经表面处理、*B* 型、$b_m=d$ 的双头螺柱标记为：螺柱 GB/T 897—1988 M10×50；

若为 *A* 型，则标记为：螺柱 GB/T 897—1988 AM10×50。

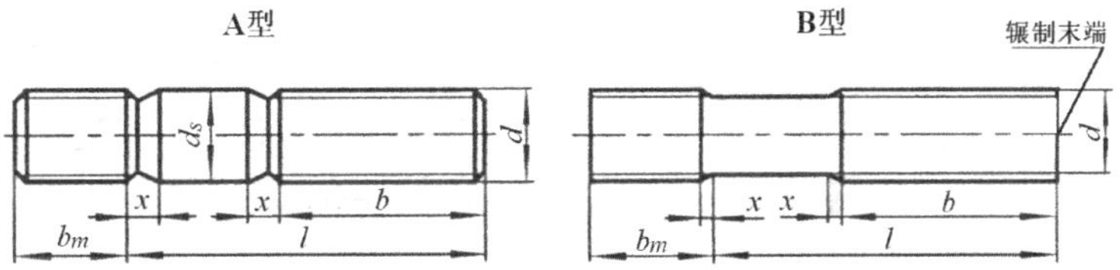


| 螺纹规格 $d$ | | M4 | M5 | M6 | M8 | M10 | M12 | M16 | M20 | M24 |
|---|---|---|---|---|---|---|---|---|---|---|
| $b_m$ 公称 | GB/T 897—1988 | | 5 | 6 | 8 | 10 | 12 | 16 | 20 | 24 |
| | GB/T 898—1988 | | 6 | 8 | 10 | 12 | 15 | 20 | 25 | 30 |
| | GB/T 899—1988 | 6 | 8 | 10 | 12 | 15 | 18 | 24 | 30 | 36 |
| | GB/T 900—1988 | 8 | 10 | 12 | 16 | 20 | 24 | 32 | 40 | 48 |
| $d_s$ | | 4 | 5 | 6 | 8 | 10 | 12 | 16 | 20 | 24 |
| $x$ | | 1.5$P$ | 1.5$P$ | 1.5$P$ | 1.5$P$ | 1.5$P$ | 1.5$P$ | 1.5$P$ | 1.5$P$ | 1.5$P$ |
| $l/b$ | | 16～22/8<br>25～40/14 | 16～22/10<br>25～50/16 | 20～22/10<br>25～30/14<br>32～75/18 | 20～22/12<br>25～30/16<br>32～90/22 | 25～28/14<br>30～38/16<br>40～120/26<br>130/32 | 25～30/16<br>32～40/20<br>45～120/30<br>130～180/36 | 30～38/20<br>40～55/30<br>60～120/38<br>130～200/44 | 35～40/25<br>45～65/35<br>70～120/46<br>130～200/52 | 45～50/30<br>55～75/45<br>80～120/54<br>130～200/60 |

注：1. GB/T 897—1988 和 GB/T 898—1988 规定双头螺柱的螺纹规格 $d$=M5～M48，公称长度 $l$=16～300mm；GB/T 899—1988 和 GB/T 900—1988 规定双头螺柱的螺纹规格 $d$=M2～M48，公称长度 $l$=12～300mm。

2. 双头螺柱的公称长度 $l$（系列）12，(14)，16，(18)，20，(22)，25，(28)，30，(32)，35，(38)，40，45，50，(55)，60，(65)，70，(75)，80，(85)，90，(95)，100～260（10 进制），280，300（mm），尽可能不采用括号内的数值。

## 附表 5 六角头螺栓（摘自 GB/T 5782—2000）

单位：mm

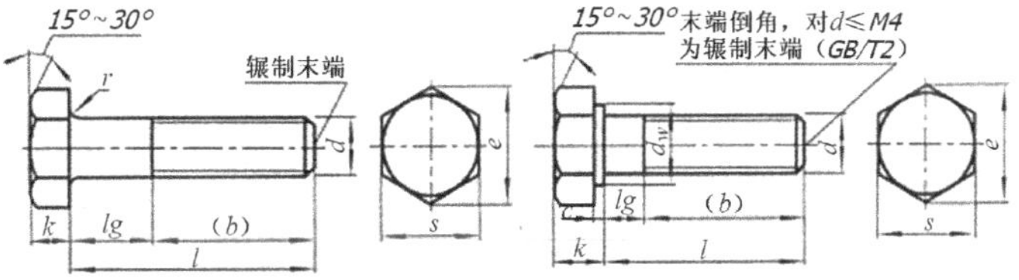


标记示例：

螺纹规格 $d$=M12、公称长度 $l$=80、性能等级为 8.8 级、表面氧化、A 级的六角螺栓的标记为：螺栓 GB/T 5782－2000 M12×80；

若为全螺纹，则标记为：螺栓 GB/T 5783－2000 M12×80

续表

| 螺纹规格 $d$ | | | M3 | M4 | M5 | M6 | M8 | M10 | M12 | M16 | M20 | M24 |
|---|---|---|---|---|---|---|---|---|---|---|---|---|
| $e_{min}$ | 产品等级 | $A$ | 6.01 | 7.66 | 8.79 | 11.05 | 14.38 | 17.77 | 20.03 | 26.75 | 33.53 | 39.98 |
| | | $B$ | 5.88 | 7.50 | 8.63 | 10.89 | 14.20 | 17.59 | 19.85 | 26.17 | 32.95 | 39.55 |
| $s_{max}$=公称 | | | 5.5 | 7 | 8 | 10 | 13 | 16 | 18 | 24 | 30 | 36 |
| $k$ 公称 | | | 2 | 2.8 | 3.5 | 4 | 5.3 | 6.4 | 7.5 | 10 | 12.5 | 15 |
| $c$ | max | | 0.4 | 0.4 | 0.5 | 0.5 | 0.6 | 0.6 | 0.6 | 0.8 | 0.8 | 0.8 |
| | min | | 0.15 | 0.15 | 0.15 | 0.15 | 0.15 | 0.15 | 0.15 | 0.2 | 0.2 | 0.2 |
| $d_{wmin}$ | 产品等级 | A | 4.57 | 5.88 | 6.88 | 8.88 | 11.63 | 14.63 | 16.63 | 22.49 | 28.19 | 33.61 |
| | | B | 4.45 | 5.74 | 6.74 | 8.74 | 11.47 | 14.47 | 16.47 | 22 | 27.7 | 33.25 |
| GB5782—2000 | $b$ 参数 | $l$≤125 | 12 | 14 | 16 | 18 | 22 | 26 | 30 | 38 | 46 | 54 |
| | | 125<$l$≤200 | 18 | 20 | 22 | 24 | 28 | 32 | 36 | 44 | 52 | 60 |
| | | $l$>200 | 31 | 33 | 35 | 37 | 41 | 45 | 49 | 57 | 65 | 73 |
| | | $L$ 公称 | 20～30 | 25～40 | 25～50 | 30～60 | 35～80 | 40～100 | 45～120 | 55～160 | 65～200 | 80～240 |
| $L$（系列） | | | 6，8，10，12，16，20，25，30，35，45，50，(55)，60，(65)，70～160（10 进位），180、200～500（20 进位） | | | | | | | | | |

注：A、B 为产品等级，$A$ 级最精确。A 级用于 $d$≤24mm 和 $l$≤10$d$ 或≤150mm（按较小值）的螺栓，B 级用于 $d$>24mm 或 $l$>10$d$ 或>150mm（按较小值）的螺栓。尽可能不采用括号内的规格。

### 附表 6　开槽沉头螺钉（摘自 GB/T 68—2000）　单位：mm

标记示例：

螺纹规格 $d$=M5、公称长度 $l$=20、性能等级为 4.8 级、不经表面处理的 $A$ 级开槽沉头螺钉，记为：螺钉　GB/T 68—2000　M5×20

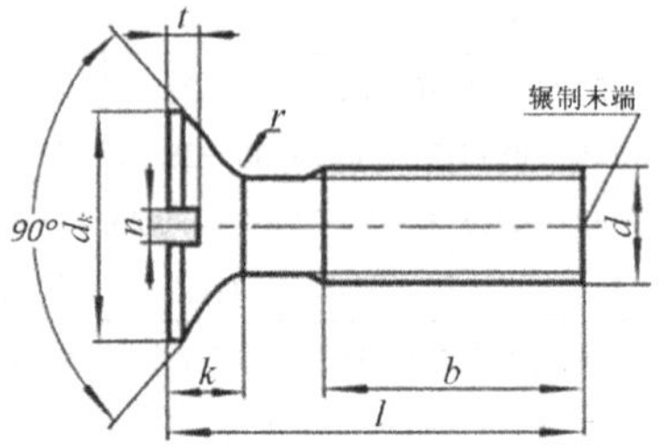


| 螺纹规格 $d$ | M1.6 | M2 | M2.5 | M3 | M4 | M5 | M6 | M8 | M10 |
|---|---|---|---|---|---|---|---|---|---|
| $P$（螺距） | 0.35 | 0.4 | 0.45 | 0.5 | 0.7 | 0.8 | 1 | 1.25 | 1.5 |
| $b_{min}$ | 25 | 25 | 25 | 25 | 38 | 38 | 38 | 38 | 38 |
| $d_k$ | 3.6 | 4.4 | 5.5 | 6.3 | 9.4 | 10.4 | 12.6 | 17.3 | 20 |
| $k$ | 1 | 1.2 | 1.5 | 1.65 | 2.7 | 2.7 | 3.3 | 4.65 | 5 |
| $n$ | 0.4 | 0.5 | 0.6 | 0.8 | 1.2 | 1.2 | 1.6 | 2 | 2.5 |
| $r$ | 0.4 | 0.5 | 0.6 | 0.8 | 1 | 1.3 | 1.5 | 2 | 2.5 |
| $t_{max}$ | 0.5 | 0.6 | 0.75 | 0.85 | 1.3 | 1.4 | 1.6 | 2.3 | 2.6 |
| 公称长度 $l$ | 2.5～16 | 3～20 | 4～25 | 5～30 | 6～40 | 8～50 | 8～60 | 10～80 | 12～80 |
| $l$ 系列 | 2.5，3，4，5，6，8，10，12，(14)，16，20，25，30，35，40，45，50，(55)，60，(65)，70，(75)，80 | | | | | | | | |

注：1. 括号内的规格尽可能不用。

2. M1.6～M3 的螺钉，公称长度 $l$≤30 的，制出全螺纹；M4～M10 的螺钉，公称长度 $l$≤45 的，制出全螺纹。

## 附表 7　开槽盘头螺钉（摘自 GB/T 67—2008）

单位：mm

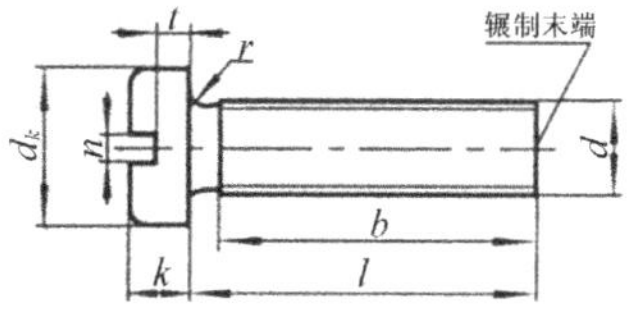


标记示例：

螺纹规格 $d$=M5、公称长度 $l$=20、性能等级为 4.8 级、不经表面处理的 A 级开槽盘头螺钉，记为：螺钉　GB/T67—2008 M5×20

| 螺纹规格 $d$ | M1.6 | M2 | M2.5 | M3 | M4 | M5 | M6 | M8 | M10 |
|---|---|---|---|---|---|---|---|---|---|
| $P$（螺距） | 0.35 | 0.4 | 0.45 | 0.5 | 0.7 | 0.8 | 1 | 1.25 | 1.5 |
| $b_{min}$ | 25 | 25 | 25 | 25 | 38 | 38 | 38 | 38 | 38 |
| $d_k$ | 3.2 | 4 | 5 | 5.6 | 8 | 9.5 | 12 | 16 | 20 |
| $k$ | 1 | 1.3 | 1.5 | 1.8 | 2.4 | 3 | 3.6 | 4.8 | 6 |
| $n$ | 0.4 | 0.5 | 0.6 | 0.8 | 1.2 | 1.2 | 1.6 | 2 | 2.5 |
| $r$ | 0.1 | 0.1 | 0.1 | 0.1 | 0.2 | 0.2 | 0.25 | 0.4 | 0.4 |
| $t_{max}$ | 0.35 | 0.5 | 0.6 | 0.7 | 1 | 1.2 | 1.4 | 1.9 | 2.4 |
| 公称长度 $l$ | 2～6 | 2.5～20 | 3～25 | 4～30 | 5～40 | 6～50 | 8～60 | 10～80 | 12～80 |
| $l$ 系列 | 2，2.5，3，4，5，8，10，12，(14)，16，20，25，30，35，40，45，50，(55)，60，(65)，70，(75)，80 | | | | | | | | |

注：1. 括号内的规格尽可能不用。

2. M1.6～M3 的螺钉，公称长度 $l$≤30 的，制出全螺纹；M4～M10 的螺钉，公称长度 $l$≤40 的，制出全螺纹。

## 附表 8　开槽圆柱头螺钉（摘自 GB/T 65—2000）

单位：mm

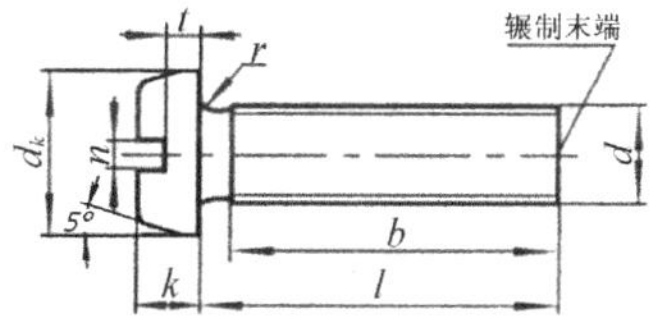


标记示例：

螺纹规格 $d$=M5、公称长度 $l$=20、性能等级为 4.8 级、不经表面氧化的 A 级开槽圆柱头螺钉，记为：螺钉　GB/T 65—2000 M5×20

| 螺纹规格 $d$ | M1.6 | M2 | M2.5 | M3 | M4 | M5 | M6 | M8 | M10 |
|---|---|---|---|---|---|---|---|---|---|
| $P$（螺距） | 0.35 | 0.4 | 0.45 | 0.5 | 0.7 | 0.8 | 1 | 1.25 | 1.5 |
| $b$ | 25 | 25 | 25 | 25 | 38 | 38 | 38 | 38 | 38 |
| $d_k$ | 3 | 3.8 | 4.5 | 5.5 | 7 | 8.5 | 10 | 13 | 16 |
| $k$ | 1.1 | 1.4 | 1.8 | 2.0 | 2.6 | 3.3 | 3.9 | 5.0 | 6.0 |
| $n$ | 0.4 | 0.5 | 0.6 | 0.8 | 1.2 | 1.2 | 1.6 | 2 | 2.5 |
| r | 0.1 | 0.1 | 0.1 | 0.1 | 0.2 | 0.2 | 0.25 | 0.4 | 0.4 |
| t | 0.35 | 0.5 | 0.6 | 0.7 | 1 | 1.2 | 1.4 | 1.9 | 2.4 |
| 公称长度 $l$ | 2～16 | 3～20 | 3～25 | 4～30 | 5～40 | 6～50 | 8～60 | 10～80 | 12～80 |
| $l$ 系列 | 2，3，4，5，6，8，10，12，(14)，16，20，25，30，35，40，45，50，(55)，60，(65)，70，(75)，80 | | | | | | | | |

注：1. M1.6～M3 的螺钉，公称长度 $l$≤30 的，制出全螺纹；M4～M10 的螺钉，公称长度 $l$≤40 的，制出全螺纹。

2. 括号内的规格尽可能不用。

附表 9　内六方圆柱头螺钉各部分尺寸（摘自 GB/T70.1—2008）　单位：mm

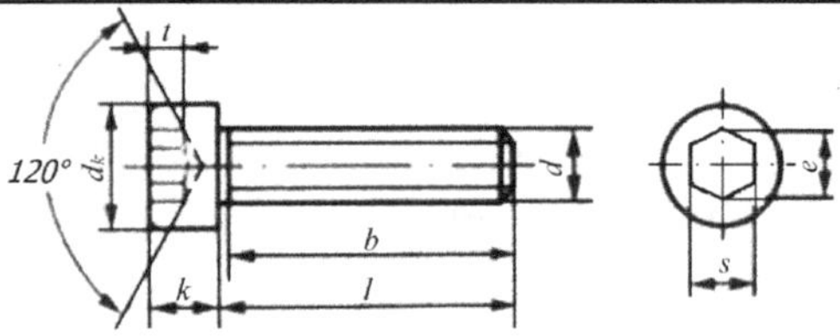


标记示例：

螺纹规格 $d$=M5、公称长度 $l$=20mm、性能等级为 8.8 级、表面氧化的 A 级内六方圆柱头螺钉，标记为：

螺钉 GB/T 70.1—2008　M5×20

| 螺纹规格 $d$ | M2.5 | M3 | M4 | M5 | M6 | M8 | M10 | M12 | M16 | M20 | M24 | M30 | M36 |
|---|---|---|---|---|---|---|---|---|---|---|---|---|---|
| $d_{kmax}$ | 4.5 | 5.5 | 7 | 8.5 | 10 | 13 | 16 | 18 | 24 | 30 | 36 | 45 | 54 |
| $k_{max}$ | 2.5 | 3 | 4 | 5 | 6 | 8 | 10 | 12 | 16 | 20 | 24 | 30 | 36 |
| $t_{min}$ | 1.1 | 1.3 | 2 | 2.5 | 3 | 4 | 5 | 6 | 8 | 10 | 12 | 15.5 | 19 |
| $s$ | 2 | 2.5 | 3 | 4 | 5 | 6 | 8 | 10 | 14 | 17 | 19 | 22 | 27 |
| $e$ | 2.3 | 2.87 | 3.44 | 4.58 | 5.72 | 6.86 | 9.15 | 11.43 | 16 | 19.44 | 21.73 | 25.15 | 30.85 |
| $b$（参考） | 17 | 18 | 20 | 22 | 24 | 28 | 32 | 36 | 44 | 52 | 60 | 72 | 84 |
| $l$ | 4～25 | 5～30 | 6～40 | 8～50 | 10～60 | 12～80 | 16～100 | 20～120 | 25～160 | 30～200 | 40～200 | 45～200 | 55～200 |

注：1. 标准规定螺钉规格为 M1.6～M64。

2. 公称长度 $l$（系列）：2.5，3，4，5，6～16（2 进位），20～65（5 进位），70～160（10 进位），180～300（20 进位）。

3. 材料为钢的螺钉性能等级有 8.8、10.9、12.9 级，其中 8.8 级为常用。

附表 10　开槽锥端紧定螺钉（摘自 GB /T 71—1985）
开槽平端紧定螺钉（摘自 GB /T 73—1985）
开槽长圆柱端紧定螺钉（摘自 GB/T 75—1985）　单位：mm

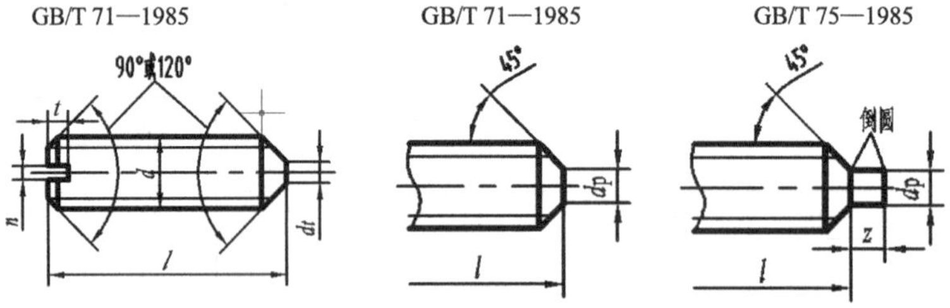


标记示例：

螺纹规格 $d$=M5，公称长度 $l$=12mm，性能等级为 14H 级，表面氧化的开槽锥端紧定螺钉的标记为：

螺钉 GB/T 71—1985 M15×12

| 螺纹规格 $d$ | M1.6 | M2 | M2.5 | M3 | M4 | M5 | M6 | M8 | M10 | M12 |
|---|---|---|---|---|---|---|---|---|---|---|
| $P$（螺距） | 0.35 | 0.4 | 0.45 | 0.5 | 0.7 | 0.8 | 1 | 1.25 | 1.5 | 1.75 |
| $n$(公称) | 0.25 | 0.25 | 0.4 | 0.4 | 0.6 | 0.8 | 1 | 1.2 | 1.6 | 2 |
| $t$ | 0.74 | 0.84 | 0.95 | 1.05 | 1.42 | 1.63 | 2 | 2.5 | 3 | 3.6 |
| $d_t$ | 0.16 | 0.2 | 0.25 | 0.3 | 0.4 | 0.5 | 1.5 | 2 | 2.5 | 3 |
| $d_p$ | 0.8 | 1 | 1.5 | 2 | 2.5 | 3.5 | 4 | 5.5 | 7 | 8.5 |

续表

| z | | 1.05 | 1.25 | 1.25 | 1.75 | 2.25 | 2.75 | 3.25 | 4.3 | 5.3 | 6.3 |
|---|---|---|---|---|---|---|---|---|---|---|---|
| 公称长度 *l* | GB/T 71 | 2～8 | 3～10 | 3～12 | 4～16 | 6～20 | 8～25 | 8～30 | 10～40 | 12～50 | 14～60 |
| | GB/T 73 | 2～8 | 3～10 | 4～12 | 4～16 | 5～20 | 6～25 | 6～30 | 8～40 | 10～50 | 12～60 |
| | GB/ 75 | 2.5～8 | 4～10 | 5～12 | 6～16 | 8～20 | 10～25 | 8～30 | 12～30 | 16～40 | 20～50 |
| *l* 系列 | 2，2.5，3，4，5，6，8，10，12，(14)，16，20，25，30，35，40，45，50，(55)，60 | | | | | | | | | | |

注：尽可能不采用括号内的规格。

## 附表 11　六角螺母（六角螺母—*C* 级摘自 GB/T 41—2000 *I* 型六角螺母—*A* 和 B 级摘自 GB/T 6170—2000 六角薄螺母—摘自 GB/T 6172.1—2000）

单位：mm

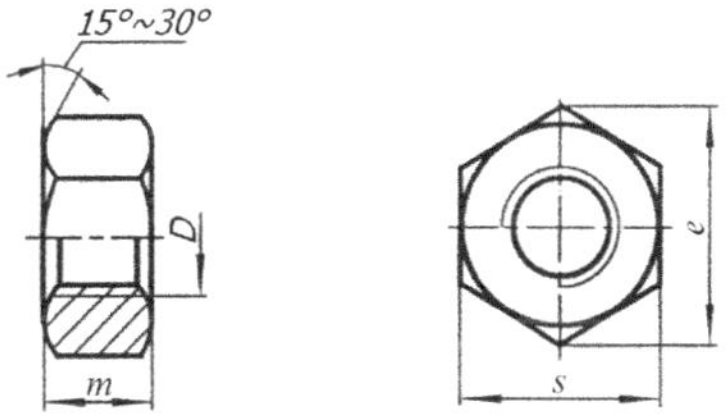


标记示例：螺纹规格 *D*=M12、性能级别为 5 级、不经表面处理、C 级的六角螺母：螺母 GB/T41－2000 M12；螺纹规格 *D*=M12、性能级别为 8 级、不经表面处理、A 级的 I 型六角螺母： 螺母 GB/T6170－2000 M12

| 螺纹规格 *D* | | M3 | M4 | M5 | M6 | M8 | M10 | M12 | M16 | M20 | M24 | M30 | M36 | M42 |
|---|---|---|---|---|---|---|---|---|---|---|---|---|---|---|
| *e* | GB/T 41 | | | 8.63 | 10.89 | 14.20 | 17.59 | 19.85 | 26.17 | 32.95 | 39.55 | 50.85 | 60.79 | 72.07 |
| | GB/T 6170 | 6.01 | 7.66 | 8.79 | 11.05 | 14.38 | 17.77 | 20.03 | 26.75 | 32.95 | 39.55 | 50.85 | 60.79 | 72.02 |
| | GB/T 6172.1 | 6.01 | 7.66 | 8.79 | 11.05 | 14.38 | 17.77 | 20.03 | 26.75 | 32.95 | 39.55 | 50.85 | 60.79 | 72.02 |
| *s* | GB/T 41 | | | 8 | 10 | 13 | 16 | 18 | 24 | 30 | 36 | 46 | 55 | 65 |
| | GB/T 6170 | 5.5 | 7 | 8 | 10 | 13 | 16 | 18 | 24 | 30 | 36 | 46 | 55 | 65 |
| | GB/T 6172.1 | 5.5 | 7 | 8 | 10 | 13 | 16 | 18 | 24 | 30 | 36 | 46 | 55 | 65 |
| *m* | GB/T 41 | | | 5.6 | 6.1 | 7.9 | 9.5 | 12.2 | 15.9 | 18.7 | 22.3 | 25.4 | 31.5 | 34.9 |
| | GB/T 6170 | 2.4 | 3.2 | 4.7 | 5.2 | 6.8 | 8.4 | 10.8 | 14.8 | 18 | 21.5 | 25.6 | 31 | 34 |
| | GB/T 6172.1 | 1.8 | 2.2 | 2.7 | 3.2 | 4 | 5 | 6 | 8 | 10 | 12 | 15 | 18 | 21 |

注：A 级用于 *D*≤16，B 级用于 *D*＞16

## 附表 12　垫圈各部分尺寸

单位：mm

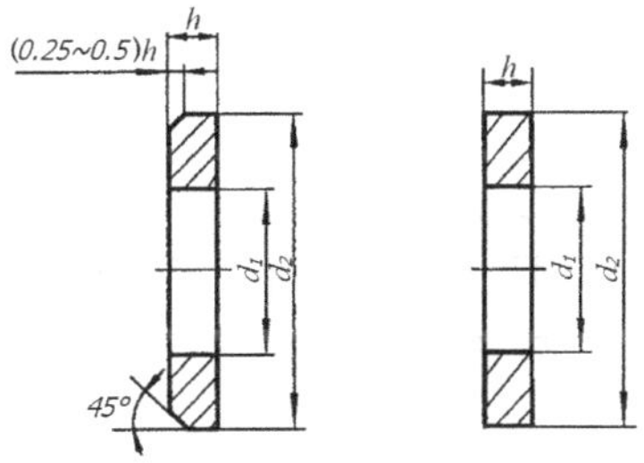


标记示例：标准系列、公称规格 *d*=8mm、由钢制造的硬度等级为 200HV 级、不经表面热处理、产品等级为 *A* 级的平垫圈，标记为：垫圈 GB/97.1—2002 8

续表

| 公称规格（螺纹大径 $d$） | | 3 | 4 | 5 | 6 | 8 | 10 | 12 | 14 | 16 | 20 | 24 |
|---|---|---|---|---|---|---|---|---|---|---|---|---|
| 内径 $d_1$ | | 3.2 | 4.3 | 5.3 | 6.4 | 8.4 | 10.5 | 13 | 15 | 17 | 21 | 25 |
| GB/T 848－2002 | 外径 $d_2$ | 6 | 8 | 9 | 11 | 15 | 18 | 20 | 24 | 28 | 34 | 39 |
| | 厚度 $h$ | 0.5 | 0.5 | 1 | 1.6 | 1.6 | 1.6 | 2 | 2.5 | 2.5 | 3 | 4 |
| GB/T 97.1－2002 | 外径 $d_2$ | 7 | 9 | 10 | 12 | 16 | 20 | 24 | 28 | 30 | 37 | 44 |
| GB/T 97.2－2002 | 厚度 $h$ | 0.5 | 0.8 | 1 | 1.6 | 1.6 | 2 | 2.5 | 2.5 | 3 | 3 | 4 |

注：1. 硬度等级有 200HV、300HV 级。200HV 级表示材料钢的硬度，HV 表示维氏硬度，200 为硬度值。

2. 产品等级是由产品质量和公差大小决定的，A 级的公差较小。

## 附表 13　标准型弹簧垫圈各部分尺寸

单位：mm

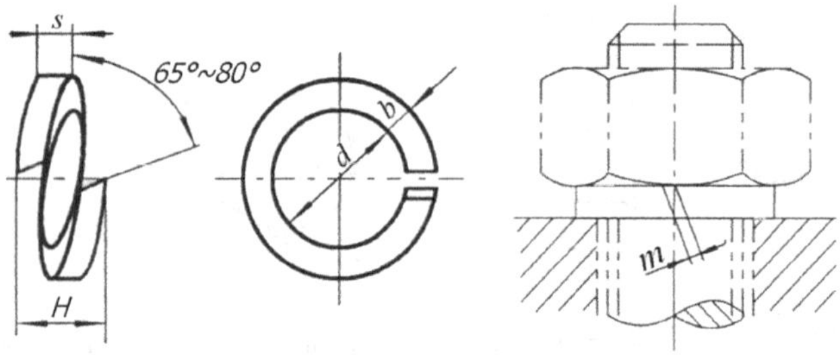


标记示例：规格为 16mm、材料为 65Mn、表面氧化的标准型弹簧垫圈，标记为：垫圈　GB/T 93　16

| 规格（螺纹大径） | | 4 | 5 | 6 | 8 | 10 | 12 | 16 | 20 | 24 | 30 |
|---|---|---|---|---|---|---|---|---|---|---|---|
| $d$ | max | 4.4 | 5.4 | 6.68 | 8.68 | 10.9 | 12.9 | 16.9 | 21.04 | 25.5 | 31.5 |
| | min | 4.1 | 5.1 | 6.1 | 8.1 | 10.2 | 12.2 | 16.2 | 20.2 | 24.5 | 30.5 |
| $S$（$b$）公称 | | 1.1 | 1.3 | 1.6 | 2.1 | 2.6 | 3.1 | 4.1 | 5 | 6 | 7.5 |
| $H$ | max | 2.75 | 3.25 | 4 | 5.25 | 6.5 | 7.75 | 10.25 | 12.5 | 15 | 18.75 |
| | min | 2.2 | 2.6 | 3.2 | 4.2 | 5.2 | 6.2 | 8.2 | 10 | 12 | 15 |
| $m\leqslant$ | | 0.55 | 0.65 | 0.8 | 1.05 | 1.3 | 1.55 | 2.05 | 2.5 | 3 | 3.75 |

## 附表 14　平键和键槽的尺寸与公差（摘自 GB/T1095—2003 和 GB/T1096—2003）

单位：mm

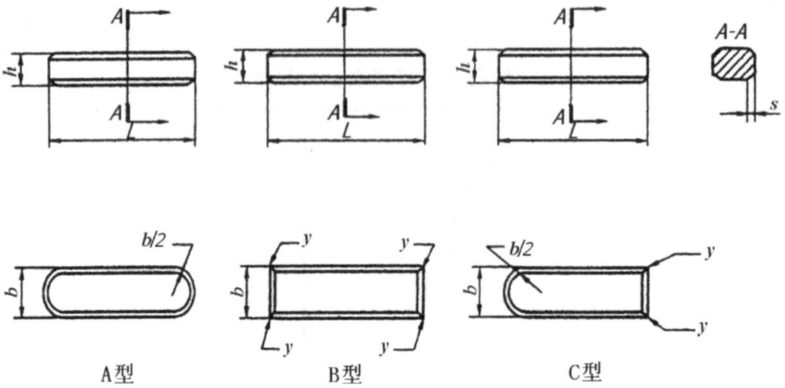

续表

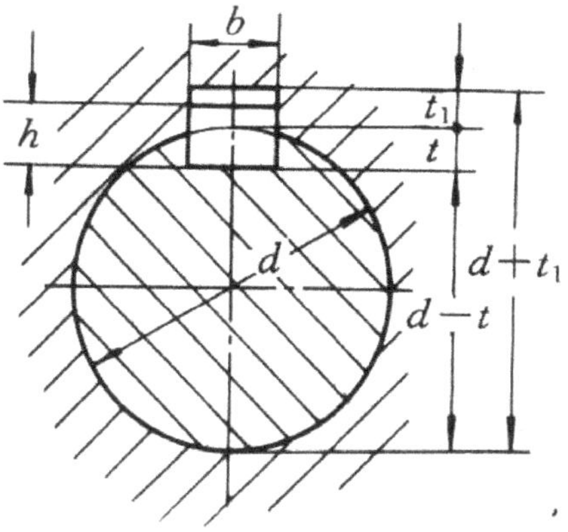


标记示例：

GB/T 1096—2003　键　16×10×100（圆头普通 A 型平键，$b$=16mm、$h$=10mm、$L$=100mm）

GB/T 1096—2003　键　B16×10×100（平头普通 B 型平键，$b$=16mm、$h$=10mm、$L$=100mm）

GB/T 1096—2003　键　C16×10×100（单圆头普通 C 型平键，$b$=16mm、$h$=10mm、$L$=100mm）

| 轴 | 键 | | | 键槽 | | | | | | | | | |
|---|---|---|---|---|---|---|---|---|---|---|---|---|---|
| 公称直径 $d$ | 公称尺寸 $b×h$ | 宽度极限偏差（$h8$） | 高度 $h$ 极限偏差（$h11$） | 宽度 $b$ | | | | | | 深度 | | | |
| | | | | 公称尺寸 $b$ | 极限偏差 | | | | | 轴 $t$ | | 毂 $t_2$ | |
| | | | | | 松连接 | | 正常连接 | | 紧密连接 | 基本尺寸 | 极限偏差 | 基本尺寸 | 极限偏差 |
| | | | | | 轴 $H9$ | 毂 $D10$ | 轴 $N9$ | 毂 $JS9$ | 轴和毂 $P9$ | | | | |
| 6~8 | 2×2 | 0<br>−0.014 | — | 2 | +0.025<br>0 | +0.060<br>+0.020 | −0.004<br>−0.029 | ±0.0125 | −0.006<br>−0.031 | 1.2 | +0.1<br>0 | 1.0 | +0.1<br>0 |
| >8~10 | 3×3 | | | 3 | | | | | | 1.8 | | 1.4 | |
| >10~12 | 4×4 | 0<br>−0.018 | — | 4 | +0.030<br>0 | +0.078<br>+0.030 | 0<br>−0.030 | ±0.015 | −0.012<br>−0.042 | 2.5 | | 1.8 | |
| >12~17 | 5×5 | | | 5 | | | | | | 3.0 | | 2.3 | |
| >17~22 | 6×6 | | | 6 | | | | | | 3.5 | | 2.8 | |
| >22~30 | 8×7 | 0<br>−0.022 | 0<br>−0.090 | 8 | +0.036<br>0 | +0.098<br>+0.040 | 0<br>−0.036 | ±0.018 | −0.015<br>−0.051 | 4.0 | +0.2<br>0 | 3.3 | +0.2<br>0 |
| >30~38 | 10×8 | | | 10 | | | | | | 5.0 | | 3.3 | |
| >38~44 | 12×8 | 0<br>−0.027 | | 12 | +0.043<br>0 | +0.120<br>+0.050 | 0<br>−0.043 | ±0.0215 | −0.018<br>−0.061 | 5.0 | | 3.3 | |
| >44~50 | 14×9 | | | 14 | | | | | | 5.5 | | 3.8 | |
| >50~58 | 16×10 | | | 16 | | | | | | 6.0 | | 4.3 | |
| >58~65 | 18×11 | | 0<br>−0.110 | 18 | | | | | | 7.0 | | 4.4 | |
| >65~75 | 20×12 | 0<br>−0.033 | | 20 | +0.052<br>0 | +0.149<br>+0.065 | 0<br>−0.052 | ±0.026 | −0.022<br>−0.074 | 7.5 | | 4.9 | |
| >75~85 | 22×14 | | | 22 | | | | | | 9.0 | | 5.4 | |
| >85~95 | 25×14 | | | 25 | | | | | | 9.0 | | 5.4 | |
| >95~110 | 28×16 | | | 28 | | | | | | 10.0 | | 6.4 | |

## 附表 15　销（圆柱销摘自 GB/T 119.1—2000　圆锥销摘自 GB/T 117—2000 开口销摘自 GB/T 91—2000）

单位：mm

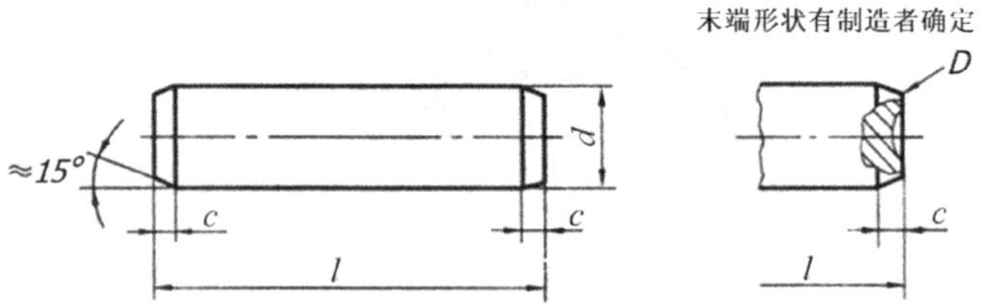


（a）圆柱销

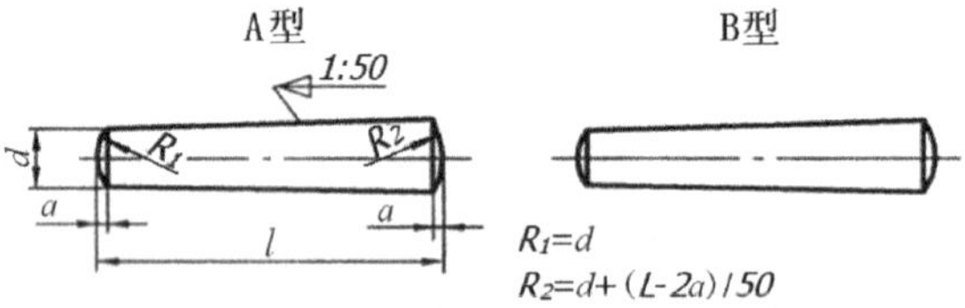


（b）圆锥销

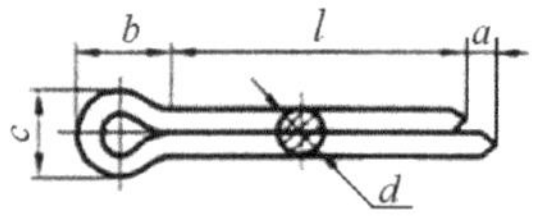


（c）开口销

标记示例：

公称直径 $d$=10mm、公差为 m6、长度 $l$=50mm 的 A 型圆柱销，记为：销 GB/T 119.1—2000　10m6×50

公称直径 $d$=10mm、长度 $l$=60mm 的 A 型圆锥销，记为：销 GB/T 117—2000　10×60

公称规格 5mm、长度 $l$=50mm 的开口销，记为：销 GB/T 91—2000　5×50

| 名称 | 公称直径 $d$ | 1 | 1.2 | 1.5 | 2 | 2.5 | 3 | 4 | 5 | 6 | 8 | 10 | 12 |
|---|---|---|---|---|---|---|---|---|---|---|---|---|---|
| 圆柱销 GB/T 119.1 | $c$≈ | 0.20 | 0.25 | 0.30 | 0.35 | 0.40 | 0.50 | 0.63 | 0.80 | 1.2 | 1.6 | 2 | 2.5 |
| 圆锥销 GB/T 117 | $a$≈ | 0.12 | 0.16 | 0.20 | 0.25 | 0.30 | 0.40 | 0.50 | 0.63 | 0.80 | 1 | 1.2 | 1.6 |
| 开口销 GB/T 91 | 公称规格 | 0.6 | 0.8 | 1 | 1.2 | 1.6 | 2 | 2.5 | 3.2 | 4 | 5 | 6.3 | 8 |
| | $d$ | 0.5 | 0.7 | 0.9 | 1.0 | 1.4 | 1.8 | 2.3 | 2.9 | 3.7 | 4.6 | 5.9 | 7.5 |
| | $c$ | 1.0 | 1.4 | 1.8 | 2.0 | 2.8 | 3.6 | 4.6 | 5.8 | 7.4 | 9.2 | 11.5 | 15.0 |
| | $b$≈ | 2 | 2.4 | 3 | 3 | 3.2 | 4 | 5 | 6.4 | 8 | 10 | 12.6 | 16 |
| | $a$ | 1.6 | 1.6 | 1.6 | 2.50 | 2.50 | 2.50 | 2.50 | 3.2 | 4 | 4 | 4 | 4 |
| | 商品规格范围公称长度） | 4～12 | 5～16 | 6～20 | 8～25 | 8～32 | 10～40 | 12～50 | 14～63 | 18～80 | 22～100 | 32～125 | 40～150 |
| $l$ 系列 | 2，3，4，5，6，8，10，12，14，16，18，20，22，24，26，28，30，32，35，40，45，50，55，60，65，70，75，80，85，90，100，120 | | | | | | | | | | | | |

## 附表 16　深沟球轴承（摘自 GB/T 276—1994）

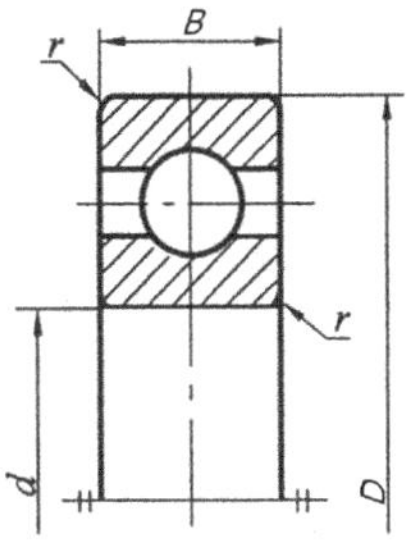


标记示例：滚动轴承　6210　GB/T 276—1994

| 轴承代号 | 尺寸/mm | | | |
|---|---|---|---|---|
| | $d$ | $D$ | $B$ | $r_{smin}$ |
| （0）2 系列 | | | | |
| 6200 | 10 | 30 | 9 | 0.6 |
| 6201 | 12 | 32 | 10 | 0.6 |
| 6202 | 15 | 35 | 11 | 0.6 |
| 6203 | 17 | 40 | 12 | 0.6 |
| 6204 | 20 | 47 | 14 | 1 |
| 6205 | 25 | 52 | 15 | 1 |
| 6206 | 30 | 62 | 16 | 1 |
| 6207 | 35 | 72 | 17 | 1.1 |
| 6208 | 40 | 80 | 18 | 1.1 |
| 6209 | 45 | 85 | 19 | 1.1 |
| 6210 | 50 | 90 | 20 | 1.1 |
| 6211 | 55 | 100 | 21 | 1.5 |
| 6212 | 60 | 110 | 22 | 1.5 |
| 6213 | 65 | 120 | 23 | 1.5 |
| 6214 | 70 | 125 | 24 | 1.5 |
| 6215 | 75 | 130 | 25 | 1.5 |
| 6216 | 80 | 140 | 26 | 2 |
| 6217 | 85 | 150 | 28 | 2 |
| 6218 | 90 | 160 | 30 | 2 |
| 6219 | 95 | 170 | 32 | 2.1 |
| 6220 | 100 | 180 | 34 | 2.1 |
| （0）3 系列 | | | | |
| 6300 | 10 | 35 | 11 | 0.6 |
| 6301 | 12 | 37 | 12 | 1 |
| 6302 | 15 | 42 | 13 | 1 |
| 6303 | 17 | 47 | 14 | 1 |
| 6304 | 20 | 52 | 15 | 1.1 |
| 6305 | 25 | 62 | 17 | 1.1 |
| 6306 | 30 | 72 | 19 | 1.1 |
| 6307 | 35 | 80 | 21 | 1.5 |
| 6308 | 40 | 90 | 23 | 1.5 |
| 6309 | 45 | 100 | 25 | 1.5 |
| 6310 | 50 | 110 | 27 | 2 |
| 6311 | 55 | 120 | 29 | 2 |
| 6312 | 60 | 130 | 31 | 2.1 |
| 6313 | 65 | 140 | 33 | 2.1 |
| 6314 | 70 | 150 | 35 | 2.1 |
| 6315 | 75 | 160 | 37 | 2.1 |
| 6316 | 80 | 170 | 39 | 2.1 |
| 6317 | 85 | 180 | 41 | 3 |
| 6318 | 90 | 190 | 43 | 3 |
| 6319 | 95 | 200 | 45 | 3 |
| 6320 | 100 | 215 | 47 | 3 |
| （0）4 系列 | | | | |
| 6403 | 17 | 62 | 17 | 1.1 |
| 6404 | 20 | 72 | 17 | 1.1 |
| 6405 | 25 | 80 | 21 | 1.5 |
| 6406 | 30 | 90 | 23 | 1.5 |
| 6407 | 35 | 100 | 25 | 1.5 |
| 6408 | 40 | 110 | 27 | 2 |
| 6409 | 45 | 120 | 29 | 2 |
| 6410 | 50 | 130 | 31 | 2.1 |
| 6411 | 55 | 140 | 33 | 2.1 |
| 6412 | 60 | 150 | 35 | 2.1 |
| 6413 | 65 | 160 | 37 | 2.1 |
| 6414 | 70 | 180 | 42 | 3 |
| 6415 | 75 | 190 | 45 | 3 |
| 6416 | 80 | 200 | 48 | 3 |
| 6417 | 85 | 210 | 52 | 4 |
| 6418 | 90 | 225 | 54 | 4 |
| 6419 | 95 | 240 | 55 | 4 |
| 6420 | 100 | 250 | 58 | 4 |

注：表中括号“()”表示该数字在轴承代号中可省略。

附表 17　圆锥滚子轴承（摘自 GB/T 297—1994）

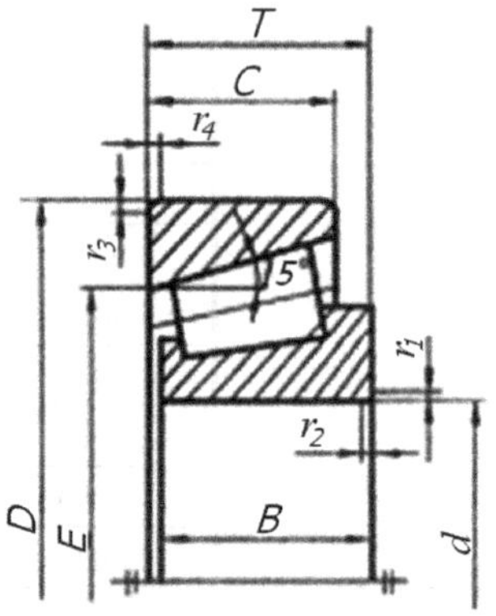


标记示例：滚动轴承 30312 GB/T 297—1994

| 轴承代号 | 尺寸/mm | | | | | | | 轴承代号 | 尺寸/mm | | | | | | |
|---|---|---|---|---|---|---|---|---|---|---|---|---|---|---|---|
| | $d$ | $D$ | $B$ | $C$ | $T$ | $r_{1smin}$ | $r_{3smin}$ | | $d$ | $D$ | $B$ | $C$ | $T$ | $r_{1smin}$ | $r_{3smin}$ |
| 02 系列 | | | | | | | | 03 系列 | | | | | | | |
| 30203 | 17 | 40 | 12 | 11 | 13.25 | 1 | 1 | 30303 | 17 | 47 | 14 | 12 | 15.25 | 1 | 1 |
| 30204 | 20 | 47 | 14 | 12 | 15.25 | 1 | 1 | 30304 | 20 | 52 | 15 | 13 | 16.25 | 1.5 | 1.5 |
| 30205 | 25 | 52 | 15 | 13 | 16.25 | 1 | 1 | 30305 | 25 | 62 | 17 | 15 | 18.25 | 1.5 | 1.5 |
| 30206 | 30 | 62 | 16 | 14 | 17.25 | 1 | 1 | 30306 | 30 | 72 | 19 | 16 | 20.75 | 1.5 | 1.5 |
| 30207 | 35 | 72 | 17 | 15 | 18.25 | 1.5 | 1.5 | 30307 | 35 | 80 | 21 | 18 | 22.75 | 2 | 1.5 |
| 30208 | 40 | 80 | 18 | 16 | 19.75 | 1.5 | 1.5 | 30308 | 40 | 90 | 23 | 20 | 25.25 | 2 | 1.5 |
| 30209 | 45 | 85 | 19 | 16 | 20.75 | 1.5 | 1.5 | 30309 | 45 | 100 | 25 | 22 | 27.25 | 2 | 1.5 |
| 30210 | 50 | 90 | 20 | 17 | 21.75 | 1.5 | 1.5 | 30310 | 50 | 110 | 27 | 23 | 29.25 | 2.5 | 2 |
| 30211 | 55 | 100 | 21 | 18 | 22.75 | 2 | 1.5 | 30311 | 55 | 120 | 29 | 25 | 31.5 | 2.5 | 2 |
| 30212 | 60 | 110 | 22 | 19 | 23.75 | 2 | 1.5 | 30312 | 60 | 130 | 31 | 26 | 33.5 | 3 | 2.5 |
| 30213 | 65 | 120 | 23 | 20 | 24.75 | 2 | 1.5 | 30313 | 65 | 140 | 33 | 28 | 36 | 3 | 2.5 |
| 30214 | 70 | 125 | 24 | 21 | 26.25 | 2 | 1.5 | 30314 | 70 | 150 | 35 | 30 | 38 | 3 | 2.5 |
| 30215 | 75 | 130 | 25 | 22 | 27.25 | 2 | 1.5 | 30315 | 75 | 160 | 37 | 31 | 40 | 3 | 2.5 |
| 30216 | 80 | 140 | 26 | 22 | 28.25 | 2.5 | 2 | 30316 | 80 | 170 | 39 | 33 | 42.5 | 3 | 2.5 |
| 30217 | 85 | 150 | 28 | 24 | 30.5 | 2.5 | 2 | 30317 | 85 | 180 | 41 | 34 | 44.5 | 4 | 3 |
| 30218 | 90 | 160 | 30 | 26 | 32.5 | 2.5 | 2 | 30318 | 90 | 190 | 43 | 36 | 46.5 | 4 | 3 |
| 30219 | 95 | 170 | 32 | 27 | 34.5 | 3 | 2.5 | 30319 | 95 | 200 | 45 | 38 | 49.5 | 4 | 3 |
| 30220 | 100 | 180 | 34 | 29 | 37 | 3 | 2.5 | 30320 | 100 | 215 | 47 | 39 | 51.5 | 4 | 3 |

## 附表 18　推力球轴承（摘自 GB/T 301—1995）

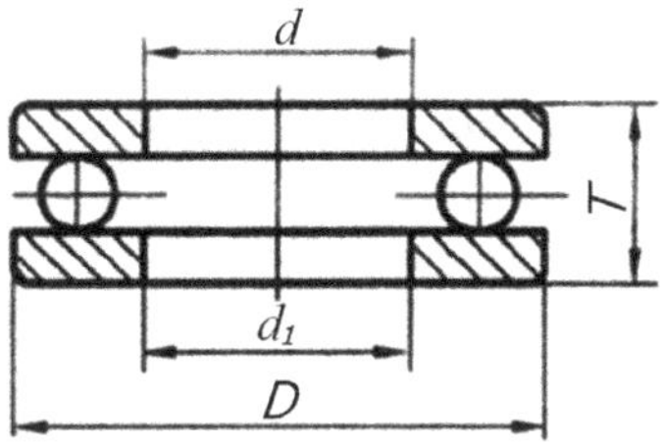


标记示例：滚动轴承 51214（GB/T 301—1995）

| 轴承代号 | 尺寸/mm | | | | 轴承代号 | 尺寸/mm | | | |
|---|---|---|---|---|---|---|---|---|---|
| 51000 型 | $d$ | $d_1$ | $D$ | $T$ | 51000 型 | $d$ | $d_1$ | $D$ | $T$ |
| 12 系列 | | | | | 51309 | 45 | 47 | 85 | 28 |
| 51200 | 10 | 12 | 26 | 11 | 51310 | 50 | 52 | 95 | 31 |
| 51201 | 12 | 14 | 28 | 11 | 51311 | 55 | 57 | 105 | 35 |
| 51202 | 15 | 17 | 32 | 12 | 51312 | 60 | 62 | 110 | 35 |
| 51203 | 17 | 19 | 35 | 12 | 51313 | 65 | 67 | 115 | 36 |
| 51204 | 20 | 22 | 40 | 14 | 51314 | 70 | 72 | 125 | 40 |
| 51205 | 25 | 27 | 47 | 15 | 51315 | 75 | 77 | 135 | 44 |
| 51206 | 30 | 32 | 52 | 16 | 51316 | 80 | 82 | 140 | 44 |
| 51207 | 35 | 37 | 62 | 18 | 51317 | 85 | 88 | 150 | 49 |
| 51208 | 40 | 42 | 68 | 19 | 51318 | 90 | 93 | 155 | 50 |
| 51209 | 45 | 47 | 73 | 20 | 14 系列 | | | | |
| 51210 | 50 | 52 | 78 | 22 | 51405 | 25 | 27 | 60 | 24 |
| 51211 | 55 | 57 | 90 | 25 | 51406 | 30 | 32 | 70 | 28 |
| 51212 | 60 | 62 | 95 | 26 | 51407 | 35 | 37 | 80 | 32 |
| 51213 | 65 | 67 | 100 | 27 | 51408 | 40 | 42 | 90 | 36 |
| 51214 | 70 | 72 | 105 | 27 | 51409 | 45 | 47 | 100 | 39 |
| 51215 | 75 | 77 | 110 | 27 | 51410 | 50 | 52 | 110 | 43 |
| 51216 | 80 | 82 | 115 | 28 | 51411 | 55 | 57 | 120 | 48 |
| 51217 | 85 | 88 | 125 | 31 | 51412 | 60 | 62 | 130 | 51 |
| 51218 | 90 | 93 | 135 | 35 | 51413 | 65 | 68 | 140 | 56 |
| 51220 | 100 | 103 | 150 | 38 | 51414 | 70 | 73 | 150 | 60 |
| 51304 | 20 | 22 | 47 | 18 | 51415 | 75 | 78 | 160 | 65 |
| 51305 | 25 | 27 | 52 | 18 | 51416 | 80 | 83 | 170 | 68 |
| 51306 | 30 | 32 | 60 | 21 | 51417 | 85 | 88 | 180 | 72 |
| 51307 | 35 | 37 | 68 | 24 | 51418 | 90 | 93 | 190 | 77 |
| 51308 | 40 | 42 | 78 | 26 | 51420 | 100 | 103 | 210 | 85 |

# 附录C（摘录） 极限与配合

附表19 标准公差值 （摘自GB/T 1800.2—2009）

| 公称尺寸/mm | | 公差等级 | | | | | | | | | | | | | | | | | | | |
|---|---|---|---|---|---|---|---|---|---|---|---|---|---|---|---|---|---|---|---|---|---|
| | | IT01 | IT0 | IT1 | IT2 | IT3 | IT4 | IT5 | IT6 | IT7 | IT8 | IT9 | IT10 | IT11 | IT12 | IT13 | IT14 | IT15 | IT16 | IT17 | IT18 |
| 大于 | 至 | μm | | | | | | | | | | | | | mm | | | | | | |
| — | 3 | 0.3 | 0.5 | 0.8 | 1.2 | 2 | 3 | 4 | 6 | 10 | 14 | 25 | 40 | 60 | 0.10 | 0.14 | 0.25 | 0.40 | 0.60 | 1.0 | 1.4 |
| 3 | 6 | 0.4 | 0.6 | 1 | 1.5 | 2.5 | 4 | 5 | 8 | 12 | 18 | 30 | 48 | 75 | 0.12 | 0.18 | 0.30 | 0.48 | 0.75 | 1.2 | 1.8 |
| 6 | 10 | 0.4 | 0.6 | 1 | 1.5 | 2.5 | 4 | 6 | 9 | 15 | 22 | 36 | 58 | 90 | 0.15 | 0.22 | 0.36 | 0.58 | 0.90 | 1.5 | 2.2 |
| 10 | 18 | 0.5 | 0.8 | 1.2 | 2 | 3 | 5 | 8 | 11 | 18 | 27 | 43 | 70 | 110 | 0.18 | 0.27 | 0.43 | 0.70 | 1.10 | 1.8 | 2.7 |
| 18 | 30 | 0.6 | 1 | 1.5 | 2.5 | 4 | 6 | 9 | 13 | 21 | 33 | 52 | 84 | 130 | 0.21 | 0.33 | 0.52 | 0.84 | 1.30 | 2.1 | 3.3 |
| 30 | 50 | 0.6 | 1 | 1.5 | 2.5 | 4 | 7 | 11 | 16 | 25 | 39 | 62 | 100 | 160 | 0.25 | 0.39 | 0.62 | 1.00 | 1.60 | 2.5 | 3.9 |
| 50 | 80 | 0.8 | 1.2 | 2 | 3 | 5 | 8 | 13 | 19 | 30 | 46 | 74 | 120 | 190 | 0.30 | 0.46 | 0.74 | 1.20 | 1.90 | 3.0 | 4.6 |
| 80 | 120 | 1 | 1.5 | 2.5 | 4 | 6 | 10 | 15 | 22 | 35 | 54 | 87 | 140 | 220 | 0.35 | 0.54 | 0.87 | 1.40 | 2.20 | 3.5 | 5.4 |
| 120 | 180 | 1.2 | 2 | 3.5 | 5 | 8 | 12 | 18 | 25 | 40 | 63 | 100 | 160 | 250 | 0.40 | 0.63 | 1.00 | 1.60 | 2.50 | 4.0 | 6.3 |
| 180 | 250 | 2 | 3 | 4.5 | 7 | 10 | 14 | 20 | 29 | 46 | 72 | 115 | 185 | 290 | 0.46 | 0.72 | 1.15 | 1.85 | 2.90 | 4.6 | 7.2 |
| 250 | 315 | 2.5 | 4 | 6 | 8 | 12 | 16 | 23 | 32 | 52 | 81 | 130 | 210 | 320 | 0.52 | 0.81 | 1.30 | 2.10 | 3.20 | 5.2 | 8.1 |
| 315 | 400 | 3 | 5 | 7 | 9 | 13 | 18 | 25 | 36 | 57 | 89 | 140 | 230 | 360 | 0.57 | 0.89 | 1.40 | 2.30 | 3.60 | 5.7 | 8.9 |
| 400 | 500 | 4 | 6 | 8 | 10 | 15 | 20 | 27 | 40 | 63 | 97 | 155 | 250 | 400 | 0.63 | 0.97 | 1.55 | 2.50 | 4.00 | 6.3 | 9.7 |

注：公称尺寸小于1mm时，无IT14～IT18。

附表20 公称尺寸≤500mm孔的基本偏差值（摘自GB/T 1800.2—2009） 单位：μm

| 基本偏差代号 | | 下偏差EI | | | | | | | | | | | JS | 上偏差ES | | | | | | | | |
|---|---|---|---|---|---|---|---|---|---|---|---|---|---|---|---|---|---|---|---|---|---|---|
| | | A | B | C | CD | D | E | EF | F | FG | G | H | | J | | | K | | M | | N | |
| 公称尺寸/mm | | 所有公差等级 | | | | | | | | | | | | 6 | 7 | 8 | ≤8 | >8 | ≤8 | >8 | ≤8 | >8 |
| > | 至 | | | | | | | | | | | | | | | | | | | | | |
| — | 3 | +270 | +140 | +60 | +34 | +20 | +14 | +10 | +6 | +4 | +2 | 0 | 偏差=IT/2 | +2 | +4 | +6 | 0 | / | −2 | −2 | −4 | −4 |
| 3 | 6 | +270 | +140 | +70 | +46 | +30 | +20 | +14 | +10 | +6 | +4 | 0 | | +5 | +6 | +10 | −1+ | / | −4+Δ | −4 | −8+Δ | 0 |
| 6 | 10 | +280 | +150 | +80 | +56 | +40 | +25 | +18 | +13 | +8 | +5 | 0 | | +5 | +8 | +12 | −1+Δ | / | −6+Δ | −6 | −10+Δ | 0 |
| 10 | 14 | +290 | +150 | +95 | / | +50 | +32 | / | +16 | / | +6 | 0 | | +6 | +10 | +15 | −1+Δ | / | −7+Δ | −7 | −12+Δ | 0 |
| 14 | 18 | | | | | | | | | | | | | | | | | | | | | |
| 18 | 24 | +300 | +160 | +110 | / | +65 | +40 | / | +20 | / | +7 | 0 | | +8 | +12 | +20 | −2+Δ | / | −8+Δ | −8 | −15+Δ | 0 |
| 24 | 30 | | | | | | | | | | | | | | | | | | | | | |
| 30 | 40 | +310 | +170 | +120 | / | +80 | +50 | / | +25 | / | +9 | 0 | | +10 | +14 | +24 | −2+Δ | / | −9+Δ | −9 | −17+Δ | 0 |
| 40 | 50 | +320 | +180 | +130 | | | | | | | | | | | | | | | | | | |

续表

| 基本偏差代号 | | 下偏差 EI | | | | | | | | | | | JS | 上偏差 ES | | | | | | | | |
|---|---|---|---|---|---|---|---|---|---|---|---|---|---|---|---|---|---|---|---|---|---|---|
| | | A | B | C | CD | D | E | EF | F | FG | G | H | | J | | | K | | M | | N | |
| 公称尺寸/ mm | | 所有公差等级 | | | | | | | | | | | | 6 | 7 | 8 | ≤8 | >8 | ≤8 | >8 | ≤8 | >8 |
| 50 | 65 | +340 | +190 | +140 | / | +100 | +60 | / | +30 | / | +10 | 0 | 偏差=IT/2 | +13 | +18 | +28 | −2+Δ | / | −11+Δ | −11 | −20+Δ | 0 |
| 65 | 80 | +360 | +200 | +150 | | | | | | | | | | | | | | | | | | |
| 80 | 100 | +380 | +220 | +170 | / | +120 | +72 | / | +36 | / | +12 | 0 | | +16 | +22 | +34 | −3+Δ | / | −13+Δ | −13 | −23+Δ | 0 |
| 100 | 120 | +410 | +240 | +180 | | | | | | | | | | | | | | | | | | |
| 120 | 140 | +460 | +260 | +200 | / | +145 | +85 | / | +43 | / | +14 | 0 | | +18 | +26 | +41 | −3+Δ | / | −15+Δ | −15 | −27+Δ | 0 |
| 140 | 160 | +520 | +280 | +210 | | | | | | | | | | | | | | | | | | |
| 160 | 180 | +580 | +310 | +230 | | | | | | | | | | | | | | | | | | |
| 180 | 200 | +660 | +340 | +240 | / | +170 | +100 | / | +50 | / | +15 | 0 | | +22 | +30 | +47 | −4+Δ | / | −17+Δ | −17 | −31+Δ | 0 |
| 200 | 225 | +740 | +380 | +260 | | | | | | | | | | | | | | | | | | |
| 225 | 250 | +820 | +420 | +280 | | | | | | | | | | | | | | | | | | |
| 250 | 280 | +920 | +480 | +300 | / | +190 | +110 | / | +56 | / | +17 | 0 | | +25 | +36 | +55 | −4+Δ | / | −20+Δ | −20 | −34+Δ | 0 |
| 280 | 315 | +1050 | +540 | +330 | | | | | | | | | | | | | | | | | | |
| 315 | 355 | +1200 | +600 | +360 | / | +210 | +125 | / | +62 | / | +18 | 0 | | +29 | +39 | +60 | −4+Δ | / | −21+Δ | −21 | −37+Δ | 0 |
| 355 | 400 | +1350 | +680 | +400 | | | | | | | | | | | | | | | | | | |
| 400 | 450 | +1500 | +760 | +440 | / | +230 | +135 | / | +68 | / | +20 | 0 | | +33 | +43 | +66 | −5+Δ | / | −23+Δ | −23 | −40+Δ | 0 |
| 450 | 500 | +1650 | +840 | +480 | | | | | | | | | | | | | | | | | | |

注：1. 公称尺寸小于 1mm 时，各等级的 A 和 B 级及>8 级的 N 均不采用。

2. 标准公差≤8 级的 K、M、N 及≤7 级的 P 到 ZC 时，从续表的右侧选取 Δ 值。

3. 特殊情况下，当公称尺寸在 250～315mm 时，M6 的 ES=−9（不等于表中所列数值）。

| | 上偏差 ES | | | | | | | | | | | | Δ 值 | | | | | |
|---|---|---|---|---|---|---|---|---|---|---|---|---|---|---|---|---|---|---|
| P 到 ZC | P | R | S | T | U | V | X | Y | Z | ZA | ZB | ZC | | | | | | |
| ≤7 | >7 | | | | | | | | | | | | 3 | 4 | 5 | 6 | 7 | 8 |
| 在>7 级的相应数值上增加一个 Δ 值 | −6 | −10 | −14 | / | −18 | / | −20 | / | −26 | −32 | −40 | −60 | 0 | 0 | 0 | 0 | 0 | 0 |
| | −12 | −15 | −19 | / | −23 | / | −28 | / | −35 | −42 | −50 | −80 | 1 | 1.5 | 1 | 3 | 4 | 6 |
| | −15 | −19 | −23 | / | −28 | / | −34 | / | −42 | −52 | −67 | −97 | 1 | 1.5 | 2 | 3 | 6 | 7 |
| | −18 | −23 | −28 | / | −33 | / | −40 | / | −50 | −64 | −90 | −130 | 1 | 2 | 3 | 3 | 7 | 9 |
| | | | | | | −39 | −45 | / | −60 | −77 | −108 | −150 | | | | | | |
| | −22 | −28 | −35 | / | −41 | −47 | −54 | −63 | −73 | −98 | −136 | −188 | 1.5 | 2 | 3 | 4 | 8 | 12 |
| | | | | −41 | −48 | −55 | −64 | −75 | −88 | −118 | −160 | −218 | | | | | | |
| | −26 | −34 | −43 | −48 | −60 | −68 | −80 | −94 | −112 | −148 | −200 | −274 | 1.5 | 3 | 4 | 5 | 9 | 14 |
| | | | | −54 | −70 | −81 | −97 | −114 | −136 | −180 | −242 | −325 | | | | | | |
| | −32 | −41 | −53 | −66 | −87 | −102 | −122 | −144 | −172 | −226 | −300 | −405 | 2 | 3 | 5 | 6 | 11 | 16 |
| | | −43 | −59 | −75 | −102 | −120 | −146 | −174 | −210 | −274 | −360 | −480 | | | | | | |

续表

| P 到 ZC | 上偏差 ES | | | | | | | | | | | Δ值 | | | | | |
|---|---|---|---|---|---|---|---|---|---|---|---|---|---|---|---|---|---|
| | P | R | S | T | U | V | X | Y | Z | ZA | ZB | ZC | | | | | |
| ≤7 | >7 | | | | | | | | | | | 3 | 4 | 5 | 6 | 7 | 8 |
| 在>7级的相应数值上增加一个Δ值 | -37 | -51 | -71 | -91 | -124 | -146 | -178 | -214 | -258 | -335 | -445 | -585 | 2 | 4 | 5 | 7 | 13 | 19 |
| | | -54 | -79 | -104 | -144 | -172 | -210 | -254 | -310 | -400 | -525 | -690 | | | | | | |
| | -43 | -63 | -92 | -122 | -170 | -202 | -248 | -300 | -365 | -470 | -620 | -800 | 3 | 4 | 6 | 7 | 15 | 23 |
| | | -65 | -100 | -134 | -190 | -228 | -280 | -340 | -415 | -535 | -700 | -900 | | | | | | |
| | | -68 | -108 | -146 | -210 | -252 | -310 | -380 | -465 | -600 | -780 | -1000 | | | | | | |
| | -50 | -77 | -122 | -166 | -236 | -284 | -350 | -425 | -520 | -670 | -880 | -1150 | 3 | 4 | 6 | 9 | 17 | 26 |
| | | -80 | -130 | -180 | -258 | -310 | -385 | -470 | -575 | -740 | -960 | -1250 | | | | | | |
| | | -84 | -140 | -196 | -284 | -340 | -425 | -520 | -640 | -820 | -1050 | -1350 | | | | | | |
| | -56 | -94 | -158 | -218 | -315 | -385 | -475 | -580 | -710 | -920 | -1200 | -1550 | 4 | 4 | 7 | 9 | 20 | 29 |
| | | -98 | -170 | -240 | -350 | -425 | -525 | -650 | -790 | -1000 | -1300 | -1700 | | | | | | |
| | -62 | -108 | -190 | -268 | -390 | -475 | -590 | -730 | -900 | -1150 | -1500 | -1900 | 4 | 5 | 7 | 11 | 21 | 32 |
| | | -114 | -208 | -294 | -435 | -530 | -660 | -820 | -1000 | -1300 | -1650 | -2100 | | | | | | |
| | -68 | -126 | -232 | -330 | -490 | -595 | -740 | -920 | -1100 | -1450 | -1850 | -2400 | 5 | 5 | 7 | 13 | 23 | 34 |
| | | -132 | -252 | -360 | -540 | -660 | -820 | -1000 | -1250 | -1600 | -2100 | -2600 | | | | | | |

**附表 21　公称尺寸≤500mm 轴的基本偏差值（摘自 GB/T 1800.2—2009）**　　单位：μm

| 基本偏差代号 | | 上偏差 es | | | | | | | | | | | js | 下偏差 ei | | |
|---|---|---|---|---|---|---|---|---|---|---|---|---|---|---|---|---|
| | | a | b | c | cd | d | e | ef | f | fg | g | h | | j | | |
| 公称尺寸/mm | | 所有公差等级 | | | | | | | | | | | | 5 级与6 级 | 7 级 | 8 级 |
| > | 至 | | | | | | | | | | | | | | | |
| — | 3 | -270 | -140 | -60 | -34 | -20 | -14 | -10 | -6 | -4 | -2 | 0 | 偏差=IT/2 | -2 | -4 | -6 |
| 3 | 6 | -270 | -140 | -70 | -46 | -30 | -20 | -14 | -10 | -6 | -4 | 0 | | -2 | -4 | / |
| 6 | 10 | -280 | -150 | -80 | -56 | -40 | -25 | -18 | -13 | -8 | -5 | 0 | | -2 | -5 | / |
| 10 | 14 | -290 | -150 | -95 | / | -50 | -32 | / | -16 | / | -6 | 0 | | -3 | -6 | / |
| 14 | 18 | | | | | | | | | | | | | | | |
| 18 | 24 | -300 | -160 | -110 | / | -65 | -40 | / | -20 | / | -7 | 0 | | -4 | -8 | / |
| 24 | 30 | | | | | | | | | | | | | | | |
| 30 | 40 | -310 | -170 | -120 | / | -80 | -50 | / | -25 | / | -9 | 0 | | -5 | -10 | / |
| 40 | 50 | -320 | -180 | -130 | | | | | | | | | | | | |
| 50 | 65 | -340 | -190 | -140 | / | -100 | -60 | / | -30 | / | -10 | 0 | | -7 | -12 | / |
| 65 | 80 | -360 | -200 | -150 | | | | | | | | | | | | |
| 80 | 100 | -380 | -220 | -170 | / | -120 | -72 | / | -36 | / | -12 | 0 | | -9 | -15 | / |
| 100 | 120 | -410 | -240 | -180 | | | | | | | | | | | | |
| 120 | 140 | -460 | -260 | -200 | / | -145 | -85 | / | -43 | / | -14 | 0 | | -11 | -18 | / |
| 140 | 160 | -520 | -280 | -210 | | | | | | | | | | | | |
| 160 | 180 | -580 | -310 | -230 | | | | | | | | | | | | |
| 180 | 200 | -660 | -340 | -240 | / | -170 | -100 | / | -50 | / | -15 | 0 | | -13 | -21 | / |
| 200 | 225 | -740 | -380 | -260 | | | | | | | | | | | | |
| 225 | 250 | -820 | -420 | -280 | | | | | | | | | | | | |

续表

| 基本偏差代号 | | 上偏差 *es* | | | | | | | | | | | js | 下偏差 ei | | |
|---|---|---|---|---|---|---|---|---|---|---|---|---|---|---|---|---|
| | | a | b | c | cd | d | e | ef | f | fg | g | h | | j | | |
| 公称尺寸/ mm | | 所有公差等级 | | | | | | | | | | | | 5 级与6 级 | 7 级 | 8 级 |
| > | 至 | | | | | | | | | | | | | | | |
| 250 | 280 | −920 | −480 | −300 | / | −190 | −110 | / | −56 | / | −17 | 0 | | −16 | −26 | / |
| 280 | 315 | −1050 | −540 | −330 | | | | | | | | | | | | |
| 315 | 355 | −1200 | −600 | −360 | / | −210 | −125 | / | −62 | / | −18 | 0 | | −18 | −28 | / |
| 355 | 400 | −1350 | −680 | −400 | | | | | | | | | | | | |
| 400 | 450 | −1500 | −760 | −440 | / | −230 | −135 | / | −68 | / | −20 | 0 | | −20 | −32 | / |
| 450 | 500 | −1650 | −840 | −480 | | | | | | | | | | | | |

注：1. 公称尺寸小于 1mm 时，各等级的 a 和 b 均不采用。

2. js 的数值在 7～11 级时，若以 um 表示的 IT 数值是一个奇数，则取偏差=（IT−1）/2。

| 下偏差 ei | | | | | | | | | | | | | | | |
|---|---|---|---|---|---|---|---|---|---|---|---|---|---|---|---|
| k | | m | n | p | r | s | t | u | v | x | y | z | za | zb | zc |
| 4 至 7 级 | ≤3 级 ≥8 | 所有公差等级 | | | | | | | | | | | | | |
| 0 | 0 | +2 | +4 | +6 | +10 | +14 | / | +18 | / | +20 | / | +26 | +32 | +40 | +60 |
| +1 | 0 | +4 | +8 | +12 | +15 | +19 | / | +23 | / | +28 | / | +35 | +42 | +50 | +80 |
| +1 | 0 | +6 | +10 | +15 | +19 | +23 | / | +28 | / | +34 | / | +42 | +52 | +67 | +97 |
| +1 | 0 | +7 | +12 | +18 | +23 | +28 | / | +33 | / | +40 | / | +50 | +64 | +90 | +130 |
| | | | | | | | | | +39 | +45 | / | +60 | +77 | +108 | +150 |
| +2 | 0 | +8 | +15 | +22 | +28 | +35 | / | +41 | +47 | +54 | +63 | +73 | +98 | +136 | +188 |
| | | | | | | | +41 | +48 | +55 | +64 | +75 | +88 | +118 | +160 | +218 |
| +2 | 0 | +9 | +17 | +26 | +34 | +43 | +48 | +60 | +68 | +80 | +94 | +112 | +148 | +200 | +274 |
| | | | | | | | +54 | +70 | +81 | +97 | +114 | +136 | +180 | +242 | +325 |
| +2 | 0 | +11 | +20 | +32 | +41 | +53 | +66 | +87 | +102 | +122 | +144 | +172 | +226 | +300 | +405 |
| | | | | | +43 | +59 | +75 | +102 | +120 | +146 | +174 | +210 | +274 | +360 | +480 |
| +3 | 0 | +13 | +23 | +37 | +51 | +71 | +91 | +124 | +146 | +178 | +214 | +258 | +335 | +445 | +585 |
| | | | | | +54 | +79 | +104 | +144 | +172 | +210 | +254 | +310 | +400 | +525 | +690 |
| +3 | 0 | +15 | +27 | +43 | +63 | +92 | +122 | +170 | +202 | +248 | +300 | +365 | +470 | +620 | +800 |
| | | | | | +65 | +100 | +134 | +190 | +228 | +280 | +340 | +415 | +535 | +700 | +900 |
| | | | | | +68 | +108 | +146 | +210 | +252 | +310 | +380 | +465 | +600 | +780 | +1000 |
| +4 | 0 | +17 | +31 | +50 | +77 | +122 | +166 | +236 | +284 | +350 | +425 | +520 | +670 | +880 | +1150 |
| | | | | | +80 | +130 | +180 | +258 | +310 | +385 | +470 | +575 | +740 | +960 | +1250 |
| | | | | | +84 | +140 | +196 | +284 | +340 | +425 | +520 | +640 | +820 | +1050 | +1350 |
| +4 | 0 | +20 | +34 | +56 | +94 | +158 | +218 | +315 | +385 | +475 | +580 | +710 | +920 | +1200 | +1550 |
| | | | | | +98 | +170 | +240 | +350 | +425 | +525 | +650 | +790 | +1000 | +1300 | +1700 |
| +4 | 0 | +21 | +37 | +62 | +108 | +190 | +268 | +390 | +475 | +590 | +730 | +900 | +1150 | +1500 | +1900 |
| | | | | | +114 | +208 | +294 | +435 | +530 | +660 | +820 | +1000 | +1300 | +1650 | +2100 |
| +5 | 0 | +23 | +40 | +68 | +126 | +232 | +330 | +490 | +595 | +740 | +920 | +1100 | +1450 | +1850 | +2400 |
| | | | | | +132 | +252 | +360 | +540 | +660 | +820 | +1000 | +1250 | +1600 | +2100 | +2600 |

# 参考文献


[1] 何铭新，钱可强，徐祖茂．机械制图．6版．北京：高等教育出版社，2010．
[2] 郭克希，王建国．机械制图．3版．北京：机械工业出版社，2014．
[3] 冯秋官．机械制图与计算机制图．4版．北京：机械工业出版社，2011．
[4] 李凤云，张凯，王桂录．机械制图．北京：北京大学出版社，2012．
[5] 朱冬梅，胥北澜，何建英．画法几何及机械制图．6版．北京：高等教育出版社，2009．
[6] 金大鹰．机械制图．7版．北京：机械工业出版社，2005．
[7] 焦永和，张京英，徐昌贵．工程制图．北京：高等教育出版社，2008．
[8] 陈廉清．机械制图．杭州：浙江大学出版社，2008．
[9] 李秀娟．机械制图．北京：航空工业出版社，2010．
[10] 王其昌，翁民玲．机械制图．2版．北京：人民邮电出版社，2009．
[11] 郭纪林，余桂英．机械制图．3版．大连：大连理工出版社，2010．
[12] 大连理工工程图学教研室．机械制图．6版．北京：高等教育出版社，2007．
[13] 田凌，冯涓，刘朝儒．机械制图（机类、近机类）．北京：清华大学出版社，2007．
[14] 刘哲，高玉芬．机械制图．5版．大连：大连理工出版社，2011．
[15] 王兰美，冯秋官．机械制图．2版．北京：高等教育出版社，2010..
[16] 毛昕，黄英，肖平阳．画法几何及机械制图．4版．北京：高等教育出版社，2010．
[17] 葛艳红，黄海．画法几何及机械制图．北京：国防工业出版社，2011．
[18] 王晓青，范冬英．工程制图．大连：大连理工出版社，2011．
[19] 朱强．机械制图．北京：人民邮电出版社，2009．
[20] 刘小年，杨月英．机械制图．2版．北京：高等教育出版社，2007．
[21] 叶玉驹，焦永和，张彤．机械制图手册．4版．北京：机械工业出版社，2008．
[22] 王斌．机械零部件识读与测绘．武汉：武汉理工大学出版社，2010．
[23] 大连理工工程图学教研室．画法几何学．6版．北京：高等教育出版社，2003．
[24] 高玉芬，卜桂玲．机械制图．2版．大连：大连理工出版社，2005．
[25] 李文．机械制图．天津：天津大学出版社，2008．
[26] 马俊，王玫．机械制图．4版．北京：北京邮电大学出版社，2007．